한번에 배우는

전자기학

장병준 지음

저자소개

장병준 bjjang@kookmin.ac.kr

1990년 연세대학교 전자공학과 학사
1992년 연세대학교 전자공학과 석사
1997년 연세대학교 전자공학과 박사
1995년 ~ 1999년 LG전자 선임연구원
1999년 ~ 2003년 한국전자통신연구원(ETRI) 선임연구원
2003년 ~ 2005년 정보통신연구진흥원(IITA) 선임연구원
2013년 ~ 2015년 미래창조과학부 민간전문가(CP)
2005년 ~ 국민대학교 전자공학부 교수

한번에 배우는

전자기학

인 쇄: 2022년 8월 24일 초판 1쇄
발 행: 2022년 8월 31일 초판 1쇄

저 자: 장병준
발행인: 송 준
발행처: 도서출판 홍릉
주 소: 01093 서울시 강북구 인수봉로 50길 10
등 록: 1976년 10월 21일 제5-66호

전 화: 02-999-2274~5, 903-7037
팩 스: 02-905-6729
e-mail: hongpub@hongpub.co.kr
http://www.hongpub.co.kr
ISBN: 979-11-5600-060-0(93560)

정 가: 25,000원

한번에 배우는

전자기학

장병준 지음

Learn Electromagnetics at once

도서출판 홍릉

프롤로그

전 세계 모든 대학교에서 전기전자 계열을 전공하는 학생들은 2학년에 들어와서 1년동안 전공 필수로 전자기학을 배우게 된다[1]. 하지만, 전자기학을 배운 많은 학생들이 전자기학을 수강한 후 전자기학과 관련된 전공과목(마이크로파공학(또는 초고주파공학), 안테나공학, 전파공학 등)에 흥미를 잃는 경우가 많은 것 같다. 또한, 전자공학 중에서 전자기학 기반이 아닌 전공(SW나 신호처리 등)을 목표로 하는 학생들에게 전자기학은 계륵 같은 존재가 된지 오래되었다. 그렇다고 전자기학 학습을 포기하면 어떻게 될까? 전자기학을 기반으로 하는 통신이나 레이다 등의 전문 분야는 말할 것도 없이, 대부분의 전기/전자 회로나 시스템의 동작원리를 전자기학의 개념이 없이 이해하기는 매우 어렵다. 예를 들어 전자기학에 대한 이해 없이 멀리 떨어진 곳으로 나의 목소리가 전파를 통해 실시간으로 전달되는 것을 어떻게 이해할 수 있을까? 전자기학에 이해가 없다면 전력선에서 빛의 속도로 전기에너지가 전달되는 과정을 어떻게 이해할 수 있을까? 전자제품을 받은 후 전파인증을 왜 받으며, EMI/EMC 시험을 하는데 이러한 전자파 잡음이나 간섭 신호는 어디서 온 것일까? 이와 같은 질문에 답하기 위해서는 전자기학의 체계적인 학습이 전기전자 계열 학생들에게 반드시 필요하다.

이러한 중요성에도 불구하고 전기전자 전공 학생들이 전자기학 학습에 좌절하는 이유는 무엇일까? 아마도 그 이유는 다음과 같은 이유가 아닐까 나름 생각해 보았다. 먼저, 전자기학에 흥미를 잃는다고 보기 보다는 관련된 수학학습에 어려움을 느끼기 때문인 것으로 보인다. 전자기학은 지금부터 200년 전에 시작되어 1900년대 초에 그 체계가 이미 완성된 학문이다. 완성된 학문을 습득하는 가장 빠른 방법은 수학적 기초 위에 개념을 쌓는 것인데, 전자기학이 사용하는 수학은 공간(space)을 기반으로 하는 벡터미적분(vector calculus)이며, 벡터미적분은 대학수학에서도 가장 어려운 분야이다. 하지만, 전자기학은 처음부터 어려운 수학이 사용된 것이 아니라 수많은 실험과 논쟁을 통해 개념이 확립된 후에 이를 수학적으로 증명함으로써 완성된 학문이다. 따라서 전자기학의 핵심 개념을 중심으로 학습함으로써 전자기학에 흥미를 갖도록 할 필요가 있다. 그렇다고 수학을 포기할 수는 없다. 전자기학을 정확히 이해하려면 전자기학에서 사용하는 수학의 원리를 이해하고 그 바탕 위에서 전자기학을 배워야 한다. 따라서 전자기학을 수학적으로 이해하면서도 전자기학에 흥미를 갖도록 하는 학습 방법이 필요하다. 이를 위해 전자기학 핵심개념을

1) 보통 2학년 1학기에 전자기학I, 2학년 2학기에 전자기학II를 배우게 된다. 학교에 따라 전자기학I은 전공기초나 전공필수로 하지만 전자기학II는 전공선택인 경우도 있다.

중심으로 꼭 필요한 수학만을 사용하고, 이 둘을 서로 연결할 수 있는 교재가 있다면 전자기학 학습에 도움이 될 것으로 판단하였다.

전자기학에 좌절하는 또 다른 이유는 전자기학을 두 학기에 나누어 학습하기 때문인 것으로 보인다. 전자기학은 벡터, 좌표계, 벡터미적분학, 정전기학, 정자기학, 동적전자기학의 방대한 양을 포함하므로 한 학기에 학습하기는 어려워 대부분의 나라에서는 두 학기를 연속하여 전자기학 학습을 진행한다. 따라서 외국의 학습체계를 흉내 내어 구성한 우리나라 대학의 커리큘럼 역시 4년제 대학의 경우 전자기학 학습을 2학년 두 학기에 걸쳐 진행하는 것이 일반적이다. 전자기학은 확실한 체계가 있는 학문이라 1년을 연속해서 열심히 공부해야 기본적인 개념을 잡을 수 있는데 우리나라 남학생들의 경우 군대를 중간에 다녀오게 되면 학습에 어려움이 발생할 수밖에 없다. 군대 가기 전후 학습 의욕이 낮은 시점에 배우는 가장 어려운 과목이 전자기학일 뿐만 아니라, 2학년 1학기를 마치고 군대에 가는 학생은 전자기학I을 학습한 후 군 생활을 하고 복학한 후 다시 전자기학II를 수강하게 된다. 전자기학이라는 학문은 체계가 있기 때문에 한 번에 개념을 잡아야 하는 학문인데 이러한 상황으로 인해 학생들이 전자기학 학습에 좌절하게 된다. 따라서 전자기학I이나 전자기학II만 별개로 학습하여도 전자기학의 핵심개념을 마스터할 수 있어야 한다. 그렇다고 전자기학 학습의 내용을 줄일 수는 없다. 이에 대한 해결 방법으로 저자는 전자기학의 핵심개념을 순차적으로 강의하는 것인 아닌 다면체적인 강의가 필요하다고 생각하였다. 즉 전자기학의 핵심개념을 수학적인 관점에서, 자유공간의 벡터장 관점에서, 물질 내에서 벡터장의 특성 변화 관점에서, 전파의 전달 및 응용 관점 등 다양한 관점에서 전체를 바라볼 수 있도록 학습을 진행할 필요가 있다.

마지막으로 전자기학을 고등학교 물리나, 대학교 1학년의 대학물리 수업과 차별성 없이 진행하는 것도 학생들의 흥미를 가지지 못하는 이유로 보인다. 실제 전자기학과 가장 밀접한 전공인 전자파해석이나 안테나 분야의 연구자들도 이제는 더 이상 손으로 문제를 풀지 않고 상용 전자파 수치해석 프로그램을 사용하여 문제를 푸는 상황이다. 따라서 전자기학 학습을 종이와 연필로 문제를 푸는 종래의 학습방법에서 벗어나 컴퓨터를 최대한 활용하여 학습할 필요가 있다. 그렇다고 가격이 비싼 전자파 수치해석을 학부학생들이 사용할 수도 없고 그럴 필요도 없다. 따라서 대부분의 대학에서 쉽게 사용할 수 있는 MATLAB 프로그램을 이용하는 교재가 필요하다.

이러한 관점에서 학생들에게 전자기학을 개념적으로 설명하면서 전체적인 시각을 줄 수 있는 교재를 찾아보았으나, 현재 대학교 전자기학 교재 중에 마땅한 교재가 없어 본 교재를 집필하게 되었다. 예를 들어 전자기학의 유명한 교재 중 하나인 David K. Cheng의 'Fundamentals of Engineering Electromagnetics(1993)' 교재가 이런 관점에서 기술은 되어 있으나, 여전히 전통적인 나열 방식으로 되어 있고, 책에 수록된 예제는 실제 풀기가 어렵고 실제 응용과도 무관한 문제가 대부분이다. 현재 많은 대학에서 사용하는 Matthew N. O. Sadiku의 'Elements of Electromagnetics'의 경우 내용은 쉽게 기술되어 있고 예제도 어렵지 않으나 나열식 구조에 지나치게 많은 내용이 포함되어 있어 산만해지는 경향이 있다. 본 교재는 이러한 기존의 전자기학 교재들의 단점을 보완하여 전자기학의 개념을 다면체적인 관점에서 한 학기 또는 두 학기에 쉽게 학습하기 위한 교재로 개발되었다. 또한 MATLAB을 활용하여 다양한 벡터장을 그릴 수 있도록 고안하였다.

본 교재의 구성은 다음과 같다. 먼저, 본 교재의 앞부분인 1장에서 3장까지의 Part 1에서는 전자기학에서 학습할 기본 개념과 전자기학에서 사용되는 수학의 관점에서 설명하고 있다. 다른 교재에서처럼 단순히 수학적인 내용만을 언급하지 않고, 이러한 수학적인 개념이 실제 전자기학에서 어떻게 사용하는지 설명하고 있다 주요 내용으로는 전자기학의 핵심개념인 장(field)의 개념에서 시작하여 벡터대수와 좌표계, 벡터미분학의 핵심인 발산(Divergence), 구배(Gradient), 회전(Curl)을 설명하고, 마지막으로 벡터적분학의 핵심인 선적분(Line integral)과 면적분(Surface Integral)의 개념을 설명하였다. Part 1만 학습하여도 전자기학의 큰 그림을 그릴 수 있도록 하였다. 다음으로 4장에서는 정전기장과 정자기장을 한번에 비교하면서 학습하도록 하였다. 4장만의 학습으로도 전자기학의 큰 줄거리를 잡을 수 있기를 기대한다. 다음 5장에서는 4장의 개념을 물질이 있는 경우에 어떻게 활용되는지를 설명하였다. 마지막 6장에서는 이전에 학습내용을 통합하여 동적전자기장과 전자기파 측면에서 학습하도록 하였다. 이 교재에서 중점을 둔 내용을 정리하면 다음과 같다.

1. 벡터와 벡터장의 개념에 대한 확실한 이해를 염두에 두었다. 고등학교 때까지 배운 벡터는 물체에 작용하는 힘을 표시하는 것이고, 물체의 실제 움직임과 관련이 있다. 하지만 전자기학에서 배우는 벡터는 물체의 작용하는 힘이라기 보다는 공간상의 모든 점에서의 가상의 힘인 벡터장(Field)을 나타내는 물리량을 의미한다. 그리고 전자기학 학습은 이

벡터장(Field)의 시간과 공간에서의 변화를 이해하는 것임을 강조하였다. 특히, MATLAB을 활용하여 다양한 벡터장을 그리는 실습을 포함함으로써 시각화된 학습을 할 수 있도록 하였다.

2 복잡한 수식으로 전자기학 문제를 푸는 예제는 최소화하고, 각 장에 꼭 필요한 기본적인 예제만을 수록하였다. 예제는 개념적으로 꼭 필요한 문제나 실제 응용 관점에서 꼭 필요한 문제만을 수록하였다.

3 전기장과 자기장을 따로 학습하는 기존의 방법론을 탈피하여 두 개의 벡터장(전기장과 자기장)을 상호 비교하면서 학습하도록 하였다.

4 전자기학 역사, 응용 사례 등을 통해 전자기학 개념을 가급적 쉽게 설명하였다. 단, 설명이 길어지면 산만해질 수 있으므로 상세한 내용이나 생각해 볼 수 있는 개념들은 주석(각주)을 활용하여 본문의 흐름을 놓치지 않도록 하였다.

이와 같이 학생의 관점에서 교재를 기술하였으므로 본 교재를 이용하여 학생들이 전자기학에 흥미를 잃지 않고 재미있게 학습할 것으로 기대한다. 본 교재를 통해 학생들이 전자기학에 친숙해지고, 전자기학을 응용한 다양한 제품에 관심을 가지게 되기를 희망한다.

2022. 3. 1

장병준 씀

차례

PART 02

제4장 정전기장과 정자기장

부록

01

Chapter 1

서론

전자기학(Electromagnetics)은 자유 공간 혹은 물질 내에서의 정전기(靜電氣)의 원리, 자석(磁石)의 원리, 전파(電波)의 원리 등을 공부하는 학문이다. 따라서 전자기학은 정전기 현상을 다루는 정전기학(Electrostatics), 정자기 현상을 다루는 정자기학(Magnetostatics), 그리고 시간에 따라 변하는 전자기 파동을 다루는 전자기학(Electromagnetics)으로 나눌 수 있지만 전자기학이 정전기학과 정자기학을 모두 포함하는 큰 개념이므로 보통 전자기학이라고 명명한다.

전자기학에서 다루는 대상은 전하(electric charge) 및 전류(current)와 같이 형태를 갖는 물질과 이러한 물질이 만드는 현상, 즉 전기장, 자기장, 전자기장과 같은 장(Field)으로 나눌 수 있다[1]. 이러한 물질과 장(Field)의 관계는 벡터대수, 벡터미적분학, 좌표계와 같은 기본 수학 모델을 이용하여 전자기학 학문이 체계화된다.

1장에서는 앞으로 학습하게 될 전자기학이 무엇인지를 소개하고, 전자기학의 개념이 역사적으로 어떻게 발전되어 왔는지 살펴본다. 특히, 전자기학은 장(Field)의 개념을 사용하므로 장(Field)의 개념에 대해 자세히 살펴본다. 우리는 3차원 공간에 살고 있으므로 벡터장도 3차원 공간에서 정의된다. 벡터장을 공간상에 표현하기 위해서는 점함수(point function)를 사용하는데, 점함수란 공간에서의 모든 점들을 유일하게 정의하고, 이 각각의 점에서의 스칼라장 또는 벡터장을 수학적으로 표현하는 방법이다. 이렇게 벡터장이 수학적으로 정의되면 MATLAB을 활용하여 벡터장을 그리는 실습이 가능하다. 서론에서는 앞으로 배울 벡터장에 대한 몇 가지 예제를 맛보기로 진행한다.

1) 전자기학 학습에서 장(field)을 이해하는 것이 매우 중요하다. 특히, 벡터와 벡터장은 다르므로 구별해야 한다. 벡터의 개념은 속도, 가속도, 힘 등 우리생활에서 쉽게 접할 수 있는 물리 현상으로 유추할 수 있어 혼동의 여지가 없지만, 벡터장은 공간상에 분포하는 가상의 벡터들을 포함하는 추상적인 개념을 포함하므로 주의가 필요하다. 그렇다고 벡터장이 존재하지 않는 것은 아니고 실제로 존재한다.

1.1 전자기 현상의 원천은 전하

전자기학은 정지해 있거나 운동하고 있는 전하(電荷, electric charge)의 영향에 관해 연구하는 학문이므로 가장 먼저 전하에 대해 살펴볼 필요가 있다. 전하는 물질을 구성하는 기본 입자로 양성자, 전자 등 전기를 띠는 물질이 바로 전하이다, 전하는 질량 보전 법칙처럼 전하 보전 법칙이 성립되어 없어지거나 만들어질 수 없이 위치만 변할 뿐이다. 전하 보전 법칙은 자연계의 보편적인 법칙이므로 이 법칙에 위배되는 법칙은 성립할 수 없다[2].

전하는 만유인력을 일으키는 기본 물질인 질량이 양의 값만 갖고 있는 것에 비하여 양(+) 또는 음(−)의 값을 가질 수 있다. 물질을 구성하는 원자는 전기적으로 중성이지만 중성의 원자에서 한 개 이상의 전자를 잃으면 원자는 양전하를 띠고, 한 개 이상의 전자를 얻으면 음전하를 띠게 된다. 통상적으로 양성자(proton), 양이온(cation) 등은 전하를 양으로 표시하고, 전자(electron), 음이온(anion) 등의 전하를 음으로 표시한다. 원자는 양성자와 전자가 대칭을 이루므로 중성이지만 전자를 잃거나 얻음에 따라 양(+) 또는 음(−)의 값을 갖게 된다.

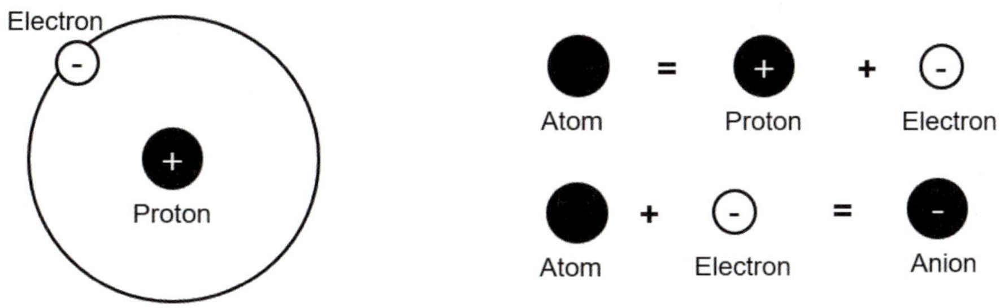

그림 1.1 전하(electric charge)의 종류

전자기학에서는 전하의 심볼을 q(또는 Q)로 표현하며 가장 작은 전하의 값은 전자 하나의 전하로 식 (1.1)과 같다.

$$e = -1.60 \times 10^{-19}\ [C] \tag{1.1}$$

2) 우주의 총 질량이 보존되듯이, 우주에 존재하는 전체 양전하량과 전체 음전하량은 보존된다. 즉, 전하는 새롭게 생성되거나 소멸되지 않으며, 단지 이동하거나 분포가 변하는 것뿐이다. 예를 들어 배터리는 가만히 놔두어도 시간이 흐르면 저절로 방전되는데 이는 전하가 소멸되는 것이 아니다. 배터리 내부에 양전하와 음전하로 분리되어 있던 전하가 상호 결합하여 전기적 성질을 잃게 되는 것이다.

여기서 전하의 단위는 쿨롱(Coulomb)이라 읽으며, 기호는 [C]로 쓴다. 1[C]은 매우 큰 전하량으로서 전자 $1/(1.60 \times 10^{-19}) = 6.25 \times 10^{18}$ 개가 모여야 비로소 −1[C]의 전하량이 된다. 보통 전자기학에서는 전하 하나하나를 다룬다기보다는 대규모의 전하를 다루게 된다[3]. 예를 들어 전류 1[A]라고 하면 초당 1[C]의 전하가 움직이는 것을 의미하므로 전하의 수는 6.25×10^{18} 개(6,250,000,000,000,000,000개)가 된다. 전하의 수가 이렇게 많기 때문에 개별 전하는 제각각 움직이더라도 전자기학 관점에서 보면 통계적으로 통일된 움직임을 갖는 것으로 모델링될 수 있다.

이렇게 많은 전하는 공간상에 특정한 분포를 가지고 모여 있게 된다[4]. 【그림 1.2】는 전자기학에서 다루는 전하들의 대표적인 분포 형태를 보여준다. 전하가 한 점에 모여 있으면 점전하(point charge), 선을 따라 분포되어 있으면 선전하(line charge), 면을 따라 분포되어 있으면 면전하(surface charge), 체적을 따라 분포되어 있으면 체적전하(volume charge)라고 부른다. 만약 전하가 특정 체적(volume)에 따라 분포되어 있고 체적 Δv에 Δq만큼의 전하가 있다고 하자. 이제 이 체적을 0에 수렴시키면 식 (1.2)와 같이 체적 전하 밀도(volume charge density)를 정의할 수 있다.

$$\rho_v = \lim_{\Delta v \to 0} \frac{\Delta q}{\Delta v} \ [C/m^3] \tag{1.2}$$

식 (1.2)를 확장하여 면(surface)에 분포할 경우 면전하 밀도(surface charge density), 선(line)에 분포할 경우 선전하밀도(line charge density)로 정의하는데 각각 식 (1.3)과 식 (1.4)로 표현된다.

$$\rho_s = \lim_{\Delta s \to 0} \frac{\Delta q}{\Delta s} \ [C/m^2] \tag{1.3}$$

$$\rho_l = \lim_{\Delta l \to 0} \frac{\Delta q}{\Delta l} \ [C/m] \tag{1.4}$$

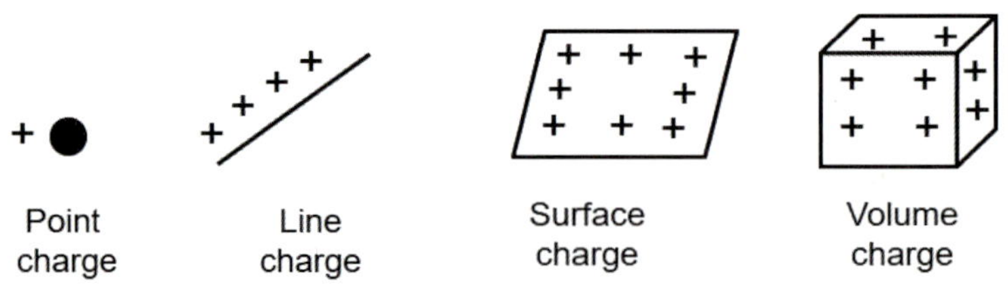

그림 1.2 전하의 분포(왼쪽부터 점전하, 선전하, 면전하, 체적전하)

3) 전하 한 개 한 개의 효과를 해석하기 위해서는 전자기학뿐만 아니라 양자역학의 도움이 필요하다.

4) 전기선을 구성하는 도선(또는 전선)은 선전하로 모델링할 수 있으며, 스마트폰 액정에 분포하는 전하는 면전하로 모델링할 수 있다.

전자기학 문제를 풀 경우 전하밀도 ρ_v, ρ_s, ρ_l은 위치에 따라 변하므로 좌표계의 함수로 표현되는데 이를 점함수(point function)라고 한다. 전하밀도를 점함수로 표현하기 위하여 공간의 각 위치(한 점)에 대응하는 전하밀도의 값이 있다고 가정하자. 이를 함수의 개념에 적용하면, 각 점의 위치는 정의역(domain of definition)이 되고, 각 점에 해당하는 전하밀도의 값은 치역이 되며, 이 관계를 전하밀도 함수(charge density function)라 부른다. 【그림 1.3】은 전하밀도 중 선전하밀도의 예를 보여준다. 선전하밀도가 x축의 x_A부터 x_B까지 놓여 있고 균일하게 ρ_l의 값을 가지고 있다고 가정하자. 미소길이 dx를 정의하면 미소전하 dQ는 선전하밀도와 미소길이의 곱으로 주어진다.

$$dQ = \rho_l dx \tag{1.5}$$

따라서 선을 따라 존재하는 총전하는 다음과 같이 적분으로 표현될 수 있다.

$$Q = \int_{x_A}^{x_B} \rho_l dx \tag{1.6}$$

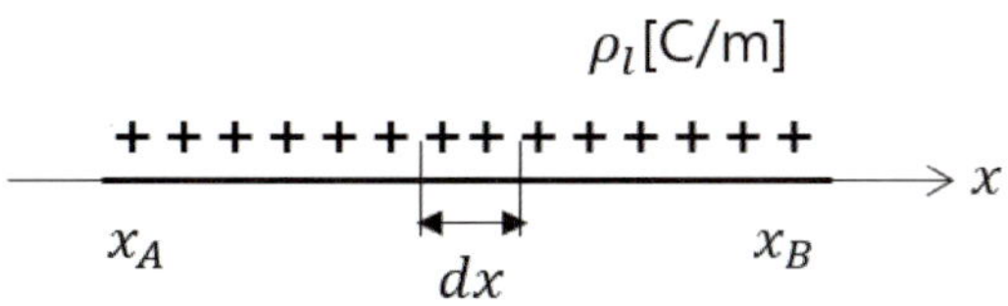

그림 1.3 선전하밀도함수의 예

예제 1-1

4m의 도선에 전하가 아래 그림과 같이 대칭으로 분포되어 있다. 총 전하량은 얼마인가?

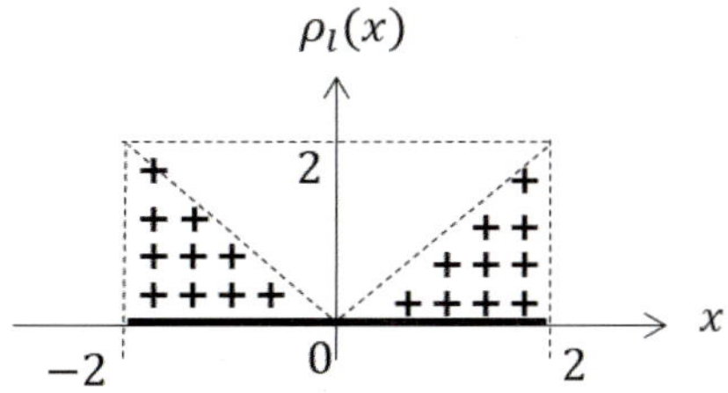

| 풀이 | 선전하밀도 ρ_l은 x의 함수이므로 다음과 같이 쓸 수 있다.

$\rho_l = \rho_l(x) = |x|$

이제 식 (1.6)에 의해 총전하량은 다음과 같이 전하가 분포한 면적과 같다.

$Q = \int_{-2}^{2} |x| dx = 2\int_{0}^{2} x dx = 4\,[C]$

마찬가지로 면전하 밀도가 주어졌을 때 총전하는 식 (1.7)과 같고, 체적 전하 밀도가 주어졌을 때 총전하는 식 (1.8)과 같다. 미소면적 $dS = dxdy$과 미소체적 $dv = dxdydz$으로 주어지므로 각각 이중적분, 삼중적분이 필요하다.

$$Q = \int_s \rho_s dS = \iint \rho_s dxdy \tag{1.7}$$

$$Q = \int_v \rho_v dv = \iiint \rho_v dxdydz \tag{1.8}$$

예제 1-2

1m × 1m의 평면에 전하가 $\rho_s = 2[C/m^2]$의 면전하 밀도로 분포되어 있다. 이 평면 전체의 총전하량은 얼마인가?

| 풀이 | 면전하 밀도를 평면에 대해 이중적분하여 구한다.

$$Q = \int_{x=0}^{1} \int_{y=0}^{1} 2dydx = 2\int_0^1 dx \int_0^1 dy = 2\,[C]$$

이제 전하를 이해했으니 공간상에 전하의 효과에 대해 알아보자. 전하는 움직이지 않고 가만히 있어도 존재하는 것만으로도 주변에 영향을 주게 되는데 이를 정전기장이라고 한다. 정전기장의 대표적인 예가 옷을 입을 때 마찰에 의해 전하가 특정 부위에 모여 발생하는 정전기 현상을 들 수 있다. 다음으로 전하가 움직이는 경우를 살펴보자. 전하가 움직이는 현상을 "전류(Current)가 흐른다"라고 하며【그림 1.4】와 같이 5[V] 배터리에 전구를 연결하는 경우 배터리 음극에 모여 있는 자유전자가 전선을 따라 움직이는 개념으로 볼 수 있다. 실제 전선에서 전자들은 전선 내에서 자유롭게 움직이지만 도선에서 움직이는 전하의 수는 1[A]의 경우 초당 6.25×10^{18} 개가 움직이므로 거시적으로 일정한 전류가 흐르는 개념으로 볼 수 있다. 또한, 전선에서는 배터리에서 흘러나오는 양만큼 전자를 밀어내므로 전선 내부의 특정 영역을 통과하는 양전하와 음전하의 양은 언제나 동일하게 된다.

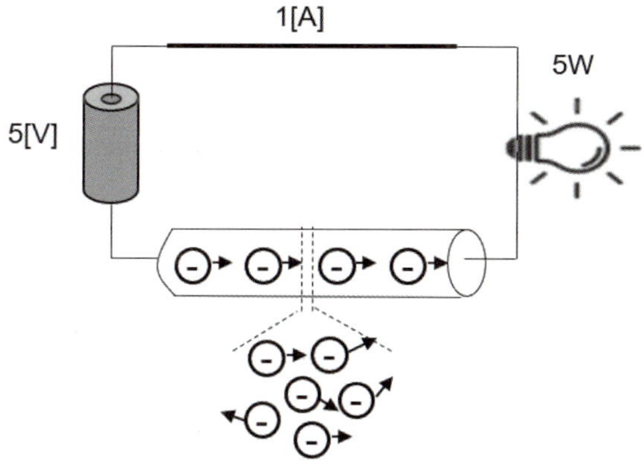

그림 1.4 전류의 개념

이러한 전류는 주변에 자기장을 형성하게 된다. 전하가 움직일 때 그 속도의 변화가 중요한데【그림 1.4】와 같이 직류전류의 경우 통계적으로 일정한 속도로 전하가 움직인다고 볼 수 있고 이때 주변에 형성되는 자기장을 정자기장이라고 부른다. 정자기장은 초기에 전류와 무관한 것으로 생각되었다가 전류가 흐르는 도선 주변에 나침반이 있을 경우 나침반의 방향이 바뀌는 것을 통하여 전기현상과 자기현상이 상호 관련이 있음을 알게 되었다. 마지막으로 전하가 움직이지만 그 속도가 시간에 따라 변한다면 그 때는 전기장과 자기장이 상호 결합하여 동적 전자기장이 형성된다[5].

전자가 움직일 경우 발생하는 정자기장과 동적 전자기장을 이해하기 위해서는 먼저 전하의 움직임을 정의해야 한다. 보통 전하의 움직임인 전류는 식 (1.9)로 표현할 수 있다. 즉 1[A]의 전류는 1초당 1[C]의 전하가 이동하는 것을 의미한다. 식 (1.9)는 회로 이론에서도 동일하게 사용되는 기호와 단위이다.

$$I = \frac{dq}{dt}\,[C/\sec]\,\mathrm{or}\,[A] \qquad (1.9)$$

그런데 식 (1.9)의 전류에 대한 식은 전하의 시간 변화만을 설명하고 공간상의 전하의 이동 방향을 설명하지는 못한다. 공간상의 전류의 변화를 고려하지 않는 회로 이론에서는 식 (1.9)로 충분히 전류를 설명할 수 있지만 전자기학에서는 식 (1.9)만으로 전류를 설명할 수 없다. 따라서 전자기학에서는 전류와 함께 전류밀도 벡터를 정의하여 사용하게 된다. 전류밀도 벡터에는【그림 1.5】와 같이 선전류밀도 벡터, 면전류밀도 벡터, 체적전류밀도 벡터가 있다. 먼저 선전류밀도 벡터를 보자. 전류의 방향을 정의하기 위해 미소길이의 크기와 방향을 나타내는 벡터미분소를 $d\vec{l}$로 정의하면,

5) 전하가 일정한 속도로 도선을 따라 한쪽 방향으로 움직이는 것을 회로적으로 직류(DC, Direct current)라고 하고, 전하가 도선을 따라 앞뒤로 진동하는 것을 회로적으로 교류(AC, Alternating Current)라 한다. 직류전류는 정자기장을 교류전류는 동적 전자기장을 형성한다.

$I\vec{dl}$은 미소길이에 포함되는 전류의 크기와 방향을 나타낸다. 이러한 개념을 면전류밀도 벡터와 체적전류밀도 벡터로 확장하자. $\vec{K}$는 면전류밀도 벡터[A/m], $\vec{J}$는 체적전류밀도 벡터[A/m^2]로 정의하고 각각에 미소면적 dS와 dv를 곱하면 크기와 방향을 갖는 전류의 개념을 면과 체적에 대해서도 정의할 수 있다[6]. 이를 식으로 나타내면 식 (1.10)과 같다[7]. 식 (1.10)의 3가지 수식의 단위는 모두 [Am]로 동일하다.

$$I\vec{dl} = \vec{K}dS = \vec{J}dv \ [Am] \tag{1.10}$$

식 (1.9)와 식 (1.10)은 식 (1.11)에 의해 상호 연관된다. 즉, 전류는 체적전류밀도 벡터 $\vec{J}$를 벡터면적분한 것으로 정의할 수 있다. 단, 식 (1.11)의 적분에 사용된 벡터의 내적과 벡터면적분의 개념은 2장부터 자세히 설명될 예정이다.

$$I = \int_S \vec{J} \cdot d\vec{S} \tag{1.11}$$

이제까지 전자기학에서 다루는 대상인 정지해 있는 전하와 움직이는 전하인 전류에 대해 설명하였다. 이러한 전하는 형태를 갖는 물질이고, 정지해 있는 전하는 크기만이 있으므로 스칼라값으로 표현하고, 움직이는 전하, 즉 전류밀도 벡터는 크기와 방향이 있으므로 벡터 표현하여 구분하게 된다.

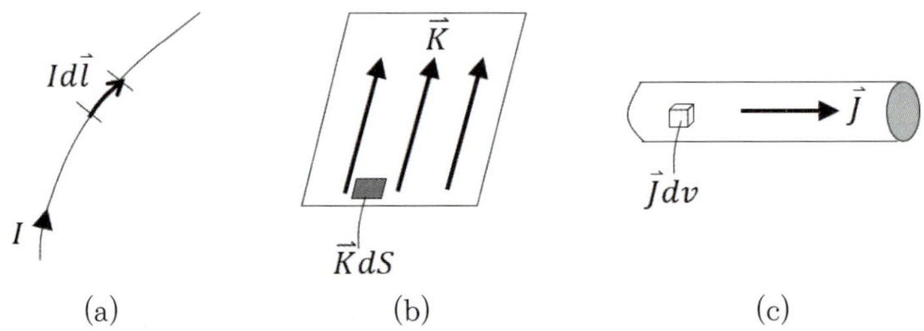

그림 1.5 전류의 종류; (a) 선전류, (b) 면전류, (c) 체적전류

6) 체적에 대한 미분소 dv는 방향을 부과할 수 없고, 면적에 대한 미분소 dS는 방향을 부과할 수 있지만 전류 방향에 수직으로 방향을 정의하기 때문에 dS와 dv는 스칼라값을 사용한다.

7) 벡터를 표시하는 방법으로 굵은 글자체 A로 사용하기도 하는데 손으로 쓸 경우 구별이 쉽지 않으므로 책에서는 화살표를 이용하는 방법을 사용한다.

참고

전기력과 자기력은 합쳐서 전자기력이라고 하며 자연에 존재하는 네 가지 힘인 중력과 전자기력, 그리고 강한 상호작용(강력)과 약한 상호작용(약력) 중에 하나이다. 이 중에서 강한 상호작용과 약한 상호작용은 원자핵 내부와 같이 아주 짧은 거리에서만 작용하는 힘이어서 우리 주위에서 일어나는 자연현상과 직접적으로는 관계가 없다[8]. 중력은 전자기력에 비하면 아주 약한 힘이지만 전자기력과는 달리 항상 인력으로만 작용해서 많은 질량이 모이면 큰 힘이 된다. 따라서 우주에서 천체들의 운동을 지배하는 힘은 중력이다. 전자기력은 중력과 마찬가지로 거리 제곱에 반비례하는 힘이지만 인력과 척력이 있어 서로 상쇄될 수 있다. 따라서 많은 물질로 이루어진 전기적으로 중성인 천체 사이에는 전자기력이 작용하지 않는다. 그러나 원자나 분자로 이루어진 물체는 전자들의 이동으로 쉽게 전하를 띨 수 있기 때문에 전자기력이 중요한 역할을 하게 된다. 원자핵과 전자의 결합으로 원자가 만들어지는 과정, 원자들이 결합하여 분자를 형성하는 과정, 그리고 분자들이 모여 물체를 형성하는 과정에는 모두 전자기력이 중요한 역할을 한다.

1.2 전하가 만드는 현상: 힘(force)과 장(field)

지금까지 전하에 대해 학습하였으므로 이제 전하가 만드는 현상에 대해 알아보자. 전하는 같은 부호를 갖는 전하끼리는 서로 미는 힘이, 다른 부호를 갖는 전하끼리는 서로 당기는 힘이 발생하는데 이를 전기력(electric force)이라 한다. 한편 전하의 움직임인 전류가 흐르는 도선 주위에 나침반을 놓으면 나침반의 방향이 바뀌는데 전류에 의해 나침반을 회전시키는 힘, 즉 자기력(magnetic force)이 존재한다고 생각할 수 있다.【그림 1.6】에 전기력과 자기력의 예를 보여준다.

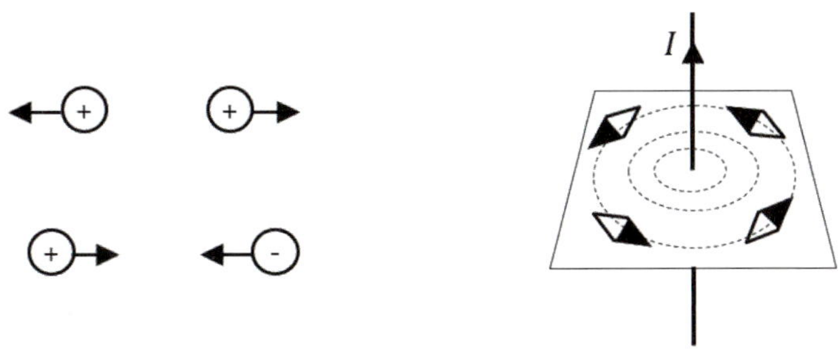

그림 1.6 전기력과 자기력의 예

8) 원자핵의 크기는 수소의 양성자 핵의 지름인 1.6fm(10^{-15}m)에서 우라늄 등의 무거운 핵의 경우 15fm의 값을 갖는다. 이 크기는 원자 전체 크기의 145,000분의 1(수소)에서 23,000분의 1(우라늄)로 작지만 원자 질량의 대부분은 원자핵이 차지하고 있다.

전자기학에서는 전자기력을 중심으로 학습하지 않고 전자기장(電磁氣場, Electromagnetic Field) 개념을 통해 학습하게 된다. 그렇다면 전자기력과 전자기장의 차이는 무엇인가? 다시【그림 1.6】을 보자. 그림의 왼쪽의 전기력에서는 두 개의 물질이 있고, 두 개의 물질 사이에 상호 작용하는 힘이 존재하는 것으로 볼 수 있다. 이 경우 힘을 계산하기 위해서는 서로에게 작용하는 힘을 각각 계산해야 한다. 반면에 그림의 오른쪽의 자기력에서는 도선에 전류가 흐르며 전류 주변에 점선과 같은 자기장이 형성되고, 이에 따라 나침반이 영향을 받는다고 생각할 수 있다. 즉, 전기력과 다르게 나침반이 전류에 미치는 현상은 고려하지 않음을 알 수 있다. 따라서 전류에 의해 생기는 자기력만 고려하고, 나침반에 의해 생기는 자기력은 계산할 필요가 없어 좀 더 간단하다. 또한, 전기력(또는 전기장)과 자기력(또는 자기장)이 모두 전하에 의한 현상이므로 이 둘을 통합할 때 같은 개념으로 통합하여야 하는데 전기력과 자기력을 사용하기 보다는 좀 더 계산이 편한 전기장과 자기장을 사용하여 통합하는 것이 편리하다. 이런 이유로 앞으로 전자기학에서는 장(field)의 개념을 사용하게 된다[9].

이러한 장(field)의 개념을 이해하기 위해 먼저 장(field)을 수학적으로 정의해야 한다. 장(field)은 크게 스칼라장과 벡터장으로 나누어지는데 모두 공간상의 점함수(point function)로 나타낼 수 있다[10]. 먼저 스칼라장을 살펴보자. 공간의 각 위치에 대응하는 스칼라값이 있다고 가정하자. 이를 점함수의 개념에 적용하면, 각 점의 위치는 정의역이 되고, 각 점에 해당하는 스칼라값은 치역이 되며, 이 관계는 스칼라 점함수(scalar point function)라 부른다. 스칼라 점함수는 3차원 공간에서 수식으로 $V(x, y, z)$로 표현할 수 있다. 예를 들어 난로가 있는 방 안의 온도 분포를 생각해보자. 난로 주위에는 온도가 높고 난로로부터 멀어질수록 온도가 낮아지게 되며, 온도는 스칼라값이므로 스칼라 점함수가 된다. 이러한 점함수를 장(field)이라고 부른다. 스칼라장은 같은 값을 갖는 위치를 서로 연결하여 표시하게 된다. 스칼라장을 보통 전위(potential) 장이라 부르며, 일정한 크기를 갖는 장의 선 또는 면을 등전위(equipotential)선 또는 등전위면이라 부른다. 일기예보 등에 사용되는 등기압선, 지도에 사용되는 등고선 등이 등전위선의 대표적인 예이다.

이러한 스칼라장의 개념을 확장하면 벡터장을 정의할 수 있다. 우리가 커피잔에 담겨있는 커피를 스푼으로 저을 경우를 생각하면 물은 회전하므로 각 위치에서 회전력이 발생한다. 회전력은 방향과 크기를 가지므로 벡터이며, 각 위치에서 그 값이 달라지므로 벡터 점함수(vector point function)가 되며, 이를 간단히 벡터장이라 부른다. 스칼라장과 벡터장을 점함수로 표현할

9) 장의 개념은 상호작용하는 힘을 사용하지 않으므로 공간상에 힘의 분포를 쉽게 알 수 있을 뿐만 아니라 패러데이에 의해 실제 힘이 작용하는 방식으로 존재하는 것임이 밝혀졌다.

10) 공간상의 전하의 분포나 공간에서의 전하의 영향은 모두 점함수로 표현되므로 전자기학에서 점함수의 개념을 이해하는 것이 매우 중요함을 알 수 있다.

때 가장 큰 차이는 스칼라장은 각 점에서 크기만이, 각 점에서 벡터장은 크기와 방향이 함께 정의된다는 것이다.

예제 1-3

커피잔을 티스푼으로 시계방향으로 저을 경우에 커피 표면에서의 벡터장을 손으로 그리고 그 의미를 논하시오.

|풀이| 티스푼 내의 몇 개의 점에서 커피가 흘러가는 방향을 화살표로 나타내면 벡터장을 표시할 수 있다. 빨리 회전하는 경우 화살표를 굵게 표시하거나, 길게 표시하면 크기도 어느 정도 표현할 수 있다.

벡터장을 공간상에 그리기 위해서는 각 점에서의 화살표를 이용하는데 이를 속선(field line)이라고 한다. 속선을 설명하기 위하여 전기장을 예로 들어 설명하면 다음과 같다. 전기장이란 실제로 공간상에 모든 점에서 1[C]의 크기를 갖는 가상의 시험 전하(test charge)가 있다고 가정하고 이 전하에 작용하는 힘을 의미한다[11]. 【그림 1.7(a)】에서 전기장은 점전하를 둘러싸는 2차원 공간상에서 몇 개의 시험전하에 작용하는 힘으로 표현되었다. 이러한 전기장을【그림 1.7(b)】에서처럼 점전하에서 시작되는 속선(field line)으로 쉽게 표현할 수 있으며, 속선은 양의 전하로부터 밖으로 나가는 방향으로 방사되고 음의 전하로는 수렴되는 모양을 갖는다. 그림에서 알 수 있듯이 한 점에서의 전기장의 크기는 그 점 주위의 속선이 얼마나 가까이 있는지와 비례함을 알 수 있다. 즉, 양전하에 가까운 영역에서는 속선이 가까이 모여 있고, 양전하에서 먼 영역에서는 속선의 간격이 멀어진다. 전자기 문제를 풀 때 이러한 속선은 전기장이 어떤 역할을 하는지 가시적으로 이해하는데 큰 도움을 준다.

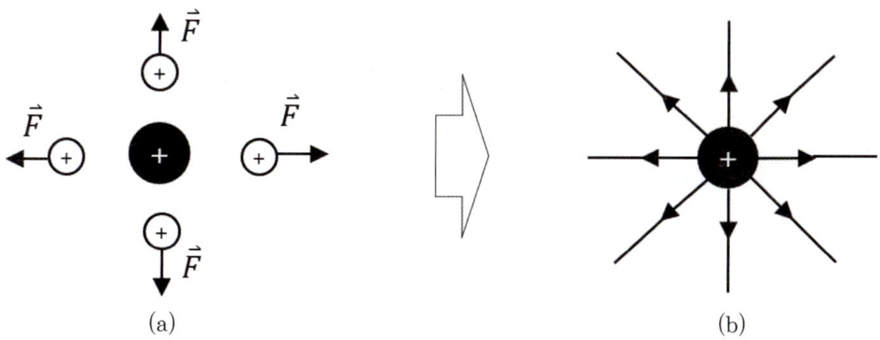

그림 1.7 전기장의 속선

11) 전하 간에 작용하는 힘은 쿨롱의 법칙에 의해 주어진다. 이론식은 4장에서 다루게 되겠지만, 독자들은 이미 같은 극성의 전하 사이에는 척력이, 다른 극성의 전하 사이에는 인력이 작용된다는 것을 알고 있을 것이다.

속선의 장점은 관찰점의 전하(시험전하)를 고려하지 않게 됨으로써 전기장의 근원인 점전하에 집중하게 되고, 시험전하로부터 점전하가 상대적으로 받는 힘은 고려하지 않아도 되는 장점이 생긴다. 이에 따라 전하의 효과를 전하 단독으로 생각할 수 있게 되었으며, 이 속선 벡터를 전기장의 세기(electric field intensity) 또는 전기장이라고 부르며, $\overrightarrow{E}$(단위전하 당 힘)로 쓴다. 식 (1.12)에 의해 전기장의 단위는 [N/C]임을 알 수 있다.

$$\overrightarrow{E} = \frac{\overrightarrow{F}}{Q} \tag{1.12}$$

이제 자기장의 속선에 대해 살펴보자. 자기장을 만드는 대표적인 물질인 자석 주변에 철가루를 놓게 되면, 자기장의 영향으로 철가루가【그림 1.8(a)】와 같이 특정 패턴을 가지고 배열된다. 이러한 철가루의 배열 방향을 속선의 형태로 그리면 막대자석에 의한 자기장의 속선은【그림 1.8(b)】와 같이 그릴 수 있다. 자기장의 속선 역시 속선이 가까이 모여 있으면 자기장의 크기가 크다는 것을 의미한다.

원래 자기장에서 사용된 속선은 전기장과 달리 스칼라값으로 특정 영역에서 속선밀도 벡터의 벡터면적분으로 정의된다. 전기장과 달리 자기장은 처음부터 장의 개념이 도입되었으며, 자기장의 속선을 Ψ라 하고 자기장의 속선의 단위는 [Wb]이다[12]. 이러한 자기장 속선의 밀도를 자속밀도 벡터 $\overrightarrow{B}$로 정의하면 단위는 [Wb/m^2]이 된다. 자기장의 속선과 자속밀도 벡터의 관계는 전류와 전류밀도 벡터의 관계와 유사하게 벡터면적분으로 표현되며, 식 (1.13)과 같다.

$$\Psi = \int_S \overrightarrow{B} \cdot d\overrightarrow{S} \tag{1.13}$$

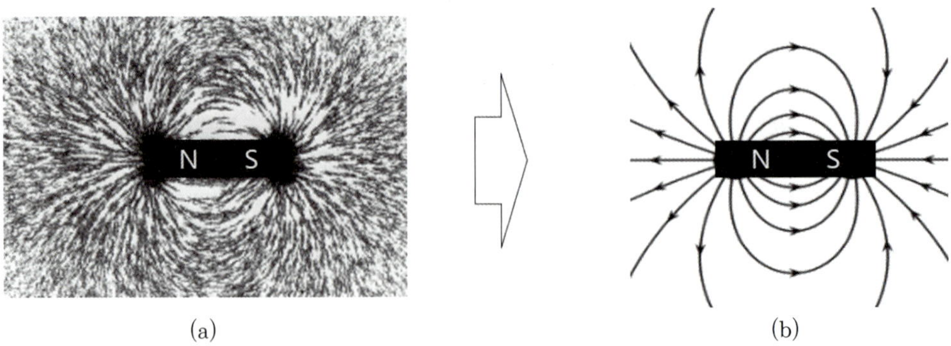

그림 1.8 자기장의 속선

12) 아마도 나침반과 막대자석을 생각하면 막대자석에 의해 나침반이 움직이는 반면 나침반에 의해 막대자석이 움직이지는 않으므로 나침반을 전기장에서의 시험전하와 같은 역할로 자연스럽게 생각했을 것으로 보인다.

참고

일반적으로 고교수학에서는 스칼라 함수를 배우고 벡터함수를 배우지는 않는다. 고등학교 때 배우는 스칼라 함수도 대부분 변수가 하나뿐인 1변수 스칼라함수(평면상의 곡선)에 대해서만 배운다. 예를 들어 $f(x) = y = x^2 + 1$ 는 1변수 스칼라함수로, x-y좌표계로 그리면 x가 0일 때 y가 1이며, x가 커지거나 작아짐에 따라 y가 x의 제곱배로 커지는 포물선의 함수가 된다. 전자기학에서는 공간에서의 전기장과 자기장의 변화를 설명하여야 하므로 사용되는 스칼라함수와 벡터함수는 3차원으로 표현된다. 따라서 3개의 변수가 있는 스칼라함수 또는 벡터함수로 표현되며, 관련된 미분 역시 3개의 변수를 갖는 함수꼴이 된다. 하지만 수식이 복잡하다고 그 개념이 복잡하거나 다른 것이 아니며 기본 개념은 동일하다.

1.2.1 뉴톤과 패러데이

앞에서 전기력과 자기력의 개념으로부터 전기장과 자기장의 속선을 그리는 방법에 대해 살펴보았다. 이러한 속선의 개념은 처음에 전하 주변에 전기력과 자기력의 모양을 그리는 편리한 도구 정도로 사용했으나 실제로 존재하는 것임이 패러데이와 맥스웰에 의해 밝혀지게 되었다. 이를 이해하기 위해서는 뉴톤의 만유인력의 법칙으로 돌아가 보자. 뉴톤이 만유인력의 법칙을 발견하고 질량을 갖는 두 물질 사이에 만유인력이 존재하는 것은 설명하였으나, 실제 힘이 어떻게 작용되는지에 대해서는 설명하지 못했다. 단순히 공간에 아무런 전달 물질이 없더라도 힘은 공간을 뛰어넘어서 떨어져 있는 물체에 작용한다고만 주장하였다. 즉, 공간에 아무런 변화가 일어나지 않고 그냥 힘이 작용되는 것이라고 생각했다.

전기력과 자기력에 대해 밝혀지던 18세기에서도 전하 사이에 작용하는 전기력과 자기력도 비슷한 원리로 작용한다고 생각하였다. 하지만 패러데이는 전하가 공간에 어떠한 변화를 주어 그 변화를 매개로 삼아서 전자기력이 작용한다고 생각하게 되었다. 즉, 전하들은 서로의 전하량과 위치를 보고 힘을 생성하는 것이 아니고 전하에 의해 주변 공간에 장(field)이 형성되고 그 장(field)에 들어오는 다른 입자들이 그에 비례한 영향을 받아서 전자기력이 만들어지는 것이라고 설명하였다[13].

장(field)을 이해하기 위해 2차원 평면의 가운데에 양전하가 존재한다고 가정하면 공간 상에 전기장이 생성되게 된다. 전기장은 벡터장이므로 그림으로 표현하기가 어렵다. 대신 그 크기는 스칼라 값이므로【그림 1.9(a)】와 같이 그릴 수 있다. 전기장의 크기는 점전하가 놓인 위치에서 가장 크며, 전하에서 멀어짐에 따라 크기가 작아지는 형태가 된다. 이는 마치 경사진 산의 모양으로 유추할 수 있다. 이제 점전하 주변의 공간에 동그란 공을 놓는다고 가정하면 이 공은 아래쪽으로 굴러갈 것이다. 이 굴러가는 방향이 각 점에서의 벡터장으로 볼 수 있으며, 장이 클수록, 즉 산의 높은 위

13) 현대 물리학에서는 장(field) 이론이 전자기장을 넘어 중력장에도 적용이 되었으며 장의 영향은 빛의 속도로 퍼져 나간다는 것이 입증되었고 이를 중력파라 부른다.

치에 있을수록 공을 바깥으로 미는 힘이 크게 발생하게 될 것이다.

(a) (b)

그림 1.9 전하가 공간상에 미치는 영향

【그림 1.9(a)】만 보면 전기장이라는 것이 단순히 힘의 작용을 설명하는 하나의 도구(Tool)일 뿐이라고 생각하기 쉽다. 하지만【그림 1.9(a)】의 가운데 있는 전하가 '+'에서 '−'로 주기적으로 바뀌는 경우를 생각해보자. 그러면 전하의 부호 변화와 같은 주기로 변하는 장(field)의 변화가 발생할 것이고 이 변화는【그림 1.9(b)】와 같이 방사 방향으로 퍼져 나가게 될 것이다. 이러한 패러데이의 생각을 바탕으로 맥스웰 방정식을 완성한 맥스웰은 이러한 장(field)의 변화가 전자기 파동을 만들고 이 전파는 빛의 속도인 3×10^8 [m/sec]로 퍼져나갈 것이라고 수식으로 예견하였다. 자연계에서 전하의 부호가 바뀔 수는 없으므로 전자기장의 전파 현상은【그림 1.10】과 같이 두 개의 평행판 캐패시터에서 전하의 극성이 주기적으로 변하고, 이러한 변화가 전자기파로 변환되어 방사된다는 것을 통해 설명할 수 있다.【그림 1.10】에서 평행판 캐패시터는 1GHz 주파수를 갖는 교류 신호원에 연결되어 있으므로 캐패시터의 윗부분과 아랫부분의 전하 분포는 0.5nsec마다 '+'에서 '−'로 바뀌게 된다. 이에 따라 전기장이 발생하고 전기장에 수직으로 자기장이 발생하게 된다. 전기장은 전하의 분포가 변화함에 따라 아랫방향 또는 윗 방향으로 변하게 되고 시간이 지남에 따라 지속적으로 변화한다. 이러한 변화는 빛의 속도로 퍼져나가므로 파장은 1GHz 신호원의 경우 30cm가 된다[14]. 이와 같이 장(field)는 실제로 존재하며 빛의 속도로 퍼져나간다는 것은 헤르츠(Hertz)에 의해 실험적으로 증명되었다.

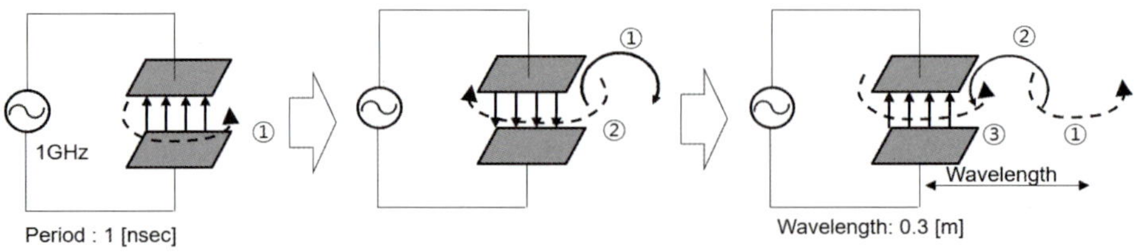

그림 1.10 전자기파의 방사

14) 속도(c)는 파장(λ)을 주기(T)로 나눈 것으로 주가는 파장의 역수($T = 1/f$)이므로 $c = f\lambda$에 의해 계산된다.

지금까지 설명한 바와 같이 전자기학은 시간에 따른 전하의 변화에 따른 공간상의 장(field)의 변화를 설명하는 학문이다. 이렇게 공간상으로 퍼져 나가는 전자기장은 주변의 물질과 상호작용을 하게 된다. 예를 들어【그림 1.11】과 같이 태양에서부터 빛의 속도로 다가오는 가시광선이 태양전지에 도착한다고 가정하자. 정오에는【그림 1.11】의 왼쪽과 같이 태양전지에 수직으로 입사되는 전자기장으로부터 태양전지에서 생성되는 전기 에너지가 최대가 된다. 하지만 정오가 지나 태양이 기울어지면 태양전지판은 동일해도 각도에 비례하여 전기 에너지가 감소한다. 이 전기 에너지는 태양의 전자기장의 크기가 태양전지에 투영되는 정도와 관련되는데, 투영되는 정도는 빛이라는 전자기파의 진행 방향과 태양전지라는 평면의 방향 벡터 간의 벡터 내적으로 결정된다[15]. 이와 같이 전자기학은 전하 분포에 의해 발생하는 전자기장을 이해하고 이러한 전자기장이 물질과 어떻게 상호작용하는지 학습하는 학문으로 정의할 수 있다.

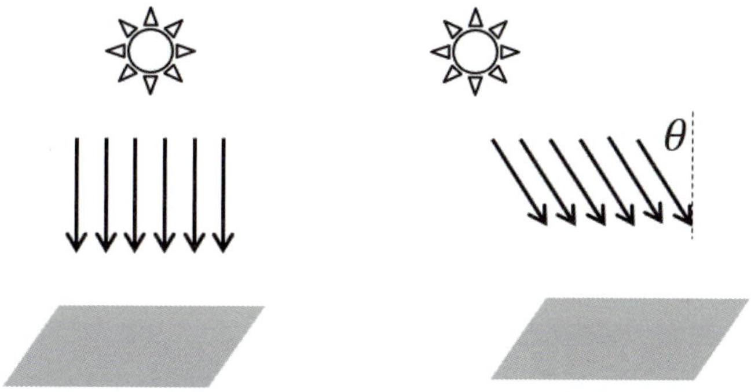

그림 1.11 태양전지에 작용하는 태양의 전자기파

전자기학에서는【표 1.1】과 같이 전기장과 자기장을 4개의 벡터로 설명한다. 벡터 4개를 사용하는 이유는 원래 전기장과 자기장이 분리되었던 시절에 별도의 개념으로 정의된 벡터($\overrightarrow{E}$와 $\overrightarrow{B}$)에 각각 대응되는 새로운 벡터($\overrightarrow{H}$와 $\overrightarrow{D}$)를 추가하였기 때문이다. 전기장과 자기장이 분리되어 연구되던 초기에는 자기력에서는 자속밀도 벡터($\overrightarrow{B}$)가, 전기장에서는 전기장의 세기 벡터($\overrightarrow{E}$)의 개념이 사용되었다. 이후 전기장에 전속밀도 벡터($\overrightarrow{D}$)의 개념이, 자기장에 자기장의 세기($\overrightarrow{H}$) 벡터의 개념이 추가되어 2개의 힘이 전자기력으로 통합되었다.

15) 실제 태양전지를 작은 벡터미분소로 표현하고 태양의 전자기파와 벡터 내적 연산을 이용한 벡터면적분을 취하여 구하게 된다. 이러한 과정은 3장에서 자세히 다루게 된다.

표 1.1 전기장과 자기장 벡터

구분	벡터장	기호	단위	비고
전기장	전기장의 세기	$\vec{E}$	[V/m], [N/C]	실제 존재
	전속밀도	$\vec{D}$	[C/m^2]	가상의 벡터
자기장	자기장의 세기	$\vec{H}$	[A/m]	가상의 벡터
	자속밀도	$\vec{B}$	[Wb/m^2], [T], [Gauss]	실제 존재

앞으로 4장에서부터 4가지 벡터와 그 응용에 대한 자세한 설명이 이루어질 것이다[16]. 그 전에 2장과 3장에서 관련된 수학에 대한 학습이 선행될 것이다.

요약

전자기학은 정지해 있거나 운동하고 있는 전하의 영향에 관해 연구하는 학문(The study on the effects of electric charges at rest or in motion)으로 벡터장으로 표현된다.

- 정전기장 : 전하가 움직이지 않는 경우에 발생
- 정자기장 : 전하가 일정한 속도로 움직이는 경우에 발생
- 동적 전자기장 : 전하가 변하는 속도로 움직이는 경우에 발생

1.3 전자기학 역사와 응용

1687년에 뉴턴(Isaac Newton, 1642~1727)은 '자연철학의 수학적 원리(Philosophiae naturalis principia mathematica), 프린키피아'를 발표하였다. 이후 두 세기 동안에 과학 분야에서는 그야말로 눈부신 변화와 발전이 있었다[17]. 20세기의 과학과 기술 발전을 주도하여 우리의 생활을 바꾸어 놓는데 크게 기여한 전자기학도 18세기와 19세기에 기초가 만들어진 분야이다. 19세기 초에 전기(電氣)와 자기(磁氣)가 밀접한 관계를 가지고 있다는 것이 밝혀지기 전까지는 전기의 성질을 다루는 전기학과 자석의 성질을 다루는 자기학은 서로 다른 분야로 인식되고 있었다. 그러나 전기와 자기가 모두 전하의 작용이라는 것이 밝혀지면서 전기학과 자기학은 전자기학으로 통합되어 우리 주변의 자연 현상과 물질의 성질을 이해하는 중요한 이론적 기초가 되었다. 전자기학의 역사를 간

16) 기초적인 전자기학 학습 이후 전송 선로, 도파관, 안테나 등의 학습이 이루어지는데 이를 응용전자기학(Applied Electromagnetics)이라고 한다. 보통 국내 4년제 대학에서는 대학 2학년 때 기초 전자기학 학습이 이루어지고 응용전자기학은 3학년 이후 마이크로파공학 등에서 진행하는 것이 일반적이다.

17) 과학사에서는 뉴턴의 이론을 기초로 발전한 18세기와 19세기의 200년 동안의 과학을 근대 과학이라고 한다.

단히 요약하면【표 1.2】와 같다.

표 1.2 전자기학의 주요 역사

B.C	600	탈레스에 의해 전기와 자기에 대해 기록이 나타남
A.D	1600	윌리암 길버트는 지구가 거대한 자석이라고 말했으며 전기와 자기에 관련된 문헌에 나타난 첫 번째 실험을 수행
	1750	프랭클린에 의해 "양"과 "음" 전하라는 명칭이 사용
	1785	클롱에 의해 전하 간에 작용하는 힘이 측정됨
	1800	알렉산드로 볼타에 의해 볼타전지가 발명됨
	1819	오에스테드가 전기가 자기장을 만들 수 있음을 확인
	1820	암페어에 의해 전류가 흐르는 도선 간에 작용하는 힘 발견
	1826	옴에 의해 옴의 법칙 발견
	1831	패러데이는 시간적으로 변하는 자기장이 전기장을 만들 수 있음을 발견
	1873	맥스웰이 전자기파에 대한 맥스웰 공식을 정리함
	1887	헤르쯔가 전자기파를 발견
	1901	마르코니가 대서양을 넘어 전파 송수신 시험

인간은 이미 자기장의 존재를 역사가 기록되기 시작할 때부터 알고 있었다. 예를 들어 그리스인 탈레스는 B.C. 600년에 보석의 일종인 호박(琥珀)을 모피로 문지르면 천이나 짚 조각을 끌어당길 수 있다는 것을 기록하였는데, 이 기록은 호박에 유기된 양전하가 천의 음전하를 끌어당기는 현상인 정전기(Static Electricity)에 대해 설명한 가장 오래된 기록이다. 이렇게 마찰에 의하여 발생되는 전기를 마찰전기라 하며 4장에서 다룰 정전기장의 일종이다. 중국에선 이미 4500년 전부터 철광석이 같은 철광석이나 특정 금속을 끌어당긴다는 것을 알고 있었으며, 지구도 같은 성질을 가지고 있음을 발견하였다. 중국에서는 이러한 원리를 이용해 나침반을 제작하여 항해에 이용하였다. 한편 서양에서는 그리스인들이 지금의 터키인 마그네시아(Magnetia) 지역에서 철광석을 발견하였다. 이 철광석은 자철광(Fe_3O_4)을 함유하고 있고, 이는 천연 자석으로 알려져 있다. 근세에 들어 1600년도에 영국인 윌리암 길버트가 나침반이 동작하는 이유를 지구가 큰 자석이기 때문이라고 설명하였다[18]. 당시만 해도 자기력과 전기력은 별도의 힘으로 알려져 있었다. 하지만 18세기 후반, 특히 19세기에 들어서 전자기 현상에 대한 통합적인 인식과 이해가 시작되었다. 이후 알렉산드로 볼타가 볼타전지를 발견한 이래 전자기 현상의 실질적인 이해가 시작되었고 전류와 관련된 연구가 따르게 되었다. 1820년에 전류가 자기장을 만든다는 오에스테드의 발견 이후 전기력이 자기력을 만든다는 사실을 알게 되었다. 이후 시간에 따라 변하는 자기장은 전기장을 만든다는 패러데이의 발견이 따르게 되었고 제임스 클락 맥스웰은 맥스웰의 공식으로 알려진 네 가지 공식으로 전기장과 자기장을 결합하는 이론을 만들었다. 따라서 이러한 4가지 공식을 이해하는 것이 전자기학

18) 실제로 지구는 용해된 내핵의 회전에 의해 자성을 가지며, 나침반 바늘의 북쪽 끝은 자기 북극(north magnetic pole)을 가리키고, 반대가 자기 남극(south magnetic pole)이 된다.

의 핵심이 된다. 1988년 독일 과학자 헤르츠(Hertz)는 무선 송수신 장치를 제작하여 맥스웰이 예견한 전자기파가 실제로 존재함을 증명하였다. 이후 20세기 들어서는 1901년 마르코니의 실험으로부터 전자기학의 이론을 상업적으로 활용하는 공학의 단계에 들어서게 되었다. 전신, 전화 등을 거쳐 2차 세계대전에서 레이더 등에 활용되기 시작되고, 라디오 방송, TV 방송, 휴대전화 서비스 등이 활성화되기 시작하였다.

이렇게 등장한 전자기파는 현재 우리 생활을 편리하게 해주는 전자공학 기술과 컴퓨터 기술, ICT(Information and Communications Technology)기술의 핵심 원리가 되었다. 이러한 전자 기술의 발전은 인간이 전자기학을 이해한 덕분이라고 할 수 있다. 우리는 전자기장 속에서 살고 있으며, 전자기장은 자연적으로 발생되거나(예, 태양광 복사 또는 번개 등), 혹은 인공적으로 만들어진다(예, 이동통신 기지국, 스마트폰, 고압송전선 등). 우리 주변을 살펴보면 집, 사무실, 자동차 안에는 전자기장에 의해 동작하는 수많은 기기로 채워져 있다. 예를 들어, 우리가 스마트폰에서 사용하는 모든 정보는 전자기장을 이용하여 안테나를 통해 송신되거나 수신되므로 이를 이해하기 위해서는 전자기학 지식이 필요하다. 또한, 저항, 캐패시터 및 인덕터와 같은 전자소자를 제조하거나 이해하는 데에도 필요하며, 다이오드, 트랜지스터 등 반도체 소자의 학습에도 반드시 필요하다. 이러한 소자를 설계하려면 전자기학의 법칙과 원리에 대한 철저한 지식이 필요하다. 전자기학은 전자공학 이외의 다양한 분야에서도 사용된다. 예를 들어 물리치료 분야에서는 전자파를 이용하여 인체 내부의 암을 가열하여 없애거나 지방을 분해하는데 사용될 수 있다. 또한 금속을 녹이거나 플라스틱판을 접합하는 데 사용될 수도 있다.

보통 전기전자공학의 관심 영역은 소자, 회로, 시스템의 3가지 분야로 나눌 수 있다. 전기전자공학에서 다루는 모든 현상은 전자기학으로 설명될 수 있지만, 회로 이상에서는 거시적 측면에서 신호만을 다루어도 문제가 없다. 하지만, 반도체와 같은 전자소자, 통신의 전파, 배터리와 같은 소자를 설계할 때는 전자기학에 대한 이해 없이 그 원리를 이해할 수 없다. 아울러 시스템을 설계하는 경우라도 전파 인증, 전자파 장해(EMI/EMC) 등 전자기학 현상의 이해가 없이 우수한 성능의 시스템을 설계할 수 없다.

마지막으로 최근 전자공학 기술의 발전은 공간과 관련되는 분야로 발전하고 있다. 로봇이나 전기차 등의 발전에 따라 이들 기기가 자율주행하는 기능이 필수적인데 이 경우 실제 공간을 인지하는 것이 중요하다. 게임이나 메타버스 등에서도 사용자는 가상공간 상에 캐릭터의 움직임을 표현하는 것이 필요하므로 이를 위해서 소프트웨어 적으로 사람이 인지할 수 있는 3차원 가상공간을 만들어야 한다. 따라서 3차원 공간을 표현하기 위해서는 좌표계가 필요한데 전자공학 교과목 중에 3차원 공간을 직접 다루는 과목은 사실 전자기학이 유일하다.

예제 1-4

【표 1.2】에는 20세기 전자기학의 주요 사건들이 빠져 있다. 20세기 전자기학의 주요 사건들을 포함하여 표를 완성하시오.

| 풀이 | 다음의 주요 사건들을 추가할 수 있다.

1920 미국 피츠버그의 KDKA국이 라디오 방송 시작

1935 프랑스와 독일에서 TV 실험 방송 시작

1946 벨(Bell)사에서 이동전화(차량용) 서비스 시작

1.4 MATLAB으로 전자기장 그리기

앞에서 전자기학은 시간에 따른 전하의 변화가 공간상으로 퍼져나가는 장(field)의 개념을 이용하여 설명하는 학문이라고 하였다. 따라서 시간과 공간상에 전자기장을 그릴 수 있다면 전자기학 학습에 큰 도움이 될 것이다. 다행히 전자공학에서 대중적으로 사용하는 MATLAB 프로그램으로 전자기장을 그릴 수 있다[19]. MATLAB은 전자기장을 시각화하는 데 편리한 내장함수(**surf**, **contour**, **quiver**)를 가지고 있을 뿐만 아니라 벡터와 좌표계와 관련한 다양한 함수(**dot**, **cross**, **cart2pol**)와 벡터미분연산을 위한 내장함수(**gradient**, **divergence**, **curl**) 등을 가지고 있어 편리하다. 또한, 파동의 퍼져나가는 모양은 MATLAB의 애니메이션 효과를 이용하면 좀 더 친밀한 학습이 가능하다. 단, 책은 2차원 평면이므로 1차원 또는 2차원 그림이나, 3차원을 2차원에 투영한 그림만이 가능하다는 한계가 있으므로 이를 감안해야 한다. 본 장에서는 MATLAB으로 벡터장을 그릴 수 있음을 보여주고, 이에 대한 자세한 설명과 전가기학 학습에 어떻게 사용하는 지는 2장부터 자세히 학습하도록 할 것이다.

(예제 1–5)는 정전기장의 예를 보여준다. 2차원 원점에 양전하가 있고, 공간에 따른 정전기장에 대한 스칼라장의 분포가 점함수 $f(x,y) = e^{-(x^2+y^2)}$로 주어진다고 가정하자. 모든 2차원 평면을 그릴 수 없으므로 그림을 그리기 위해서는 범위를 한정하고 이산화가 필요하다. (예제 1–5)의 MATLAB 프로그램에서는 x축과 y축을 -2부터 2까지 0.2 간격의 격자로 나누고 MATLAB의 그리기 함수 **surf**를 사용하면【그림 1.12】의 왼쪽 그림을 그릴 수 있다. 또한, 같은 스칼라장의 크기를 갖는 선을 연결하는 **contour** 함수를 그리면【그림 1.12】의 오른쪽 그림과 같이 동심원을 그릴 수 있다.

19) MATLAB을 학교용 라이센서로 계약하여 사용하는 대학이 많이 있으며, 학교용 라이센스가 없더라도 30일 무료 평가판 등을 사용할 수 있다. 자세한 사항은 학교를 통해 확인하기 바란다.

이제 정전기장에 대한 벡터장은 3장에서 학습할 미분연산자인 **gradient** 연산을 이용하여 벡터장을 구할 수 있다. 이렇게 구한 벡터장은 MATLAB의 벡터장을 그리는 내장함수 **quiver**를 사용하면 【그림 1.12】의 오른편 그림과 같이 각 점에서의 벡터장을 그릴 수 있다. **quiver** 함수는 벡터장의 크기가 크면 화살표의 크기가 커지고, 크기가 작으면 화살표의 크기를 작게 표시하여 보여준다. 그림에서 전하가 있는 원점 주변에서 벡터장이 가장 크며, 벡터장은 방사형으로 퍼져나감을 알 수 있다. 이렇게 움직이지 않는 전하에 의해 생기는 정전기장은 전하 주변의 공간에서의 벡터장과 스칼라장을 통해 이해할 수 있다[20].

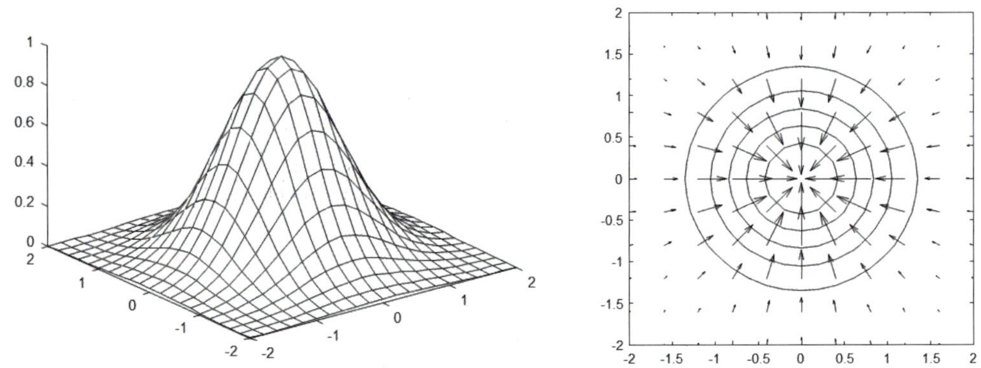

그림 1.12 전기장 그리기(예제1-5)

예제 1-5

다음 MATLAB program을 이용하여 스칼라장이 $f(x,y) = e^{-(x^2+y^2)}$로 주어지는 경우 벡터장과 스칼라장을 그리시오.

```
[x,y] =meshgrid(-2: .2: 2, -2: .2: 2);
[xx,yy] =meshgrid(-2: .4: 2, -2: .4: 2);
z=exp(-x.^2-y.^2);
zz=exp(-xx.^2-yy.^2);
figure(1)
   surf(x,y,z)
figure(2)
    contour(x,y,z, 5)
    hold on
```

20) 정전기장은 중력장과 같은 보전장이므로 벡터장과 스칼라장이 일대일로 대응되므로 스칼라장과 벡터장을 함께 그린다. 이러한 정전기장에 대한 스칼라장을 포텐셜장이라 한다.

```
axis square
[u,v] = gradient (zz, .2);
quiver(xx,yy,u,v)
```

(예제 1-6)은 정자기장을 그린 예를 보여준다. 2차원 원점에 z축을 따라 선전류가 있고, 공간에 따른 벡터장의 크기가 점함수 $f(\rho)=1/\rho$로 주어지고 벡터장의 방향은 반시계 방향으로 회전한다고 가정하자. 모든 2차원 평면을 그릴 수 없으므로 그림을 그리기 위해서는 범위를 한정하고 이산화가 필요하다. (예제 1-6)의 MATLAB 프로그램에서는 x축과 y축을 -1부터 1까지 0.2 간격의 격자로 나누고 MATLAB의 그리기 함수 **quiver**를 사용하면【그림 1.13】를 그릴 수 있다. 자기장은 회전하는 특성이 있으므로 극좌표계로 표현할 필요가 있어 직각 좌표계와 극좌표계의 좌표 변환을 위해 **cart2pol** 함수를 사용한다. 단,【그림 1.13】에서 가운데 지면을 뚫고 나오는 전류는 임의로 그린 것으로 MATLAB이 그린 것은 아니다. 정전기장과 다르게 정자기장은 보전장이 아니므로 별도의 스칼라장을 그릴 수 없으므로 벡타장만을 그리게 된다.

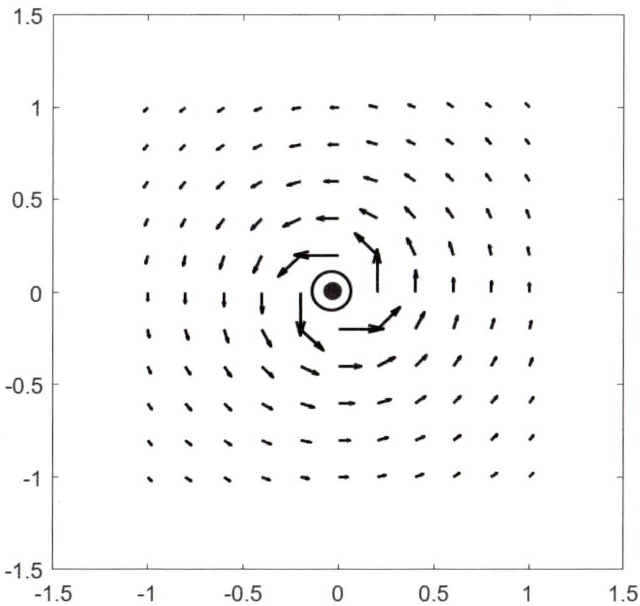

그림 1.13 자기장 그리기(예제 1-6)

예제 1-6

다음 MATLAB program을 이용하여 스칼라장이 $f(\rho)=1/\rho$로 주어지는 경우 벡터장을 그리시오.

```
step=0.2;
[x,y]=meshgrid(-1: step: 1, -1: step: 1);
[Phi,R]=cart2pol(x,y);
NR=length(R);
NP=length(Phi);
for n=1:NR,
    for m=1:NP,
    Rn=R(m,n);
    B(m,n)=1./Rn;
    end;
end;
Bx=-B.*sin(Phi);
By=B.*cos(Phi);
quiver(x,y,Bx,By)
axis square
```

이제 시간이 지남에 따라 공간상에 퍼져나가는 전자기장(또는 전자기파)을 그릴 차례이다. 하지만 불행하게도 2차원 그림으로 한 번에 전자기파를 표현할 수 없다. 따라서 시간을 고정하거나 거리를 고정하는 방법을 사용하는데 이는 전자기학에서는 시정현파를 가정하므로 (하나의 주파수를 갖는다고 가정) 시간과 거리가 상호 변환이 가능할 뿐만 아니라 sine과 cosine으로 표현할 수 있기 때문이다.【그림 1.14】에 시간을 고정하고 공간상에 그린 대표적인 전자기파의 그림을 보여준다. 그림에서는 x축 방향으로 전기장 벡터가, y–축 방향으로 자기장 벡터가 있으며, 파의 진행 방향은 z–축 방향으로 그려진다. 이때 신호가 반복되는 길이를 파장(wavelength)이라고 하며, 기호로 λ를 사용한다.【그림 1.14】에 대한 자세한 내용은 6장에서 다루게 된다.

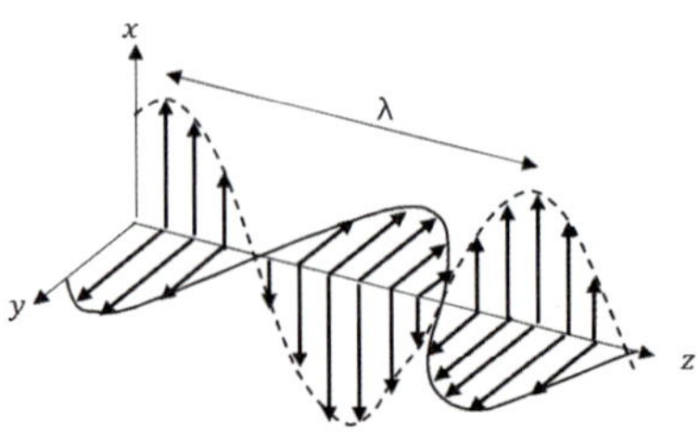

그림 1.14 시공간상의 전자기파

【그림 1.14】를 MATLAB으로 표현하기 위해서는 먼저 전기장과 자기장 중 하나를 선택해야 한다. 보통 전기장을 선택하는게 일반적이고, 벡터의 방향보다는 전기장의 크기가 거리에 따라 변하는 정도만을 그리게 된다. (예제 1-7)을 그리면 1kHz의 전자기파가 시간을 고정할 경우(t=0) z-축의 방향으로 거리에 따라 위상이 변하는 정도를 보여준다. 그림에서 파장은 3m가 아니라 300km이다. 이제 MATLAB의 movie 효과를 이용하면 시간이 지남에 따라 파동이 좌우로 이동함을 알 수 있다[21].

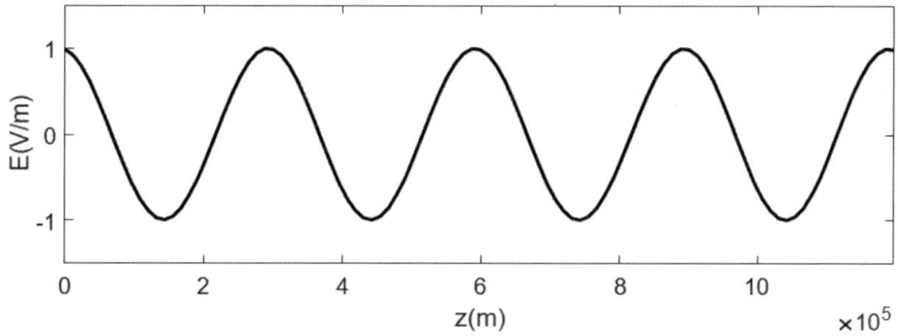

그림 1.15 전자기파 그리기(예제 1-7)

예제 1-7

다음 MATLAB program을 이용하여 전자기파가 퍼져 나가는 파형을 그리시오.

```
% Initialize Variables
Eo=1;                     % Magnitude
f=1000;                   % frequency
t=0;                      % time
phi=0;                    % phase [rad]
phir=phi*pi/180;          % phase [deg]
c=2.998e8;                % velocity of wave
lambda=c/f;               % wavelength
B=2*pi/lambda;            % propagatin constant
omega=2*pi*f;             % angular frequqeny
% Perform Calculation
z=0:4*lambda/100:4*lambda; % distance
E=Eo*cos(omega*t-B*z+phir); % E-field
```

21) 첫 번째 그림을 그린 후 pause 명령으로 잠깐 멈추게 되는데 이때 MATLAB 명령창에 엔터를 치면 애니메이션 효과를 볼 수 있다. 이때 해당 프로그램에서 "−B*z"인 경우 +z방향으로 파가 진행하고, "+B*z"인 경우 -z방향으로 파가 진행함을 간단히 부호를 바꿈으로써 확인할 수 있다.

```
% Generate a Reference Frame
plot(z,E)
axis([0 4*lambda -1.5*Eo 1.5*Eo])
xlabel('z(m)')
ylabel('E(V/m)')
pause
% Make the Movie
t=0:1/(40*f):1/f;
for n=1:40;
    E=Eo*cos(omega*t(n)-B*z+phir);
    plot(z,E)
    axis([0 4*lambda -2*Eo  2*Eo])
    grid
    title('General Wave Equation');
    xlabel('z(m)');
    ylabel('E(V/m)');
    M(:,1)=getframe;
end
```

요약

- 보전장인 정전기장은 스칼라장과 벡터장을 함께 그릴 수 있다. 스칼라장은 등전위선으로 표현되며, 벡터장은 화살표로 표현된다. 스칼라장으로부터 벡터미분을 통해 벡터장을 구할 수 있다.
- 회전장인 정자기장은 스칼라장 없이 벡터장으로만 그릴 수 있다. 회전하는 방향은 좌표계 변환함수를 통해 구할 수 있다.
- 동적 전자기장은 MALTAB으로 벡터장을 한꺼번에 그릴 수 없으므로 시간과 공간 중 하나를 고정해야 하며, 정현파를 가정하여 벡터장의 크기만을 그리는 것이 보통이다.

Chapter 2

벡터, 좌표계, 그리고 벡터장

제2장과 제3장에서는 전자기학을 이해하기 위한 기본 수학 모델인 벡터 대수학(vector algebra), 좌표계(coordinate systems), 벡터미적분학(vector calculus)을 학습한다. 그 시작으로 제2장에서는 벡터와 벡터장, 벡터대수, 좌표계를 학습한다.

먼저, 벡터를 정의하고 좌표계를 이용해 벡터를 표현하는 방법을 학습한다. 벡터의 물리적인 의미, 단위 벡터(unit vector), 위치벡터(position vector), 거리벡터(distance vector) 등 벡터의 기본 개념을 학습한다.

다음으로 좌표계(coordinates, coordinate system)를 학습한다. 좌표계는 2차원 좌표계와 3차원 좌표계가 있는데 2차원 좌표계로 직각 좌표계와 극좌표계를 학습한 후 3차원 좌표계인 직각 좌표계, 원통 좌표계, 구좌표계의 3가지를 학습한다[1]. 이러한 좌표계를 학습하는 이유는 한 좌표계에서 어려운 전자기학 문제가 다른 좌표계에서는 쉬운 문제가 될 수 있고, 전자기학에서 다루는 대부분의 문제는 3가지 좌표계로 계산할 수 있기 때문이다. 예를 들어 원통 좌표계는 긴 전선이나 전송 선로와 같이 원통 모양의 대칭성을 갖는 문제를 푸는데 편리하고, 구좌표계는 안테나와 같이 구 대칭성을 갖는 문제를 푸는 데 편리하다. 이러한 좌표계별로 고유의 단위 벡터를 정의하고 이 단위 벡터를 이용해 각각의 좌표계에서 벡터를 표현하게 된다.

마지막으로 벡터가 좌표계에서 표현되면 벡터대수의 핵심인 벡터의 곱셈을 학습한다. 벡터의 곱셈은 내적과 외적으로 나누며, 각각의 의미를 학습한다. 이러한 학습을 완료한 후 벡터와 벡터장을 MALTAB으로 표현하는 방법을 학습한다.

1) 수학적으로는 다양한 좌표계가 있지만, 전자기학에서 사용하는 좌표계는 직각 좌표계, 원통 좌표계, 구좌표계의 3가지만을 다루게 된다.

2.1 벡터와 스칼라

선분의 길이, 도형의 넓이나 부피, 온도 등과 같은 물리량은 하나의 실수로 나타낼 수 있다. 그러나 속도, 가속도, 힘 등의 물리량은 크기는 물론 방향도 가지고 있으므로 크기와 방향을 모두 알아야 표현할 수 있다. 일반적으로 크기만을 갖는 물리량을 스칼라(scalar)라 하고, 크기와 동시에 방향을 갖는 물리량을 벡터(vector)라고 한다. 벡터는 스칼라와 구별하기 위해 【그림 2.1】과 같이 벡터 기호(여기서는 A라 하자) 위에 방향을 나타내는 화살표를 붙여 표현한다. 여기서 화살표의 시작을 벡터 $\overrightarrow{A}$의 시점(또는 시작점), 화살표의 끝을 벡터 $\overrightarrow{A}$의 종점(또는 끝점)이라고 부른다. 벡터 $\overrightarrow{A}$의 크기는 당연히 스칼라값이 되는데 크기를 의미하는 절대값 표시를 이용하여 $|\overrightarrow{A}|$로 나타낸다. 벡터의 방향은 크기가 1이고 방향이 $\overrightarrow{A}$와 같은 방향인 방향벡터로 표현하는데 이를 단위 벡터(unit vector)라 한다. 벡터 $\overrightarrow{A}$의 단위 벡터는 기호 $\overrightarrow{a}_A$로 나타낸다[2].

$$\overrightarrow{a}_A = \frac{\overrightarrow{A}}{|\overrightarrow{A}|} \tag{2.1}$$

주의할 점은 벡터는 크기와 방향에 의해서만 정의되므로 【그림 2.2】와 같이 크기와 방향이 각각 같은 벡터는 시점에 관계없이 모두 같은 벡터로 취급한다. 즉, 한 벡터를 평행 이동하여 얻은 벡터는 모두 같은 것이다[3].

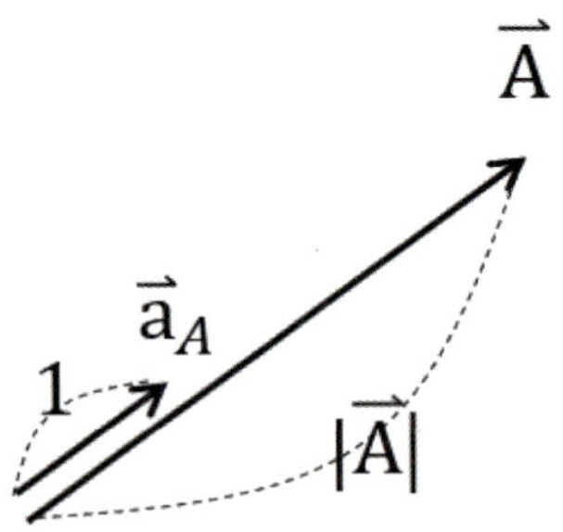

그림 2.1 벡터의 정의

2) 벡터는 크기와 방향을 가지고 있다는 말은 벡터 $\overrightarrow{A}$가 크기 $|\overrightarrow{A}|$와 방향 $\overrightarrow{a}_A$만을 갖는다고 표현할 수 있다. 따라서 벡터는 특정 위치나 좌표와는 무관함을 기억해야 한다.

3) 벡터는 크기와 방향만을 가진다고 정의하였으므로 【그림 2.2】에서 시작점이 다른 벡터를 보면 크기가 같고, 방향이 같으므로 같은 것으로 볼 수 있다. 만약 벡터를 크기와, 방향, 시작점으로 정의하였다면 평행 이동한 벡터는 다른 벡터가 될 것이다.

벡터 $\vec{A}$와 크기는 같지만 방향이 반대인 벡터를 벡터 $\vec{A}$의 역벡터라고 하고 기호 $-\vec{A}$ 로 나타낸다. 한편 벡터 중에서 특정한 크기를 갖는 벡터가 있는데, 크기가 1인 단위 벡터와 크기가 0인 영벡터가 있다. 영벡터는 기호 $\vec{0}$과 같이 나타낸다. 벡터는 크기와 방향이 있다고 했으므로 크기가 0인 영벡터도 방향을 가지고 있어야 하기 때문에 영벡터의 방향은 임의로 생각한다. 즉, 어떤 방향도 다 될 수 있는 것으로 생각한다.

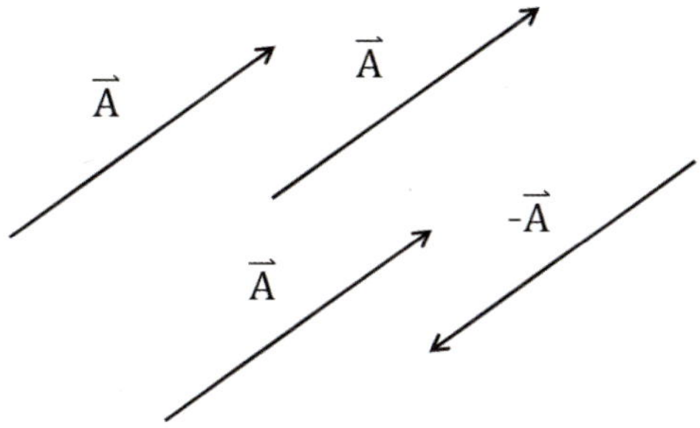

그림 2.2 벡터와 역벡터

2.1.1 벡터 덧셈의 의미

벡터는 2차원 평면에서뿐만 아니라 3차원 공간에서도 존재한다. 이렇게 평면이나 공간에 있는 두 벡터는 서로 더할 수 있는데, 두 벡터 $\vec{A}$와 $\vec{B}$에 대하여 두 벡터의 덧셈 $\vec{A}+\vec{B}$은 그림과 같이 시점을 일치시켜 평행사변형을 그려서(평행사변형법) 구하거나 하나의 벡터의 시점을 다른 벡터의 끝점에 옮겨서(삼각형법) 구할 수 있다.

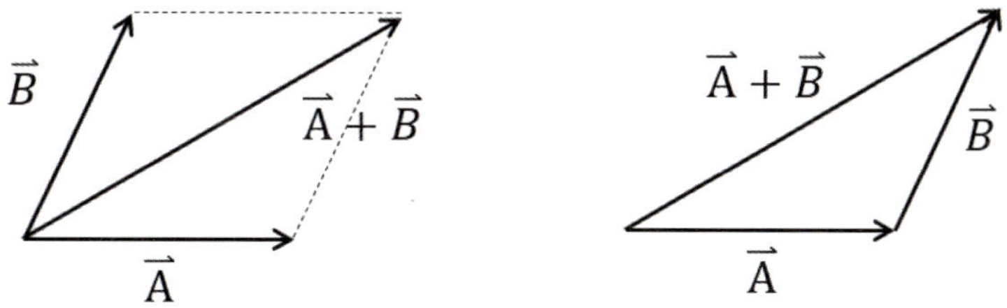

그림 2.3 평행사변형법과 삼각형법에 의한 벡터의 덧셈

벡터의 덧셈은 스칼라 양에 대한 덧셈과 다르다는 데 주의할 필요가 있다. 예를 들어 두 벡터 $\vec{A}$와 $\vec{B}$의 크기가 각각 3과 2라면 $\vec{A}+\vec{B}$는 5가 아니라 5보다 작다. 즉, 다음의 관계가 성립한다.

$$|\vec{A}|+|\vec{B}| \geq |\vec{A}+\vec{B}| \tag{2.2}$$

주의할 것은 두 벡터가 공간상의 서로 다른 점들에 위치할 때 하나의 벡터가 옮겨져서 다른 벡터와 수학적으로 더해질 수 있지만, 이러한 벡터 덧셈의 결과는 일반적으로 물리적인 의미를 가지지 못한다.【그림 2.3】에서 보는 것처럼 벡터 $\vec{B}$의 시작점을 벡터 $\vec{A}$의 끝점으로 옮겨도 벡터 덧셈은 같아지지만 실제 벡터장에서 벡터를 이동할 수 없으므로 수학적인 의미만을 가진다. 결론적으로 벡터장 내의 하나의 벡터는 공간상의 한 점에 고정될 수밖에 없고, 이러한 벡터가 공간상에서 옮겨지면 그 물리적 의미가 소멸된다. 따라서 전자기학에서 다루는 실제 존재하는 힘과 장은 물리적인 의미가 있으므로 벡터로 표현은 되지만 벡터는 아니며, 벡터장(vector field)이다. 벡터장은 점함수에 의해 시작점이 좌표계의 한 점으로 정해지며, 각 점에서 벡터가 일대일 대응되는 것이다.

요약

벡터는 크기와 방향으로만 정의한다. 벡터 $\vec{A}$가 있다면 크기는 $|\vec{A}|$, 방향은 $\vec{a}_A$로 표현한다. 벡터의 시점과 종점은 고려하지 않는다. 벡터만으로는 공간상의 위치를 표현할 수 없으므로 앞으로 다룰 전기장이나 자기장은 벡터와 점함수를 결합한 벡터장(vector field)으로 표현해야 한다.

2.2 좌표계(Coordinate System)

어떤 공간의 차원은 그 공간의 성분들 중에서 서로에게 영향을 미치지 않고 독립적으로 움직일 수 있는 성분들을 최대한 모아 놓았을 때, 그 성분의 개수가 몇 개인지를 말하는 것이다. 우리가 살아가는 3차원 공간은 앞뒤, 좌우, 위아래 3가지 방향으로 자유롭게 움직일 수 있으므로 3차원이 된다. 2차원 공간은 평면 위의 공간이다. 평면 위의 점을 생각해보면 점은 앞뒤, 좌우 2가지 방향으로만 움직일 수 있다. 따라서 평면은 2차원이다. 1차원 공간은 하나의 직선으로 이루어진 공간이다. 직선 위에 있는 점이 움직인다고 생각할 때, 이 점은 직선을 따라 좌우로만 움직일 수 있다. 그래서 1차원인 것이다. 1차원 공간은 간단하게 직선 하나로만 표시할 수 있지만, 2차원 이상의 공간을 표시하려면 위치를 정하는 다른 방법이 필요하다. 그것이 바로 데카르트 좌표계(Cartesian coordinate system) 혹은 직각 좌표계(Rectangular coordinate system)라는 것이다. 직각 좌표계에서 2차원 공간은 2개의 서로 직각으로 교차하는 직선으로, 3차원 공간은 3개의 서로 직각으로 교차하는 직선으로 표시한다.

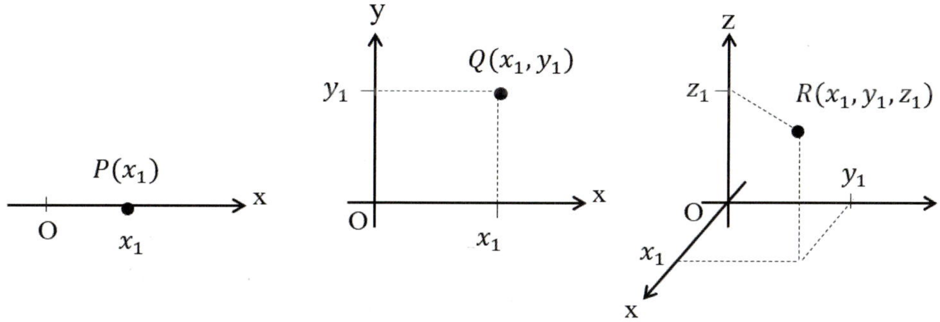

그림 2.4 1차원 좌표계(좌), 2차원 좌표계(가운데), 3차원 좌표계(우)

좌표계의 개념은 근세 철학의 아버지로 불리는 프랑스 수학자 르네 데카르트(René Descartes, 1596−1650)에 의해 고안되었다.【그림 2.4】의 2차원 좌표계에서 가로 방향과 세로 방향을 각각 x축, y축이라 부르는 서로 수직인 두 직선을 그리고, 만나는 점을 원점(origin) 'O'라 한 것을 데카르트 좌표계라 부른다. 이렇게 하면 평면 위의 임의의 점 P는 각 축에 내린 직선과 만나는 두 숫자 x_1, y_1의 순서쌍 (x_1, y_1)과 일대일 대응하게 된다. 이와 같이 좌표계를 도입하면 기하학의 많은 문제를 대수학의 문제로 바꿀 수 있다. 선을 그리지 않아도 대수 방정식을 풀어서 기하학의 문제를 해결하는 시대가 열린 것이다[4].

즉 임의의 점을 기준점(O)으로 잡고, 이 점을 통과하는 두 개의 직교하는 직선을 각각 x축(X)과 y축(Y)으로 삼는다면 두 개의 실수쌍 (x, y)로 평면상의 모든 점을 정의할 수 있다. 이처럼 정의된 평면좌표계에서 특정한 방정식 $f(x, y) = 0$을 만족시키는 무수히 많은 점들의 집합을 이용하여 특정한 곡선을 정의할 수 있다. $f(x, y) = 0$을 곡선 위의 점들이 만족시킨다는 점에서 바로 이 $f(x, y)$를 곡선의 기하학적 속성이라 부른다. 이처럼 도형을 구성하는 모든 점들이 만족시키는 수식을 발견할 경우, 우리는 그 수식을 도형의 대수적 표현으로 간주하고, 실제 도형 대신에 바로 이 대수식을 다룸으로써 기하학의 문제를 대수학의 문제로 전환할 수 있게 되었다. 따라서 도형을 그리는 대신에 대수식의 계산을 통해서 기하학의 문제를 풀 수 있게 되었다[5]. 예를 들어 두 선의 교차점을 구하기 위하여 과거에는 실제로 선을 긋고 기하학적 정리를 통하여 그 점의 위치 속성을 찾아내야만 했지만, 이제는 바로 두 곡선을 표현하는 두 개의 방정식 $f(x, y)$와 $g(x, y)$를 동시에 만족시키는 해(solution)가 바로 그 교차점의 위치를 의미하는 좌표로 이해될 수 있게 되었다. 원래는

4) 좌표계의 개념은 누구나 생각할 수 있을 정도로 간단해 보이지만, 그 발상은 현대 수학의 새로운 지평을 열게 되었으며, 이를 해석기하학(analytic geometry)라 부른다.

5) x−y=0이라는 함수를 고려해보자. 이 함수는 y=x 직선, 즉 x와 y값이 언제나 똑같은 선형직선을 의미한다. 즉, (1,1), (2,2), (3,3), ... 이 그 해이다. 즉 x−y=0 함수는 직선의 대수적 표현이 된다.

전혀 무관하였던 '두 선이 만난다'는 것과 '두 방정식의 공통해'가 바로 데카르트가 도입한 좌표계에 의해 동일한 의미를 지니게 된 것이다[6].

2.2.1 극좌표계(polar coordinate)

전자기학에서 사용되는 좌표계는 3차원 좌표계로 직각 좌표계(cartesian coordinates 또는 rectangular coordinates), 원통 좌표계(cylindrical coordinates), 구좌표계(spherical coordinates)로 구성된다. 이를 이해하기 위해서는 2차원 좌표계에서 직각 좌표계인 x–y좌표계와 극좌표계(polar coordinates)를 먼저 이해해야 한다.

극좌표계는 평면 위의 위치를 각도와 거리를 써서 나타내는 2차원 좌표계이다. 극좌표계를 사용하면 직각 좌표계에서는 수식적으로 표현하기 어려운 곡선을 쉽게 표현할 수 있다. 극좌표계는 2차원 좌표계이기 때문에 반지름(radius) 성분과 각(angle) 성분의 2개의 성분으로 결정된다. 【그림 2.5】와 같이 반지름 성분은 ρ("rho")이라고 부르며 극점(즉, 데카르트 좌표에서 원점에 해당)에서부터 해당 위치까지의 거리를 나타낸다. ϕ("phi")로 나타내는 각 성분은 0°(직교 좌표계에서 x축의 양의 방향에 해당)에서 반시계(counter clockwise) 방향으로 잰 각의 크기를 나타낸다. 만약 ρ가 음의 값을 갖는다면, ϕ가 가리키는 방향과 반대 방향으로 거리 $|\rho|$만큼 떨어진 점을 뜻한다. 예를 들어, 극좌표 (3, 60°)는 극에서 60° 방향으로 3의 크기만큼 떨어진 위치를 나타낸다. 극좌표 (−3, 240°)도 같은 위치에 그려진다. 이러한 혼란을 막기 위해 전자기학에서는 ρ는 언제는 0보다 크거나 같다고 정의하게 된다.

데카르트 좌표와는 달리 극좌표에서는 하나의 점을 나타내는 방법이 무한히 많다. 여러 바퀴를 돌아 제자리에 돌아와도 위치는 변하지 않기 때문이다. 일반적으로 (ρ,ϕ)는

$$(\rho,\phi)=(\rho,\phi+n360°)=(\rho,\phi+2\pi n) \tag{2.3}$$

로 표현될 수 있다. 여기서 n은 임의의 정수가 된다.

6) x−y=0과 x+y=0이라는 두 개의 방정식이 있다고 하자. 이 방정식의 해는 x=0, y=0이다. 실제 두 방정식이 만드는 직선의 교점은 (0,0)이다.

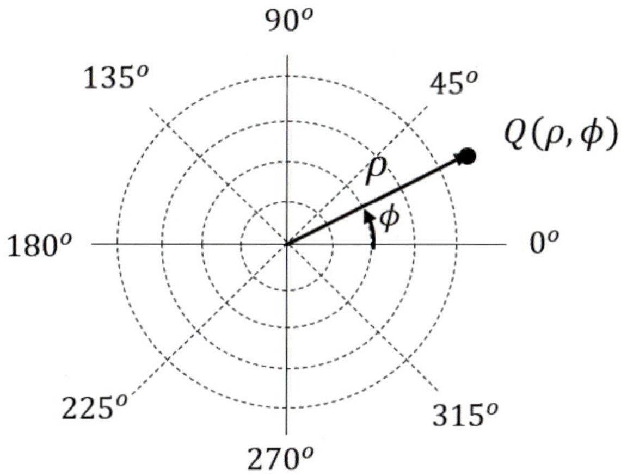

그림 2.5 극좌표계(polar coordinate)

$(0,\phi)$는 일반적으로 원점을 뜻하며, 반지름이 0이기 때문에 어떠한 각이든 상관이 없다. ϕ는 구간 [0, 360°) 또는 (−180°, 180°](라디안으로는 $[0, 2\pi)$ 또는 $(-\pi, \pi]$)의 수로 표현하는 것이 보통이다. 보통 극좌표계에서 각은 라디안을 이용하여 표현하는 것이 일반적이다.

1 라디안(radian)은【그림 2.6】과 같이 원둘레 위에서 반지름의 길이와 같은 길이를 갖는 호에 대응하는 중심각의 크기를 말한다. 호도(弧度)라고도 하며 rad로 줄여 쓰기도 한다. 보다 일반적으로 라디안 값은 원에서의 호와 반지름의 길이의 비율과 같다. 즉, $\phi = s/\rho$이다, 여기서 ϕ는 라디안으로 주어진 각도, s는 호의 길이, ρ는 반경이다. 라디안 각도를 표기할 때에는 숫자 뒤에 rad을 붙이거나, 아무것도 표시하지 않으면 rad으로 표현했다고 가정한다[7]. 라디안을 각도로 바꾸거나 각도를 라디안으로 바꿀 때는 식 (2.4)를 이용한다.

$$1\,[rad] = \frac{180}{\pi}\,[\mathrm{deg}] \simeq 57.3° \tag{2.4}$$

예제 2-1

각도 30°, 45°, 60°, 90°, 180°를 radian으로 표현하시오.

| 풀이 | 식 (2.4)를 이용하면 다음과 같다.

$$30° = \frac{30°}{180°}\pi = \frac{\pi}{6},\ 45° = \frac{45°}{180°}\pi = \frac{\pi}{4},\ 60° = \frac{\pi}{3},\ 90° = \frac{\pi}{2},\ 180° = \pi$$

7) rad과 도(degree) 단위가 혼동되지 않도록 도 단위 뒤에 위첨자 °를 붙인다.

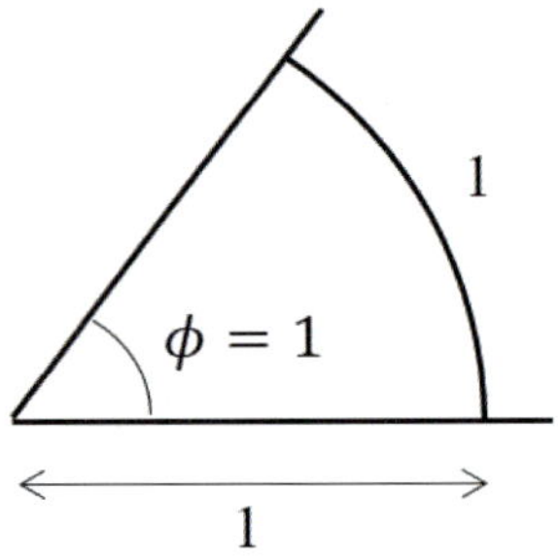

그림 2.6 1 rad의 정의

극좌표계의 ρ와 ϕ는【그림 2.7】과 같이 삼각 함수를 이용해 데카르트 좌표의 x와 y로 변환할 수 있다. 즉, 극좌표계의 한 점 $Q(\rho,\phi)$는 직각 좌표계의 $Q(x,y)$로 바꿀 수 있다. 이를 위해 삼각 함수 공식을 사용한다.

$$x = \rho\cos\phi \tag{2.5}$$

$$y = \rho\sin\phi \tag{2.6}$$

반대로 피타코라스 정리와 탄젠트(tangent)함수를 이용하여 데카르트 좌표의 $Q(x,y)$도 극좌표의 $Q(\rho,\phi)$로 변환할 수 있다.

$$\rho^2 = x^2 + y^2 \tag{2.7}$$

$$\phi = \tan^{-1}\left(\frac{y}{x}\right) \tag{2.8}$$

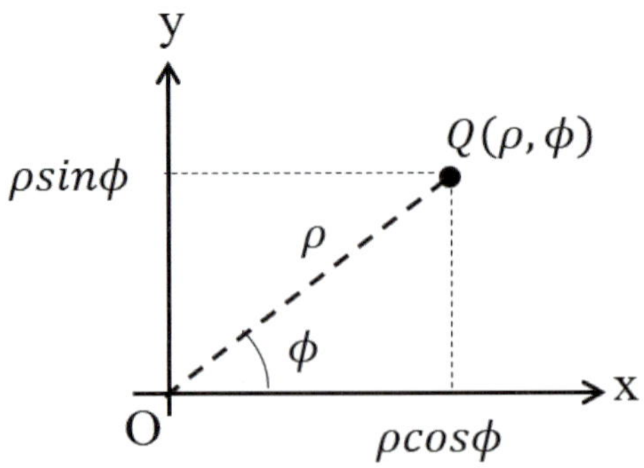

그림 2.7 직각 좌표계와 극좌표계의 변환

예제 2-2

2차원 직각 좌표계의 점 $P(1,3)$을 극좌표계로 표현하라.

|풀이| 점 $P(1,3)$에서 $x=1$, $y=3$이 된다. 따라서 극좌표계로 표현하면 다음과 같다.

$$\rho=\sqrt{x^2+y^2}=\sqrt{1^2+3^2}=\sqrt{1+9}=3.16$$

$$\phi=\tan^{-1}\left(\frac{y}{x}\right)=\tan^{-1}\left(\frac{3}{1}\right)=1.25(\text{or } 71.56°)$$

극좌표계에서 점 $P(3.16, 1.25)$ 또는 $P(3.16, 71.56°)$로 표현된다.

2.2.2 3차원 좌표계

앞에서 살펴본 2차원 극좌표계를 확장하면 3차원의 원통 좌표계와 구좌표계를 쉽게 이해할 수 있다. 3차원 좌표계는 2차원의 극좌표계의 특성을 일부 포함하기 때문이다. 둘의 차이점은 원통 좌표계는 거리 좌표 1개를 더해 극좌표계를 확장시키는 것이며, 구좌표계는 각 좌표를 2개 사용하는 것이 다를 뿐이다. 따라서, 3차원 좌표계 중에서 원통 좌표계는 축은 극좌표계의 ρ, ϕ에 z를 더하여 ρ, ϕ, z를 사용하며, 구좌표계의 축은 r, θ, ϕ로 극좌표계의 ρ의 개념을 r로 바꾸고, 극좌표계의 ϕ에 θ를 추가하여 사용한다. 【그림 2.8】에 3가지 3차원 좌표계의 그림이 그려져 있다. 여기서 x, y, z, ρ, r은 길이를 나타내는 값이며, θ와 ϕ는 각도를 나타낸다. 원통 좌표계와 구좌표계에 공통으로 들어가는 축은 ϕ로서 두 좌표계에서 동일한 개념으로 사용된다.

먼저 원통 좌표계는 2차원인 xy 평면 전체를 극좌표계로 일대일 대응시킬 수 있으므로, 여기에 z축을 추가하여, 3차원 공간을 표현하는 방법이다. 원통 좌표계란 이름이 붙은 이유는, 세 좌표 중 ρ가 고정되고, ϕ, z가 임의의 값을 취할 수 있을 때의 궤적이 원통 모양이기 때문이다. 원통 좌표계의 특이점은 z축 위의 점들이다. 그 이유는 z축 위의 점들은 ϕ값에 상관없이 $\rho=0$이면 모두 같기 때문이다.

구좌표계는 원점에서의 방사 거리 r, z축 양의 방향과 이루는 각 θ, xy 평면으로의 투영(Projection)된 점까지의 선분과 x축 양의 방향과 이루는 각 ϕ, 이 세 가지 변수 r, θ, ϕ로 이루어지는 좌표계이다. 특이점은 $r=0$이거나, $\theta=n\pi$(단, n은 자연수)를 만족하는 모든 (r,θ,ϕ)이며, 직교 좌표계에선 각각 (x,y,z)=(0,0,0)과 z축에 해당한다. 구좌표계는 r을 고정시켰을 때의 모양이 원점을 중심으로 하는 구이기 때문에 붙여진 이름이다. 구좌표계의 r은 원점과의 거리인 반면 원통 좌표계의 ρ는 z축과의 거리임에 차이가 있으나 원통 좌표계의 ϕ는 구좌표계의 ϕ와 동일하다. 또한 구좌표계는 지구의 지도에 사용되는 위도, 경도의 개념과 유사하다.

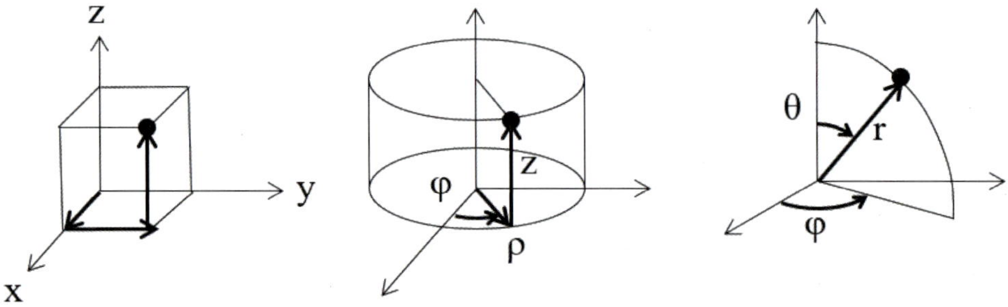

그림 2.8 직각좌표계, 원통 좌표계, 구좌표계

원통 좌표계의 좌표들은【그림 2.9】와 같이 2차원 xy좌표계와 극좌표 변환과 동일한 공식을 써서 직각 좌표계로 변환된다.

$$x = \rho\cos\phi$$
$$y = \rho\sin\phi \qquad (2.9)$$
$$z = z$$

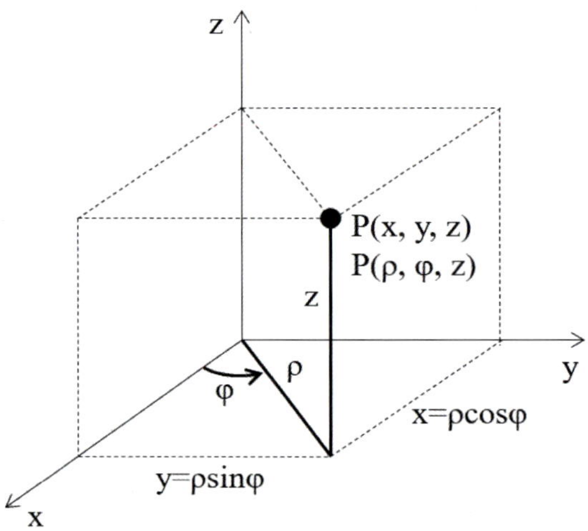

그림 2.9 직각좌표계와 원통 좌표계의 관계

반면 구좌표계의 좌표들은 조금 복잡하다. 먼저 식 (2.10)과 같이 구좌표계의 r을 x–y 평면으로 투영하면 원통 좌표계의 ρ가 되고, z–축에 투영하면 z가 된다.

$$\rho = rsin\theta \qquad (2.10)$$
$$z = rcos\theta$$

이제【그림 2.10】과 같이 ρ를 x축과 y축에 투영하면 최종적으로 식 (2.11)을 얻을 수 있다.

$$\begin{aligned} x &= \rho\cos\phi = r\sin\theta\cos\phi \\ y &= \rho\sin\phi = r\sin\theta\sin\phi \\ z &= rcos\theta \end{aligned} \tag{2.11}$$

식 (2.11)과 반대로 직각 좌표계의 좌표가 주어졌을 때 구좌표계의 좌표값은 피타코라스와 삼각 함수를 이용하여 식 (2.12)와 같이 주어진다. 이때 ϕ는 원통 좌표계의 변환식인 (2.8)과 동일하다.

$$\begin{aligned} & r^2 = x^2 + y^2 + z^2 \text{ (피타고라스 정리 사용)} \\ & \theta = \tan^{-1}\left(\frac{\rho}{z}\right) = \tan^{-1}\left(\frac{\sqrt{x^2+y^2}}{z}\right) \\ & \phi = \tan^{-1}\left(\frac{y}{x}\right) \end{aligned} \tag{2.12}$$

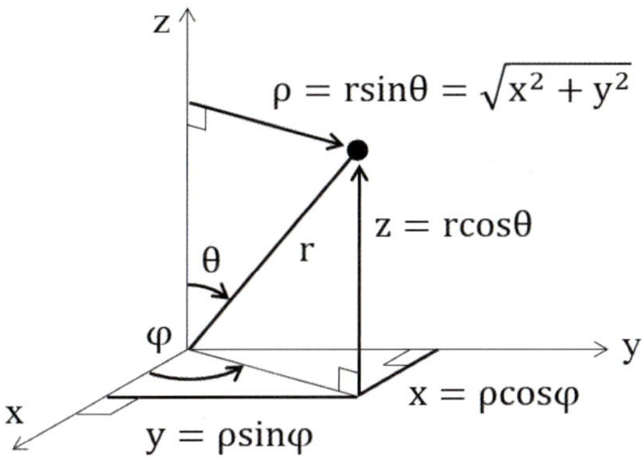

그림 2.10 직각 좌표계, 원통 좌표계, 구좌표계의 관계

요약

- 전자기학에서 사용하는 좌표계로는 2차원 좌표계로 x-y좌표계, 극좌표계가 있고, 3차원 좌표계로 직각 좌표계(x-y-z좌표계), 원통 좌표계, 구좌표계가 있다.
- 전자기학 문제는 좌표계와 무관하게 존재하지만 적절한 좌표계를 사용함으로써 문제를 쉽게 풀 수 있다. 따라서 필요에 따라 좌표계를 변환할 필요가 있다.

예제 2-3

직각 좌표계에서 점 $P(1,3,5)$을 원통 좌표계와 구좌표계로 표현하라

| 풀이 | 점 $P(1,3,5)$에서 $x=1$, $y=3$, $z=5$가 된다. 따라서 원통 좌표계로 표현하면 다음과 같다.

$$\rho=\sqrt{x^2+y^2}=\sqrt{1^2+3^2}=\sqrt{1+9}=3.16$$

$$\phi=\tan^{-1}\left(\frac{y}{x}\right)=\tan^{-1}\left(\frac{3}{1}\right)=1.25(\text{or } 71.56°)$$

$$z=5$$

원통 좌표계에서 점 $P(3.16, 1.25, 5)$ 또는 $P(3.16, 71.56°, 5)$로 표현된다.

마찬가지로, 구좌표계의 변환식은 다음과 같다.

$$r=\sqrt{x^2+y^2+z^2}=\sqrt{1^2+3^2+5^2}=\sqrt{1+9+25}=5.53$$

$$\theta=\tan^{-1}\left(\frac{\sqrt{x^2+y^2}}{z}\right)=\tan^{-1}\left(\frac{\sqrt{10}}{5}\right)=0.56(\text{or } 32.31°)$$

$$\phi=\tan^{-1}\left(\frac{y}{x}\right)=\tan^{-1}\left(\frac{3}{1}\right)=1.25(\text{or } 71.56°)$$

구좌표계에서는 점 $P(5.53, 0.56, 1.25)$ 또는 $P(5.53, 32.31°, 71.56°)$로 표현된다.

예제 2-4

직각 좌표계에서 점 $P(3,3,0)$를 각각 원통 좌표계와 구좌표계로 표현하라.

| 풀이 |

$$\rho=\sqrt{x^2+y^2}=\sqrt{3^2+3^2}=3\sqrt{2}$$

$$\phi=\tan^{-1}\left(\frac{y}{x}\right)=\tan^{-1}\left(\frac{3}{3}\right)=\frac{\pi}{4}(\text{or } 45°)$$

$$z=0$$

직각 좌표계에서 점 $P(3,3,0)$은 원통 좌표계에서 $P(3\sqrt{2}, \pi/4, 0)$으로 표현된다.

$$r=\sqrt{x^2+y^2+z^2}=\sqrt{3^2+3^2+0^2}=3\sqrt{2}$$

$$\theta=\tan^{-1}\left(\frac{\sqrt{3^2+3^2}}{0}\right)=\tan^{-1}(\infty)=\frac{\pi}{2}(\text{or } 90°)$$

구좌표계에서는 점 $P(3\sqrt{2}, \pi/2, \pi/4)$ 또는 $P(3\sqrt{2}, 90°, 45°)$로 표현된다.

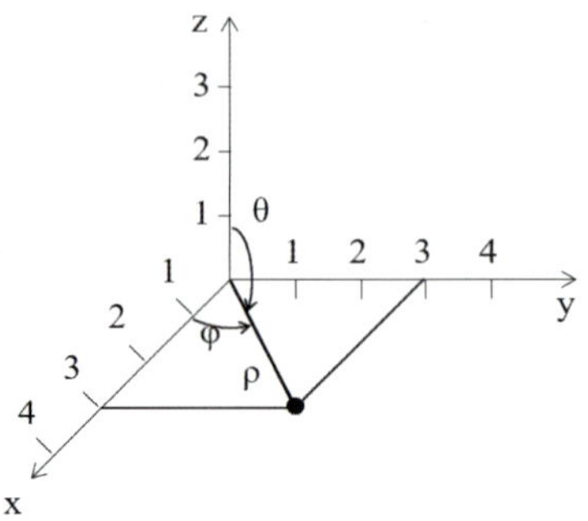

예제 2-5

직각 좌표계에서 점 $Q(3,3,3\sqrt{2})$를 각각 원통 좌표계와 구좌표계로 표현하라.

| 답 | 원통 좌표계 : $Q(3\sqrt{2},\pi/4,3\sqrt{2})$, 구좌표계 : $Q(6,\pi/4,\pi/4)$

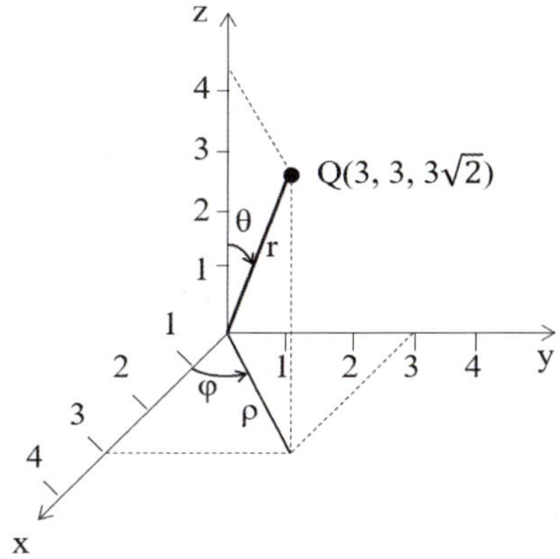

2.3 좌표계에서의 벡터

앞에서 벡터와 좌표계의 기본 개념을 도입하였으므로 이제 좌표계에서 벡터를 표시하는 방법을 살펴보자. 먼저 가장 간단한 직각 좌표계에서부터 시작하고 다음으로 원통 좌표계와 구좌표계로 확장할 것이다. 좌표계에서 벡터를 정의하기 위해서는 크기가 1이면서 각 축의 방향을 갖는 단위 벡터를 정의해야 한다. 직각 좌표계에서는 각 축의 이름을 아래첨자로 하여 $\vec{a}_x$, $\vec{a}_y$, $\vec{a}_z$라 정의한다[8]. 이렇게 단위 벡터를 정의하면 직각 좌표계에서 임의의 벡터는 식 (2.13)과 같이 주어진다.

$$\vec{A} = A_x\vec{a}_x + A_y\vec{a}_y + A_z\vec{a}_z \tag{2.13}$$

예를 들어【그림 2.11】의 벡터 $\vec{A}$는 원점에서 위치 (4,3)까지의 벡터로 4개의 $\vec{a}_x$와 3개의 $\vec{a}_y$ 단위 벡터를 더한 것과 같으므로 $\vec{A} = 4\vec{a}_x + 3\vec{a}_y$와 같이 주어진다. 또한 이 벡터는 다음과 같이 크기와 방향으로 표현될 수 있다.

$$\vec{A} = |\vec{A}|\vec{a}_A \tag{2.14}$$

8) 다양한 전자기학 교재에서는 직각 좌표계에서 단위 벡터를 표현하기 위하여 x, y, z를 사용하기도 한다. 또한 물리학에서는 일반적으로 i, j, k를 사용하기도 한다.

여기서 벡터의 크기와 방향은 각각 식 (2.15)와 식 (2.16)과 같이 주어진다.

$$|\vec{A}| = \sqrt{A_x^2 + A_y^2 + A_z^2} \tag{2.15}$$

$$\vec{a}_A = \frac{\vec{A}}{|\vec{A}|} = \frac{A_x\vec{a}_x + A_y\vec{a}_y + A_z\vec{a}_z}{\sqrt{A_x^2 + A_y^2 + A_z^2}} \tag{2.16}$$

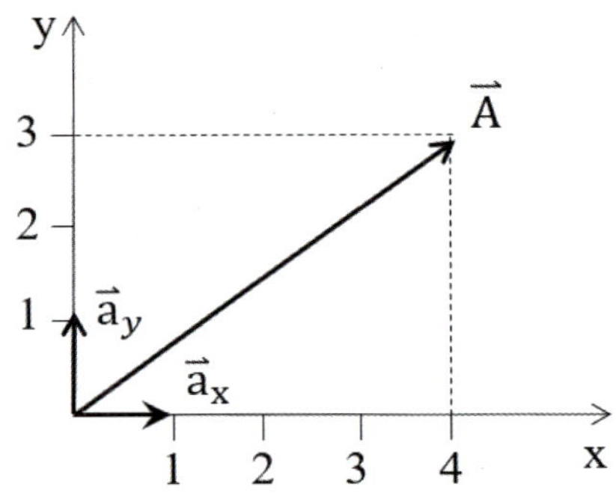

그림 2.11 단위 벡터를 이용한 벡터의 표현

예제 2-6

【그림 2.11】의 벡터 $\vec{A}$의 크기와 방향을 구하시오.

| 풀이 | 벡터 $\vec{A}$의 크기 $|\vec{A}|$는 피타고라스 정리에 의해 다음과 같다.

$$|\vec{A}| = \sqrt{4^2 + 3^2} = 5$$

$\vec{A}$ 의 방향은 단위 벡터 $\vec{a}_A$로 주어지며 다음과 같다.

$$\vec{a}_A = \frac{\vec{A}}{|\vec{A}|} = \frac{4}{5}\vec{a}_x + \frac{3}{5}\vec{a}_y$$

벡터가 원점에서 좌표계의 한 점까지 그려지게 되면 끝점의 위치에 따라 벡터의 특성이 결정되는데 이를 위치벡터(position vector)로 명명한다. 위치벡터는 항상 좌표계의 원점에서 출발하여 공간상의 한 점에서 끝나며, 그 끝점을 정의하기 위한 목적으로 사용된다. 그렇다면 원점에서 출발하지 않는 벡터는 어떻게 정의하는가? 이러한 벡터를 거리벡터(distance vector)라 부르며 원점이 아닌 공간상의 한 점에서 출발해 공간상의 또 다른 점에서 끝나며, 두 점 사이의 거리 및 그 끝점까지의 방향을 표시하기 위하여 사용된다. 이제【그림 2.12】와 같이 원점에서 P점까지의 위치벡터 $\vec{r}_P = x_P\vec{a}_x + y_P\vec{a}_y + z_P\vec{a}_z$와 원점에서 점 Q까지의 위치벡터 $\vec{r}_Q = x_Q\vec{a}_x + y_Q\vec{a}_y + z_Q\vec{a}_z$가 있을 때 점 P에서 점 Q까지 가는 벡터 $\vec{r}_{PQ}$ 를 구해보자. 이 벡터를 구하기 위해서는 시작점이 각 성분의 끝점으로부터 빼져야 하며, 다음 식 (2.17)로 주어진다[9].

$$\vec{r}_{PQ} = \vec{r}_Q - \vec{r}_P = (x_Q - x_P)\,\vec{a}_x + (y_Q - y_P)\,\vec{a}_y + (z_Q - z_P)\,\vec{a}_z \tag{2.17}$$

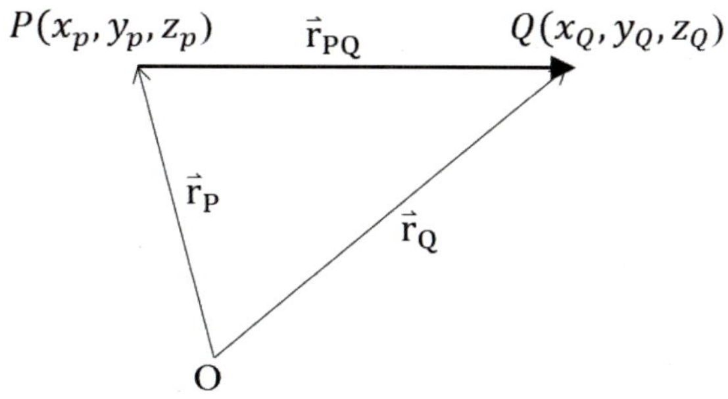

그림 2.12 거리벡터의 표현

예제 2-7

점 P(0, −4, 0), Q(0, 0.5), R(1, 0, 0) 및 S(0, 5, 0)가 주어졌을 때

(a) 점 P로부터 Q까지의 거리벡터 $\vec{A}$ 를 구하라.

(b) 점 R로부터 S까지의 거리벡터 $\vec{B}$ 를 구하라.

풀이 $\vec{A}$ 는 식 (2–17)에 의해 다음과 같이 구해진다.

$$\vec{A} = \vec{r}_{PQ} = \vec{r}_Q - \vec{r}_P = (0-0)\,\vec{a}_x + (0-(-4))\,\vec{a}_y + (5-0)\,\vec{a}_z$$
$$= 4\,\vec{a}_y + 5\vec{a}_z$$

마찬가지로 $\vec{B}$ 는 다음과 같다.

$$\vec{B} = \vec{r}_{RS} = \vec{r}_S - \vec{r}_R = (0-1)\,\vec{a}_x + (5-0)\,\vec{a}_y + (0-0)\,\vec{a}_z$$
$$= -1\,\vec{a}_x + 5\vec{a}_y$$

9) 거리벡터 $\vec{r}_{PQ}$ 에서 아래첨자는 시작점이 먼저 온다. 따라서 거리벡터 $\vec{r}_{QP}$ 의 시작점은 Q점이 된다. 따라서 $\vec{r}_{PQ} = -\vec{r}_{QP}$ 가 된다.

예제 2-8

(예제 2-7)에서 구한 두 벡터의 덧셈 $\vec{A}+\vec{B}$의 방향을 구하라.

| 풀이 | $\vec{A}+\vec{B}$의 방향을 구하기 위해 우리는 먼저 $\vec{A}+\vec{B}$를 알아야 한다.

$$\vec{A}+\vec{B}=(0-1)\,\vec{a}_x+(4+5)\,\vec{a}_y+(5+0)\,\vec{a}_z$$
$$=-1\,\vec{a}_x+9\,\vec{a}_y+5\vec{a}_z$$

$\vec{A}+\vec{B}$의 방향은 $\vec{A}+\vec{B}$의 단위 벡터로 다음과 같다.

$$\vec{a}_{\vec{A}+\vec{B}}=\frac{\vec{A}+\vec{B}}{|\vec{A}+\vec{B}|}$$

여기서, $|\vec{A}+\vec{B}|=\sqrt{1^2+9^2+5^2}=10.34$이며, 따라서 단위 벡터는 다음과 같다.

$$\vec{a}_{\vec{A}+\vec{B}}=-0.097\,\vec{a}_x+0.87\,\vec{a}_y-0.48\,\vec{a}_z$$

2.3.1 원통 좌표계에서의 벡터

직각 좌표계와 동일한 방법으로 원통 좌표계에서의 벡터를 표시할 수 있다. 먼저, 원통 좌표계에서 벡터를 정의하기 위해서는 크기가 1이면서 각 축의 방향을 갖는 단위 벡터를 정의해야 한다. 원통 좌표계에서는 단위 벡터는 각 축의 이름을 아래첨자로 하여 $\vec{a}_\rho$, $\vec{a}_\phi$, $\vec{a}_z$라 정의한다. 이러한 단위 벡터를 이용하여 원통 좌표계에서 점 (A_ρ, A_ϕ, A_z)까지의 벡터 $\vec{A}$는 식 (2.18)과 같이 표현된다.

$$\vec{A}=A_\rho\,\vec{a}_\rho+A_\phi\vec{a}_\phi+A_z\vec{a}_z \tag{2.18}$$

직각 좌표계와 마찬가지로 이 벡터는 $\vec{A}=|\vec{A}|\,\vec{a}_A$와 같이 쓸 수 있으며 원통 좌표계에서 벡터의 크기와 방향은 각각 식 (2.19)와 식 (2.20)과 같이 주어진다.

$$|\vec{A}|=\sqrt{A_\rho^2+A_\phi^2+A_z^2} \tag{2.19}$$

$$\vec{a}_A=\frac{\vec{A}}{|\vec{A}|}=\frac{A_\rho\vec{a}_\rho+A_\phi\vec{a}_\phi+A_z\vec{a}_z}{\sqrt{A_\rho^2+A_\phi^2+A_z^2}} \tag{2.20}$$

좌표계는 문제를 편리하게 풀기 위해 도입된 것으로 물리 현상이 좌표계에 따라 달라질 수는 없다. 따라서 원통 좌표계에서 정의된 벡터는 직각 좌표계로 변환할 수 있어야 하는데 이를 좌표변환이라 한다. 단, 좌표변환에서 주의할 점은 원통 좌표계의 단위 벡터는【그림 2.13】과 같이 $\vec{a}_\rho$와 $\vec{a}_\phi$ 벡터가 각도 ϕ에 따라 방향이 달라진다는 것이다[10].

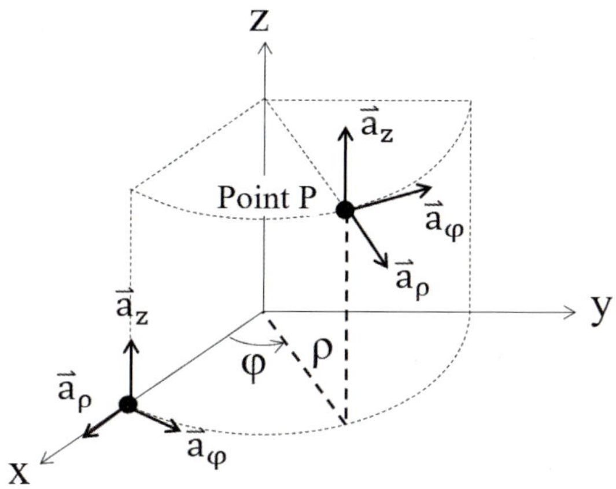

그림 2.13 원통 좌표계에서 단위 벡터

예를 들어 구하려는 벡터가 x축 위에 놓여 있을 때 $\vec{a}_\rho = \vec{a}_x$ 이고 $\vec{a}_\phi = \vec{a}_y$ 로 주어진다. 하지만 벡터가 y축 위에 놓여 있을 때는 $\vec{a}_\rho = \vec{a}_y$ 이고 $\vec{a}_\phi = -\vec{a}_x$ 로 주어진다. 이제 임의의 점에서의 직각 좌표계와 원통 좌표계의 단위 벡터의 관계를 알기 위해【그림 2.14】와 같이 x-y 평면의 임의의 점에서의 단위 벡터를 살펴보자.

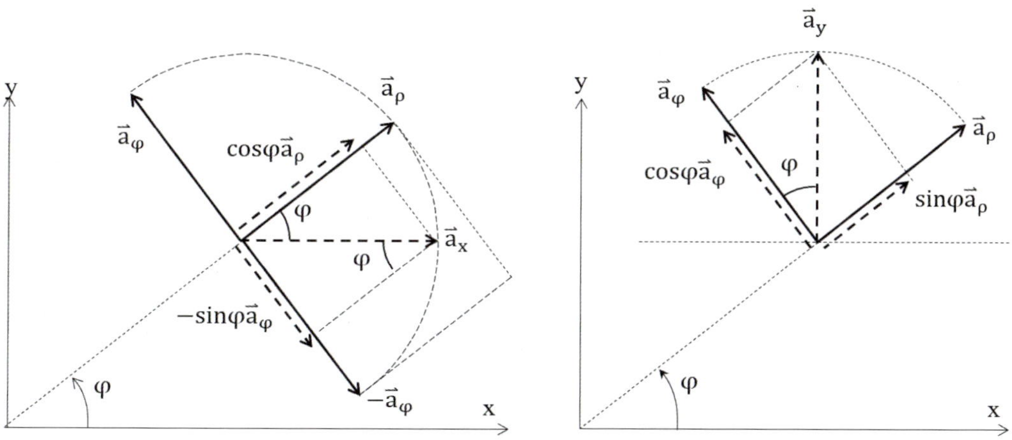

그림 2.14 직각 좌표계와 원통 좌표계에서 단위 벡터의 관계

【그림 2.14】에서 실선은 원통 좌표계의 단위 벡터를 의미하며, 점선은 직각 좌표계에서 단위 벡터를 의미한다.【그림 2.14】의 왼쪽을 보면 $\vec{a}_x$는 $\vec{a}_\rho$와 $\vec{a}_\phi$로 표현할 수 있음을 알 수 있다. 즉, 식 (2.21)과 같이 주어진다.

10) 직각 좌표계의 단위 벡터와 달리 원통 좌표계와 구좌표계의 단위 벡터들은 각도에 따라 방향이 달라지는 특징이 있으므로 주의해야 한다. 따라서 문제를 풀 때는 꼭 좌표계에 그림을 그려서 단위 벡터의 방향을 확인하는 습관을 들여야 한다.

$$\vec{a}_x = \cos\phi\, \vec{a}_\rho - \sin\phi \vec{a}_\phi \tag{2.21}$$

【그림 2.14】의 오른쪽을 보면 $\vec{a}_y$ 역시 $\vec{a}_\rho$와 $\vec{a}_\phi$로 표현할 수 있음을 알 수 있다. 이 경우 식 (2.22)와 같이 주어진다.

$$\vec{a}_y = \sin\phi\, \vec{a}_\rho + \cos\phi \vec{a}_\phi \tag{2.22}$$

식 (2.21)과 식 (2.22)를 행렬로 표현하면 다음 식 (2.23)과 같다.

$$\begin{bmatrix} \vec{a}_x \\ \vec{a}_y \end{bmatrix} = \begin{bmatrix} \cos\phi & -\sin\phi \\ \sin\phi & \cos\phi \end{bmatrix} \begin{bmatrix} \vec{a}_\rho \\ \vec{a}_\phi \end{bmatrix} \tag{2.23}$$

식 (2.23)을 역행렬을 취하면 원통 좌표계의 단위 벡터를 직각좌표계의 단위 벡터로 표현할 수 있다.

$$\begin{bmatrix} \vec{a}_\rho \\ \vec{a}_\phi \end{bmatrix} = \begin{bmatrix} \cos\phi & \sin\phi \\ -\sin\phi & \cos\phi \end{bmatrix} \begin{bmatrix} \vec{a}_x \\ \vec{a}_y \end{bmatrix} \tag{2.24}$$

이제 직각 좌표계로 표현된 벡터 $\vec{A}$를 원통 좌표계의 벡터로 변환하면 다음과 같다.

$$\begin{aligned} \vec{A} &= A_x \vec{a}_x + A_y \vec{a}_y + A_z \vec{a}_z \\ &= A_x (\cos\phi \vec{a}_\rho - \sin\phi \vec{a}_\phi) + A_y (\sin\phi \vec{a}_\rho + \cos\phi \vec{a}_\phi) + A_z \vec{a}_z \\ &= (A_x \cos\phi + A_y \sin\phi) \vec{a}_\rho + (-A_x \sin\phi + A_y \cos\phi) \vec{a}_\phi + A_z \vec{a}_z \\ &= A_\rho \vec{a}_\rho + A_\phi \vec{a}_\phi + A_z \vec{a}_z \end{aligned} \tag{2.25}$$

식 (2.25)를 행렬로 표현하면 식 (2.26)과 같이 주어진다. 식 (2.26)으로부터 직각 좌표계의 성분을 안다면 원통 좌표계의 성분을 알 수 있게 된다.

$$\begin{bmatrix} A_\rho \\ A_\phi \\ A_z \end{bmatrix} = \begin{bmatrix} \cos\phi & \sin\phi & 0 \\ -\sin\phi & \cos\phi & 0 \\ 0 & 0 & 1 \end{bmatrix} \begin{bmatrix} A_x \\ A_y \\ A_z \end{bmatrix} \tag{2.26}$$

식 (2.26)의 행렬의 역변환을 통해 원통 좌표계로부터 직각 좌표계로의 변환식 (2.27)을 얻을 수 있다[11].

11) 식 (2.27)과 식 (2.26)의 관계는 식 (2.23)과 식 (2.24)의 관계와 동일함을 알 수 있다.

$$\begin{bmatrix} A_x \\ A_y \\ A_z \end{bmatrix} = \begin{bmatrix} \cos\phi & -\sin\phi & 0 \\ \sin\phi & \cos\phi & 0 \\ 0 & 0 & 1 \end{bmatrix} \begin{bmatrix} A_\rho \\ A_\phi \\ A_z \end{bmatrix} \tag{2.27}$$

예제 2-9

역행렬 구하는 식을 사용하여 식 (2.23)으로부터 식 (2.24)를 유도하시오.

| 풀이 | $\begin{bmatrix} a\, b \\ c\, d \end{bmatrix}^{-1} = \dfrac{1}{ad-bc}\begin{bmatrix} d & -b \\ -c & a \end{bmatrix}$와 $(\cos^2\phi + \sin^2\phi) = 1$를 이용한다.

예제 2-10

직각 좌표계에서 벡터 $\vec{A} = 6\vec{a}_x + \vec{a}_y$를 원통 좌표계로 나타내시오. 또 직각 좌표계의 점 P(−2,6,3)에서의 이 벡터의 값은 얼마인가?

| 풀이 | 직각 좌표계에서 원통 좌표계의 변환식을 이용하면 다음과 같다.

$$\begin{bmatrix} A_\rho \\ A_\phi \\ A_z \end{bmatrix} = \begin{bmatrix} \cos\phi & \sin\phi & 0 \\ -\sin\phi & \cos\phi & 0 \\ 0 & 0 & 1 \end{bmatrix} \begin{bmatrix} 6 \\ 1 \\ 0 \end{bmatrix} = \begin{bmatrix} 6\cos\phi + \sin\phi \\ -6\sin\phi + \cos\phi \\ 0 \end{bmatrix}$$

행렬을 풀어 원통 좌표계에서 벡터로 표시하면 다음과 같다.

$$\vec{A} = A_\rho \vec{a}_\rho + A_\phi \vec{a}_\phi + A_z \vec{a}_z = (6\cos\phi + \sin\phi)\vec{a}_\rho + (-6\sin\phi + \cos\phi)\vec{a}_\phi$$

원통 좌표계에서의 벡터는 직각 좌표계와 달리 각도에 따라 변하게 된다.

이제 직각 좌표계에서 점 P(−2,6,3)을 원통 좌표계로 변환해야 한다.

$$\rho = \sqrt{x^2 + y^2} = \sqrt{4 + 36} = 6.32$$

$$\phi = \tan^{-1}\left(\frac{y}{x}\right) = \tan^{-1}\left(\frac{6}{-2}\right) = 1.89\,(\text{or } 108.43°)$$

$$z = 3$$

직각 좌표계에서 점 $P(-2, 6, 3)$은 원통 좌표계에서 $P(6.32, 108.43°, 3)$으로 표현되므로 원통 좌표계에서 벡터 $\vec{A}$는 다음과 같이 주어진다.

$$\vec{A} = (6\cos(108.43°) + \sin(108.43°))\vec{a}_\rho + (-6\sin(108.43°) + \cos(108.43°))\vec{a}_\phi$$
$$= -0.95\vec{a}_\rho - 6.01\vec{a}_\phi$$

벡터의 변환이 맞는지 확인하기 위하여 직각 좌표계에서 벡터의 크기와 원통 좌표계에서 벡터의 크기가 같은지 확인한다.

$$|\vec{A}| = \sqrt{6^2 + 1^2} = 6.08\,(\text{직각 좌표계})$$
$$= \sqrt{(-0.95)^2 + (-6.01)^2} = 6.09\,(\text{원통 좌표계})$$

소수점 둘째 자리에서 오차는 sin과 cos 함수 계산 시 오차로 무시할 수 있다.

2.3.2 구좌표계에서의 벡터

직각 좌표계와 원통 좌표계에서 벡터를 살펴보았다. 이제 마지막으로 구좌표계에서의 벡터를 보자. 구좌표계에서는 단위 벡터는 각 축의 이름을 아래첨자로 하여 $\vec{a}_r$, $\vec{a}_\theta$, $\vec{a}_\phi$라 정의한다. 이러한 단위 벡터를 이용하여 원통 좌표계에서 점 (A_r, A_θ, A_ϕ)까지의 벡터 $\vec{A}$는 식 (2.28)과 같이 표현된다.

$$\vec{A} = A_r\vec{a}_r + A_\theta\vec{a}_\theta + A_\phi\vec{a}_\phi \tag{2.28}$$

직각 좌표계와 마찬가지로 이 벡터는 $\vec{A} = |\vec{A}|\vec{a}_A$와 같이 쓸 수 있으며 구좌표계에서 벡터의 크기와 방향은 각각 식 (2.29)와 식 (2.30)과 같이 주어진다.

$$|\vec{A}| = \sqrt{A_r^2 + A_\theta^2 + A_\phi^2} \tag{2.29}$$

$$\vec{a}_A = \frac{\vec{A}}{|\vec{A}|} = \frac{A_r\vec{a}_r + A_\theta\vec{a}_\theta + A_\phi\vec{a}_\phi}{\sqrt{A_r^2 + A_\theta^2 + A_\phi^2}} \tag{2.30}$$

구좌표계의 단위 벡터에서 주의할 것은【그림 2.15】와 같이 구좌표계에서 모든 단위 벡터($\vec{a}_r$, $\vec{a}_\theta$, $\vec{a}_\phi$)는 각도 θ와 각도 ϕ에 따라 그 방향이 달라진다는 것이다. 예를 들어 구하려는 벡터가 x축 위에 놓여 있을 때 $\vec{a}_r = \vec{a}_x$, $\vec{a}_\theta = -\vec{a}_z$, $\vec{a}_\phi = \vec{a}_y$로 주어진다. 하지만 각도가 바뀌게 되면 3개의 벡터는 모두 다른 방향을 향하게 된다.

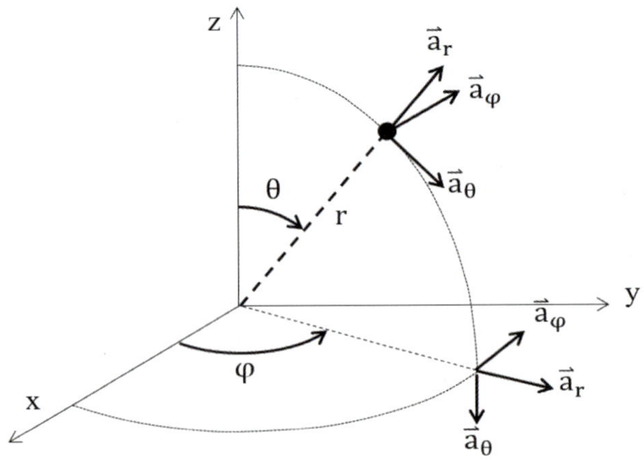

그림 2.15 구좌표계에서 단위 벡터

구좌표계에서 각도에 따른 단위 벡터의 관계를 알기 위해【그림 2.16】과 같이 $\rho-z$ 평면에서의 임의의 점에서의 단위 벡터를 그려보자.

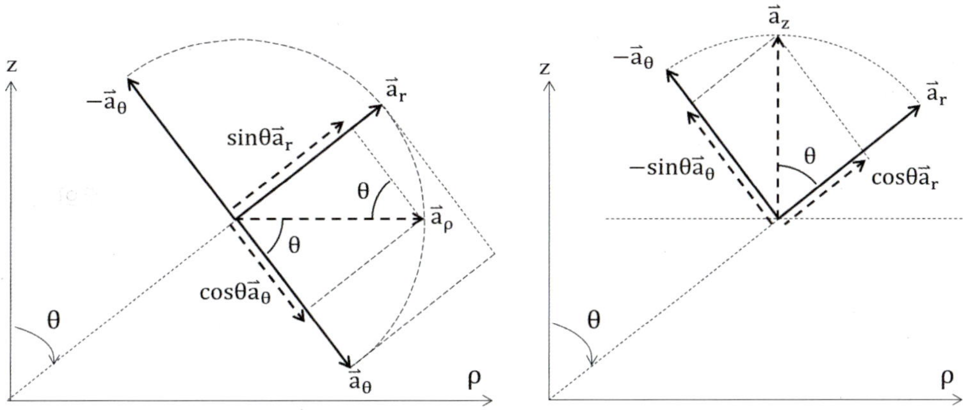

그림 2.16 $\rho-z$ 평면에서의 단위 벡터 간의 관계

【그림 2.16】에서 실선은 구좌표계의 단위 벡터를 의미하며, 점선은 원통 좌표계에서 단위 벡터를 의미한다.【그림 2.16】을 보면 구좌표계에서 단위 벡터 $\vec{a}_r$과 $\vec{a}_\theta$는 원통 좌표계의 단위 벡터 $\vec{a}_\rho$와 $\vec{a}_z$로 표현할 수 있음을 알 수 있다. 즉, 식 (2.31)과 같이 주어진다.

$$\vec{a}_\rho = \sin\theta\,\vec{a}_r + \cos\theta\vec{a}_\theta \tag{2.31}$$

【그림 2.16】의 오른쪽을 보면 $\vec{a}_z$ 역시 $\vec{a}_r$와 $\vec{a}_\theta$로 표현할 수 있음을 알 수 있다. 이 경우 식 (2.32)와 같이 주어진다.

$$\vec{a}_z = \cos\theta\,\vec{a}_r - \sin\theta\vec{a}_\theta \tag{2.32}$$

식 (2.31)과 식 (2.32)를 행렬로 표현하면 다음 식 (2.33)과 같다.

$$\begin{bmatrix} \vec{a}_\rho \\ \vec{a}_z \end{bmatrix} = \begin{bmatrix} \sin\theta & \cos\theta \\ \cos\theta & -\sin\theta \end{bmatrix} \begin{bmatrix} \vec{a}_r \\ \vec{a}_\theta \end{bmatrix} \tag{2.33}$$

이제 식 (2.23)과 식 (2.33)를 결합하여 직각 좌표계에서 벡터 $\vec{A}$를 구좌표계의 값으로 변환하면 다음과 같다.

$$\begin{aligned}\vec{A} &= A_x\vec{a}_x + A_y\vec{a}_y + A_z\vec{a}_z \\ &= A_x(\cos\phi\vec{a}_\rho - \sin\phi\vec{a}_\phi) + A_y(\sin\phi\vec{a}_\rho + \cos\phi\vec{a}_\phi) + A_z\vec{a}_z \\ &= (A_x\sin\theta\cos\phi + A_y\sin\theta\sin\phi + A_z\cos\theta)\vec{a}_r \\ &\quad + (A_x\cos\theta\cos\phi + A_y\cos\theta\sin\phi - A_z\sin\theta)\vec{a}_\theta \\ &\quad + (-A_x\sin\phi + A_y\cos\phi)\vec{a}_\phi \\ &= A_r\vec{a}_r + A_\theta\vec{a}_\theta + A_\phi\vec{a}_\phi\end{aligned} \tag{2.34}$$

식 (2.34)를 행렬로 표현하면 식 (2.35)와 같이 주어진다. 식 (2.35)로부터 직각 좌표계의 성분을 안다면 구좌표계의 성분을 알 수 있게 된다.

$$\begin{bmatrix} A_r \\ A_\theta \\ A_\phi \end{bmatrix} = \begin{bmatrix} \sin\theta\cos\phi & \sin\theta\sin\phi & \cos\theta \\ \cos\theta\cos\phi & \cos\theta\sin\phi & -\sin\theta \\ -\sin\phi & \cos\phi & 0 \end{bmatrix} \begin{bmatrix} A_x \\ A_y \\ A_z \end{bmatrix} \tag{2.35}$$

식 (2.35)의 행렬의 역변환을 통해 원통 좌표계로부터 직각 좌표계로의 변환식 (2.36)를 얻을 수 있다[12].

$$\begin{bmatrix} A_x \\ A_y \\ A_z \end{bmatrix} = \begin{bmatrix} \sin\theta\cos\phi & \cos\theta\cos\phi & -\sin\phi \\ \sin\theta\sin\phi & \cos\theta\sin\phi & \cos\phi \\ \cos\theta & -\sin\theta & 0 \end{bmatrix} \begin{bmatrix} A_r \\ A_\theta \\ A_\phi \end{bmatrix} \tag{2.36}$$

예제 2-11

직각 좌표계에서 벡터 $\vec{A} = 6\vec{a}_x + \vec{a}_y$를 구좌표계로 나타내시오. 또 직각 좌표계의 점 P(−2,6,3)에서의 이 벡터의 값은 얼마인가?

| 풀이 | 직각 좌표계에서 구좌표계로의 변환식을 이용하면 다음과 같다.

$$\begin{bmatrix} A_r \\ A_\theta \\ A_\phi \end{bmatrix} = \begin{bmatrix} \sin\theta\cos\phi & \sin\theta\sin\phi & \cos\theta \\ \cos\theta\cos\phi & \cos\theta\sin\phi & -\sin\theta \\ -\sin\phi & \cos\phi & 0 \end{bmatrix} \begin{bmatrix} 6 \\ 1 \\ 0 \end{bmatrix}$$

행렬을 풀어 구좌표계에서 벡터로 표시하면 다음과 같다.

$$\vec{A} = (6\sin\theta\cos\phi + \sin\theta\sin\phi)\vec{a}_r + (6\cos\theta\cos\phi + \cos\theta\sin\phi)\vec{a}_\theta + (-6\sin\phi + \cos\phi)\vec{a}_\phi$$

구좌표계에서의 벡터는 각도에 따라 변하게 된다.

이제 직각 좌표계에서 점 P(−2,6,3)을 구좌표계로 변환해야 한다.

$$r = \sqrt{x^2+y^2+z^2} = \sqrt{4+36+9} = 7$$

$$\theta = \tan^{-1}\left(\frac{\sqrt{x^2+y^2}}{z}\right) = \tan^{-1}\left(\frac{\sqrt{40}}{3}\right) = 64.62°$$

12) 3×3행렬의 역행렬을 구하는 일반식은 복잡하므로 역변환을 통해서가 아니라 단위 벡터를 그려서 구하는 것이 편리하다.

$$\phi = \tan^{-1}\left(\frac{y}{x}\right) = \tan^{-1}\left(\frac{6}{-2}\right) = 108.43°$$

직각 좌표계에서 점 $P(-2, 6, 3)$은 구좌표계에서 $P(7, 64.62°, 108.43°)$로 표현되므로 원통 좌표계에서 벡터 $\vec{A}$는 다음과 같이 주어진다.

$$\vec{A} = (6\sin(64.62°)\cos(108.43°) + \sin(64.62°)\sin(108.43°))\vec{a}_r$$
$$+ (6\cos(64.62°)\cos(108.43°) + \cos(64.62°)\sin(108.43°))\vec{a}_\theta$$
$$+ (-6\sin(108.43°) + \cos(108.43°))\vec{a}_\phi$$
$$= -0.86\vec{a}_r - 0.41\vec{a}_\theta - 6.01\vec{a}_\phi$$

벡터의 변환이 맞는지 확인하기 위하여 직각 좌표계에서 벡터의 크기와 구좌표계에서 벡터의 크기가 같은지 확인한다.

$$|\vec{A}| = \sqrt{6^2 + 1^2} = 6.08(\text{직각 좌표계})$$
$$= \sqrt{(-0.86)^2 + (-0.42)^2 + (-6.01)^2} = 6.09(\text{구좌표계})$$

소수점 둘째 자리에서 오차는 sin과 cos 함수 계산 시 오차로 무시할 수 있다.

2.4 벡터의 곱셈과 응용

앞에서 벡터를 좌표계에서 정의하였다. 이제 좌표계에서 벡터의 곱셈을 살펴보자. 벡터의 연산 중 곱셈은 벡터의 덧셈보다는 조금 더 복잡한데, 크게 내적(또는 스칼라곱)과 외적(또는 벡터곱)의 두 가지가 있다[13].

2.4.1 벡터의 내적(Dot Product)

일반적인 두 개의 벡터 $\vec{A}$와 $\vec{B}$의 내적은 다음과 같이 주어진다. 크기는 두 벡터의 크기의 곱이며 두 벡터의 시작점을 서로 이어 만든 작은 각의 cosine을 취한 값을 곱한다. 두 벡터의 내적의 결과는 크기만 존재하므로 스칼라값이 된다.

$$\vec{A} \cdot \vec{B} = |\vec{A}||\vec{B}|\cos\theta_{AB} \tag{2.37}$$

여기서 각 θ_{AB}는 두 벡터가 이루는 각도 중 작은 각도를 의미하므로 반드시 180°보다는 작아야 한다. 직각 좌표계에서 두 벡터 $\vec{A}$와 $\vec{B}$의 내적은 다음과 같이 풀어쓸 수 있다.

13) 벡터의 곱셈은 수의 곱셈과 전혀 다른 개념임에 주의할 필요가 있다. 하지만 벡터의 곱셈이라 부르는 이유는 벡터의 내적과 외적에 모두 두 벡터의 크기의 곱이 들어가기 때문이다.

$$\vec{A} \cdot \vec{B} = (A_x\vec{a}_x + A_y\vec{a}_y + A_z\vec{a}_z) \cdot (B_x\vec{a}_x + B_y\vec{a}_y + B_z\vec{a}_z)$$
$$= A_xB_x + A_yB_y + A_zB_z \quad (2.38)$$

식 (2.38)을 구할 때 단위 벡터 사이의 내적의 관계는 다음과 같음을 이용한다.

$$\vec{a}_x \cdot \vec{a}_x = \vec{a}_y \cdot \vec{a}_y = \vec{a}_z \cdot \vec{a}_z = 1$$
$$\vec{a}_x \cdot \vec{a}_y = \vec{a}_y \cdot \vec{a}_z = \vec{a}_z \cdot \vec{a}_x = 0 \quad (2.39)$$

두 벡터의 내적은 다음의 교환 법칙과 분배 법칙이 성립한다.

$$\vec{A} \cdot \vec{B} = \vec{B} \cdot \vec{A} \quad (2.40)$$

$$\vec{A} \cdot \vec{A} = |\vec{A}|^2 \quad (2.41)$$

$$\vec{A} \cdot (\vec{B} + \vec{C}) = \vec{A} \cdot \vec{B} + \vec{A} \cdot \vec{C} \quad (2.42)$$

예제 2-12

식 (2.40)으로부터 식 (2.42)가 성립됨을 증명하시오.

|풀이| 각 벡터를 일반식으로 정의한 후 좌변과 우변을 풀어서 같음을 증명할 수 있다.

예제 2-13

두 개의 벡터가 각각 $\vec{A} = 6\vec{a}_x + 3\vec{a}_z$, $\vec{B} = 2\vec{a}_y - 4\vec{a}_z$로 주어질 때 두 벡터의 내적과 사이각을 구하시오.

|풀이| 직각 좌표계에서 두 벡터의 내적은 다음과 같다.

$$\vec{A} \cdot \vec{B} = A_xB_x + A_yB_y + A_zB_z$$
$$= (6)(0) + (0)(2) + (3)(-4) = -12$$

이제 벡터의 내적의 정의에 의해 사이각은 다음과 같다.

$$\cos\theta_{AB} = \frac{\vec{A} \cdot \vec{B}}{|\vec{A}||\vec{B}|}$$

두 벡터의 크기는 $|\vec{A}| = \sqrt{6^2 + 3^2} = 6.71$, $|\vec{B}| = \sqrt{2^2 + (-4)^2} = 4.47$ 이므로,

$$\cos\theta_{AB} = \frac{\vec{A}\cdot\vec{B}}{|\vec{A}||\vec{B}|} = \frac{-12}{(6.71)(4.47)} = -0.40$$ 이고,

$\theta_{AB} = \cos^{-1}(-0.40) = 1.98(\text{or } 113.58°)$ 이다.

벡터의 내적은 물리적으로 투영(Projection)의 의미가 있다.【그림 2.17】에 벡터 $\vec{B}$를 벡터 $\vec{A}$의 방향으로 투영한 결과를 보여주고 있다. 투영을 하면 벡터 $\vec{B}$의 성분 중 벡터 $\vec{A}$와 같은 방향의 성분의 크기를 알 수 있게 된다.【그림 2.17】의 왼쪽은 벡터 내적을 통하여 투영된 벡터 성분의 크기만을 구한 것을 보여주고 있으며, 오른쪽은 투영된 성분의 방향까지 구하는 과정을 보여준다.

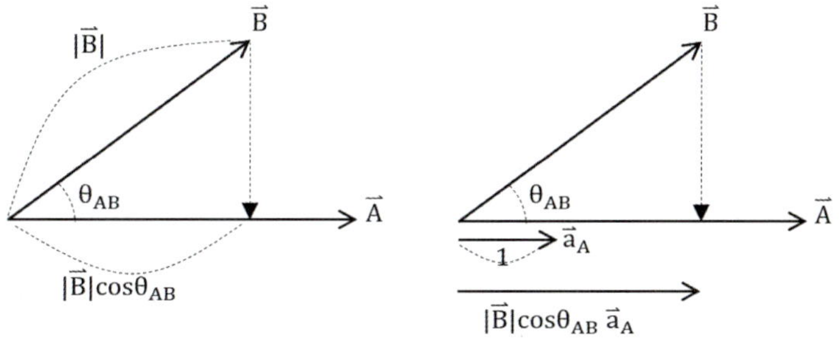

그림 2.17 벡터의 투영의 의미

예제 2-14

벡터 $\vec{B} = \vec{a}_x + \vec{a}_y$가 있을 때 각 축 방향으로의 벡터의 성분을 구하시오.

| 풀이 | 각 축 방향 성분은 내적을 통해 각 축 방향으로 투영한 결과이다.

x축 방향의 성분 : $\vec{B}\cdot\vec{a}_x = |\vec{B}|\cos\theta_{Bx} = \sqrt{2}\,cos(45°) = 1 = B_x$

y축 방향의 성분 : $\vec{B}\cdot T\vec{a}_y = |\vec{B}|\cos\theta_{By} = \sqrt{2}\,cos(45°) = 1 = B_y$

z축 방향의 성분 : $\vec{B}\cdot\vec{a}_z = |\vec{B}|\cos\theta_{Bz} = \sqrt{2}\,cos(90°) = 0 = B_z$

벡터의 투영(Projection)은 실제 생활에서 다양하게 사용된다. 예를 들어 전파는 벡터장이므로 안테나에 입사된 전파는 안테나의 방향과 같을 경우에 수신이 잘 된다.【그림 2.18】과 같이 송신 안테나(Tx ANT)가 수직으로 놓여 있을 때 같은 수직 방향으로 놓여 있는 첫 번째 수신 안테나(Rx ANT ①)는 안테나의 방향과 벡터장의 방향이 일치하므로 수신이 되지만, 두 번째 수신 안테나(Rx ANT ②)는 안테나의 방향과 벡터장의 방향이 직각이므로 벡터장이 안테나에 수신되지 않는다. 이러한 특성을 수학적으로 벡터 내적으로 표현하게 된다.

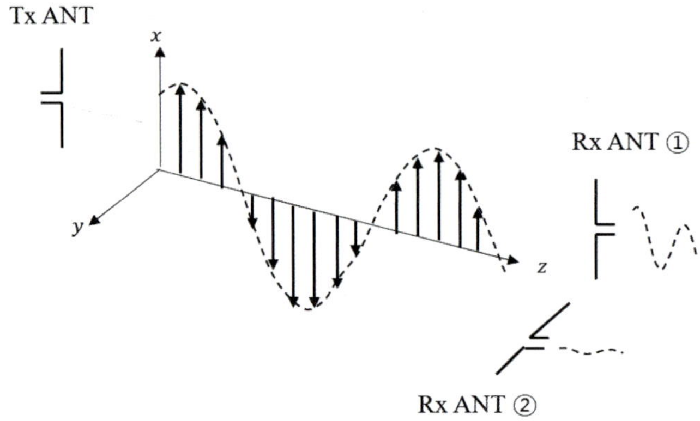

그림 2.18 벡터의 투영의 응용 예

벡터 투영의 또 다른 예로 3D TV가 있다. 빛도 전자기파이므로 편파를 이용하면 3D TV를 구현할 수 있다. 3D TV는 왼쪽 영상과 오른쪽 영상 2개를 디스플레이에 투사한다. 따라서 디스플레이 화면을 3D 안경 없이 그냥 쳐다보면 2개의 영상이 겹쳐 있는 것으로 보인다. 하지만 실제 2개의 영상은 편파가 다르므로 안경의 왼쪽과 오른쪽에 각각 다른 편파의 빛만 수신되도록 한 3D 안경을 착용하면 3D 입체영상을 즐길 수 있다.

예제 2-15

3D TV는 삼성전자와 LG가 각각 다른 방식을 사용한다. 어떤 원리를 이용하는지 알아보자.

풀이 LG전자의 3D TV와 다르게 삼성전자의 3D TV는 셔터 방식을 이용하여 화면을 교대로 투사한다.

2.4.2 벡터의 외적(Cross Product)

벡터의 곱셈에는 앞에서 살펴본 내적 이외에 벡터의 외적이 있다. 왜 벡터의 곱셈을 두 가지로 설명할까? 내적은 투영이라는 개념이 있으므로 그 벡터의 특정 방향의 성분만을 추출하고 싶을 경우에 사용된다는 것을 학습하였다. 그렇다면 외적은 전자기학 학습에서 어떤 개념이 있을까? 다음 그림과 같이 전류 I가 흐르는 느슨하게 연결된 도선이【그림 2.19】(a)와 같이 z축에 놓여 있다. 따라서 전류의 방향은 $\vec{a}_z$ 방향이다. 이 도선은 자기장이 존재할 때, 즉【그림 2.19】(b)와 같이 막대자석을 가까이 놓으면 휘어지게 된다 .이때 자기장 방향은 N극에서 나오므로 $\vec{a}_x$ 방향이다. 이렇게 전류가 흐르는 도선을 휘어지게 하는 힘은 도체에서 전하가 움직이는 속도(즉, 전류)에 비례하고 자기장의 세기에 비례한다. 한편 도선에 작용하는 힘의 방향은 자기장과 전류의 방향과 수직인 $\vec{a}_y$ 방향이다. 이러한 힘을 수학적으로 묘사하기 위해서는 두 개의 벡터를 곱할 경우 그 크기는 각각의 벡터의 크기에 비례하고 그 방향은 두 벡터의 방향과 수직인 방향이 나오게 되면 편리하다. 이런 이유로 외적의 개념이 도입되었다[14]. 벡터의 외적은 그 결과가 벡터이기 때문에 벡터곱이라고도 부른다.

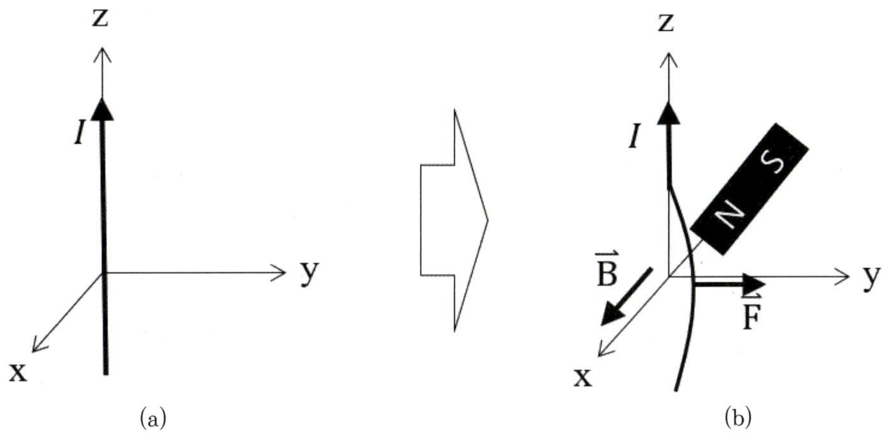

그림 2.19 전류와 자석에 의해 발생되는 힘의 방향

벡터의 외적의 응용으로【그림 2.20】의 오른나사가 있다. 오른나사의 경우 드라이버로 돌릴 경우 그 돌리는 방향으로 엄지를 제외한 오른손의 네 손가락을 감을 때 엄지손가락의 방향으로 나사가 들어간다. 이런 경우에도 외적의 개념을 도입할 필요가 있다. 살펴본 바와 같이 자기장은 기본적으로 회전과 관계되는 힘이고, 오른나사도 회전력과 관계되므로 회전 방향으로 생성되는 힘에 대해서는 벡터의 외적의 개념이 필요함을 알 수 있다.

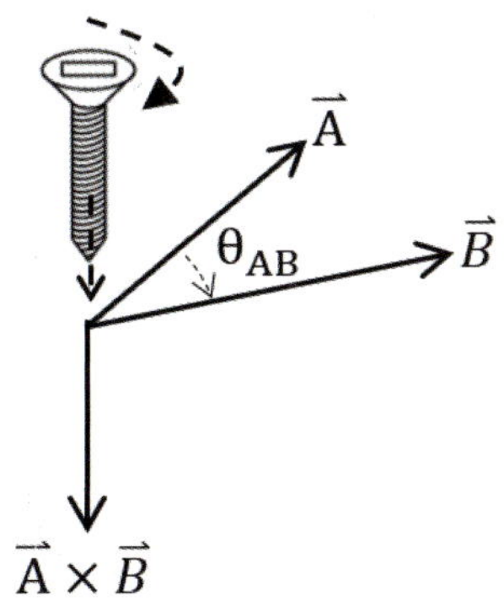

그림 2.20 회전에 의한 오른 나사의 진행방향과 외적의 방향

14) 수학적 정의는 논리성과 함께 유용한 가치가 있을 때 사용되게 된다. 벡터의 곱셈은 실제 자연에 존재하는 힘을 설명할 때 유용하기 때문에 내적과 외적 2개가 존재하는 것이다.

두 벡터의 외적의 정의는 식 (2.43)과 같다. 내적에서 cos 함수가 사용되는 것과는 다르게 sin 함수가 사용되며, 【그림 2.20】과 같이 두 벡터에 수직(오른나사의 방향)인 방향을 갖는 벡터값이 된다는 것이 특징이다[15]. 방향을 따지는 방법은 다음과 같다. 우선 오른손가락들로 벡터 $\vec{A}$를 나타내고 벡터 $\vec{B}$의 방향으로 휘어 감은 다음 엄지손가락이 가리키는 방향이 외적의 단위 벡터 방향이다. 따라서 $\vec{A}\times\vec{B}$ 와 $\vec{B}\times\vec{A}$는 크기는 같지만 방향이 반대라는 사실에 주의해야 한다.

$$\vec{A}\times\vec{B}=|\vec{A}||\vec{B}|\sin\theta_{AB}\vec{a}_N \tag{2.43}$$

여기서 각 θ_{AB}는 두 벡터가 이루는 각도 중에서 작은 각도를 의미하므로 반드시 180°보다는 작아야 한다.

직각 좌표계에서 두 벡터 $\vec{A}$와 $\vec{B}$의 외적은 다음과 같이 행렬로 표현하면 간단하다. 3×3 행렬을 3개의 2×2 행렬로 표현할 수 있는데, 이때 부호에 주의해야 한다.

$$\begin{aligned}\vec{A}\times\vec{B}&=\begin{bmatrix}\vec{a}_x & \vec{a}_y & \vec{a}_z\\ A_x & A_y & A_z\\ B_x & B_y & B_z\end{bmatrix}\\ &=\vec{a}_x\begin{bmatrix}A_y & A_z\\ B_y & B_z\end{bmatrix}-\vec{a}_y\begin{bmatrix}A_x & A_z\\ B_x & B_z\end{bmatrix}+\vec{a}_z\begin{bmatrix}A_x & A_y\\ B_x & B_y\end{bmatrix}\\ &=(A_yB_z-A_zB_y)\vec{a}_x-(A_xB_z-A_zB_x)\vec{a}_y+(A_xB_y-A_yB_x)\vec{a}_z\end{aligned} \tag{2.44}$$

식 (2.44)을 구할 때 단위 벡터 사이의 관계는 다음과 같음을 이용한다.

$$\begin{aligned}&\vec{a}_x\times\vec{a}_x=\vec{a}_y\times\vec{a}_y=\vec{a}_z\times\vec{a}_z=0\\ &\vec{a}_x\times\vec{a}_y=\vec{a}_z\\ &\vec{a}_y\times\vec{a}_z=\vec{a}_x\\ &\vec{a}_z\times\vec{a}_x=\vec{a}_y\end{aligned} \tag{2.45}$$

두 벡터의 외적은 다음의 특성을 갖는다. 즉, 교환 법칙과 결합법칙은 성립하지 않으나 분배법칙은 성립한다.

$$\vec{A}\times\vec{B}\neq\vec{B}\times\vec{A} \tag{2.46}$$

15) 벡터의 내적과 달리 벡터의 외적에 sine 함수를 사용하는 이유는 두 벡터 $\vec{A}$와 $\vec{B}$가 수직일 때 즉, 각도가 90°일 때 회전력(벡터의 외적)이 최대가 되기 때문이다.

$$\vec{A} \times \vec{A} = 0 \tag{2.47}$$

$$\vec{A} \times (\vec{B} \times \vec{C}) \neq (\vec{A} \times \vec{B}) \times \vec{C} \tag{2.48}$$

$$\vec{A} \times (\vec{B} + \vec{C}) = \vec{A} \times \vec{B} + \vec{A} \times \vec{C} \tag{2.49}$$

예제 2-16

식 (2.46)으로부터 식 (2.49)가 성립함을 증명하시오.

| 풀이 | (예제 2–12)와 같이 각 벡터를 일반식으로 정의한 후 좌변과 우변을 풀어서 같음을 증명할 수 있다.

예제 2-17

두 개의 벡터가 각각 $\vec{A} = 3\vec{a}_x + 4\vec{a}_y$, $\vec{B} = 3\vec{a}_y$로 주어질 때 두 벡터의 외적을 구하시오.

| 풀이 1 | 벡터의 외적의 정의식에 의하여 벡터의 크기를 계산할 수 있으며, 두 벡터 사이의 $\sin\theta$는 3/5과 같다. 방향은 오른손 법칙에 의해 a_z가 벡터의 외적의 방향이다.

$$\vec{A} \times \vec{B} = (5)(3)\left(\frac{3}{5}\right)\vec{a}_z$$

| 풀이 2 | 벡터의 외적은 행렬을 이용하여 쉽게 계산할 수 있다.

$$\vec{A} \times \vec{B} = \begin{bmatrix} \vec{a}_x & \vec{a}_y & \vec{a}_z \\ A_x & A_y & A_z \\ B_x & B_y & B_z \end{bmatrix} = \begin{bmatrix} \vec{a}_x & \vec{a}_y & \vec{a}_z \\ 3 & 4 & 0 \\ 0 & 3 & 0 \end{bmatrix} = 9\vec{a}_z$$

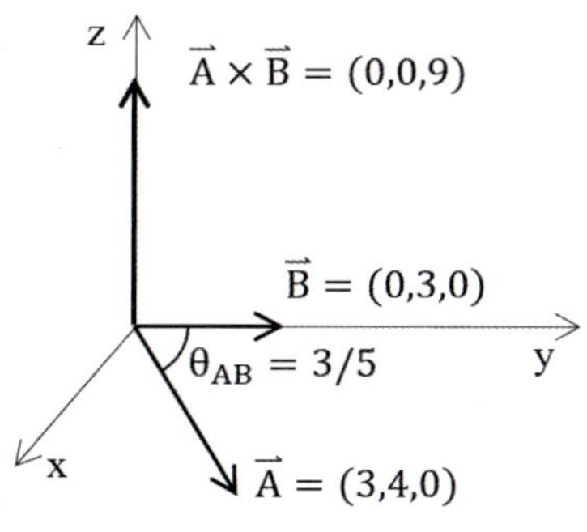

두 벡터의 내적과 외적을 계산할 때 좌표가 다른 경우가 있을 수 있다. 이 경우 좌표계 변환을 통해 하나의 좌표계로 통일하여 계산하여야 한다. 이때 문제를 풀 수 있는 가장 편한 좌표계를 사용하는 것이 필요하다.

예제 2-18

단위 벡터 $\vec{a}_z$을 구좌표계의 단위 벡터인 $\vec{a}_r$, $\vec{a}_\theta$, $\vec{a}_\phi$로 표현하시오. 이때 벡터의 내적의 개념을 이용하시오.

| 풀이 | 【그림 2.14】과【그림 2.16】을 참조하여 단위 벡터 $\vec{a}_z$를 구좌표계의 벡터와 내적을 취하면 된다.

$$\vec{a}_z \cdot \vec{a}_r = \cos\theta$$
$$\vec{a}_z \cdot \vec{a}_\theta = -\sin\theta$$
$$\vec{a}_z \cdot \vec{a}_\phi = 0$$

이제 각 단위 벡터의 성분을 알았으므로 $\vec{a}_z$는 다음과 같다.

$$\vec{a}_z = \cos\theta\vec{a}_r - \sin\theta\vec{a}_\theta$$

예제 2-19

다음의 벡터를 벡터의 내적을 이용하여 원통 좌표계로 변환하라.

$$\vec{A} = \frac{\sqrt{x^2+y^2}}{\sqrt{x^2+y^2+z^2}}\vec{a}_x$$

| 풀이 | 【그림 2.14】에 의해 $\vec{a}_x \cdot \vec{a}_\rho = \cos\theta$, $\vec{a}_x \cdot \vec{a}_\phi = -\sin\phi$이므로 $\vec{a}_x = \cos\phi\,\vec{a}_\rho - \sin\phi\vec{a}_\phi$가 된다.

따라서, $\vec{A} = \frac{\rho}{\sqrt{\rho^2+z^2}}(\cos\phi\vec{a}_\rho - \sin\phi\vec{a}_\phi)$가 된다.

요약

- 벡터의 곱셈은 벡터의 내적(inner product, dot product)과 벡터의 외적(outer product, cross product)이 있다.
- 벡터의 내적에는 투영(projection)의 의미가 있다. 두 벡터의 투영은 두 벡터가 독립적인지 서로 관련이 있는지를 나타낸다.
- 벡터의 외적은 회전력과 관련이 있고, 두 벡터의 외적의 방향은 두 벡터의 방향에 수직인 벡터가 된다.

2.5 벡터와 벡터장의 MATLAB 표현

앞에서 학습한 벡터와 좌표계는 MATLAB을 사용하면 편하게 계산할 수 있다. MATLAB에서 숫자 데이터의 표현을 하는 배열이 바로 벡터이기 때문이다. 예를 들어 벡터 $\vec{A} = 1\vec{a}_x + 2\vec{a}_y + 3\vec{a}_z$는 MATLAB 명령창에서 다음과 같이 입력하면 된다.

```
>> A = [1 2 3];
```

이제 벡터 $\vec{B} = 2\vec{a}_x + 3\vec{a}_y + 4\vec{a}_z$이고, $\vec{C} = \vec{A} + \vec{B}$를 구하려면 다음과 같이 명령창에 입력하면 $\vec{C} = 3\vec{a}_x + 5\vec{a}_y + 7\vec{a}_z$을 구할 수 있다.

```
>> B = [2 3 4];
>> C = A + B
C =
     3    5    7
>>
```

벡터의 크기를 구하는 함수는 **norm()**이다. 숫자형을 별도로 정의하지 않으면 MATLAB은 소수 4째자리까지 출력한다.

```
>> norm(A)
ans =
    3.7417
```

벡터의 내적과 외적을 구하는 함수는 각각 **dot()**과 **cross()**이다. $\vec{A} \cdot \vec{B}$는 20의 스칼라 값이 $\vec{A} \times \vec{B}$는 $(-1)\vec{a}_x + 2\vec{a}_y + (-1)\vec{a}_z$가 계산됨을 확인할 수 있다.

```
>> dot(A, B)
ans =
    20
>> crossA, B)
ans =
    -1    2    -1
```

좌표계 간에 벡터를 변환할 때는 MATLAB 함수로는 직각 좌표계를 원통 좌표계로 변환할 때는 **cart2pol()**, 직각 좌표계를 구좌표계로 변환할 때는 **cart2sph()**, 원통 좌표계를 직각 좌표계로 변환할 때는 **pol2cart()**, 구좌표계를 직각 좌표계로 변환할 때는 **sph2cart()**를 사용한다. 이때 함수의 인자의 순서가 학습한 순서와 다르기 때문에 주의가 필요하다. 또한, MATLAB에서 각도는 rad을 사용하므로 degree와 변환하여 확인할 필요가 있다[16].

```
[φ,ρ,z]=cart2pol(x,y,z)
[φ,Ψ,r]=cart2sph(x,y,z)       % Ψ=π/2-θ
[x,y,z]=pol2cart(φ,ρ,z)
[x,y,z]=sph2pol(φ,Ψ,r)        % Ψ=π/2-θ
```

예제 2-20

MATLAB을 이용하여 $(3,3,3\sqrt{2})$점을 원통 좌표계와 구좌표계로 변환하고 (예제 2-5)와 비교하여 답이 맞는지 확인하라.

이제 공간상에 벡터장을 그려보자. 공간상에 벡터를 그리려면 벡터의 시작점에 대한 좌표와 그 점에서의 벡터의 크기와 방향을 알아야 한다. 시작점에 대한 좌표는 좌표계의 한 점으로, 벡터의 크기와 방향은 벡터로 표현되므로 벡터장은 좌표계로 정의되는 모든 점들을 정의역으로, 그 점들에 일대일 대응하는 벡터를 치역으로 갖는 점함수가 된다.【그림 2.21】에서 벡터장에서의 좌표계와 벡터의 관계를 보여준다. 이러한 벡터장은 예가【그림 2.22】와 같다. 벡터 $\vec{A}$는 점 $P(x_1, y_1, z_1)$에서 정의되며, 벡터 $\vec{B}$는 점 Q에서 정의된다. 따라서 점 P와 점 Q는 벡터의 시작점이 정의되면 해당 점에서의 벡터가 정의된다. 이와 같이 공간상에 벡터장을 그리려면 공간상에 각 점을 MATLAB으로 정의하고 각 점에서의 축 방향의 크기를 정의하면 된다.

16) MATLAB에서 각도의 변환 시 90° 이상의 각도에 대해서는 부호에 주의할 필요가 있다. tan(135°)는 -1인데 atan(−1)은 MATLAB에서 -45°가 계산된다.

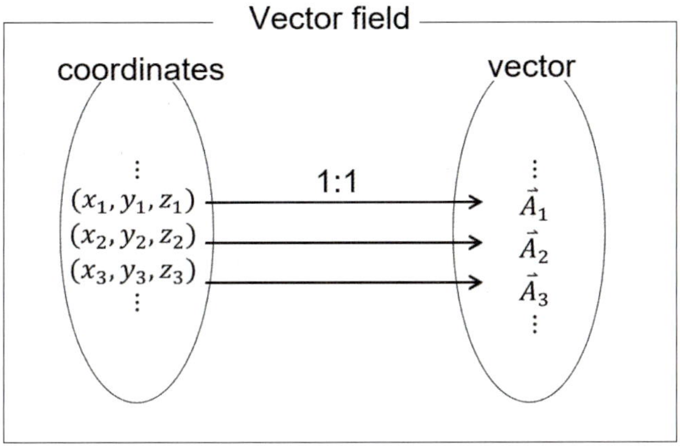

그림 2.21 벡터, 좌표계, 벡터장 간의 관계

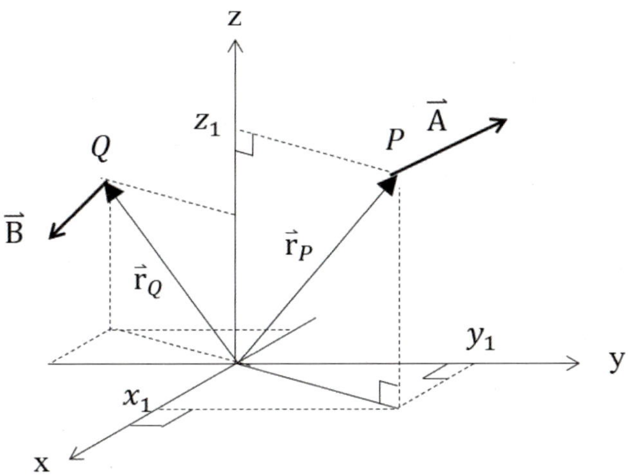

그림 2.22 공간상에 벡터의 표현

따라서 MATLAB에서 먼저 각 점을 정의하고, 각 점에서의 벡터값을 정의한다. 간단한 예로 (예제 2-21)과 같이 $\overrightarrow{A} = 2\overrightarrow{a_x}$ 를 x-y좌표계로 그려보자. 먼저 **meshgrid** 함수를 이용하여 x-y좌표계에서 벡터장을 표시할 공간과 점을 정한다. 다음으로 각 점에서 x 방향과 y 방향의 벡터의 크기를 정한다. 이때 **ones** 함수와 **zeros** 함수를 사용하면 편리하다. 마지막으로 **quiver**함수로 각 점에서의 벡터를 그리며, 그림의 크기와 라벨을 정의하여 그림의 의미를 설명한다.【그림 2.23(a)】는 (예제 2-21)의 결과를 보여준다.

예제 2-21

다음 MATLAB 프로그램을 이용하여 $\vec{A}=2\vec{a}_x$의 벡터장을 그리시오.

```
[x,y]=meshgrid(-2:0.5:2,-2:0.5:2);    % 좌표 정의(정의역 정의)
u=2*ones(size(x));
v=2*zeros(size(x));
quiver(x,y,u,v,0.5)                   % 점함수에서 x,y는 정의역, u,v는 치역
xlabel('x');
ylabel('y');
axis([-3,3,-3,3]);
```

예제 2-22

$\vec{A}=2\vec{a}_x$ 벡터장을 그린 (예제 2-21)의 MALTAB 프로그램을 참고하여 $\vec{A}=2\vec{a}_y$와 $\vec{A}=2\vec{a}_x+2\vec{a}_y$의 벡터장을 MATLAB으로 그려보자.

【그림 2.23(a)】와 같이 (예제 2–21)과 (예제 2–22)는 공간에 따라 크기가 변하지 않는 일정한 벡터를 보여준다. 이제 벡터장의 크기가 위치에 따라 변하는 경우를 살펴보자. 간단한 예로 $\vec{A}=2x\vec{a}_x$를 x–y좌표계로 그려보자. 앞에 MATLAB에서 x축의 단위 벡터의 크기에 대한 식을 조정하고, 그리는 점의 수와 영역만을 조정하면【그림 2.23(b)】와 같은 위치에 따라 크기가 변하는 벡터장을 그릴 수 있다.

예제 2-23

다음 MATLAB 프로그램을 이용하여 $\vec{A}=2x\vec{a}_x$의 벡터장을 그리시오.

```
[x,y]=meshgrid(0:.4:2,0:.4:2);
u=2*x;
v=2*zeros(size(x));
quiver(x,y,u,v,0.5)
xlabel('x');
ylabel('y');
```

예제 2-24

$\vec{A}=2x\vec{a}_x$ 벡터장을 그린 MATLAB 프로그램을 참고하여 $\vec{A}=2y\vec{a}_y$와 $\vec{A}=2x\vec{a}_x+2y\vec{a}_y$의 벡터장을 MATLAB으로 그려보자.

이제, 직각 좌표계로 표현하기 어려운 벡터장을 살펴보자. 이러한 벡터장은 원통 좌표계와 구좌표계를 사용해야 하는데 MATLAB에서는 2차원만 표현이 가능하므로 2차원 극좌표계로만 벡터장을 표현할 수 있다. 이제 원점에 전하가 있고, 방사 방향으로 거리가 멀어짐에 따라 $\vec{A}=(1/\rho)\vec{a}_\rho$로 크기가 작아지며, 방향은 방사 방향($\vec{a}_\rho$)을 갖는 벡터장을 MALTAB으로 표현해 보자. 이를 위해 먼저 직각 좌표계에서 벡터장을 표현할 영역을 정하고, `cart2pol` 함수를 이용하여 각각의 좌표를 극좌표계로 변환한다. 이제 극좌표계로 변환한 각 점에서의 벡터장의 크기를 for문을 사용하여 입력한다. 최종적으로 직각 좌표계에서 벡터장을 표현하기 위해서 $\vec{a}_\rho$ 방향을 단위 벡터 변환식을 이용하여 각 점에서 $\vec{a}_x$와 $\vec{a}_y$ 방향으로 변환하여 표시한다.

$$\begin{bmatrix}\vec{a}_x\\ \vec{a}_y\end{bmatrix}=\begin{bmatrix}\cos\phi & -\sin\phi\\ \sin\phi & \cos\phi\end{bmatrix}\begin{bmatrix}\vec{a}_\rho\\ \vec{a}_\phi\end{bmatrix}$$

【그림 2.24】와 같이 방사 방향으로 퍼져 나가는 벡터장을 그릴 수 있다.

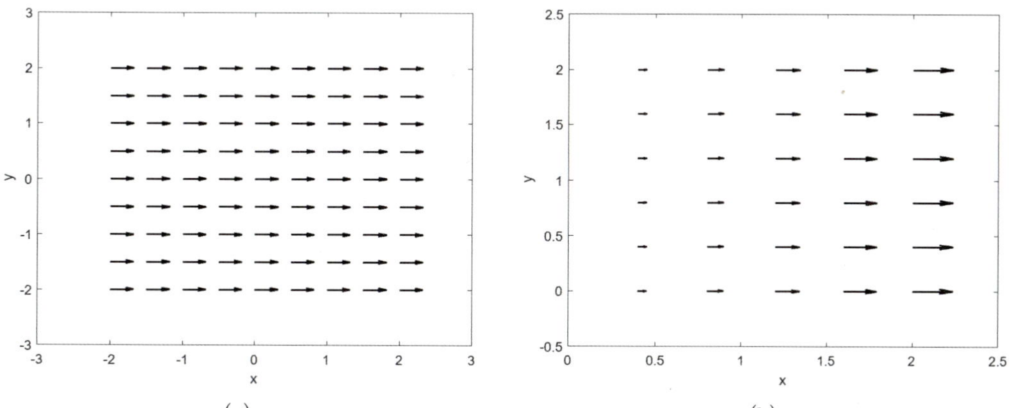

(a) (b)

그림 2.23 (예제 2-21)과 (예제 2-23)의 벡터장 그리기 실습

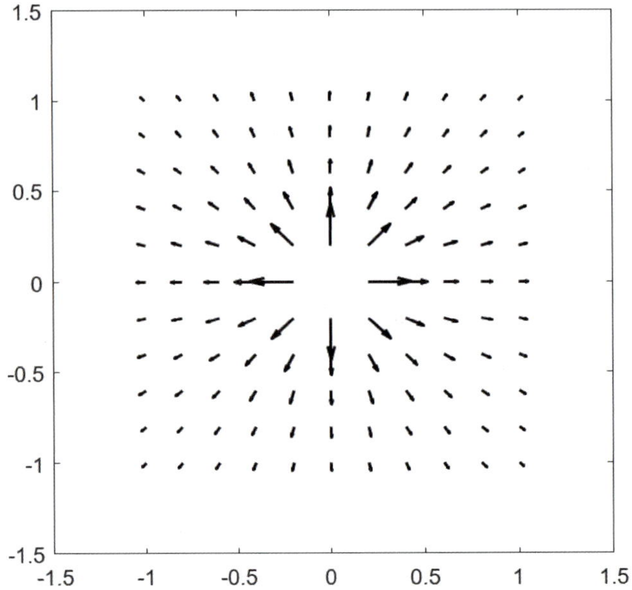

그림 2.24 (예제 2-25)의 $\vec{A} = (1/\rho)\vec{a}_\rho$ 벡터장 그리기 실습

예제 2-25

다음 MATLAB 프로그램을 이용하여 $\vec{A} = (1/\rho)\vec{a}_\rho$의 벡터장을 그리시오.

```
step=0.2;
[x,y]=meshgrid(-1: step: 1, -1: step: 1);
[Phi,R]=cart2pol(x,y);
NR=length(R);
NP=length(Phi);
for n=1:NR,
    for m=1:NP,
    Rn=R(m,n);
    B(m,n)=1./Rn;
    end;
end;
% radiative direction(rho direction)
Bx=B.*cos(Phi);
By=B.*sin(Phi);
quiver(x,y,Bx,By)
```

```
axis square
quiver(x,y,Bx,By)
axis square
```

예제 2-26

$\vec{A}=(1/\rho)\vec{a}_\rho$ 벡터장을 그린 MALTAB 프로그램을 참고하여 $\vec{A}=(1/\rho)\vec{a}_\phi$와 $\vec{A}=-(1/\rho)\vec{a}_\phi$의 벡터장을 MATLAB으로 그려보자.

Chapter 3

벡터미적분학을 통한 벡터장의 이해

앞에서 벡터와 좌표계를 학습하였다. 또한, 전자기학에서 사용하는 장(field)의 개념을 벡터와 좌표계를 이용하여 스칼라장과 벡터장으로 표현할 수 있음을 학습하였다[1]. 3장에서는 이러한 장(field)의 특성을 설명하기 위한 벡터미적분학(vector calculus)을 학습한다. 벡터미적분학은 벡터적분학과 벡터미분학으로 나눌 수 있다.

우리가 고등학교 때 미적분학과 벡터를 별도의 과목으로 배웠다. 하지만 유체의 흐름, 열의 전달, 천체 역학, 전자기학에 사용되는 변수는 기본적으로 공간상에서 크기와 방향을 갖는 벡터장이므로 이러한 벡터장의 특성을 이해하기 위하여 벡터장의 미적분학을 배우는 것이 필요하다. 먼저 적분이란 변화의 총합인 스칼라값을 나타내는 것이므로 적분의 결과는 보통 방향을 가질 수 없는 스칼라값을 갖는다. 하지만 벡터장의 적분에서는 적분 안에 들어가는 대상이 벡터장이 되므로 벡터장의 벡터적분의 결과가 스칼라장이 되기 위해서는 벡터미분소를 정의하고 벡터장과 벡터미분소와의 내적을 사용할 필요가 있다. 이때 벡터미분소는 선적분과 면적분에서만 정의가 되므로 벡터장의 적분에서는 선적분과 면적분만이 존재한다. 특별히 적분 경로가 폐선이나 폐면일 경우를 폐선적분과 폐면적분이라 하는데 이는 벡터장의 특성을 이해하는데 중요한 적분이 된다.

다음으로 벡터장의 미분을 학습한다. 보전장인 벡터장은 스칼라장과의 관련이 깊은데 그 이유는 스칼라장의 미분이 공간에서의 국부적인 변화 (또는 순간적인 변화)의 크기와 방향을 나타내기 때문에 스칼라장의 미분이 바로 벡터장이 되기 때문이다. 이러한 스칼라장의 미분을 Gradient(경도, 구배)라 한다. 단, 스칼라장을 두 번 미분하게 되면 결과는 스칼라 값이 되는데 이를 라플라시안(Laplacian)이라고 한다. 한편, 벡터장을 직접 미분할 수도 있다. 벡터장의 미분은 벡터장의 내적 또는 외적으로 표현이 가능한데 벡터의 내적을 사용하는 경우 발산(Divergence), 벡터의 외적을 사용하는 경우를 회전(Curl)이라고 부르며, 각각 국소영역에서의 벡터 폐면적분과 벡터 폐선적분의 미분형이 된다.

1) 전자기학에서 장(Field)는 시간에 따라서도 변화하지만 일반적으로 해석의 편리를 위해 시간에 따라서는 일정한 특성(DC 혹은 일정한 주파수를 갖는 AC)을 갖는다고 가정한다. 이러한 가정을 거치게 되면 시간에 대해 독립적으로 문제를 풀 수 있게 된다. 만약, 시간에 따라 변하는 경우에는 Fourier 이론을 이용하여 여러 독립적인 주파수를 갖는 신호의 중첩으로 표현하게 된다. 보통 전자기학에서는 Fourier 이론을 포함하지 않으므로 신호 및 시스템 교과목을 참고하기 바란다.

3.1 미분소: 미소길이, 미소면적, 미소체적

적분이란 쉽게 말해서 길이, 넓이, 부피를 구하는 이론이다. 따라서 적분을 한 번하면 1차원인 길이, 2번하면 2차원인 넓이, 3번하면 3차원인 부피를 구할 수 있다. 한편 적분한다는 것은 어떤 의미에서는 평균을 구하는 것이다. 따라서 통계를 활용할 때 적분이 등장하는 건 당연하다. 또한, 과학, 공학, 경제학 등에서 알고 싶은 대상을 기술할 때, 미분을 포함한 방정식, 즉, '미분 방정식'의 형태로 서술할 수 있는 경우가 많다. 따라서 이런 방정식을 풀거나 이해하려고 할 때, 미분의 반대에 해당하는 적분이 필요하다.

적분의 시작은 미분에 비해 오랜 역사가 있는데 그리스의 아르키메데스(Archimedes, BC 287?~BC 212)는【그림 3.1】과 같이 곡선으로 이뤄진 영역의 넓이를 구하는 방법을 알아냈다. 먼저 포물선으로 이뤄진 부분의 양쪽 끝점과 가운데 점을 이어 삼각형을 만든다. 그런 다음 남은 두 부분에서도 삼각형을 만든다. 이런 과정을 반복하면 포물선으로 둘러싸인 부분의 넓이는 무수히 많은 삼각형의 넓이를 더해 구할 수 있다. 이처럼 적분은 넓이를 구하는 것에서 출발했다고 할 수 있다. 이러한 개념을 확장하면, 특정한 모양의 체적은 무한히 작은 삼각뿔로 체적을 채우고 각각의 삼각뿔의 체적을 더하여 구할 수 있다.

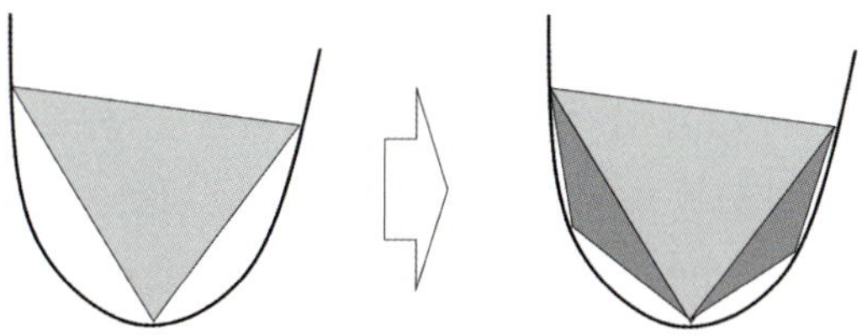

그림 3.1 적분의 시작(아르키메데스)

이제 적분의 개념이 벡터장에서 어떻게 사용되는지 살펴보자.【그림 3.2】와 같이 태양전지판에 태양에서부터 복사되어 전파된 전자기장이 도달한다고 하자[2]. 입사되는 태양에너지가 가장 높을 때는 태양광과 수직으로 입사되는 경우로 이 경우에 가장 높은 에너지가 만들어질 것이다. 이 값을 구하는 과정은 태양전지를 작은 면적으로 쪼개는 것으로 시작한다. 면적의 형태와 상관없이 미소면적을 작게 하면 각 미소면적(differential surface)은 정사각형으로 볼 수 있다. 이제 미소면적에 수직인 방향으로 단위 벡터를 정의할 수 있는데 이를 미소면적 벡터(differential surface vector)가 된다. 이제 각각의 미소면적 벡터와 태양의 벡터장의 입사방향을 내적하면 각각의 미분면적에 입

2) 태양에서부터 방출되는 태양에너지는 전자기학에서 학습하게 될 전자기파로 볼 수 있으므로 벡터장으로 표현된다.

사(투영)되는 태양에너지를 구할 수 있다. 이제 모든 미소면적에 입사되는 태양에너지를 더하여, 즉 적분하면 태양전지판 전체에 입사되는 태양에너지를 구할 수 있다. 이러한 과정을 벡터면적분이라 한다.

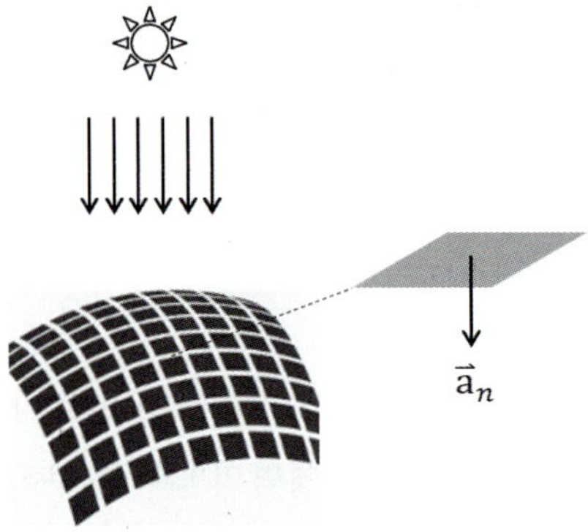

그림 3.2 굴곡이 있는 태양판에 입사되는 태양에너지

다음으로 물리학에서 힘 $\vec{F}$에 대항하여 한 일을 구할 때 벡터선적분의 개념을 사용하였다.【그림 3.3】과 같이 시작점 a에서 끝점 b까지 움직일 때 힘 $\vec{F}$에 대항하여 일이 필요하다. 일이 '+'라는 의미는 이동할 때 일(또는 에너지)이 필요하다는 것이고, 일이 '−'라는 의미는 일이 필요하지 않다는 의미이다[3]. 경로가 직선이 아닐 때는【그림 3.3】과 같이 작은 길이로 쪼개면 직선으로 볼 수 있으므로 이를 미소길이(differential length)라 한다. 미소길이에 방향을 부여한 것이 미소길이 벡터(differential length vector)[4]가 되고 각각의 미소길이 벡터에 힘 $\vec{F}$를 투영하면 각 미소길이를 이동할 때 소모된 일이 된다. 이제 모든 미분소에 투영되는 힘을 더하여, 즉 적분하면 시작점 a에서 끝점 b까지 이동할 때 소모한 일을 구할 수 있다. 이러한 과정을 벡터선적분이라 한다.

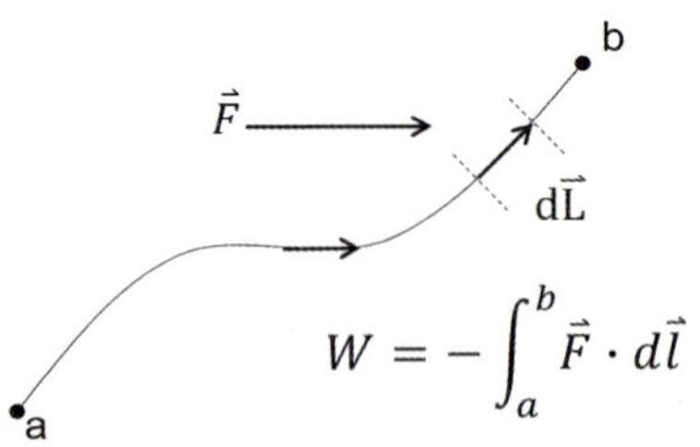

그림 3.3 경로 a에서 b까지 이동하는데 힘 $\vec{F}$에 대항하여 한 일

3) 우리가 산을 올라갈 때는 중력에 대항하여 일을 하므로 '+'의 에너지가 필요한 것과 같다.

4) 미분소에 방향을 정의하기 위해서는 미분소에 유일한 방향을 정해야 하는데 미소길이는 길이 방향이 유일하고, 미소면적은 미소면적에 수직한 방향이 유일하기 때문이다. 단, 미소면적일 경우 미소면적에 수직한 방향이 2개가 있으므로 그 중에서 면적의 바깥으로 향하는 방향을 미소면적의 방향으로 잡는다.

여기서 미소길이와 미소면적을 미분소(differential element)라고 하며 미소길이 벡터와 미소면적 벡터를 미분소 벡터(differential element vector)라고 부른다. 미분소에는 미소체적도 있지만, 미소체적 벡터는 존재할 수 없다. 그 이유는 우리가 사는 세상은 3차원이므로 미소체적에 유일한 방향을 부여할 수 없기 때문이다.

이제 미분소와 미분소벡터의 개념을 학습하였으므로 각각의 좌표계에서의 미분소와 미분소벡터를 정의해보자. 먼저 직각 좌표계를 살펴보자. 직각 좌표계에서 스칼라 적분은 차원에 따라 길이, 넓이, 부피를 계산하는 데 사용될 수 있다.

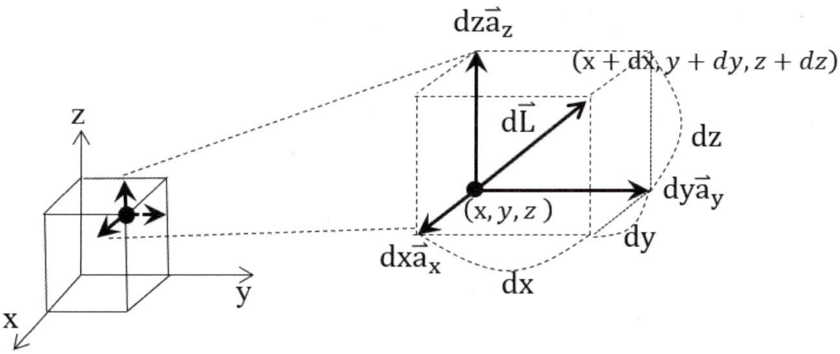

그림 3.4 직각 좌표계에서의 미소길이와 미소길이 벡터

【그림 3.4】는 직각 좌표계에서 미분소의 개념을 보여주고 있다. 직각 좌표계에서 각 축방향으로 미소길이는 dx, dy 및 dz의 3가지가 있으며, 각 축 방향으로 식 (3.1)과 같이 미소길이 벡터는 미소길이와 동일한 방향을 추가한 것이다.

$$\begin{aligned} \vec{dl} &= dx\,\vec{a}_x \\ \vec{dl} &= dy\,\vec{a}_y \\ \vec{dl} &= dz\,\vec{a}_z \end{aligned} \tag{3.1}$$

미소길이의 방향이 축방향이 아닌 일반적인 경우에는 식 (3.2)와 같이 표현할 수 있다.

$$\vec{dl} = dx\,\vec{a}_x + dy\,\vec{a}_y + dz\,\vec{a}_z \tag{3.2}$$

식 (3.2)는【그림 3.4】와 같이 점 (x, y, z)에서 점 $(x+dx, y+dy, z+dz)$으로 향하는 미소길이 벡터를 의미한다.

다음으로 미소면적은 두 가지 미소 길이의 곱으로 식 (3.3)과 같이 3가지가 가능하다. $dS = dx\,dy$ 는 윗면과 아랫면을, $dS = dy\,dz$ 은 앞면과 뒷면을, $dS = dz\,dx$ 는 왼쪽면과 오른쪽면을 의미한다.

$$dS = dx\,dy$$
$$dS = dy\,dz \tag{3.3}$$
$$dS = dz\,dx$$

다음에 미분소벡터를 살펴보자. 미소면적 벡터는 식 (3.4)과 같이 미소면적에 수직한 단위 벡터를 곱해 방향을 추가한 것이다. 주의할 점은 6개 면적이 모두 방향이 다르므로 미소면적과 다르게 미소면적 벡터는 윗면과 아랫면, 앞면괴 뒷면, 왼쪽면과 오른쪽면에서 부호의 차이가 있음에 주의해야 한다. 그 이유는 벡터의 방향이 반대이기 때문이다.

$$d\vec{S} = dxdy\,\vec{a}_z \quad d\vec{S} = -\,dxdy\,\vec{a}_z$$
$$d\vec{S} = dydz\,\vec{a}_x \quad d\vec{S} = -\,dydz\,\vec{a}_x \tag{3.4}$$
$$d\vec{S} = dzdx\,\vec{a}_y \quad d\vec{S} = -\,dzdx\,\vec{a}_y$$

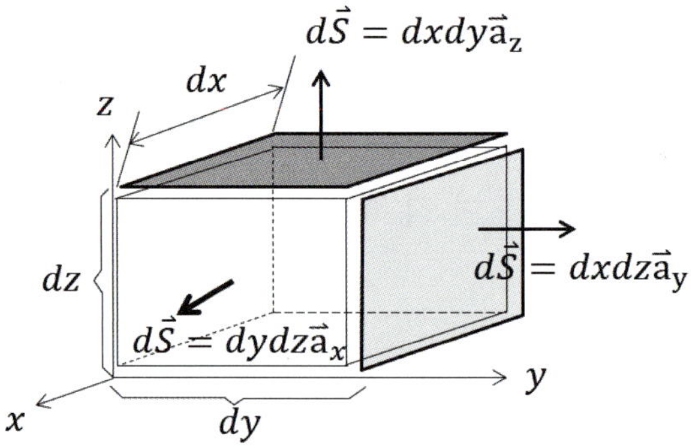

그림 3.5 직각 좌표계에서의 미소면적과 미소면적 벡터

마지막으로 직각 좌표계에서 미소체적은 식 (3.5)와 같이 세 변의 미소길이의 곱으로 주어지며 미소체적 벡터는 존재하지 않는다.

$$dv = dx\,dy\,dz \tag{3.5}$$

다음으로 원통 좌표계에서 미분소의 개념을 도입해보자. 【그림 3.6】은 원통 좌표계에서 미분소의 개념을 보여주고 있다. 원통 좌표계에서 각 축 방향으로 미소길이는 $d\rho$, $\rho d\phi$ 및 dz 의 3가지가 있으며, 각 축 방향으로 식 (3.6)과 같이 미소길이 벡터는 미소길이와 동일한 방향을 추가한 것이다.

$$\vec{dl} = d\rho \vec{a}_\rho$$
$$\vec{dl} = \rho d\phi \vec{a}_\phi \tag{3.6}$$
$$\vec{dl} = dz \vec{a}_x$$

미소길이의 방향이 축 방향이 아닌 일반적인 경우에는 식 (3.7)과 같이 표현할 수 있다.

$$\vec{dl} = d\rho \vec{a}_\rho + \rho d\phi \vec{a}_\phi + dz \vec{a}_z \tag{3.7}$$

식 (3.7)은【그림 3.7】과 같이 점 (ρ, ϕ, z)에서 점 $(\rho + d\rho, \phi + \rho d\phi, z + dz)$으로 향하는 미소길이 벡터를 의미한다.

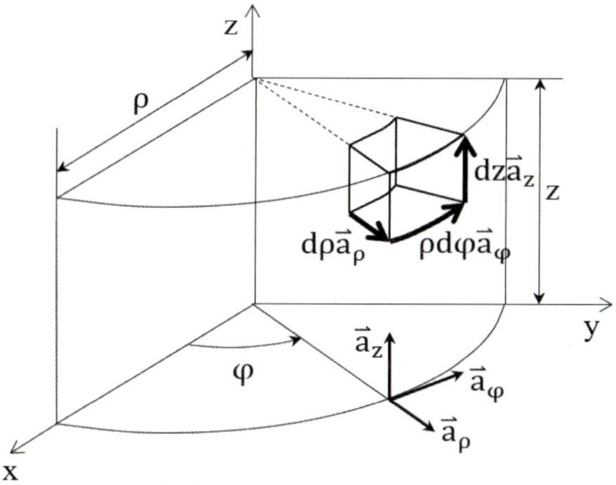

그림 3.6 원통 좌표계에서 미소길이와 미소길이 벡터

원통 좌표계의 미소길이와 미소길이 벡터를 구할 때 주의할 것은 각도의 변화 $d\phi$에는 ρ가 붙어야 한다는 것이다. 이는 각도가 같을지라도 ρ가 크면 미소길이가 커지기 때문에 이를 조정하기 위한 것이다. 이를 거리 계수(metric coefficient)라 부르며 모든 원통 좌표계와 구좌표계에 있는 모든 미소 각도에 거리 계수를 곱해 주어야 한다. 거리 계수의 개념은【그림 3.7】에서처럼 각도의 변화는 $d\phi$로 동일하지만 ρ의 길이가 ρ_1과 ρ_2로 다를 때 호의 길이가 달라지는 것을 통해 거리 계수가 필요한 이유를 알 수 있다.

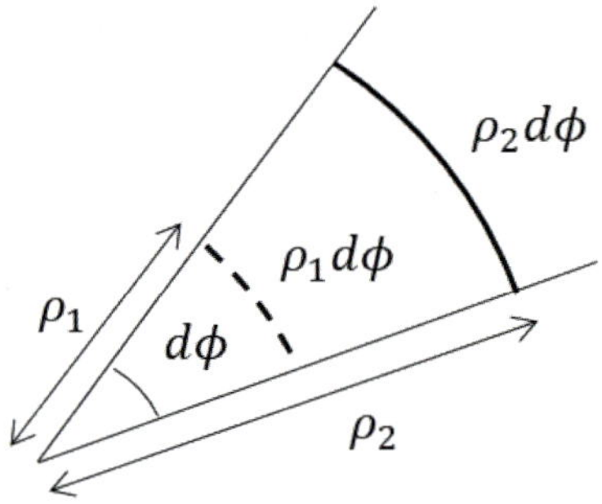

그림 3.7 원통 좌표계에서 거리 계수의 의미

원통 좌표계에서 미소면적 벡터는 식 (3.8)과 같이 미소면적에 수직한 단위 벡터를 곱해 방향을 추가한 것이다.

$$\begin{aligned} \vec{dS} &= \rho d\phi dz \vec{a}_\rho \ \vec{dS} = -\rho d\phi dz \vec{a}_\rho \\ \vec{dS} &= d\rho dz \vec{a}_\phi, \ \vec{dS} = -d\rho dz \vec{a}_\phi \\ \vec{dS} &= \rho d\rho d\phi \vec{a}_z, \ \vec{dS} = -\rho d\rho d\phi \vec{a}_z \end{aligned} \tag{3.8}$$

마지막으로 원통 좌표계에서의 미소체적은 식 (3.9)와 같이 주어지며, 미소체적 벡터는 우리가 3차원에 살고 있으므로 존재하지 않는다.

$$dv = \rho d\rho d\phi dz \tag{3.9}$$

예제 3-1

【그림 3.8】에서 다음을 계산하라.

(a) BC의 길이

(b) CD의 길이

(c) ABCD의 면적

(d) ABO의 면적

(e) 전체 체적

| 풀이 | 문제에서 점의 좌표는 직각 좌표계로 주어져 있으므로 원통 좌표계로 문제를 푸는게 편리하다. 각 점들을 원통 좌표계로 변환하면 다음과 같다.

$A(5,0,0) \rightarrow A(5,0,0)$ $B(0,5,0) \rightarrow B(5,\pi/2,0)$

$C(0,5,10) \rightarrow C(5,\pi/2,10)$ $D(5,0,0) \rightarrow D(5,0,10)$

(a) BC를 따라 미소길이는 dz이므로

$$BC=\int_0^{10} dz=10$$

(b) CD를 따라 미소길이는 $\rho d\phi$이므로

$$CD=\int_0^{\pi/2} \rho d\phi=5\phi\Big|_0^{\pi/2}=2.5\pi$$

(c) ABCD의 미소면적은 $\rho d\phi dz$이므로

$$\int_{\phi=0}^{\pi/2}\int_{z=0}^{10} \rho d\phi dz=5\int_0^{\pi/2} d\phi\int_0^{10} dz=25\pi$$

(d) ABO의 미소면적은 $\rho d\phi d\rho$이므로

$$\int_{\phi=0}^{\pi/2}\int_{\rho=0}^{5} \rho d\phi d\rho=\int_0^{\pi/2} d\phi\int_0^{5} \rho d\rho=6.25\pi$$

(e) 전체 체적을 구하기 위한 미소체적은 $\rho d\phi d\rho dz$이므로

$$\int_{\phi=0}^{\pi/2}\int_{\rho=0}^{5}\int_{z=0}^{10} \rho d\phi d\rho dz=\int_0^{\pi/2} d\phi\int_0^{5} \rho d\rho\int_0^{10} dz=62.5\pi$$

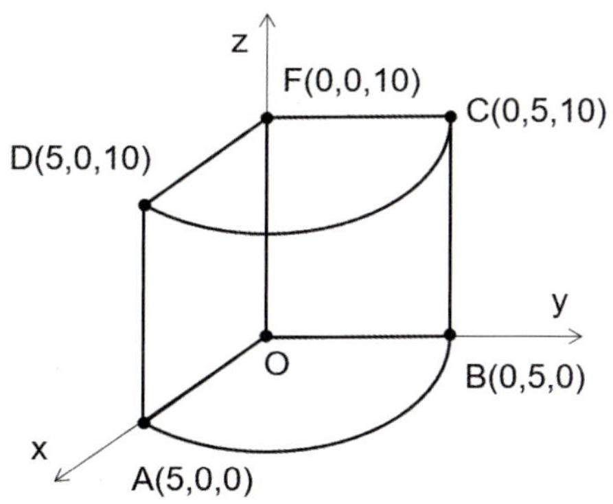

그림 3.8 예제 3-1의 그림

이제 구좌표계에서 미분소의 개념을 도입해보자.【그림 3.9】는 구좌표계에서 미분소와 미분소 벡터의 개념을 보여주고 있다. 구 좌표계에서 각 축 방향으로 미소길이는 dr, $rd\theta$ 및 $rsin\theta d\phi$의 3가지가 있으며, 각 축 방향으로 식 (3.10)과 같이 미소길이 벡터는 미소길이와 동일한 방향을 추가한 것이다.

$$\begin{aligned}\vec{dl} &= dr\,\vec{a_r}\\ \vec{dl} &= rd\theta\,\vec{a_\theta}\\ \vec{dl} &= rsin\theta d\phi\,\vec{a_\phi}\end{aligned} \tag{3.10}$$

미소길이의 방향이 축방향이 아닌 일반적인 경우에는 식 (3.11)과 같이 표현할 수 있다.

$$\vec{dl} = dr\,\vec{a_r} + rd\theta\,\vec{a_\theta} + rsin\theta d\phi\,\vec{a_\phi} \tag{3.11}$$

식 (3.11)은【그림 3.9】와 같이 점 (r,θ,ϕ)에서 점 $(r+dr,\theta+rd\theta,\phi+rsin\theta d\phi)$으로 향하는 미소길이 벡터를 의미한다. $d\theta$에 대한 거리 계수는 r, $d\phi$에 대한 거리 계수는 $rsin\theta$가 붙음에 주의해야 한다. 원통 좌표계에서 미소면적 벡터는 식 (3.12)와 같이 미소면적에 수직한 단위 벡터를 곱해 방향을 추가한 것이다.

$$\begin{aligned} &\vec{dS} = r^2\sin\theta d\theta d\phi\,\vec{a_r},\ \ \vec{dS} = -r^2\sin\theta d\theta d\phi\,\vec{a_r} \\ &\vec{dS} = rsin\theta drd\phi\,\vec{a_\theta},\ \ \vec{dS} = -rsin\theta drd\phi\,\vec{a_\theta} \\ &\vec{dS} = rdrd\theta\,\vec{a_\phi},\ \ \vec{dS} = -rdrd\theta\,\vec{a_\phi} \end{aligned} \tag{3.12}$$

마지막으로 구표계에서의 미소체적은 식 (3.13)과 같이 주어지며, 직각 좌표계와 원통 좌표계에서와 마찬가지로 미소체적 벡터는 존재하지 않는다.

$$dv = r^2\sin\theta\,drd\theta d\phi \tag{3.13}$$

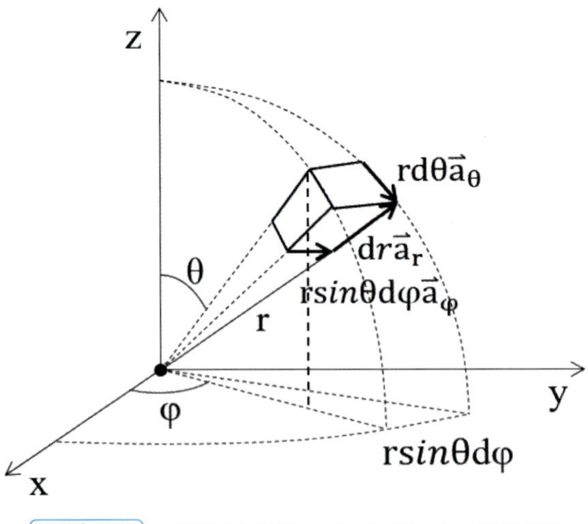

그림 3.9 구좌표계에서 미소길이와 미소길이 벡터

예제 3-2

$dv = r^2\sin\theta dr d\theta d\phi$와 $dS = r^2\sin\theta d\theta d\phi$를 사용하는 간단한 예로서 반경 R인 구를 고려하자. 구의 전체 체적과 표면적을 계산하시오.

| 풀이 | 구의 전체 체적은 다음과 같다.

$$\int dv = \iiint r^2\sin\theta dr d\theta d\phi = \int_0^R r^2 dr \int_0^\pi \sin\theta d\theta \int_0^{2\pi} d\phi = \frac{4}{3}\pi R^3$$

| 풀이 | 구의 표면적은 다음과 같다.

$$\int dS = \iint R^2\sin\theta d\theta d\phi = R^2 \int_0^\pi \sin\theta d\theta \int_0^{2\pi} d\phi = 4\pi R^2$$

3.2 벡터장의 적분

앞에서 스칼라값인 미분소와 벡터인 미분소벡터를 정의하였다. 이를 적분에 각각 적응하면 미분소를 이용하면 스칼라적분이, 벡터인 미분소벡터를 이용하면 벡터적분이 된다. 이러한 적분을 분류하면【표 3.1】과 같이 길이, 면적, 체적에 대한 적분으로 분류할 수 있다. 여기서 스칼라적분은 각각 길이, 넓이, 부피를 계산할 때 사용하거나, 각각 길이, 면적, 체적 성분의 변화의 총합의 의미를 갖는다. 벡터선적분은 곡선 상을 이동하면서 한 일을 의미하게 되고, 벡터면적분은 표면에서의 유출량을 의미한다. 벡터면적분은 전류나 플럭스(전속, 자속 등의 선속)를 계산할 때 사용된다. 특히, 적분 경로가 폐곡선인 벡터선적분과 적분영역이 폐곡면인 벡터면적분은 특별한 물리적인 의미를 갖게 되므로 본 절에서 이를 설명한다.

표 3.1 벡터적분학의 핵심 개념

명칭		기호	의미
1중 적분	스칼라 1중 적분	$\int_l dl$	길이 계산
	벡터선적분	$\int_a^b \vec{A} \cdot d\vec{l}$	경로를 따라 이동하면서 한 일
	벡터 폐선적분	$\oint_l \vec{A} \cdot d\vec{l}$	폐곡선을 따라 회전한 경우 한 일 → 보존장 여부 판단
2중 적분	스칼라 2중 적분	$\int_s ds, \iint ds$	넓이 계산
	벡터면적분	$\int_s \vec{A} \cdot d\vec{S}$	표면에서 유출되는 선속 (전속, 자속, 전류)
	벡터 폐면적분	$\oint_s \vec{A} \cdot d\vec{S}$	폐곡면에서 유출되는 선속 → 전하 존재의 판단
3중 적분	스칼라 3중 적분	$\int_v dv, \iiint dv$	부피 계산

3.2.1 벡터선적분(Vector Line Integral)

먼저 벡터선적분을 살펴보자. 고등학교 물리 수업 시간에 일이라는 개념을 배웠다. 일이라는 개념은 어떤 물체가 힘의 방향으로 이동하는 거리의 곱으로 정의되며, 이동하는 거리가 직선이 아닐 때는 곡선을 미소길이로 쪼개서 선적분을 수행하면 된다. 즉, 선적분은 곡선 상을 이동하면서 한 총 일을 의미한다. 이러한 일을 하기 위해서는 힘이 필요한데 힘은 벡터값이고, 일이란 스칼라값이므로 벡터값인 힘을 적분하여 스칼라값인 일을 얻을 필요가 있다. 벡터의 내적에서 두 개의 벡터를 내적하면 스칼라값이 되므로 선적분은 벡터의 내적의 형태를 가짐을 유추할 수 있다. 또한, 적분을 하기 위해서는 미분소가 필요하므로 미분소를 벡터로 정의해야 함을 알 수 있다.

일의 정의에 의해 물체를 점 a에서 점 b까지 움직일 때, 일은 다음 식으로 표현될 수 있다[5].

$$W = -\int_a^b \vec{F} \cdot d\vec{l} \tag{3.14}$$

여기서 $d\vec{l}$은 a와 b 간의 경로에 대한 미소길이 벡터이다. 선적분은 임의의 곡선을 따라 수행하므

5) 미소길이 벡터 $d\vec{l}$은 가급적 좌표계의 축의 방향으로 잡는다. 예를 들어 $x=2$에서 $x=1$로 이동하는 경우 $d\vec{l}=dx\,\vec{a}_x$로 잡고 적분의 시작점을 $x=2$, 끝점을 $x=1$로 잡는다. 만약 $d\vec{l}=dx\,(-\vec{a}_x)$로 한다면 시작점과 끝점을 반대로 해야 하므로 주의해야 한다.

로 곡선적분이라 해야 마땅하나 관습상 선적분이라고 부른다. 식 (3.14)에서 힘 $\vec{F}$ 를 전기장 $\vec{E}$ 로 바꾸면 전기장 내에서 일은 다음 식으로 주어진다.

$$W = -Q\int_a^b \vec{E} \cdot d\vec{l} \tag{3.15}$$

이제 일을 전하로 나누게 되면 전위차가 되고 전위차는 식 (3.16)과 같이 주어진다.

$$V_{ab} = -\int_a^b \vec{E} \cdot d\vec{l} \tag{3.16}$$

예제 3-3

$\vec{E} = 5\vec{a}_x$ 의 전기장이 있을 때 1[C]의 전하를 원점에서 점 P(1,1,0)으로 움직이기 위해 한 일을 벡터 선적분을 통해 계산하라.

풀이 선적분에 의해 일을 계산할 때는 적분 경로를 잡는 것이 중요하다. 선적분은 적분 경로에 무관하므로 계산하기 편리한 적분 경로를 잡는 것이 중요하다. 【그림 3.10】의 경로를 선택하고 적분식을 쓰면 다음과 같다.

$$W = -1\int_0^1 5\vec{a}_x \cdot dy\vec{a}_y - 1\int_0^1 5\vec{a}_x \cdot dx\vec{a}_x = -5[J]$$

처음 적분은 원점에서 점 (0,1,0)까지의 적분이고, 이 경로에 대해 한 일은 0이다. 두 번째 적분은 점 (0,1,0)에서 점 (1,1,0)까지의 적분으로 −5[J]이 된다. 전하를 움직이는 데 전기장의 방향을 따라 한 일의 양이므로 마이너스가 된다. 이는 외부의 힘이 전기장의 반대 방향으로 작용될 때 일이 플러스가 되기 때문이다.

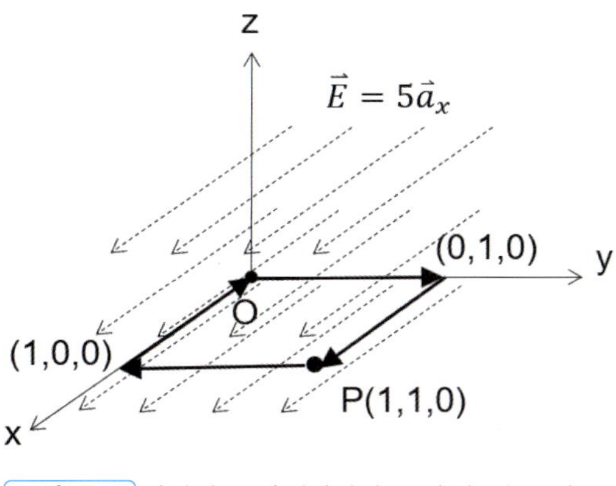

그림 3.10 (예제 3-3)과 (예제 3-4)의 적분 경로

일이나 전위차로 표현되는 선적분은 적분 경로에 의존하지 않는 선적분과 적분 경로에 의존하는 선적분으로 구분할 수 있다. 예를 들어 산에 올라가는 경우를 생각해 보자. 우리가 산을 올라갈 때 어떤 등산로를 선택하든지 산 밑의 시작점과 정상까지의 고도차 즉 위치에너지는 일정하게 된다. 이러한 경우에 적용되는 선적분을 적분 경로에 의존하지 않는 선적분이라고 한다. 적분 경로에 의존하지 않는 선적분을 만드는 벡터장은 보존장(conservative field)이라고 부르며, 중력장, 정전기장 등이 있다. 적분 경로에 의존하지 않는 선적분은 시작점과 끝점이 같을 때, 즉 한 바퀴 회전하였을 때 식 (3.17)과 같이 일이나 전위차가 0이 되는 특성이 있다. 이러한 보전장에서는 항상 스칼라장과 벡터장이 일대일 대응되므로 스칼라장을 통해 벡터장을 쉽게 표현할 수 있어 편리하다.

$$\oint \vec{E} \cdot d\vec{l} = 0 \tag{3.17}$$

예제 3-4

$\vec{E} = 5\vec{a}_x$의 전기장이 있을 때 1[C]의 전하가 원점에서 점 P(1,1,0)으로 움직인 후 다시 (1,0,0)을 거쳐 원점으로 돌아온 후의 일을 벡터 폐선적분을 통해 계산하라.

| 풀이 | 폐선적분은 다음과 같다.

$$W = -Q\oint \vec{E} \cdot d\vec{l}$$

$$= -1\int_0^1 5\vec{a}_x \cdot dy\vec{a}_y - 1\int_0^1 5\vec{a}_x \cdot dx\vec{a}_x - 1\int_1^0 5\vec{a}_x \cdot dy\vec{a}_y - 1\int_1^0 5\vec{a}_x \cdot dx\vec{a}_x = 0[J]$$

$\vec{E} = 5\vec{a}_x$의 전기장은 보전장이므로 폐경로를 따라 선적분한 폐선적분은 0이 된다. 다른 말로 폐선적분의 결과값이 0이 되는 벡터장을 보전장이라 부른다.

다음으로 적분 경로에 의존하는 선적분이 있다. 이러한 선적분은 적분 경로에 따라 값이 달라지게 되므로 한 번 회전하여 폐선적분할 경우 일이 0이 되지 않는다. 이러한 벡터장으로는 정자기장이나 시간에 따라 변하는 전자기장이 있다. 정자기학에서 자기장 $\vec{H}$를 폐선적분하면 0이 되지 않고 폐선 안에 놓여 있는 전류가 된다. 이를 식으로 나타내면 식 (3.18)과 같으며 이를 정자기장에 대한 Ampere의 법칙이라 한다. 이러한 회전장은 보전장과 달리 일대일 대응되는 스칼라장이 존재하지 않는 것이 특징이다.

$$\oint \vec{H} \cdot d\vec{l} = I_{enc} \tag{3.18}$$

예제 3-5

$\vec{H}=-\rho^2\vec{a}_z$의 정자기장이 있을 때【그림 3.11】과 같은 경로에 따른 벡터 폐선적분 값을 구하라.

| 풀이 | 폐선적분은 다음과 같다. 점(0,2,0)에서 시작하여 시계방향으로 4번 선적분한다.

$$\oint \vec{H}\cdot d\vec{l}$$

$$=\int_2^1(-\rho^2\vec{a}_z)\cdot dy\vec{a}_y+\int_0^5(-\rho^2\vec{a}_z)\cdot dz\vec{a}_z+\int_1^2(-\rho^2\vec{a}_z)\cdot dy\vec{a}_y+\int_5^0(-\rho^2\vec{a}_z)\cdot dz\vec{a}_z$$

$$=0-\int_0^5 1\,dz+0-\int_5^0 4\,dz=0-5+0+20=15$$

$\vec{H}=-\rho^2\vec{a}_z$의 벡터장은 보전장이 아니므로 폐경로를 따라 선적분한 폐선적분은 0이 되지 않는다. 다른 말로 폐선적분의 결과값이 0이 되지 않는 벡터장은 보전장이 아니다.

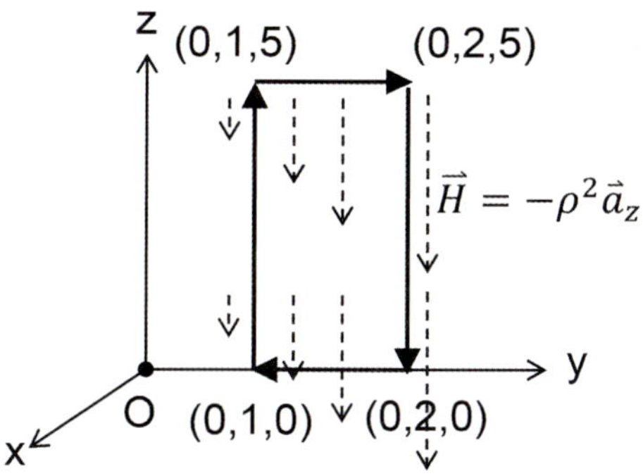

그림 3.11 (예제 3-5)의 적분 경로

예제 3-6

$\vec{H}=-\rho^2\vec{a}_z$의 정자기장이 있을 때【그림 3.11】의 반대 방향 경로에 따른 벡터 폐선적분을 구하라.

| 풀이 | 폐선적분은 다음과 같다. 점(0,1,0)에서 시작하여 반시계방향으로 4번 선적분한다.

$$\oint \vec{H}\cdot d\vec{l}$$

$$=\int_1^2(-\rho^2\vec{a}_z)\cdot dy\vec{a}_y+\int_0^5(-\rho^2\vec{a}_z)\cdot dz\vec{a}_z+\int_2^1(-\rho^2\vec{a}_z)\cdot dy\vec{a}_y+\int_5^0(-\rho^2\vec{a}_z)\cdot dz\vec{a}_z$$

$$=0+\int_0^5 4\,dz+0-\int_5^0 1\,dz=0-20+0+5=-15$$

$\vec{H}=-\rho^2\vec{a}_z$의 벡터장은 보전장이 아니므로 폐경로를 따라 선적분한 폐선적분은 0이 되지 않는다. 다른 말로 폐선적분이 0이 되지 않는 벡터장은 보전장이 아니다. 또한, 적분 경로가 반대가 되면 폐선적분한 결과는 부호가 반대가 된다.

3.2.2 벡터면적분(Vector Surface Integral)

면적분은 벡터장이 있을 때 특정 면적을 뚫고 나가는 양(스칼라값)을 계산할 때 사용된다고 학습하였다. 이러한 면은 넓이의 개념이므로 이중적분이 필요하며 벡터장을 이중적분해서 스칼라값을 얻을 필요가 있다. 선적분과 마찬가지로 벡터의 내적에서 두 개의 벡터를 내적하면 스칼라값이 되므로 벡터면적분은 벡터의 내적의 형태를 가짐을 유추할 수 있다. 적분을 하기 위해서는 미소면적이 필요한데 벡터면적분을 위해서는 미소면적 역시 벡터로 정의해야 한다.

벡터면적분의 결과는 플럭스(선속, flux) Ψ(psi)라고 하면 면적분하는 벡터장을 선속밀도 벡터(flux density vector)라고 하는데, 전기장, 자기장, 전류에 대해 존재한다. 전기장의 경우에는 전속(electric flux)과 전속밀도 벡터(electric flux density vector), 자기장의 경우에는 자속(magnetic flux)과 자속밀도 벡터(magnetic flux density vector), 전류의 경우에는 전류(current)와 전류밀도 벡터(current density vector)라 부른다. 각각의 관계는 식 (3.19)에서 식 (3.21)과 같이 주어진다[6].

$$\Psi = \int_S \vec{D} \cdot d\vec{S} \tag{3.19}$$

$$\Psi = \int_S \vec{B} \cdot d\vec{S} \tag{3.20}$$

$$I = \int_S \vec{J} \cdot d\vec{S} \tag{3.21}$$

예제 3-7

전속밀도 벡터 $\vec{D} = 5\vec{a}_x$인 전기장이 있을 때 【그림 3.12】와 같은 면적을 통과하는 전속(electric flux)을 벡터면적분을 통해 계산하라.

| 풀이 | 벡터면적분을 하기 위해서는 그림과 같이 미소면적 벡터를 정의해야 한다.

$$d\vec{S} = dydz\,\vec{a}_x$$

이제 면적을 통과하는 선속은 다음과 같다.

$$\Psi = \int_S \vec{D} \cdot d\vec{S}$$

$$\int_1^2 \int_0^5 5\vec{a}_x \cdot dydz\,\vec{a}_x = 5\int_1^2 dy \int_0^5 dz = 25$$

면적의 방향과 벡터장의 방향이 같으므로 전속은 선속밀도 벡터의 크기와 면적의 곱과 같다.

6) 책에 따라 전속과 자속을 구별하기 위하여 자속을 특별히 Φ라고 쓰기도 한다.

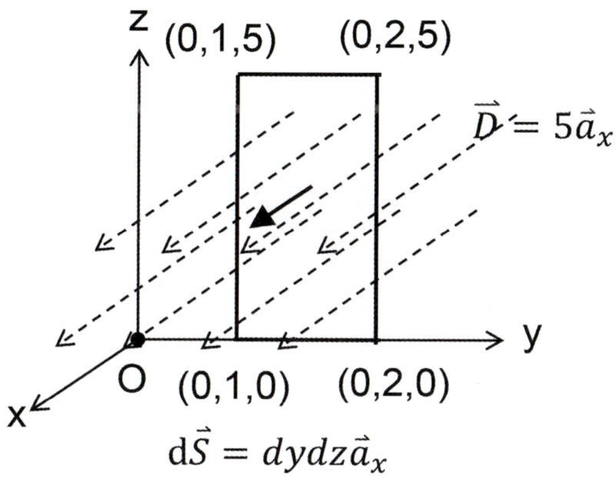

그림 3.12 (예제 3-7)의 면적분

예제 3-8

$\vec{D} = 3xy\vec{a}_x + 4x\vec{a}_z$의 경우 평면($0 \le x \le 5,\ 0 \le y \le 3$, z=0)인 표면을 +z 방향으로 통과하는 전속의 양을 구하라.

| 풀이 | 이 표면은 z=0 평면에 놓여 있으므로 $d\vec{S} = dxdy\vec{a}_z$이다.

$$\Psi = \int_s (3xy\vec{a}_x + 4x\vec{a}_z) \cdot dxdy\vec{a}_z = \int_0^5 4xdx \int_0^3 dy$$

답은 150[C]이다.

이제 벡터면적분을 벡터 폐면적분으로 확장하자. 폐면(closed surface)이란 공의 표면과 같이 완전하게 닫힌 면적을 의미하며, 이러한 닫힌 폐면에 대한 면적분을 벡터 폐면적분이라 한다. 벡터 폐면적분을 이해하기 위해서 패러데이가 실시한 다음의 실험을 살펴보자. 반경 a의 도체구가 $+Q$의 전하를 가지고 있다고 가정하자. 【그림 3.13(a)】에 나타난 바와 같이, 이 대전된 구를 반경 $b(b > a)$인 도체반구의 쌍으로 둘러싼다. 이때 바깥쪽 구의 일부라도 안쪽 구에 접촉되지 않도록 주의해야 한다. 다음【그림 3.13(b)】에서와 같이 바깥쪽 구를 짧은 시간동안 접지시킨다. 이후 접지 연결을 제거하면【그림 3.13(c)】에서와 같이 바깥쪽 구에 $-Q$의 전하가 축적되어 있는 것을 알게 될 것이다. 어떤 이유에서든지 안쪽 구에 있는 $+Q$의 전하는 바깥쪽 구에 $-Q$의 전하를 유도하게 된다[7].

7) 실제 접지를 통해 전하가 바깥쪽 구로 이동하는 것이다. 이때 전하가 이동한 양은 내부 구의 전하량과 동일한 것이 특징이다.

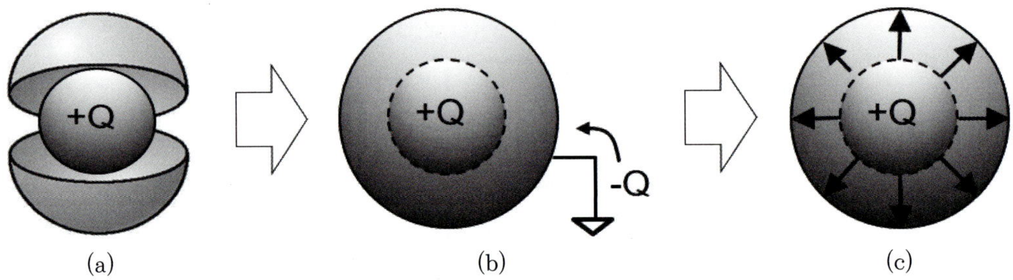

그림 3.13 패러데이의 전자기 유도 실험

이러한 패러데이 실험에서 내부 구와 바깥 구의 전하량이 같다는 것은 내부 구의 전하에 의해 발생하는 정전기장이 외부 구에 영향을 미치기 때문이라 생각할 수 있다. 이를 전속(electric flux)과 전속밀도 벡터의 개념으로 설명하자. 전속밀도 벡터는 $+Q$의 전하에서 시작하여 $-Q$의 전하에서 끝나게 되는데, 안쪽 구에서 시작하여 바깥쪽 구의 방향, 즉 방사 방향으로 퍼질 것이다. 전속밀도 벡터가 두 구의 안쪽 영역에서 반경 r인 가상의 구 표면을 통과한다고 생각하면, 가상의 구의 반지름이 r일 때 구표면의 면적은 $4\pi r^2$이므로 식 (3.22)와 같이 전속밀도(electric flux density) 벡터 $\vec{D}$ [C/m^2]를 정의할 수 있다.

$$\vec{D} = \frac{\Psi}{4\pi r^2}\vec{a}_r \tag{3.22}$$

전속밀도 벡터 $\vec{D}$는 미소면적 벡터 $d\vec{S} = dS\vec{a}_n$에 수직한 방향을 갖는다. 이렇게 벡터를 정의하고 벡터면적분을 계산하면 벡터의 내적에 의해 스칼라값이 되므로 벡터 $\vec{D}$의 면적분은 스칼라값이 됨을 알 수 있다. 이러한 벡터장의 면적분은 플럭스를 의미한다고 해서 플럭스 적분(flux integral)이라고도 부른다. 이제 가상의 구 전체에 대한 면적분, 즉 폐면적분을 통한 전속은 전하와 같아야 한다. 식 (3.23)을 정전기장에 대한 Gauss 법칙이라고 한다[8].

$$\Psi = Q = \oint_s \vec{D} \cdot d\vec{S} \tag{3.23}$$

적분 기호에 동그라미 기호는 폐면적을 수행함을 뜻하게 된다. 앞에서 전기장에 대한 속선을 설명할 때 전기장 벡터 $\vec{E}$를 도입하였는데, 왜 전속밀도 벡터 $\vec{D}$라는 개념을 추가로 도입하는 것일까? 이는 전기장을 설명할 때 전기장 $\vec{E}$만을 사용하는 것보다 전기장 벡터와 전속밀도 벡터 2가지를 사용하는 것이 훨씬 편하기 때문이다. 자유 공간상에서의 전기장을 설명할 때는 한 개의 벡터인

8) 내부 구와 외부 구의 전하량은 같지만, 내부 구와 외부 구의 표면적의 차이가 있으므로 전속밀도 벡터는 차이가 있다. 즉, 내부 구의 전속밀도가 높고, 외부 구의 전속밀도가 낮다.

전기장만을 정의해도 되지만, 물질이 섞여 있는 공간에서의 전기장의 특성을 설명할 때는 두 개의 벡터를 이용해서 설명하는 것이 편리하다[9].

이러한 벡터 폐면적분의 결과값이 '+' 값을 갖는다면 해당 폐곡면 내에 양의 전하가 존재하는 것이고, 결과값이 '−' 값을 갖는다면 해당 폐곡면 내에 음의 전하가 존재하는 것이다. 또한, 벡터 폐면적분의 결과값이 '0' 값을 갖는다면 해당 폐곡면 내에 아무런 전하가 존재하지 않는 것을 의미한다. 식 (3.21)에 의해 벡터 폐면적분 내의 벡터장이 전속밀도 벡터라면 벡터 폐면적분의 결과는 전하의 크기와 같다. 【그림 3.14】에서 폐곡면 s_1 내에 순전하가 양의 값을 가지므로 벡터폐곡면의 값은 양의 값을, 폐곡면 s_2 내에는 순전하가 없으므로 벡터폐곡면의 값은 영의 값을 갖게 된다.

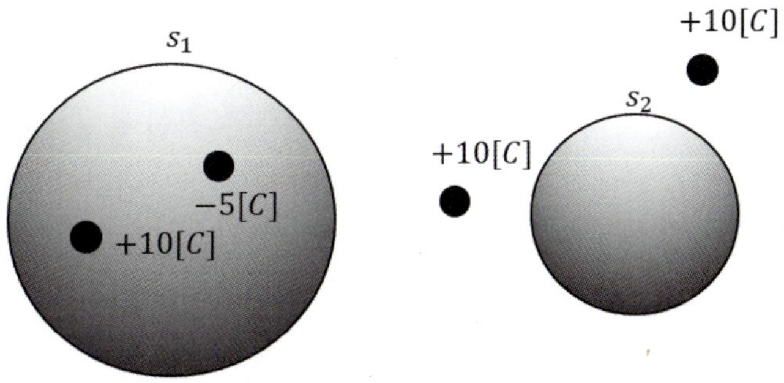

그림 3.14 정전기장에 대한 벡터폐적분의 의미

예제 3-9

$\vec{D} = \frac{1}{4\pi r^2}\vec{a}_r$ 의 전속밀도 벡터가 있을 때 반경이 1인 구의 표면을 뚫고 나가는 플럭스는 얼마인가?

풀이 반경이 r인 구 표면에 대한 미소면적 벡터는 $d\vec{S} = r^2 \sin\theta d\theta d\phi \vec{a}_r$ 이므로 벡터 폐면적분은 다음과 같다.

$$\oint_s \frac{1}{4\pi r^2}\vec{a}_r \cdot r^2 \sin\theta d\theta d\phi \vec{a}_r = \frac{1}{4\pi}\oint_s \sin\theta d\theta d\phi = \frac{1}{4\pi}\int_0^{\pi}\sin\theta d\theta \int_0^{2\pi} d\phi = 1$$

벡터면적분의 결과는 1이므로 구 내면에는 1[C]의 전하가 존재한다.

9) 물질이 섞여 있는 공간은 물질 간에 경계가 존재할 것이고, 이 경계에서의 전기장과 자기장의 변화를 경계 조건(boundary condition)을 이용하여 계산하게 된다.

예제 3-10

$\vec{D} = 5\vec{a}_z$의 전속밀도 벡터가 있을 때 반경이 1인 구 표면을 뚫고 나가는 플럭스는 얼마인가?

| 풀이 | (예제 2-18)을 참조하면 단위 벡터 $\vec{a}_z$는 다음과 같다.

$$\vec{a}_z = \cos\theta\vec{a}_r - \sin\theta\vec{a}_\theta$$

이제 반경이 r인 구 표면에 대한 미소면적 벡터는 $d\vec{S} = r^2\sin\theta d\theta d\phi\vec{a}_r$이므로 벡터 폐면적분은 다음과 같다.

$$\oint_s 5\vec{a}_z \cdot 1^2\sin\theta d\theta d\phi\vec{a}_r = \oint_s 5\cos\theta\sin\theta d\theta d\phi = 5\int_0^\pi \cos\theta\sin\theta d\theta\int_0^{2\pi} d\phi = 0$$

벡터면적분의 결과는 0이므로 구 표면에는 전하가 존재하지 않는다.

다음으로 정자기장에 대한 속선을 살펴보자. 이때 정전기장의 속선과 정자기장의 속선의 차이를 이해하는 것이 중요하다. 정자기장이 정전기장과 다른 근본적인 특징은 속선이 폐루프를 형성한다는 것이다.【그림 3.15】는 막대자석의 자기장 속선의 모양을 보여준다. 여기서 속선들이 막대를 따라서 폐루프를 형성하고 있음을 알 수 있다.

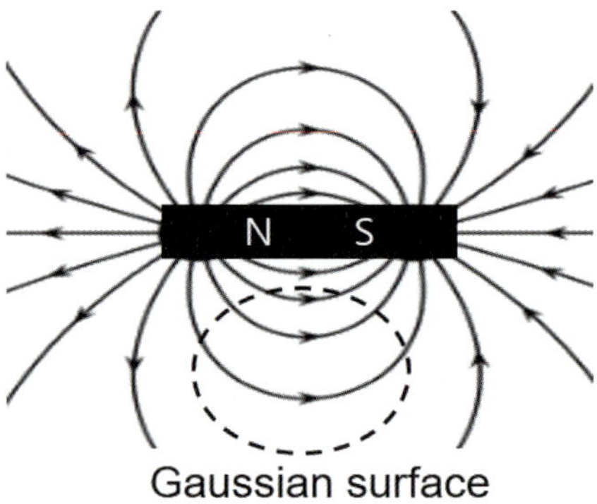

그림 3.15 막대자석의 자기장 속선 모양

이렇게 자기장의 속선은 폐루프를 형성하므로 자연계에서는 N극과 S극이 분리된 반 조각의 막대자석은 존재하지 않는다.【그림 3.16】에서 보듯이 만약에 막대자석을 반으로 쪼갠다면 두 개의 자석이 생성될 것이다. 이러한 특성을 다른 말로 자극(magnetic pole)은 따로 분리할 수 없다고 말한다. 자기장의 이러한 특성으로부터 자기장의 경우 벡터 폐면적분은 반드시 0이어야 함을 쉽게 알 수 있다. 폐곡면 안에 들어가는 자속은 반드시 다시 나와야 한다. 따라서 정자기장에서의 가우스 법칙은 다음과 같이 주어지며, 식 (3.24)를 자속밀도의 보전법칙이라고도 한다.

$$\oint_S \vec{B} \cdot d\vec{S} = 0 \tag{3.24}$$

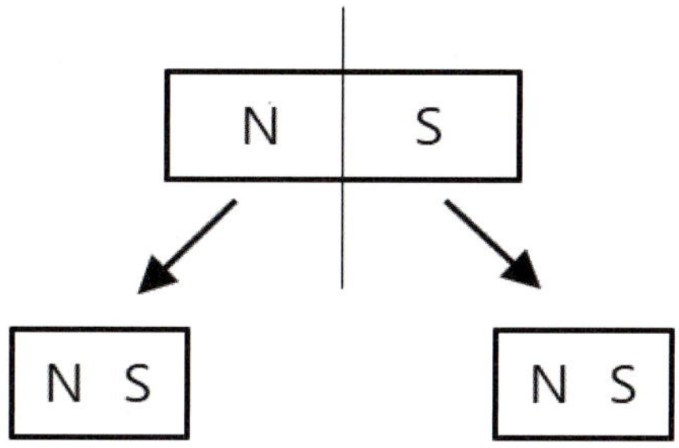

그림 3.16 막대자석의 특성

예제 3-11

$\vec{B} = \dfrac{1}{4\pi r^2}\vec{a}_\phi$의 자속밀도 벡터가 있을 때 반경이 1인 구의 표면을 뚫고 나가는 플럭스는 얼마인가?

| 풀이 | 반경이 r인 구 표면에 대한 미소면적 벡터는 $d\vec{S} = r^2 \sin\theta d\theta d\phi \vec{a}_r$이므로 벡터 폐면적분은 다음과 같다.

$$\oint_s \frac{1}{4\pi r^2}\vec{a}_\phi \cdot r^2 \sin\theta d\theta d\phi \vec{a}_r = 0$$

정자기장은 회전장이므로 벡터 폐면적분의 결과는 언제나 0이 된다.

요약

벡터의 적분은 다음의 4종류가 있으며, 각각 벡터장의 특성을 설명하는 중요한 역할을 수행한다.

	기호	의미
벡터선적분	$\int_a^b \vec{A} \cdot d\vec{l}$	경로를 따라 이동하면서 한 일
벡터 폐선적분	$\oint_l \vec{A} \cdot d\vec{l}$	폐곡선을 따라 회전한 경우 한 일 → 보존장 여부 판단
벡터면적분	$\int_S \vec{A} \cdot d\vec{S}$	표면에서 유출되는 선속 (전속, 자속, 전류)
벡터 폐면적분	$\oint_s \vec{A} \cdot d\vec{S}$	폐곡면에서 유출되는 선속 → 전하 존재의 판단

3.3 벡터장의 미분

미분이란 원래 국부적인 변화(또는 순간적인 변화)를 나타나는데 벡터의 미분은 기울기(Gradient), 발산(Divergence), 회전(Curl)이 가장 핵심적인 내용이다. 보존장의 경우 스칼라장과 벡터장이 일대일로 존재하므로 기울기와 발산에 의해 표현할 수 있으며, 비보전장인 회전장의 경우 벡터의 회전으로 설명이 된다.

표 3.2 벡터미분학의 핵심 개념

보존장	기울기(Gradient)	국부적 최대 증가	각 점에서의 경사 방향과 크기 (스칼라 → 벡터)
	발산(Divergence)	국부적 유출량	각 점에서의 유출량 (벡터 → 스칼라)
회전장	회전(Curl)	국부적 회전	각 점에서의 회전벡터 (벡터 → 벡터)

먼저 미분의 개념에 대해 살펴보자. 어마어마한 파도가 밀려오는 장면을 애니메이션으로 만들려면 어떻게 해야 할까? 예전에는 조금씩 다른 수십 장의 그림을 빠르게 돌려 표현했다. 그러나 지금은 파도의 움직임을 방정식으로 만들어 파도 영상을 만든다. 미분을 이용해 움직이는 그림을 편하게 그릴 수 있기 때문이다. 미분을 이해하기 위해【그림 3.17】과 같이 대포에서 날아간 포탄의 궤적을 살펴 보자. 포탄의 궤적은 곡선이지만 미소길이를 정하면 미소길이에서는 포탄이 날아가는 방향은 직선방향이 된다. 이 미소길이는 수평과 평행한 곳에서 포탄의 높이가 가장 높고 이후 점점 떨어진다. 따라서 이 직선이 수평으로 된 곳을 찾기만 하면 포탄의 최고 높이를 쉽게 구할 수 있다.

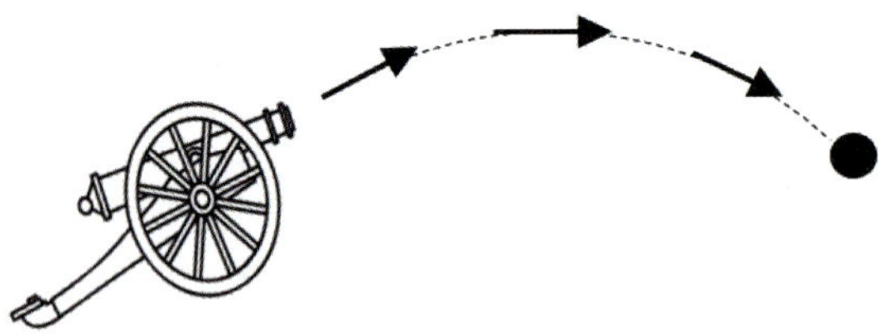

그림 3.17 미분의 의미는 포탄 궤적의 접선 성분

여기서 두 점 사이의 거리를 점점 0에 가깝게 하면 직선은 사실상 곡선과 한 점에서 만난다. 이것을 접선(tangent)이라고 한다. 접선이 수평인 곳에서 곡선은 그 근처에서 가장 큰 값 또는 작은 값을 갖는데, 즉, 미분을 통해 변화율이 0인 위치가 된다. 미분의 유용성은 방정식에서 0의 위치를 찾는 것이 최댓값이나 최솟값을 찾는 것보다 편리하다는데 있다.

3.3.1 델(del) 연산자와 스칼라장의 기울기(Gradient)

전자기학은 공간에서의 벡터장을 표현하여야 하므로 미분연산자도 3차원 좌표계에서 각 축에 따라 정의해야 하며, 또한, 크기만이 아니라 방향을 가져야 한다. 이를 위해 도입된 수학연산자가 델(del)연산자로 심볼은 '∇'이다. 델 연산자는 직각 좌표계에서 다음과 같이 각 축 방향으로 미분과 축 방향의 단위 벡터를 결합하여 정의된다[10].

$$\nabla = \frac{\partial}{\partial x}\vec{a}_x + \frac{\partial}{\partial y}\vec{a}_y + \frac{\partial}{\partial z}\vec{a}_z \tag{3.25}$$

원통 좌표계와 구좌표계에서 del 연산자는 각도미분의 경우 각도 옆에 거리 계수(metric coefficient)를 곱해야 함에 주의해야 한다.

$$\nabla = \frac{\partial}{\partial \rho}\vec{a}_\rho + \frac{1}{\rho}\frac{\partial}{\partial \phi}\vec{a}_\phi + \frac{\partial}{\partial z}\vec{a}_z \tag{3.26}$$

$$\nabla = \frac{\partial}{\partial r}\vec{a}_r + \frac{1}{r}\frac{\partial}{\partial \theta}\vec{a}_\theta + \frac{1}{rsin\theta}\frac{\partial}{\partial \phi}\vec{a}_\phi \tag{3.27}$$

이제 벡터미분의 첫 번째 개념으로 스칼라장의 공간 기울기(Gradient)[11]에 대해서 배워보자. 먼저 당신이 스키를 타고 싶어 산꼭대기에 올라갔다고 가정하면, 어떻게 내려오는 것이 가장 빠르게(멋지게) 내려올 수 있을까? 답은 등고선에 수직이 되도록 내려오면 가장 경사가 가파른 코스로 내려가게 되므로 속도가 가장 빠르게 된다. 이렇게 등고선에 수직인 벡터를 기울기라고 하며, 기울기 벡터는 각 점에서 경사가 가장 급한 방향과 그 경사의 크기로 나타내게 된다. 일반적으로 스칼라함수의 기울기로 얻어지는 벡터장의 경우, 그 스칼라 함수를 이 벡터장의 포텐셜(potential)이라 부른다.

$$grad\,V = \nabla V = \frac{dV}{dn}\vec{a}_n \tag{3.28}$$

식 (3.28)에 식 (3.25)를 적용하면 스칼라장 V의 기울기 벡터는 직각 좌표계에서 다음과 같이 표현되며, 결과는 당연히 벡터장이 된다.

---

10) 식 (3.25)에서 델 연산자가 단위 벡터를 미분하는 것이 아님에 주의해야 한다. 델 연산자는 그 자체로 사용될 수 없고, 스칼라장이 붙거나, 벡터장이 붙어야 한다. 벡터장이 붙을 경우에는 벡터의 내적과 외적이 필요하다.

11) 기울기는 책에 따라 경도, 구배라고도 부른다.

$$\nabla V = \frac{\partial V}{\partial x}\vec{a}_x + \frac{\partial V}{\partial y}\vec{a}_y + \frac{\partial V}{\partial z}\vec{a}_z \tag{3.29}$$

원통 좌표계와 구좌표계에서 스칼라장의 기울기는 다음과 같다.

$$\nabla V = \frac{\partial V}{\partial \rho}\vec{a}_\rho + \frac{1}{\rho}\frac{\partial V}{\partial \phi}\vec{a}_\phi + \frac{\partial V}{\partial z}\vec{a}_z \tag{3.30}$$

$$\nabla V = \frac{\partial V}{\partial r}\vec{a}_r + \frac{1}{r}\frac{\partial V}{\partial \theta}\vec{a}_\theta + \frac{1}{rsin\theta}\frac{\partial V}{\partial \phi}\vec{a}_\phi \tag{3.31}$$

예제 3-11

모닥불 주위의 온도장(스칼라장)이 스칼라 함수 $T = 4x^2 + xy^2 - 5z^2$으로 주어질 때 점 P(1,2,−1)에서 열이 전달되는 방향을 구하시오.

| 풀이 | 열은 온도가 가장 크게 감소하는 방향으로 흐르므로 −grad T를 구하면 된다. 이때 −부호는 grad 정의가 최대증가를 나타내므로 (−)부호가 붙는다.

$$\nabla T = \frac{\partial T}{\partial x}\vec{a}_x + \frac{\partial T}{\partial y}\vec{a}_y + \frac{\partial T}{\partial z}\vec{a}_z = (8x + y^2)\vec{a}_x + (2xy)\vec{a}_y - 10z\vec{a}_z$$

이제, P(1,2,−1)을 대입하고 (−)부호를 붙이면,

$$-\nabla T = -12\vec{a}_x - 4\vec{a}_y - 10\vec{a}_z$$

이 방향이 점 P에서 열이 전달되는 방향이 된다.

3.3.2 벡터장의 발산(Divergence)

앞에서 스칼라장의 3차원 공간에서의 기울기(Gradient)를 학습하였다. 이제 벡터장의 3차원 공간에서의 미분에 대해 학습할 차례인데, 벡터장의 미분에는 발산(divergence)과 회전(curl) 두 가지가 있으며, 각각 벡터 폐면적분과 벡터 폐선적분의 미분꼴에 해당한다. 또한, 벡터의 곱셈을 학습할 때 결과가 각각 스칼라값 또는 벡터값이 되는 것으로 내적과 외적을 학습하였듯이 발산은 벡터의 3차원 공간에서의 미분의 결과가 스칼라값이 되는 것이며, 회전은 벡터의 3차원 공간에서의 미분의 결과가 벡터값이 되는 것임을 유추할 수 있다. 당연히 발산은 내적과 관련이 있으며, 회전은 외적과 관련이 있다.

속선을 표현하는 벡터장을 $\vec{A}$라 하자. 이 벡터장의 발산은 그 점에서 벡터장이 얼마나 방출(또는 발산) 되는지의 정도를 나타내는 벡터장의 공간 미분값이다. 발산의 결과는 스칼라 값으로 그 점에서 벡터장의 근원을 포함하는지 아닌지를 나타낸다.【그림 3.13(a)】에서 벡터장을 만드는 근

원은 가운데 있는 전하 +Q에 해당하므로 +Q가 위치한 점에서는 벡터의 발산을 계산하면 +값이 나오게 되며, 그 외의 점에서는 0이 나오게 된다. 발산이 0이라는 의미는 그 점에 아무런 전하가 존재하지 않다는 것을 의미한다.

벡터장 $\overrightarrow{A}$의 발산의 일반적인 정의식은 다음과 같다.

$$div\overrightarrow{A} = \lim_{\Delta v \to 0} \frac{\oint_S \overrightarrow{A} \cdot d\overrightarrow{S}}{\Delta v} \tag{3.32}$$

식 (3.32)는 체적 Δv가 매우 작을 때(즉, 국소 체적에서의)의 폐면적분을 의미하며, 벡터 $\overrightarrow{A}$의 발산은 스칼라값이 됨을 알 수 있다. 이제【그림 3.18】과 같이 중심점 $P(x_0, y_0, z_0)$를 갖는 작은 정육면체에 대해 식 (3.32)를 적용해 보자.

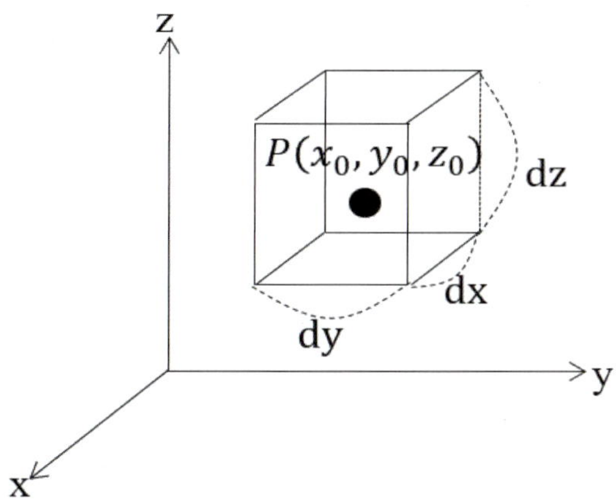

그림 3.18 벡터의 발산을 계산하기 위한 직각 좌표계에서의 미소체적소

육면체의 표면에 대하여 식 (3.32)를 적용하면 분자는 총 6개의 표면에 대한 적분으로 분리할 수 있다. 먼저, 3차원 Taylor 급수 전개식으로 A_x를 점 P에 대해 전개하면 다음과 같다.

$$A_x(x,y,z) = A_x(x_0, y_o, z_o) + (x - x_0)\frac{\partial A_x}{\partial x}\bigg|_P + (y - y_0)\frac{\partial A_x}{\partial y}\bigg|_P + (z - z_0)\frac{\partial A_z}{\partial z}\bigg|_P + \text{고차항} \tag{3.33}$$

식 (3.33)에서 앞면의 경우 $x = x_0 + dx/2$이고, $d\vec{S} = dydz\vec{a}_x$이다. 따라서 앞면에 대한 벡터면적분은 다음과 같다.

$$\iint_{front} \vec{A} \cdot d\vec{S} = dydz\left[A_x(x_0, y_0, z_0) + \frac{dx}{2}\frac{\partial A_x}{\partial x}\bigg|_P\right] + \text{고차항} \qquad (3.34)$$

뒷면의 경우 $x = x_0 - dx/2$이고, $d\vec{S} = -dydz\vec{a}_x$ 이다. 따라서 뒷면에 대한 벡터면적분은 다음과 같다.

$$\iint_{back} \vec{A} \cdot d\vec{S} = -dydz\left[A_x(x_0, y_0, z_0) - \frac{dx}{2}\frac{\partial A_x}{\partial x}\bigg|_P\right] + \text{고차항} \qquad (3.35)$$

앞면과 뒷면을 더하면 다음과 같이 주어진다.

$$\iint_{front} \vec{A} \cdot d\vec{S} + \iint_{back} \vec{A} \cdot d\vec{S} = dxdydz\frac{\partial A_x}{\partial x}\bigg|_P + \text{고차항} \qquad (3.36)$$

이와 같이 왼쪽면과 오른쪽면, 윗면과 아랫면에 대해서도 벡터면적분을 수행하고 모두 더한다. 이때 고차항을 무시하면 식 (3.37)과 같다.

$$\oint_S \vec{A} \cdot d\vec{S} \simeq \left(\frac{\partial A_x}{\partial x} + \frac{\partial A_y}{\partial y} + \frac{\partial A_z}{\partial z}\right)_{(x_0, y_0, z_0)} \Delta x \Delta y \Delta z \qquad (3.37)$$

식 (3.37)을 발산에 대한 식 (3.32)에 적용하고 극한을 취하면 직각 좌표계에서 발산에 대한 식을 유도할 수 있다.

$$div\vec{A} = \nabla \cdot \vec{A} = \frac{\partial A_x}{\partial x} + \frac{\partial A_y}{\partial y} + \frac{\partial A_z}{\partial z} \qquad (3.38)$$

예제 3-12

【그림 3.16】의 모든 면에 대해 Taylor 급수식을 이용한 전개로 직각 좌표계에서 발산에 대한 식 (3.38)의 유도를 완성하시오.

다음으로 직각 좌표계에서 발산에 대한 식 (3.38)을 원통 좌표계와 구좌표계에 대해 정리하면 다음 식 (3.39)와 식 (3.40)과 같이 주어진다. 단, 식에 대한 유도는 생략한다.

$$\nabla \cdot \overrightarrow{A} = \frac{1}{\rho}\frac{\partial}{\partial \rho}(\rho A_\rho) + \frac{1}{\rho}\frac{\partial A_\phi}{\partial \phi} + \frac{\partial A_z}{\partial z} \tag{3.39}$$

$$\nabla \cdot \overrightarrow{A} = \frac{1}{r^2}\frac{\partial}{\partial r}(r^2 A_r) + \frac{1}{rsin\theta}\frac{\partial}{\partial \theta}(A_\theta \sin\theta) + \frac{1}{rsin\theta}\frac{\partial A_\phi}{\partial \phi} \tag{3.40}$$

앞에서 살펴보았듯이 $div\overrightarrow{A}$ 가 0보다 크면 폐곡면을 뚫고 나가는 선속의 유출량이 유입량보다 크게 되므로 발산되며, $div\overrightarrow{A}$ 가 0보다 작으면 폐곡면을 뚫고나가는 선속의 유출량이 유입량보다 작게 되므로 음의 발산이 된다. 여기서 양의 발산은 그 폐곡면 안에 선속을 만드는 source가 있다는 것을 의미하며, 음의 발산은 그 폐곡면 안에 선속을 흡수하는 sink가 있음을 의미한다[12]. 전기장에서는 양전하가 양의 발산을, 음전하가 음의 발산을 하게 된다.

예제 3-13

임의의 점에서의 위치벡터(position vector)의 발산을 구하시오.

|풀이| 직각 좌표계에서 임의의 점 (x,y,z)에서의 위치벡터는 다음과 같다.

$$\overrightarrow{OP} = \overrightarrow{A} = x\overrightarrow{a}_x + y\overrightarrow{a}_y + z\overrightarrow{a}_z$$

식 (3.38)에 의하여 발산을 구하면 다음과 같다.

$$\nabla \cdot \overrightarrow{A} = \frac{\partial A_x}{\partial x} + \frac{\partial A_y}{\partial y} + \frac{\partial A_z}{\partial z} = 3$$

예제 3-14

다음 벡터장의 발산을 구하시오.

(a) $\overrightarrow{A} = x^2yz\overrightarrow{a}_x + xz\overrightarrow{a}_z$

(a) $\overrightarrow{B} = \rho\sin\phi\overrightarrow{a}_\rho + \rho^2 z\overrightarrow{a}_\phi$

|풀이| (a) $\nabla \cdot \overrightarrow{A} = \frac{\partial A_x}{\partial x} + \frac{\partial A_y}{\partial y} + \frac{\partial A_z}{\partial z}$

$$= \frac{\partial}{\partial x}(x^2yz) + \frac{\partial}{\partial y}(0) + \frac{\partial}{\partial z}(xz) = 2xyz + x$$

12) 부엌의 수도꼭지는 양의 발산을 싱크대는 음의 발산을 하는 대표적인 예이다.

$$(b)\ \nabla \cdot \vec{B} = \frac{1}{\rho}\frac{\partial}{\partial \rho}(\rho B_\rho) + \frac{1}{\rho}\frac{\partial B_\phi}{\partial \phi} + \frac{\partial B_z}{\partial z}$$
$$= \frac{1}{\rho}\frac{\partial}{\partial \rho}(\rho^2 \sin\phi) + \frac{1}{\rho}\frac{\partial}{\partial \phi}(\rho^2 z) + \frac{\partial}{\partial z}(0) = 2\sin\phi$$

3.3.3 벡터장의 회전(Curl)

앞에서 발산을 설명할 때 source가 존재하는 체적을 둘러싼 표면을 뚫고 나가는 벡터장 $\vec{A}$의 속선의 개념을 이용하였다. 이러한 속선은 flow source라고 부르며, div $\vec{A}$는 flow source의 크기를 계산하는 데 사용된다. 이러한 벡터장은 보존장으로 직선으로 작용하는 것이 특징이다. 반면에 회전하는 벡터장(소용돌이나 토네이도 등)을 만드는 source도 존재하는데, 회전하는 벡터장이 회전하는 정도를 측정하기 위하여 회전(curl)이라는 개념이 도입되었다. 회전하지 않는 벡터장과 회전하는 벡터장의 그림은【그림 3.19】와 같다. 그림에서 회전하지 않는 벡터장은 진행 방향에 따라서만 크기가 바뀌며, 진행방향에 수직인 횡(transverse) 방향으로는 변화가 없다. 이럴 경우에는 source의 크기만이 중요하므로 스칼라량인 발산의 개념으로 충분하다. 반면에【그림 3.19(b)】는 벡터장의 횡방향으로 변화가 있으므로 이것을 설명하기 위하여 회전방향의 개념이 필요하다.

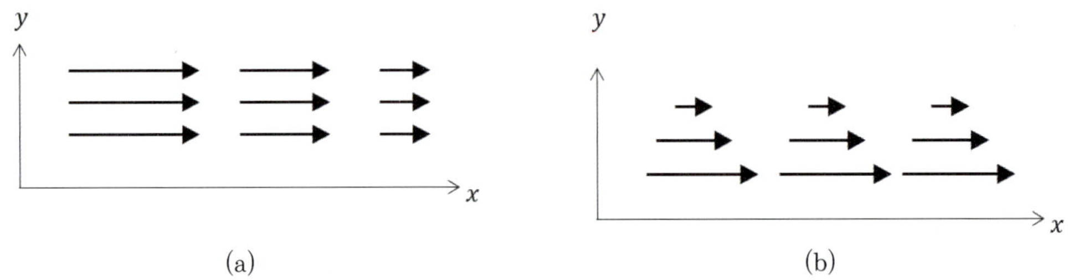

그림 3.19 (a) 발산하는 속선 ; (b) 회전하는 속선

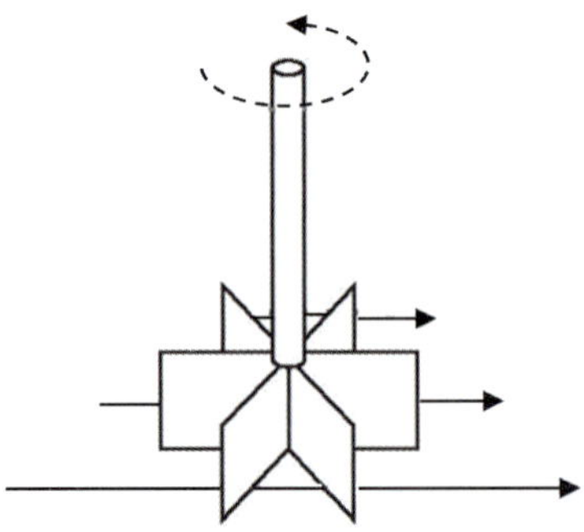

그림 3.20 회전하는 벡터장의 curl을 측정하기 위한 도구

【그림 3.20】은 회전의 방향을 살펴보기 위한 직관적인 방법이다. 벡터장을 물의 속도라고 생각하고 스킬링 휠(skilling wheel)[13]을 사용하는 것이다. 이 작은 노 모양의 휠을 물이 흐르는 방향으로 삽입하여 이 휠이 회전하는 방향으로 오른손의 손가락을 감아쥐는 오른속 법칙을 사용하면 엄지손가락 방향이 회전(curl) 방향이 된다.【그림 3.19(b)】에 의해 회전 성분은 $+\vec{a}_z$ 방향인 것을 분명하게 알 수 있다. 이렇게 회전 성분을 일으키는 source를 vortex source라고 부르며, 식 (3.41)과 같이 닫힌 폐곡선을 따라 선적분하는 개념으로 정의된다.

$$curl\ \vec{A} = \lim_{\Delta s \to 0} \frac{1}{\Delta s}\left[\oint_C \vec{A} \cdot d\vec{l}\right]\vec{a}_n \tag{3.41}$$

앞에서 보존장에 대한 선적분에서 선적분은 경로에 무관하므로 벡터장 $\vec{A}$가 보전장이라면 식 (3.41)은 0이 된다. 하지만 회전하는 성분이 있는 경우 식 (3.41)은 0이 되지 않는다. 이렇게 벡터장의 회전이 0이 아닌 대표적인 벡터장으로 정자기장과 동적 전자기장이 있다.

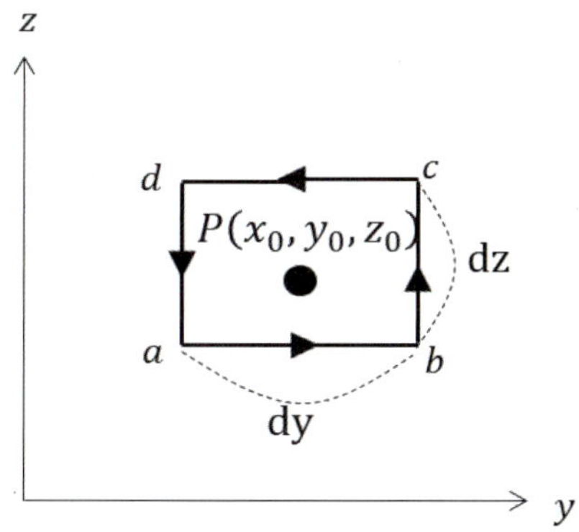

그림 3.21 벡터장의 회전을 구하기 위한 미소면적

식 (3.41)의 직각 좌표계에 대한 식을 얻기 위해【그림 3.21】과 같이 yz 평면에서 미소 면적을 고려하자. 식 (3.41)에서 폐선적분은 다음과 같다.

$$\oint_C \vec{A} \cdot d\vec{l} = \left(\int_{ab} + \int_{bc} + \int_{cd} + \int_{da}\right)\vec{A} \cdot d\vec{l} \tag{3.42}$$

13) 이 개념은 1948년 H.H.Skilling에 의해서 도입되었다.

식 (3.42)에서 벡터장의 중심점 $P(x_0, y_0, z_0)$에 대하여 Taylor 급수 전개를 하고 식 (3.42)를 계산한다. 변 ab에서 $d\vec{l} = dy\vec{a}_y$이고, $z = z_0 - dz/2$이므로

$$\int_{ab} \vec{A} \cdot d\vec{l} = dy\left[A_y(x_0, y_0, z_0) - \frac{dz}{2}\frac{\partial A_y}{\partial z}\bigg|_P\right] \quad (3.43)$$

이고, 변 bc에서 $d\vec{l} = dz\vec{a}_z$이고, $y = y_0 + dy/2$이므로

$$\int_{bc} \vec{A} \cdot d\vec{l} = dz\left[A_z(x_0, y_0, z_0) + \frac{dy}{2}\frac{\partial A_z}{\partial y}\bigg|_P\right] \quad (3.44)$$

이고, 변 cd에서 $d\vec{l} = -dy\vec{a}_y$이고, $z = z_0 + dz/2$이므로

$$\int_{cd} \vec{A} \cdot d\vec{l} = -dy\left[A_y(x_0, y_0, z_0) + \frac{dz}{2}\frac{\partial A_y}{\partial z}\bigg|_P\right] \quad (3.45)$$

이고, 변 da에서 $d\vec{l} = -dz\vec{a}_z$이고, $y = y_0 - dy/2$이므로

$$\int_{da} \vec{A} \cdot d\vec{l} = -dz\left[A_z(x_0, y_0, z_0) - \frac{dy}{2}\frac{\partial A_z}{\partial y}\bigg|_P\right] \quad (3.46)$$

이 된다. 식 (3.43)에서 식 (3.46)까지를 더하고 $\Delta S = dydz$임을 이용하면,

$$\lim_{\Delta s \to 0}\frac{1}{\Delta s}\left[\oint_C \vec{A} \cdot d\vec{l}\right] = \frac{\partial A_z}{\partial y} - \frac{\partial A_y}{\partial z} \quad (3.47)$$

가 된다. 벡터장 $\vec{A}$의 y 성분과 z 성분도 같은 방법으로 구하면 다음과 같이 벡터장 $\vec{A}$의 curl을 쓸 수 있다.

$$\nabla \times \vec{A} = \left[\frac{\partial A_z}{\partial y} - \frac{\partial A_y}{\partial z}\right]\vec{a}_x + \left[\frac{\partial A_x}{\partial z} - \frac{\partial A_z}{\partial x}\right]\vec{a}_y + \left[\frac{\partial A_y}{\partial x} - \frac{\partial A_x}{\partial y}\right]\vec{a}_z \quad (3.48)$$

식 (3.48)을 행렬로 표현하면 식 (3.49)와 같이 쓸 수 있다.

$$\nabla \times \vec{A} = \begin{vmatrix} \vec{a}_x & \vec{a}_y & \vec{a}_z \\ \dfrac{\partial}{\partial x} & \dfrac{\partial}{\partial y} & \dfrac{\partial}{\partial z} \\ A_x & A_y & A_z \end{vmatrix} \quad (3.49)$$

예제 3-15

【그림 3.21】과 같이 모든 면에 대해 Taylor 급수식을 이용한 전개로 직각 좌표계에서 회전에 대한 식 (3.49)의 유도를 완성하시오.

다음으로 직각 좌표계에서 회전에 대한 식 (3.48)을 원통 좌표계와 구좌표계에 대해 정리하면 다음 식 (3.50)과 식 (3.51)과 같이 주어진다. 단, 식에 대한 유도는 생략한다.

$$\nabla \times \vec{A} = \frac{1}{\rho}\begin{vmatrix} \vec{a}_\rho & \rho\vec{a}_\phi & \vec{a}_z \\ \frac{\partial}{\partial \rho} & \frac{\partial}{\partial \phi} & \frac{\partial}{\partial z} \\ A_\rho & \rho A_\phi & A_z \end{vmatrix} \tag{3.50}$$

$$\nabla \times \vec{A} = \frac{1}{r^2 \sin\theta}\begin{vmatrix} \vec{a}_r & r\vec{a}_\theta & r sin\theta \vec{a}_\phi \\ \frac{\partial}{\partial r} & \frac{\partial}{\partial \theta} & \frac{\partial}{\partial \phi} \\ A_r & rA_\theta & r sin\theta A_\phi \end{vmatrix} \tag{3.51}$$

예제 3-16

임의의 점에서의 위치벡터(position vector)의 회전을 구하시오.

| 풀이 | 직각 좌표계에서 임의의 점 (x,y,z)에서의 위치벡터는 다음과 같다.

$$\overrightarrow{OP} = \vec{A} = x\vec{a}_x + y\vec{a}_y + z\vec{a}_z$$

식 (3.43)에 의하여 발산을 구하면 다음과 같다.

$$\nabla \times \vec{A} = \left[\frac{\partial A_z}{\partial y} - \frac{\partial A_y}{\partial z}\right]\vec{a}_x + \left[\frac{\partial A_x}{\partial z} - \frac{\partial A_z}{\partial x}\right]\vec{a}_y + \left[\frac{\partial A_y}{\partial x} - \frac{\partial A_x}{\partial y}\right]\vec{a}_z = 0$$

임의의 점에서의 위치벡터는 원점에서 임의의 점까지 직선 방향으로 작용하므로 비회전장이다.

예제 3-17

다음 벡터장의 회전을 구하시오.

(a) $\vec{A} = x^2yz\vec{a}_x + xz\vec{a}_z$

(b) $\vec{B} = \rho\sin\phi\vec{a}_\rho + \rho^2 z\vec{a}_\phi$

| 풀이 | (a) $\nabla \times \vec{A} = \begin{vmatrix} \vec{a}_x & \vec{a}_y & \vec{a}_z \\ \frac{\partial}{\partial x} & \frac{\partial}{\partial y} & \frac{\partial}{\partial z} \\ A_x & A_y & A_z \end{vmatrix} = \begin{vmatrix} \vec{a}_x & \vec{a}_y & \vec{a}_z \\ \frac{\partial}{\partial x} & \frac{\partial}{\partial y} & \frac{\partial}{\partial z} \\ x^2yz & 0 & xz \end{vmatrix} = (x^2y - z)\vec{a}_y - x^2z\vec{a}_z$

(b) $\nabla \times \vec{B} = \frac{1}{\rho} \begin{vmatrix} \vec{a}_\rho & \rho\vec{a}_\phi & \vec{a}_z \\ \frac{\partial}{\partial \rho} & \frac{\partial}{\partial \phi} & \frac{\partial}{\partial z} \\ B_\rho & \rho B_\phi & B_z \end{vmatrix} = \frac{1}{\rho} \begin{vmatrix} \vec{a}_\rho & \rho\vec{a}_\phi & \vec{a}_z \\ \frac{\partial}{\partial \rho} & \frac{\partial}{\partial \phi} & \frac{\partial}{\partial z} \\ \rho\sin\phi & \rho^3 z & 0 \end{vmatrix} = -\rho^2\vec{a}_\rho + (3\rho z - \cos\phi)\vec{a}_z$

3.3.4 발산의 정리와 Stokes의 정리

앞에서 벡터적분학과 벡터미분학을 학습하였다. 벡터적분 중 폐면적분과 폐선적분은 각각 벡터장의 발산과 회전과 관련이 깊으며, 이러한 관계는 벡터미적분학의 핵심 정리인 발산의 정리(Gauss의 정리라고도 부른다)와 Stokes의 정리로 설명할 수 있다. 이 두 개의 정리는 전자기학의 핵심인 Maxwell 방정식을 유도하는 데 사용되므로 필히 학습할 필요가 있다.

벡터장 $\vec{A}$에 대한 발산의 정리는 발산에 대한 정의식 (3.32)로부터 유추할 수 있다.

$$\nabla \cdot \vec{A} = \lim_{\Delta v \to 0} \frac{\oint_S \vec{A} \cdot d\vec{S}}{\Delta v} \tag{3.52}$$

이제 식 (3.52)의 오른쪽 분모 Δv를 왼편으로 옮기고 극한의 반대인 적분 개념을 사용하면 식 (3.53)을 구할 수 있다.

$$\oint_S \vec{A} \cdot d\vec{S} = \int_v (\nabla \cdot \vec{A})\, dv \tag{3.53}$$

발산의 정리의 의미는【그림 3.22】와 같이 폐곡면 S를 통해 나가는 벡터장 $\vec{A}$의 총 선속은 벡터장 $\vec{A}$의 발산($\nabla \cdot \vec{A}$)을 체적적분한 것과 같다는 것을 의미한다. 즉, 폐곡면 내에 포함되는 체적은 미소체적으로 나눌 수 있고, 각 미소체적을 뚫고 나가는 선속은 내부에서는 방향이 반대가 되어 서로 상쇄되므로 결국에는 외부로 나가는 선속만 남는다는 의미를 갖는다.

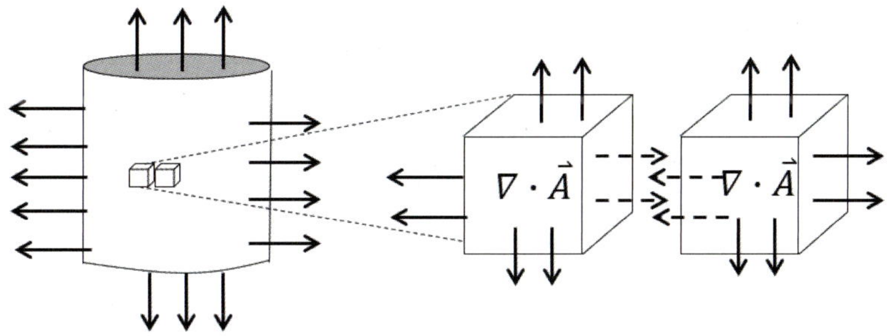

그림 3.22 발산의 정리의 의미

마찬가지로 벡터장 회전에 대한 식 (3.41)을 식 (3.54)로 쓸 수 있다.

$$\nabla \times \overrightarrow{A} = \lim_{\Delta s \to 0} \frac{1}{\Delta s} \left[\oint_C \overrightarrow{A} \cdot d\vec{l} \right] \vec{a}_n \tag{3.54}$$

이제 식 (3.54)의 오른쪽 분모 Δs를 왼편으로 옮기고 극한의 반대인 적분 개념을 사용하면 식 (3.55)를 구할 수 있다.

$$\oint_l \overrightarrow{A} \cdot d\vec{l} = \int_s (\nabla \times \overrightarrow{A}) \cdot d\vec{S} \tag{3.55}$$

이를 Stokes의 정리라고 부른다. Stoke의 정리의 의미는【그림 3.23】과 같이 벡터장 $\overrightarrow{A}$의 회전성분은 면적을 잘게 쪼갠 후 벡터장 $\overrightarrow{A}$의 회전($\nabla \times \overrightarrow{A}$)을 구하게 되면, 각 미소체적에서의 회전의 결과 내부에서는 서로 회전의 방향이 반대가 되어 서로 상쇄되므로 결국에는 외부에서의 회전값만 남는다는 의미를 갖는다.

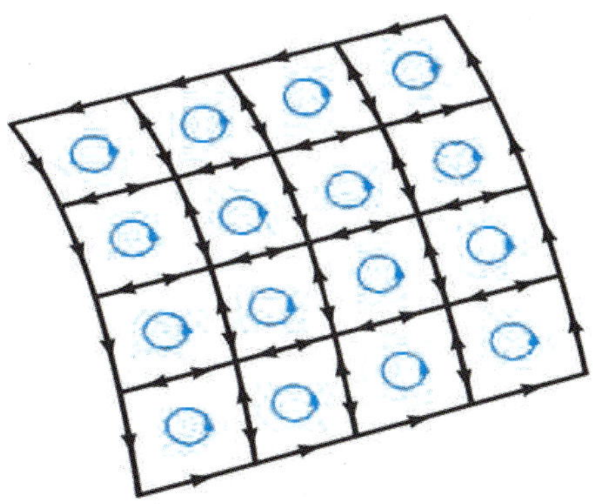

그림 3.23 Stokes정리의 의미

발산의 정리와 Stokes의 정리로부터 다양한 벡터적분과 벡터미분 간의 변환이 가능하다. 즉, 발산의 정리는 폐면적분과 체적적분의 관계를, Stokes정리 폐선적분과 면적분의 관계를 설명한다.

표 3.3 벡터미적분학에서의 주요 정리

명칭	정의식	의미	관계
발산 정리	$\oint_S \vec{A} \cdot d\vec{S} = \int_v (\nabla \cdot \vec{A})\, dv$	벡터장이 폐곡면 밖으로 유출되는 플럭스 = 벡터장의 발산의 체적적분	벡터 폐면적분 ↔ 스칼라 체적적분
Stokes의 정리	$\oint_l \vec{A} \cdot d\vec{l} = \int_s (\nabla \times \vec{A}) \cdot d\vec{S}$	벡터장의 폐선적분 = 벡터장의 회전의 벡터면적분	벡터 폐선적분 ↔ 벡터면적분

예제 3-18

$\vec{A} = 10e^{-2z}(\rho \vec{a}_\rho + \vec{a}_z)$일 때 $\rho = 1, 0 \le z \le 1$인 원통 밖으로 나오는 벡터장 $\vec{A}$의 플럭스를 발산의 정리를 이용하여 구하라.

풀이 1 발산의 정리 $\oint_S \vec{A} \cdot d\vec{S} = \int_v (\nabla \cdot \vec{A})\, dv$에 의해 폐면적분 $\oint_S \vec{A} \cdot d\vec{S}$으로 구할 수 있다. 즉, 【그림 3.24】와 같이 폐곡면을 구성하는 3개의 면(top면, side면, bottom면)에 대한 미소면적 벡터를 정의하고 벡터장 $\vec{A}$와 폐면적분을 취한다.

$$\Psi_t = \iint \vec{A} \cdot d\vec{S} = \int_{\rho=0}^{1} \int_{\phi=0}^{2\pi} 10e^{-2} \rho d\rho d\phi = 10\pi e^{-2}$$

$$\Psi_b = \iint \vec{A} \cdot d\vec{S} = -\int_{\rho=0}^{1} \int_{\phi=0}^{2\pi} 10e^{0} \rho d\rho d\phi = -10\pi$$

$$\Psi_s = \iint \vec{A} \cdot d\vec{S} = \int_{z=0}^{1} \int_{\phi=0}^{2\pi} 10e^{-2z} \rho^2 dz d\phi = 10\pi(1 - e^{-2})$$

$$\Psi = \Psi_t + \Psi_b + \Psi_s = 0$$

풀이 2 발산정리에 의해 벡터장의 divergence를 취한 후 체적적분 $\int_v (\nabla \cdot \vec{A})\, dv$로 구할 수 있다.

$$\nabla \cdot \vec{A} = \frac{1}{\rho}\frac{\partial}{\partial \rho}(\rho A_\rho) + \frac{1}{\rho}\frac{\partial A_\phi}{\partial \phi} + \frac{\partial A_z}{\partial z}$$

$$= \frac{1}{\rho}\frac{\partial}{\partial \rho}(\rho^2 10e^{-2z}) - 20e^{-2z} = 0$$

$$\int_v (\nabla \cdot \vec{A})\, dv = 0$$

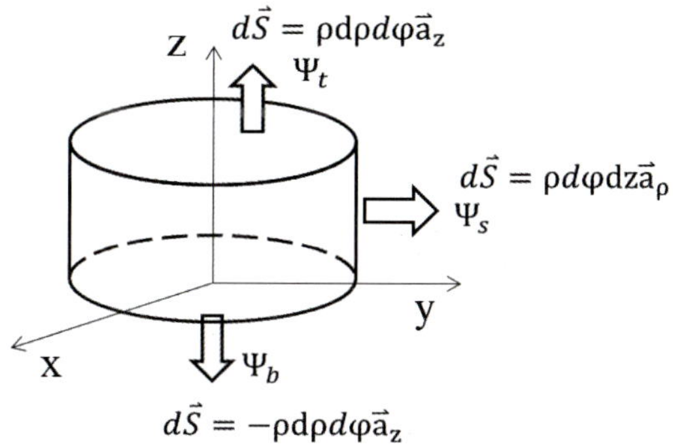

그림 3.24 (예제 3-18)의 그림

예제 3-19

$\vec{A}= \rho\cos\phi\vec{a}_\rho + \sin\phi\vec{a}_\phi$일 때【그림 3.25】에 나타난 경로에서의 폐선적분을 Storke의 정리를 이용하여 구하라

풀이 1 Stoke의 정리 $\oint_l \vec{A}\cdot d\vec{l}=\int_s (\nabla\times\vec{A})\cdot d\vec{S}$에 의해 폐선적분 $\oint_l \vec{A}\cdot d\vec{l}$으로 구할 수 있다. 즉, 【그림 3.25】와 같이 폐곡선을 구성하는 4개의 선(ab, bc, cd, da)에 대한 미소길이 벡터를 정의하고 벡터장 $\vec{A}$와 선적분을 취한다.

$$\int_a^b \vec{A}\cdot d\vec{l}=\int_{\phi=60^o}^{30^o}\rho\sin\phi d\phi =-(\sqrt{3}-1)$$

$$\int_b^c \vec{A}\cdot d\vec{l}=\int_{\rho=2}^{5}\rho\cos\phi d\rho =\frac{21\sqrt{3}}{4}$$

$$\int_c^d \vec{A}\cdot d\vec{l}=\int_{\phi=30^o}^{60^o}\rho\sin\phi d\phi =\frac{5}{2}(\sqrt{3}-1)$$

$$\int_d^a \vec{A}\cdot d\vec{l}=\int_{\rho=5}^{2}\rho\cos\phi d\rho =-\frac{21}{4}$$

$$\oint_l \vec{A}\cdot d\vec{l}=\left(\int_a^b+\int_b^c+\int_c^d+\int_d^a+\right)\vec{A}\cdot d\vec{l}=\frac{27}{4}(\sqrt{3}-1)$$

풀이 2 Stoke 정리에 의해 벡터장의 curl을 취한 후 면적분 $\int_s (\nabla\times\vec{A})\cdot d\vec{S}$로 구할 수 있다.

$$\nabla\times\vec{A}=\frac{1}{\rho}\begin{vmatrix}\vec{a}_\rho & \rho\vec{a}_\phi & \vec{a}_z\\ \frac{\partial}{\partial\rho} & \frac{\partial}{\partial\phi} & \frac{\partial}{\partial z}\\ B_\rho & \rho B_\phi & B_z\end{vmatrix}=\frac{1}{\rho}\begin{vmatrix}\vec{a}_\rho & \rho\vec{a}_\phi & \vec{a}_z\\ \frac{\partial}{\partial\rho} & \frac{\partial}{\partial\phi} & \frac{\partial}{\partial z}\\ \rho\cos\phi & \rho\sin\phi & 0\end{vmatrix}=\frac{1}{\rho}(1+\rho)\sin\phi\vec{a}_z$$

$$\int_s(\nabla\times\vec{A})\cdot d\vec{S}=\int_{\phi=30^o}^{60^o}\int_{\rho=2}^{5}\frac{1}{\rho}(1+\rho)\sin\phi\rho d\rho d\phi$$

$$=\int_{\phi=30^o}^{60^o}\sin\phi d\phi\int_{\rho=2}^{5}(1+\rho)d\rho=\frac{27}{4}(\sqrt{3}-1)$$

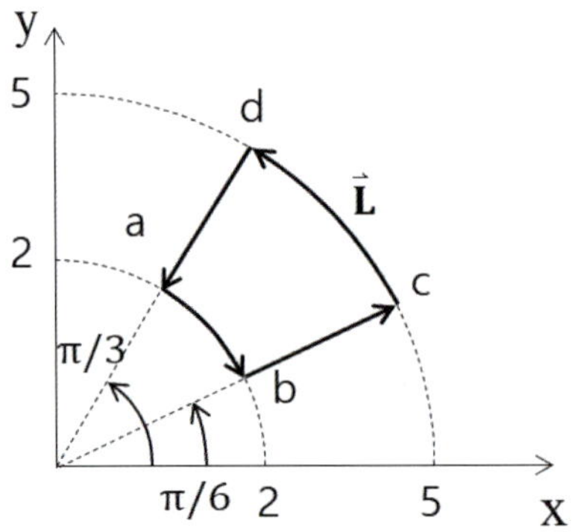

그림 3.25 (예제 3-19)의 그림

3.3.5 스칼라장과 벡터장의 Laplacian

공학에서는 많은 법칙을 2차 미분방정식 형태로 표현하고 그 해를 구하는 경우가 많이 있다. 전자기장의 경우에도 기본적인 Maxwell 방정식은 1차 미분과 적분 형태로 표현될 수도 있지만 2차 미분방정식을 이용하여 표현하면 편리할 때가 많다. 2차 미분방적식의 경우 스칼라장의 2차 미분과 벡터장의 2차 미분이 있는데 전자는 보전장을 해석할 때, 후자는 동적전자기파의 파동을 해석할 때 편리하다.

먼저, 스칼라장과 벡터장이 일대일로 대응하는 보전장을 해석할 때 미분방정식과 관련된 연산자를 살펴보자. 스칼라장의 기울기를 구한 후 발산연산을 취하는 복합 연산자를 도입할 수 있는데, 이를 스칼라장의 Laplacian이라 부르며 수식으로 다음과 같이 표시된다. 스칼라장 V의 Laplacian 연산자는 미분을 2번 한다는 의미에서 $\nabla^2 V$ 로 표기한다.

직각 좌표계에서 스칼라장 V의 기울기를 취한 후 발산연산을 하면 다음과 같이 표현되고, 결과는 스칼라장이 된다.

$$\begin{aligned}\nabla \cdot \nabla V &= \left(\frac{\partial}{\partial x}\vec{a}_x + \frac{\partial}{\partial y}\vec{a}_y + \frac{\partial}{\partial z}\vec{a}_z\right) \cdot \left(\frac{\partial V}{\partial x}\vec{a}_x + \frac{\partial V}{\partial y}\vec{a}_y + \frac{\partial V}{\partial z}\vec{a}_z\right) \\ &= \frac{\partial^2 V}{\partial x^2} + \frac{\partial^2 V}{\partial y^2} + \frac{\partial^2 V}{\partial z^2}\end{aligned} \tag{3.56}$$

이를 원통 좌표계와 구좌표계에 대해 동일하게 적용하면 식 (3.57)와 식 (3.58)이 된다.

$$\nabla^2 V = \frac{1}{\rho}\frac{\partial}{\partial \rho}\left(\rho \frac{\partial V}{\partial \rho}\right) + \frac{1}{\rho^2}\frac{\partial^2 V}{\partial \phi^2} + \frac{\partial^2 V}{\partial z^2} \tag{3.57}$$

$$\nabla^2 V = \frac{1}{r^2}\frac{\partial}{\partial r}\left(r^2\frac{\partial V}{\partial r}\right) + \frac{1}{r^2 \sin\theta}\frac{\partial}{\partial\theta}\left(\sin\theta\frac{\partial V}{\partial\theta}\right) + \frac{1}{\rho^2}\frac{\partial^2 V}{\partial\phi^2} \tag{3.58}$$

예제 3-20

다음 스칼라장의 Laplacian을 구하라.

(a) $V = e^{-2x}\sin 2y$

(b) $V = \rho^2 z\cos 2\phi$

| 풀이 | (a) $\nabla^2 V = \frac{\partial^2 V}{\partial x^2} + \frac{\partial^2 V}{\partial y^2} + \frac{\partial^2 V}{\partial z^2} = 4e^{-2x}\sin 2y - 4e^{-2x}\sin 2y = 0$

(b) $\nabla^2 V = \frac{1}{\rho}\frac{\partial}{\partial\rho}\left(\rho\frac{\partial V}{\partial\rho}\right) + \frac{1}{\rho^2}\frac{\partial^2 V}{\partial\phi^2} + \frac{\partial^2 V}{\partial z^2}$

$= \frac{1}{\rho}\frac{\partial}{\partial\rho}(2\rho^2 z\cos 2\phi) - \frac{1}{\rho^2}4\rho^2 z\cos 2\phi + 0 = 0$

다음으로 벡터장의 Laplacian이 있다. 이는 전자기파의 파동 방정식을 유도할 때 사용된다. 벡터장 $\vec{A}$의 Laplacian 연산자는 미분을 2번 한다는 의미에서 $\nabla^2\vec{A}$로 표기한다. 단, 이 경우 벡터장 $\vec{A}$의 기울기를 취한 후 발산으로 생각해서는 안 된다. 그 이유는 벡터장의 경우 기울기를 정의할 수 없기 때문이며, 벡터장 $\vec{A}$의 Laplacian은 식 (3.59)와 같이 각각의 성분에 대한 스칼라장의 Labplacian을 구하고, 여기에 방향벡터를 더한 것으로 정의된다.

$$\nabla^2\vec{A} = \nabla^2 A_x\vec{a}_x + \nabla^2 A_y\vec{a}_y + \nabla^2 A_z\vec{a}_z \tag{3.59}$$

벡터장의 Laplacian의 중요한 정리로 식 (3.60)과 같이 벡터장 $\vec{A}$의 발산에 대한 기울기에서 벡터장 $\vec{A}$의 회전을 2번한 값을 뺀 것과 같다. 식 (3.60)은 6장의 동적 전자기장에서 파동 방정식을 유도할 때 사용되는 중요한 벡터 항등식이다.

$$\nabla^2\vec{A} = \nabla(\nabla\cdot\vec{A}) - \nabla\times\nabla\times\vec{A} \tag{3.60}$$

예제 3-21

벡터장 $\vec{A} = xz\vec{a}_x + z^2\vec{a}_y + yz\vec{a}_z$의 Laplacian을 구하라.

|풀이 1| 식 (3.59)에 의하여 스칼라장의 Laplacian을 3번 구하면 다음과 같다.

$$\nabla^2\vec{A} = \nabla^2 A_x\vec{a}_x + \nabla^2 A_y\vec{a}_y + \nabla^2 A_z\vec{a}_z$$
$$= 0 + 2\vec{a}_y + 0 = 2\vec{a}_y$$

|풀이 2| 식 (3.60)에 의해 다음과 같이 구할 수 있다.

$$\nabla \cdot \vec{A} = \frac{\partial}{\partial x}xz + \frac{\partial}{\partial y}z^2 + \frac{\partial}{\partial z}yz = z + y$$

$$\nabla(\nabla \cdot \vec{A}) = \vec{a}_y + \vec{a}_z$$

$$\nabla \times \vec{A} = \begin{bmatrix} \vec{a}_x & \vec{a}_y & \vec{a}_z \\ \frac{\partial}{\partial x} & \frac{\partial}{\partial y} & \frac{\partial}{\partial z} \\ xz & z^2 & yz \end{bmatrix} = -z\vec{a}_x + x\vec{a}_y$$

$$\nabla \times \nabla \times \vec{A} = \begin{bmatrix} \vec{a}_x & \vec{a}_y & \vec{a}_z \\ \frac{\partial}{\partial x} & \frac{\partial}{\partial y} & \frac{\partial}{\partial z} \\ -z & x & 0 \end{bmatrix} = -\vec{a}_y + \vec{a}_z$$

$$\nabla(\nabla \cdot \vec{A}) - \nabla \times \nabla \times \vec{A} = 2\vec{a}_y$$

요약

벡터의 1차 미분은 다음의 3종류가 있으며, 각각 벡터장의 국부적 특성을 설명하는 중요한 역할을 수행한다.

구배(Gradient)	국부적 최대증가	각 점에서의 경사 방향과 크기 (스칼라 → 벡터)
발산(Divergence)	국부적 유출량	각 점에서의 유출량 (벡터 → 스칼라)
회전(Curl)	국부적 회전	각 점에서의 회전벡터 (벡터 → 벡터)

3.4 벡터장의 종류

벡터장은 발산(적분의 경우 폐면적분)과 회전(적분의 경우 폐선적분)에 의해 유일하게 정의된다. 이 두 개 중에 하나만으로는 벡터장을 완벽하게 표현할 수는 없다. 따라서 벡터장의 발산이나 회전이 0인지 0이 아닌지에 따라 다음과 같이 4가지로 분류할 수 있으며 대표적인 벡터장의 그림이【그림 3.26】과 같다.

(a) $\nabla \cdot \overrightarrow{A} = 0,\ \ \nabla \times \overrightarrow{A} = 0$ 　예) 자유 공간
(b) $\nabla \cdot \overrightarrow{A} \neq 0,\ \ \nabla \times \overrightarrow{A} = 0$ 　예) 정전기장
(c) $\nabla \cdot \overrightarrow{A} = 0,\ \ \nabla \times \overrightarrow{A} \neq 0$ 　예) 정자기장, 자유 공간에서의 전자기파
(d) $\nabla \cdot \overrightarrow{A} \neq 0,\ \ \nabla \times \overrightarrow{A} \neq 0$ 　예) 물질 내에서의 전자기파

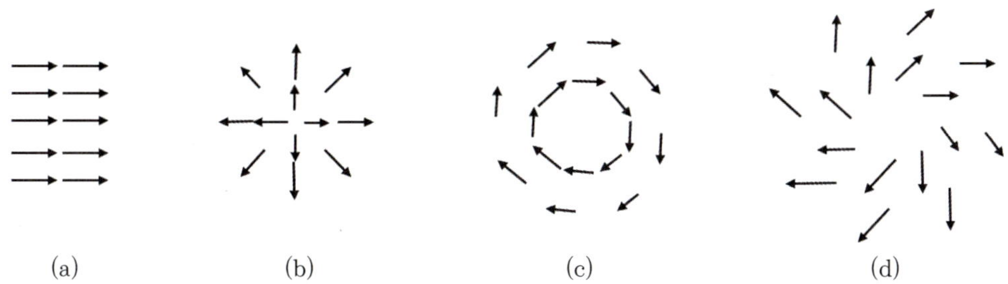

그림 3.26 3차원 공간에서의 벡터장

벡터장의 발산이 0일 때(즉, $\nabla \cdot \overrightarrow{A} = 0$)이러한 벡터장을 솔레노이드장(또는 비발산장)이라고 한다. 이러한 장은 발산이 0이므로 source도 sink도 아니다. 벡터장의 회전이 0일 때(즉, $\nabla \times \overrightarrow{A} = 0$) 이러한 벡터장을 비회전장(또는 포텐셜장)이라고 한다.

이상의 학습으로 Part 1을 마친다. 3장까지의 주요 내용은 다음과 같다. 전자기학의 학습은 3차원 시공간에서 물질의 기본 구성요소인 다양한 전하의 분포에 따라 발생하는 벡터장인 전자기장을 학습하는 것이므로 벡터장의 미분과 적분을 통해 벡터장의 특성을 이해하는 것이 중요하다. 4장부터 설명하는 Part 2에서는 전자기학에서 다루는 벡터장인 정전기장과 정자기장을 비교하여 학습한 후 시간에 따라 변하는 벡터장인 전자기파를 순서대로 학습하도록 한다[14].

---

14) 일반적인 전자기학 교재는 정전기장, 정자기장, 동적 전자기장 순서로 학습하지만 본 교재에서는 정전기장과 정자기장을 합쳐서 학습하도록 한다. 이러한 비교학습을 통해서 좀 더 직관적인 학습이 가능할 것으로 기대한다.

3.4.1 MATLAB으로 벡터장의 특성 이해

2장에서 벡터와 벡터장을 MATLAB으로 표현하는 것을 학습하였다. 이제 벡터미적분학에 대해 학습하였으므로 이를 이용하여 벡터장의 특성을 이해하는 실습을 진행할 필요가 있다. 벡터미적분학에서 벡터장의 미분이 벡터장의 세부적인 특성을 이해하는 데 도움을 주므로 MATLAB에서는 **gradient**, **divergence**, **curl** 함수를 제공하고 있다.

발산(divergence)의 예제로서 $\vec{A}=2x\vec{a}_x$ 인 벡터장을 살펴보자. 이 함수의 divergence를 구하면 2의 값을 갖는다. 아래 프로그램을 실행하면 벡터장을 그리고, 각 공간에서의 **divergence** 함수를 이용하여 발산값을 나타낼 수 있음을 알 수 있다. divergence 값은 스칼라값이므로 공간 전체에 걸쳐 2의 값이 분포되어 있음을 일정한 색깔을 통해 보여준다.

```
[x,y]=meshgrid(0:.125:2,0:.125:2);
%u=2*(x.^2);
u=2*x;
v=zeros(size(y));
quiver(x,y,u,v,0.5)
xlabel('x');
ylabel('y');
div=divergence(x,y,u,v);
hold on;
imagesc(0:.125:2,0:.125:2,transpose(div))
colormap(jet); colorbar
alpha(0.2)
```

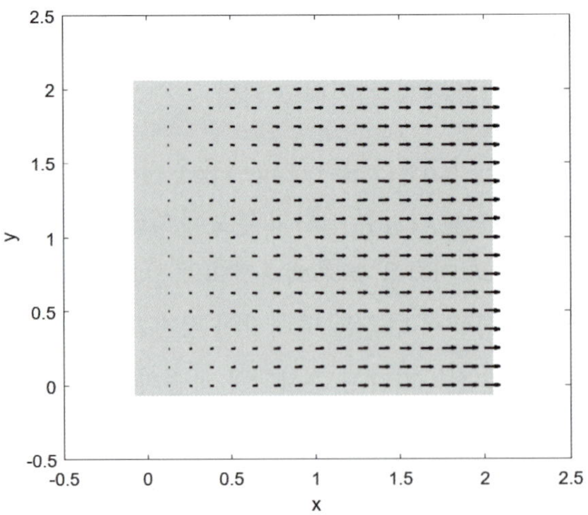

그림 3.27 $\vec{A}=2x\vec{a}_x$ 벡터장과 divergence 결과

예제 3-22

$\overrightarrow{A} = 2x^2\overrightarrow{a}_x$인 벡터장을 그리고 이 함수의 divergence를 MATLAB으로 그리시오. 발산의 값이 $4x$의 값을 가지므로 x축이 커짐에 따라 커짐을 확인하시오.

이제 gradient의 예제로서 스칼라장 $z = e^{-(x^2+y^2)}$을 가정하자. 이 스칼라장의 gradient를 취하면 $\nabla z = -2xe^{-(x^2+y^2)}\overrightarrow{a}_x - 2ye^{-(x^2+y^2)}\overrightarrow{a}_y$가 된다. 아래 MATLAB 프로그램과 같이 스칼라장을 MATLAB으로 정의하고 **surf** 함수로 이를 그린다. 다음으로 **contour** 함수로서 스칼라장의 등전위면이 원형으로 표현됨을 확인한다. 이제 **gradient** 함수를 이용하여 각 공간에서의 벡터장을 그리게 되면 스칼라장의 경사가 급할수록 커지는 벡터장을 그릴 수 있고, 이 벡터장의 방향은 기울기가 커지는 방향임을 확인할 수 있다.

```
[x,y] =meshgrid(-2: .2: 2, -2: .2: 2);
[xx,yy] =meshgrid(-2: .4: 2, -2: .4: 2);
z=exp(-x.^2-y.^2);
zz=exp(-xx.^2-yy.^2);
whitebg('white')
subplot (2, 1, 1)
    surf(x,y,z)
    axis equal
    axis off
    view(- 30,20)
subplot (2, 1, 2)
    contour(x,y,z, 5)
    hold on
    axis square
    [u,v] = gradient (zz, .2);
    quiver(xx,yy,u,v)
    hold off
```

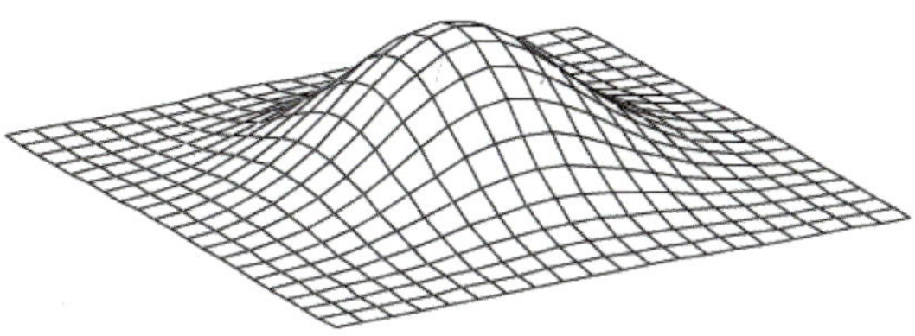

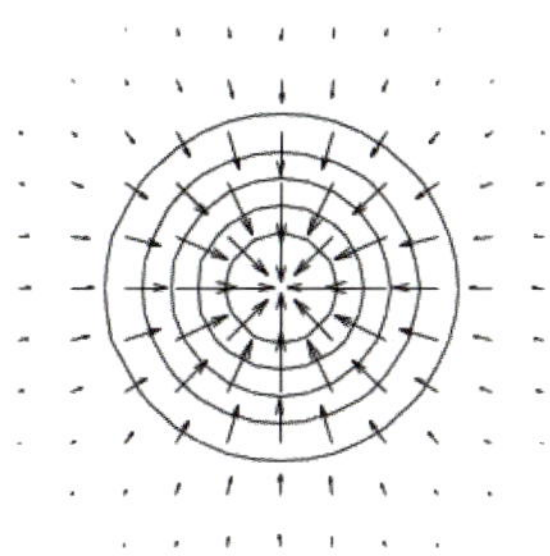

그림 3.28 스칼라장 $z = e^{-(x^2+y^2)}$과 gradient 벡터장

마지막으로 curl의 예제로서 $\vec{A} = \rho e^{-(\rho/4)^2} \vec{a}_\phi$의 벡터장을 살펴보자. 이 벡터장은【그림 3.29】의 왼쪽과 같다. 이 벡터의 curl은 오른나사법칙에 의해 $\vec{a}_z$ 방향을 갖는다. MATLAB의 **curl** 함수로 구한 curl 벡터의 방향은 지면을 뚫고 나오는 방향이므로 **quiver** 함수로 표현하기는 어렵다. 따라서 **countour** 함수로 크기만을 그리면 회전의 중심에서 가장 크고 가장자리로 갈수록 작아지는 크기의 curl 벡터의 크기 변화를 알 수 있다.

```
alpha=4;
[x,y] =meshgrid( -2 : .5 : 2, -2 : .5 : 2 ); % 0.2 --> 0.5
M=length(x); N=length(y);
r2=x.^2+y.^2;
subplot(2,1,1)
    for k=1:M
      for l=1:N
        Ax(k,l)=-exp(-r2(k,l)/alpha.^2)*y(k,l);
        Ay(k,l)=exp(-r2(k,l)/alpha.^2)*x(k,l);
      end
    end
    quiver(x,y,Ax,Ay)
    axis equal
    axis off
subplot(2,1,2)
    hold on
    axis square
    C=curl(x,y,Ax,Ay);
    contour(x,y,C,5)% 10 -- > 5
    axis equal
    hold off
```

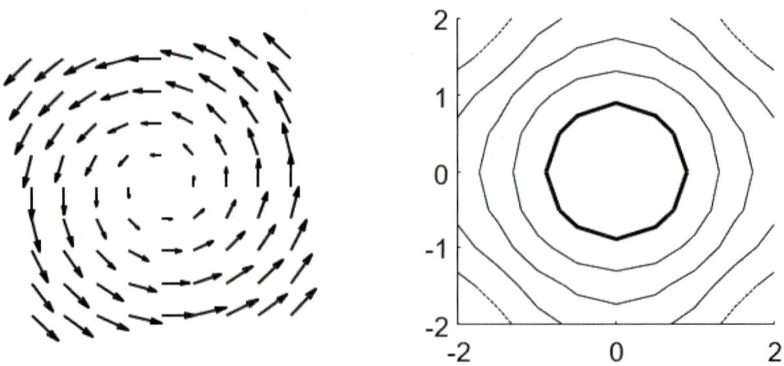

그림 3.29 벡터장 $\vec{A} = \rho e^{-(\rho/4)^2} \vec{a}_\phi$와 curl 벡터장

02

제4장 정전기장과 정자기장

제5장 물질 공간에서의 벡터장

제6장 동적 전자기장과 전자기파

Chapter 4

정전기장과 정자기장

Part1에서 전자기장의 기본 개념과 함께 전자기장을 이해하기 위한 수학을 학습하였다. 이제부터 전자기장에 대한 구체적인 학습을 진행할 차례이다. 먼저, 제 4 장에서는 물질을 고려하지 않는 이상적인 공간(자유 공간, free space)에서 정전기장(靜電氣長, Static Electric Field)과 정자기장(靜磁氣長, Steady Magnetic Field)을 비교하면서 학습한다. 이렇게 정전기장과 장자기장을 상호 비교를 통해서 직관적으로 정전기장과 정자기장을 이해할 수 있도록 한다. 정전기장의 학습은 전기력에 관한 쿨롱의 법칙(Coulomb's law)으로 시작하여 전기장(Electric Field Intensity)에 대한 벡터장을 도입함으로써 시작된다. 반면 정자기장에 대한 학습은 자기장에 대한 벡터장을 먼저 도입한 후 마지막에 자기력과 Torque에 대해 학습한다. 정전기장을 구하는 방법으로 쿨롱의 법칙으로부터 다양한 전하 분포(선전하, 면전하 등)에 따른 정전기장을 구하는 방법을 학습하고, 비오-사바르법칙으로 다양한 전류 분포(선전류, 면전류)에 의한 정자기장을 구하는 방법을 학습한다. 이후 전하 분포나 전류 분포가 대칭 구조를 갖는 경우 가우스 법칙과 암페어 법칙을 도입하여 좀 더 쉽게 정전기장과 정자기장을 구하는 방법을 학습한다. 이후 보전장의 경우 스칼라장인 전위차에 대한 개념을 도입하는 것이 편리함을 학습한다.

참고로 4장에서 학습하는 정전기장과 정자기장을 응용한 수많은 전자제품들이 있다. 정전기장의 응용 사례로는 복사기 및 잉크젯 프린터 동작의 기본 원리가 되며, 전구, 전계 효과 트랜지스터(FET: Field Effect Transistor) 소자, CCD(Charge Coupled Device) 이미지 센서, 및 LCD(Liquid Crystal Display) 디스플레이, 공기청정기 등의 오염방지 필터 등이 있다. 정자기장의 응용 사례로도 모터, 변압기, 마이크, 나침반, 자기부상열차, 자기기억장치 등 수없이 많은 제품들이 있다.

4.1 자유 공간에서 정전기장과 정자기장

18세기 후반에, 프랑스의 쿨룽(Charles Augustus Coulomb)은 하나의 전하로부터 다른 전하에 작용되는 힘을 실험적으로 측정하기 위해 정밀한 비틀림 저울을 발명하였다. 그는 이 실험 장치를 이용하여 두 전하 사이에 작용하는 힘은 두 전하의 곱에 비례하며, 전하 간의 거리의 제곱에 반비례한다는 것을 발견하였다. 더 나아가 이러한 힘은 두 전하가 동일한 부호를 갖는 경우(즉, 두 전하 모두 양이거나 음일 경우) 반발하며, 두 전하가 다른 부호를 가질 경우 서로 끌어당기는 것을 발견했다. 실험적으로 비례 상수는 $1/(4\pi\epsilon_0)$이며, 여기서 ϵ_0는 단위미터 당 패럿(F)의 단위로 주어지는 자유 공간의 유전율로 식 (4.1)과 같다[1].

$$\epsilon_0 = 8.854 \times 10^{-12} \frac{F}{m} = \frac{10^{-9}}{36\pi} \frac{F}{m} \tag{4.1}$$

【그림 4.1】에서 쿨룽[C]의 단위로 주어진 전하 Q_1과 Q_2가 있다고 하자. 두 전하 사이의 거리 벡터 $\vec{R}_{12} = |\vec{R}_{12}|\vec{a}_{12}$는 크기 $|\vec{R}_{12}|$[m]와 방향 $\vec{a}_{12}$를 갖는다. 전하 Q_1은 전하 Q_2에 힘 $\vec{F}_{12}$(단위 Newton [N])을 작용하는데, 그 힘은 다음과 같이 주어진다.

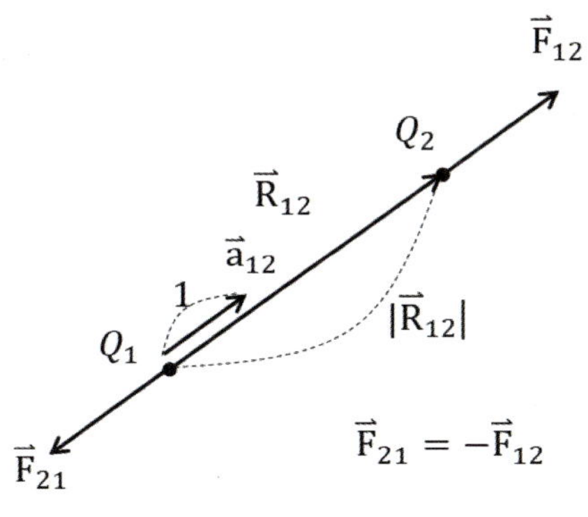

그림 4.1 쿨룽의 법칙의 예

$$\vec{F}_{12} = \frac{1}{4\pi\epsilon_0} \frac{Q_1 Q_2}{R_{12}^2} \vec{a}_{12} \tag{4.2}$$

1) 자유 공간의 유전율 ϵ_0는 "epsilon−naught" 또는 "epsilon−zero"로 발음된다. 유전율의 단위는 단위 길이당 패럿[F/m]인데 패럿[F]은 캐패시턴스의 단위로 자세한 개념은 5장에서 학습할 예정이다.

다음으로 세 개의 전하가 있는 경우를 생각해 보자. 두 개의 전하는 고정되어 있고, 이 두 개의 전하가 세 번째 전하에 얼마의 힘을 가하는지 알고자 한다면 중첩의 원리(superposition)에 의하여 다른 두 개의 전하로부터의 힘벡터를 각각 구한 후 두 벡터의 덧셈을 취하면 된다.

예제 4-1

【그림 4.2】와 같이 점 (0,0,4)[m]에 위치한 10[nC]의 전하 Q_1과 점 (0,4,0)[m]에 위치한 2[nC]의 전하 Q_2가 있을 때 전하 Q_1으로부터 전하 Q_2에 작용하는 힘을 계산하라.

| 풀이 | 식 (4.2)의 쿨롱의 법칙을 사용하기 위해서 먼저 두 전하 사이의 거리벡터 $\vec{R}_{12}$를 구해야 한다.

$$\vec{R}_{12} = 4\vec{a}_y - 4\vec{a}_z$$

거리벡터의 크기는 $4\sqrt{2}$ 이고, 방향은 다음과 같다.

$$\vec{a}_{12} = \frac{1}{\sqrt{2}}\vec{a}_y - \frac{1}{\sqrt{2}}\vec{a}_z$$

이제, 힘 $\vec{F}_{12}$는 다음과 같다. 이때 단위는 MKS 단위를 사용해야 한다.

$$\vec{F}_{12} = \frac{1}{4\pi\epsilon_0}\frac{Q_1Q_2}{R_{12}^2}\vec{a}_{12}$$

$$= \frac{1}{4\pi\left(\frac{10^{-9}}{36\pi}\right)}\frac{(10\times10^{-9})(2\times10^{-9})}{(4\sqrt{2})^2}\left(\frac{1}{\sqrt{2}}\vec{a}_y - \frac{1}{\sqrt{2}}\vec{a}_z\right)$$

이 식을 계산하면 다음과 같다.

$$\vec{F}_{12} = 4.0(\vec{a}_y - \vec{a}_z)\ [nN]$$

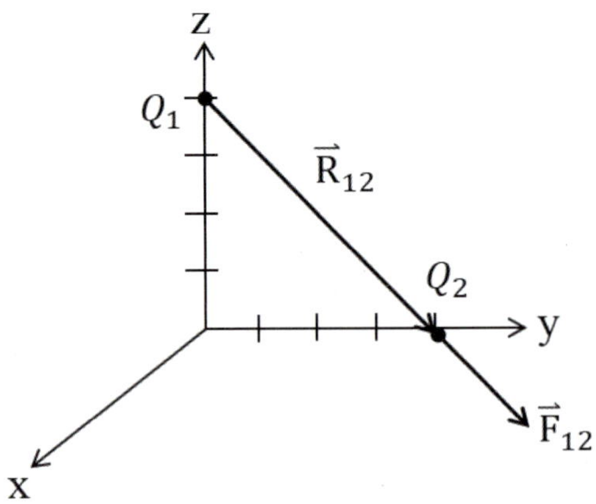

그림 4.2 (예제 4-1)의 그림

예제 4-2

(예제 4-1) 문제에서 점 (0,0, −4)[m]에 위치한 10[nC]의 전하 Q_3가 추가된 경우에 전하 Q_1과 전하 Q_3로부터 전하 Q_2에 작용하는 힘을 계산하라.

| 풀이 | 이 경우 두 개의 힘 벡터의 덧셈은 $\vec{a}_z$ 성분이 서로 상쇄되며 $\vec{a}_y$ 성분은 두 배가 되므로 전체 힘은 $\vec{F}_{12} = 8.0\vec{a}_y\,[nN]$이다.

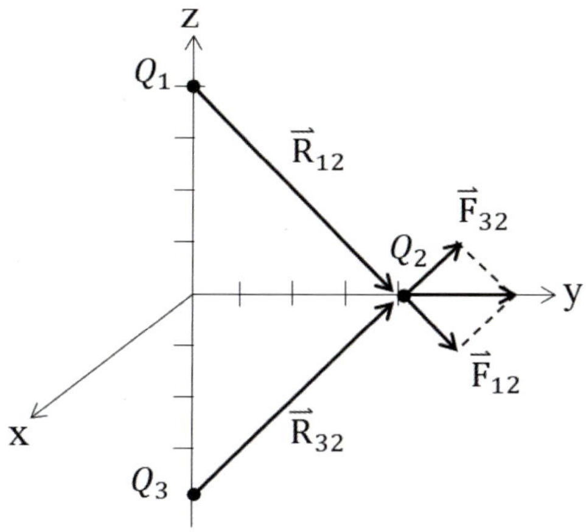

그림 4.3 (예제 4-2)의 그림

4.1.1 전기력과 전기장 벡터

앞에서 살펴본 바와 같이 쿨롱의 법칙은 전하 사이에 전기력에 관한 법칙이다. 따라서 첫 번째 전하 Q_1으로부터 두 번째 전하 Q_2에 작용하는 힘이 작용한다면, 두 번째 전하 Q_2로부터 첫 번째 전하 Q_1에도 동일하지만 방향이 반대인 힘이 작용한다. 이제 전하가 많아지면 서로 간에 작용하는 힘이 많아지므로 모든 힘을 계산하기가 점점 어려워진다. 따라서, 전하 Q_1만이 있을 때 작용하는 가상의 힘을 정의할 필요가 있다. 이를 위해 공간 상에 모든 점에서 1[C]의 크기를 갖는 가상의 시험 전하(test charge) Q_2가 하나씩 있다고 가정하고 전하 Q_1이 각각의 Q_2에 작용하는 힘을 계산할 수 있다. 이렇게 되면 미래에 공간 상에 어느 위치에 가상의 전하가 존재할 때 받을 힘을 예측할 수 있다. 이러한 개념을 전기장, 전계강도 또는 전기장의 세기(electric field intensity)라고 부른다.

이와 같이 전하 Q_1으로부터 가상의 단위전하 Q_2가 받을 힘을 전기장 벡터 $\vec{E}_1$이라 정의하며, 식 (4.3)과 같이 힘 $\vec{F}_{12}$를 가상의 전하 Q_2로 나눈 값으로 정의할 수 있다.

$$\vec{E}_1 = \frac{\vec{F}_{12}}{Q_2} \tag{4.3}$$

이렇게 전기장을 구하면 전하들 간의 상호 작용하는 힘을 고려하지 않고 임의의 전하로부터 발생할 것이라고 가정되는 가상적인 힘을 쉽게 계산할 수 있다. 전기장의 개념은 많은 수의 전하가 있을 때 유용하며, 공간상에 특정한 점에서의 전체 전기장은 각각의 전하로부터의 구해진 전기장을 서로 더함으로서 계산되어질 수 있다.

식 (4.2)와 식 (4.3)을 결합하면 고정된 전하 Q로부터 공간상의 임의의 점에서의 전기장 벡터는 식 (4.4)와 같이 첨자를 없애고 쓸 수 있다. 전기장의 단위는 단위 미터 길이 당 볼트[V/m]로 표현된다[2].

$$\vec{E} = \frac{1}{4\pi\epsilon_0}\frac{Q}{R^2}\vec{a}_R \tag{4.4}$$

예제 4-3

쿨롱의 법칙에 대한 (예제 4-1)과 (예제 4-2)에서의 전기장을 2.0[nC]의 "시험"전하에 의해 계산된 힘벡터로 나누어 줌으로써 구하고, 식 (4.4)로 직접 구한 결과와 같음을 확인하시오.

| 풀이 | (예제 4-1)의 전기장은 다음과 같다.

$$\vec{E} = 2.0(\vec{a}_y - \vec{a}_z)[V/m]$$

4.1.2 자기장과 자기력

앞에서 정전기장은 전기력에 대한 쿨롱의 법칙을 설명한 후 전기장의 개념을 도입하였다. 반면에 자기장은 초기부터 장의 개념을 사용하였다. 자기장과 관련된 벡터는 자속밀도 벡터로【그림 4.4】와 같이 자기장 안에서 양전하가 이동할 때 전하는 전하의 이동 방향과 자기장의 방향에 수직으로 힘을 받게 된다. 이러한 힘을 로렌쯔(Lorentz)의 힘이라고 하며, 움직이고 있는 전하 q[C]에 작용하는 자기력 $\vec{F}_m$[N]은 다음 식으로 주어진다.

$$\vec{F}_m = q\vec{u} \times \vec{B} \tag{4.5}$$

2) 전기장의 단위인 [N/C]과 [V/m]는 동일하다. [N/C]은 전기장의 정의로부터 만들어졌으며, [V/m]는 전위차의 개념에서 유도된다.

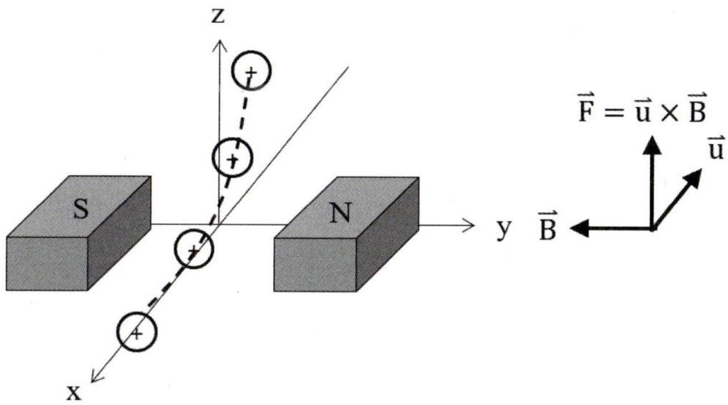

그림 4.4 자기장의 기준 단위

양전하의 전하량을 1[C]이라 하고 전하의 속도 $\vec{u}$가 1[m/sec]일 때 1[N]의 로렌쯔의 힘을 만드는 자기장 벡터의 크기를 1테슬라(tesla)[3] [T]라고 정의하며, 이 자기장 벡터를 자속밀도 벡터 $\vec{B}$라고 명칭한다.

한편, 3장에서 학습한 바와 같이 이러한 자속밀도 벡터는 자속 Ψ와 관련이 있다. 자속 Ψ는 자속밀도(magnetic flux density) 벡터 $\vec{B}$을 벡터면적분하여 구할 수 있다.

$$\Psi = \int_S \vec{B} \cdot d\vec{S}$$

보통 자속 Ψ의 단위를 [Wb]로 표시하므로 $\vec{B}$의 단위는 [Wb/m²]로 표현한다. 1 [T]는 1 [Wb/m²]와 동일하다. 조금 혼란스럽겠지만, [Wb/m²]와 [T]외에 더 오래된 자속밀도 단위인 가우스[G]가 있다. 여기서 10,000 [G] = 1[T]가 된다. 이 단위는 오랫동안 자석의 성능을 나타내는 데 사용되었으며, 지구의 자속 밀도가 약 0.5G라는 점에서 다소 편리하게 사용할 수 있다. 이 교재에서는 [Wb/m²] 단위를 주로 사용하겠지만, 학생들은 용어를 모두를 잘 알고 있어야 한다.【표 4.1】은 몇 가지 물질의 자속 밀도를 [T] 또는 [Wb/m²] 및 [G] 단위로 나열한 것이다.

표 4.1 대표적인 물질들의 자속밀도의 크기

물질	G	T 또는 Wb/m²
사람의 뇌	10^{-11}	10^{-15}
사람의 심장	10^{-4}	10^{-7}
지구의 자기장	0.5	5×10^{-5}
냉장고의 자석	100	0.01
영구 자석	4000	0.4
중성자 별	10^{12}	10^{8}

3) 유도 모터를 발명한 세르비아계 미국인 전기 공학자 Nikola Tesla(1856−1943)의 이름을 따서 테슬라라고 부른다.

4.1.3 4개의 벡터의 관계

앞에서 전기장은 전기력과 방향이 같으므로 전기력으로부터 전기장 벡터가 자연스럽게 도입되었음을 살펴보았다. 하지만 자기장은 자기장이 작용하는 힘과 방향이 다르며, 자기력과 별도로 자속밀도 벡터란 개념이 사용됨을 학습하였다. Faraday와 Maxwell이 전기력과 자기력이 통합될 수 있는 힘이라는 사실을 알게 된 후 전기장과 자기장을 통합하기 위해서는 전기장에서 전속밀도 벡터의 개념이 자기장에서 자기장의 세기 벡터의 개념을 도입할 필요가 있었다. 이러한 새로운 가상 벡터는 전속밀도 벡터(electric flux density) $\overrightarrow{D}$와 자기장의 세기(magnetic field intensity) 벡터 $\overrightarrow{H}$이다.

이렇게 도입된 새로운 전속밀도 벡터 $\overrightarrow{D}$와 자기장 벡터 $\overrightarrow{H}$는 자유 공간의 경우 식 (4.6)과 식 (4.7)에서와 같이 기존의 벡터 $\overrightarrow{E}$와 $\overrightarrow{B}$ 벡터와 관련을 맺는다.

$$\overrightarrow{D}= \epsilon_0 \overrightarrow{E} \tag{4.6}$$

$$\overrightarrow{H}= \frac{1}{\mu_0}\overrightarrow{B} \tag{4.7}$$

여기서 μ_0는 단위 미터 당 헨리 [H/m]의 단위로 주어지는 자유 공간에서의 투자율로 식 (4.8)과 같다[4]. ϵ_0와 μ_0는 자연계에 존재하는 절대상수로 전자기장의 특성을 결정하는 중요한 상수가 된다. 예를 들어 ϵ_0와 μ_0에 의해 전자기장의 속도가 식 (4.9)와 같이 결정된다[5].

$$\epsilon_0 = 8.854 \times 10^{-12}\frac{F}{m} = \frac{10^{-9}}{36\pi}\frac{F}{m}$$

$$\mu_0 = 4\pi \times 10^{-7}[H/m] \tag{4.8}$$

$$c = 1/\sqrt{\epsilon_0\mu_0} = 3 \times 10^8 [m/\text{sec}] \tag{4.9}$$

이렇게 4개의 벡터가 도입되었으므로 이러한 벡터를 이용하여 정전기장과 정자기장의 주요 법칙들이 유도된다. 정전기장에 대한 주요 법칙으로는 쿨롱의 법칙과 Gauss의 법칙이 있으며, 정자기장에 대해서는 비오-사바르의 법칙과 Ampere의 법칙이 있다. 한편, 정전기장은 보전장이므로 정

4) 자유 공간의 투자율 μ_0는 "mu-naught" 또는 "mu-zero"로 발음된다. 투자율의 단위는 단위 길이 당 헨리[H/m]인데 헨리[H]는 인덕턴스의 단위로 자세한 개념은 5장에서 학습할 예정이다.

5) 빛의 속도가 식 (4.9)와 같이 자연계에 존재하는 절대상수이므로 빛의 속도는 변할 수가 없다. 이러한 사실로부터 아인슈타인은 상대성 이론을 발전시켰다.

전기장과 일대일로 대응되는 전위차의 개념을 추가로 학습하고, 정자기장의 경우에는 자기력 특성을 활용한 회전력(토크)에 대해서도 학습한다.

4.2 쿨롱의 법칙의 응용

쿨롱의 법칙은 개별 전하에 의해 발생되는 힘 또는 전기장을 계산하는 데 유용하다. 하지만 전하는 개별 전하로 존재하기 보다는 선전하, 표면전하, 체적전하의 형태로 분포하게 된다. 이러한 전하는 선전하밀도, 면전하 밀도, 및 체적 전하 밀도로 표현된다. 본 절에서는 이러한 다양한 전하 분포에 따른 전기장을 구하는 문제를 다루어 보자[6].

4.2.1 선전하에 의한 정전기장

먼저 유한한 길이와 무한한 길이의 선전하에 의한 전기장을 구하는 것으로 시작하자. 참고로 무한한 길이의 선전하는 실제로 존재하지는 않지만, 상대적으로 긴 전선 주변에 있는 시험 전하의 경우 전선이 무한 길이인 것처럼 보여질 수 있음을 고려하면 문제를 풀 가치가 충분히 있다.

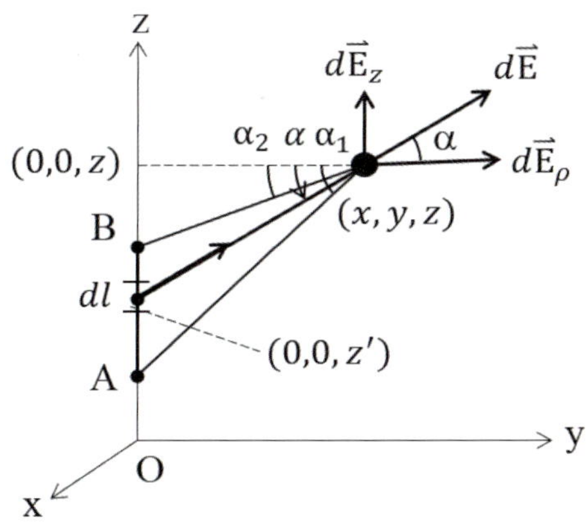

그림 4.5 무한 길이의 선전하에 의한 전기장

이러한 선전하 문제를 풀기 위해 원통 좌표계의 z–축을 따라 균일하게 전하가 분포한다고 가정하자. 선전하밀도는 미터 당 전하로 표현하며 ρ_l[C/m]로 표현할 수 있다[7].【그림 4.5】에서와 같이 z–축을 따

6) 선전하, 원형 전하, 면전하 등은 실제 생활에서 자주 보는 대표적인 전하 분포이다. 예를 들어 선전하는 전선, 원형 전하는 원형 코일, 면전하는 디스플레이 등이 있다.

7) 선전하밀도는 기호로 ρ_l를 사용하며, 원통 좌표계에서의 방사 거리에 대해 사용되는 ρ와 구별하여야 한다.

라 놓인 선전하와 우리가 전기장의 크기와 방향을 알고자 하는 임의의 점 $P(x,y,z)$를 고려하자. 균일한 선전하밀도 ρ_l중 $(0,0,z')$에 위치한 미소길이 $dl=dz$에 대한 미소전하 dQ는 다음과 같다.

$$dQ=\rho_l dl=\rho_l dz \tag{4.10}$$

따라서 유한 길이의 선전하의 경우 총전하는 식 (4.11)과 같고 무한 길이의 선전하의 총전하는 식 (4.12)와 같이 적분 구간을 무한대로 바꾸어 적분함으로써 구할 수 있다.

$$Q=\int_{z_A}^{z_B}\rho_l dz \tag{4.11}$$

$$Q=\int_{-\infty}^{\infty}\rho_l dz \tag{4.12}$$

【그림 4.5】에서 미소전하 dQ에서 임의의 점까지의 거리벡터는 다음과 같다.

$$\vec{R}=x\vec{a}_y+y\vec{a}_y+(z-z')\vec{a}_z \tag{4.13}$$

식 (4.13)의 거리벡터의 크기와 방향은 다음과 같이 주어진다.

$$|\vec{R}|=\sqrt{x^2+y^2+(z-z')^2} \tag{4.14}$$

$$\vec{a}_R=\frac{x\vec{a}_x+y\vec{a}_y+(z-z')\vec{a}_z}{\sqrt{x^2+y^2+(z-z')^2}} \tag{4.15}$$

이제 임의의 점 (x,y,z)에서의 전기장을 구하는 Coulomb의 법칙은 식 (4.11))에서 식 (4.15)를 통합하여 다음과 같이 쓸 수 있다.

$$\vec{E}=\frac{\rho_l}{4\pi\epsilon_0}\int_{z_A}^{z_B}\frac{x\vec{a}_x+y\vec{a}_y+(z-z')\vec{a}_z}{[x^2+y^2+(z-z')^2]^{3/2}}dz' \tag{4.16}$$

무한 길이의 선전하 문제는 식 (4.16)에서 적분 구간만 (z_A,z_B)에서 $(-\infty,\infty)$로 바꾸면 된다. 식 (4.16)의 적분은 다변수 함수일 뿐만 아니라 수식이 매우 복잡하므로 좌표계를 원통 좌표계로 변경하여 $P(\rho,\phi,z)$점에서의 전기장을 구하는 문제로 바꾸고【그림 4.5】와 같이 매개변수로 각도 α를 도입하여 풀어 보자. 원통 좌표계에서 미소전하 dQ에서 임의의 점까지의 거리벡터는 다음과 같다.

$$\vec{R} = \rho\vec{a}_\rho + (z - z')\vec{a}_z,\ |\vec{R}| = \sqrt{\rho^2 + (z - z')^2}$$

$$\vec{a}_R = \frac{\rho\vec{a}_p + (z - z')\vec{a}_z}{\sqrt{\rho^2 + (z - z')^2}}$$

이제 식 (4.16)은 다음과 같이 원통 좌표계로 간단히 표현할 수 있다.

$$\vec{E} = \frac{\rho_l}{4\pi\epsilon_0}\int_{z_A}^{z_B}\frac{\rho\vec{a}_p + (z - z')\vec{a}_z}{\left[\rho^2 + (z - z')^2\right]^{3/2}}dz' \tag{4.17}$$

식 (4.17)은 매개변수법을 사용하면 좀 더 쉽게 적분을 풀 수 있다. 이제 $d\vec{E}$와 $d\vec{E}_\rho$ 벡터의 사이각을 α라 하면

$$|\vec{R}| = \rho\sec\alpha,\ \rho = |\vec{R}|\cos\alpha,\ z - z' = \rho\tan\alpha,\ dz' = -\rho\sec^2\alpha\, d\alpha$$

이므로, 식 (4.17)은 다음과 같이 적분을 쉽게 할 수 있는 형태로 변환된다.

$$\begin{aligned}\vec{E} &= \frac{-\rho_l}{4\pi\epsilon_0}\int_{\alpha_1}^{\alpha_2}\frac{\cos\alpha\vec{a}_\rho + \sin\alpha\vec{a}_z}{\rho^2\sec^2\alpha}(\rho\sec^2\alpha)\,d\alpha \\ &= \frac{-\rho_l}{4\pi\epsilon_0\rho}\int_{\alpha_1}^{\alpha_2}[\cos\alpha\vec{a}_\rho + \sin\alpha\vec{a}_z]\,d\alpha\end{aligned} \tag{4.18}$$

식 (4.18)의 삼각 함수 적분을 풀면 유한한 선길이의 선전하의 경우 전기장은 식 (4.19)와 같이 계산된다.

$$\vec{E} = \frac{\rho_l}{4\pi\epsilon_0\rho}\left[-(\sin\alpha_2 - \sin\alpha_1)\vec{a}_\rho + (\cos\alpha_2 - \cos\alpha_1)\vec{a}_z\right] \tag{4.19}$$

이제 식 (4.19)로부터 무한 길이의 선전하에 의한 전기장을 구해보자. 무한 길이의 선전하는 A점의 좌표가 $(0, 0, -\infty)$, B점의 좌표가 $(0, 0, \infty)$인 경우이므로 이때 사이각은 $\alpha_1 = \pi/2$, $\alpha_2 = -\pi/2$가 된다. 식 (4.19)에 이 값을 대입하면 z 방향은 값은 사라지고 ρ 방향의 값만 남아 식 (4.20)과 같이 된다.

$$\vec{E} = \frac{\rho_l}{2\pi\epsilon_0\rho}\vec{a}_\rho \tag{4.20}$$

식 (4.20)과 같이 무한 길이의 선전하에 의한 전기장은 선전하에서 관측점까지의 수직 거리에 반비례하여 작아지고 선전하로부터 방사 방향으로 향하는 것이 특징이다. 무한 길이의 선전하에서 z 방향의 벡터 성분이 사라지는 것은【그림 4.6】에서와 같이 관측점을 중심으로 대칭인 위치에 미소 전하가 쌍으로 놓여 있는 경우 벡터 덧셈에 의해 z 방향의 벡터 성분이 없어지고 ρ 방향의 성분만 남는 것으로도 직관적으로 이해할 수 있다.

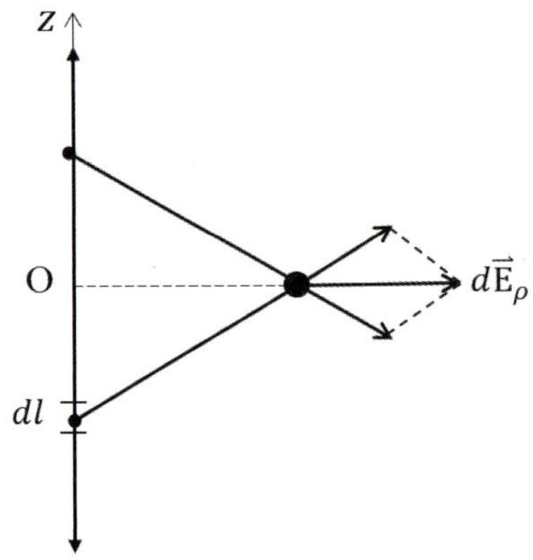

그림 4.6 무한 길이의 선전하의 대칭성

예제 4-4

$z=0$에서 $z=\infty$까지 위치한 반무한(semi-infinite) 선전하에 의해서 발생하는 $z=0$평면에 놓여있는 임의의 점에서의 전기장 벡터를 구하라.

| 풀이 | 식 (4.19)를 이용하면 반무한 길이의 선전하는 A점의 좌표가 $(0,0,0)$, B점의 좌표가 $(0,0,\infty)$인 경우이므로 $\alpha_1=0$, $\alpha_2=-\pi/2$가 된다. 전기장은 다음과 같다.

$$\vec{E}=\frac{\rho_l}{4\pi\epsilon_0\rho}\left[\vec{a}_\rho-\vec{a}_z\right]$$

식 (4.20)에서 ρ는 선전하로부터 관측점까지의 수직 거리이고, $\vec{a}_\rho$는 선전하로부터 관측점으로 향하는 직선거리에 따른 단위 벡터가 된다. 따라서 만약 선전하가 z 축에 놓여 있지 않는 경우 ρ 값과 $\vec{a}_\rho$를 구하면 된다.

예제 4-5

$(x,z)=(2,4)$ 위치에 무한 선전하 $\rho_l = 4.0[nC/m]$이 있다고 가정할 경우 원점에서의 전기장 벡터를 구하라.

풀이 무한 선전하이므로 식 (4.20)에서의 각 성분들이 어떻게 표현되는지 알아야 하는데 이를 위해서는 문제에 대한 그림을 그리는 것부터 시작하는 것이 좋다.【그림 4.7】에 선전하가 3차원으로 표현되어지며, 단면을 이용해 문제를 푸는 것이 가장 간단한 방법이다. 여기서 전하에서 원점까지의 벡터는 다음과 같다.

$$\vec{R}=\rho\vec{a}_\rho=-2\vec{a}_x-4\vec{a}_z,\ \vec{a}_\rho=-\frac{2}{\sqrt{20}}\vec{a}_x-\frac{4}{\sqrt{20}}\vec{a}_z$$

직선거리의 크기는 $\sqrt{20}$ 이며, 전기장은 식 (4.20)에 의해 다음과 같다.

$$\vec{E}=-7.2\vec{a}_x-14.4\vec{a}_z$$

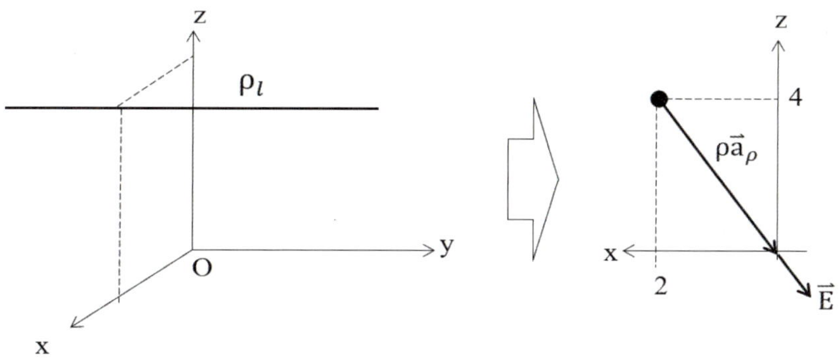

그림 4.7 (예제 4-5)의 그림

4.2.2 원형 전하에 의한 정전기장

쿨롱의 법칙을 사용하여 전기장 $\vec{E}$를 구하는 또 다른 예제로서, x-y 평면에서 원점에 중심을 두고 전하밀도 ρ_l을 갖는 원형 전하 분포를 고려하자. 이 경우【그림 4.8】에서 나타낸 것처럼 z-축을 따라 점 $(0,0,h)$에서의 전기장 $\vec{E}$를 구해보자. 원형의 전하 분포이므로 직각 좌표계보다는 원통 좌표계를 사용해야 한다. 이를 위해서【그림 4.8】에서와 같이 전하의 일부분 $\rho_l dl$을 가정하면 $d\vec{E}_\phi$ 성분은 존재하지 않고, $d\vec{E}_\rho$와 $d\vec{E}_z$ 벡터 성분만이 존재함을 알 수 있다. 또한, 원형 전하의 반대편에 높여진 전하의 $\rho_l dl$에 의해서도 $d\vec{E}_\rho$와 $d\vec{E}_z$ 벡터 성분이 만들어지는데, $d\vec{E}_\rho$성분은 첫 번째 성분과 부호가 반대로 형성되어 (대칭에 의해)서로 상쇄됨을 알 수 있다. 따라서 이 문제에 대해 단지 $d\vec{E}_z$ 성분만이 존재하게 된다. 직선 전하 분포와 마찬가지로, 쿨롱의 법칙을 적용한다.

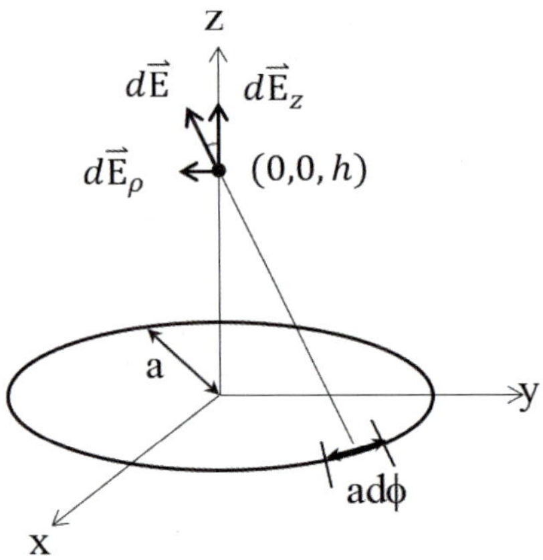

그림 4.8 원형 전하에 의한 전기장

이제 원주를 따라 존재하는 미소전하는 $dQ=\rho_l a d\phi$이며, 전하로부터 측정점까지의 벡터는 다음과 같다.

$$\vec{R}=|\vec{R}|\vec{a}_R=-a\vec{a}_\rho+h\vec{a}_z$$

쿨롱의 법칙에 의한 적분식은 다음과 같다.

$$\vec{E}=\frac{1}{4\pi\epsilon_0}\int_0^{2\pi}\frac{\rho_L a d\phi}{(a^2+h^2)^{3/2}}\,[-a\vec{a}_\rho+h\vec{a}_z]$$

적분을 다시 배열하고 대칭에 의해 $\vec{a}_\rho$성분이 상쇄됨을 고려하면 다음과 같다.

$$\vec{E}=\frac{\rho_L a h}{4\pi\epsilon_0(a^2+h^2)^{3/2}}\int_0^{2\pi}d\phi\,\vec{a}_z$$

이 적분식은 쉽게 계산이 가능하며 결과는 식 (4.21)과 같다. 식 (4.21)에 의해 원형선전하의 원점에서 전기장은 0이 됨을 알 수 있다.

$$\vec{E}=\frac{\rho_L a h}{2\epsilon_0(a^2+h^2)^{3/2}}\vec{a}_z \tag{4.21}$$

원형 전하 문제는 z−축 이외의 점에서 전기장 $\vec{E}$를 쿨롱의 법칙으로 계산하는 것은 매우 어렵다. 따라서 실무에서는 쿨롱의 법칙을 적용하기 어려울 수 있으므로 전자기 수치해석 프로그램(즉, 컴퓨터 알고리즘)을 이용하여 전기장을 구하는 것이 일반적이다.

4.2.3 면전하에 의한 정전기장

일반적으로 도체상에 존재하는 전하는 상호 척력에 의해 스스로 도체의 표면에 분포하는 경향을 갖는다. 따라서 도체상에 존재하는 면전하는 연속적인 분포를 갖는 표면 전하로 생각되어질 수 있으며, 기호로 표현할 때는 표면에 표면전하 밀도 ρ_s[C/m^2]가 분포한다고 가정한다.

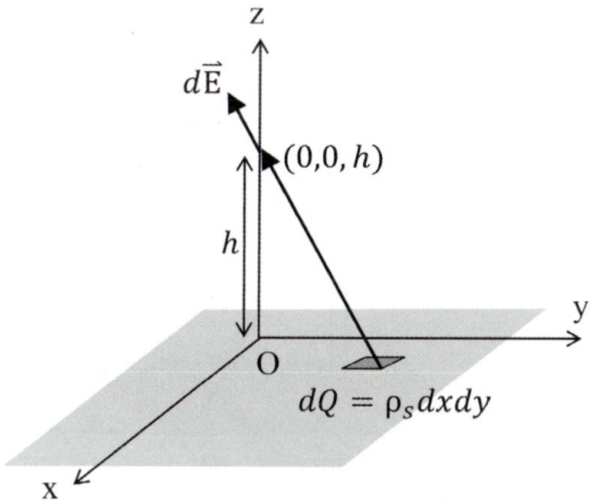

그림 4.9 x–y 평면에 놓인 면전하에 의한 전기장의 세기

실질적인 면전하에 대한 전자기학 문제를 풀기 전에 이상적인 경우로 $x-y$평면에 놓여 있는 무한 면적의 얇은 전하가 있다고 가정하고 이 면적으로부터 높이 h에 위치한 점 P에서의 전기장의 세기를 계산해 보자. 전하층이 x와 y방향으로 무한이 분포하기 때문에 점 P는 x와 y의 특정 위치에 무관하다. 따라서, 우리는【그림 4.9】와 같이 점 P를 $+z$축 위에서 높이 h를 갖는 점에 위치시킬 수 있다. 미소면적 $dxdy$에 의한 미소전하 dQ는 $dQ=\rho_S\, dxdy$와 같다. 이제 점 P에서의 미소전하 dQ에 의한 전기장 벡터는 E_x, E_y 및 E_z성분을 가지게 될 것이다. 대칭성을 이용하면 E_x, E_y성분을 상쇄시킬 수 있는 다른 미소전하를 무한 평면 상에서 선택할 수 있으므로 단지 E_z성분만을 고려하면 된다. 주어진 미소전하로부터 측정점까지의 벡터를 표기하면 다음과 같다.

$$\vec{E} = \frac{1}{4\pi\epsilon_0}\iint_{-\infty}^{\infty} \frac{\rho_S\, hdxdy}{(x^2+y^2+h^2)^{3/2}}\vec{a}_z \tag{4.22}$$

적분 구간은 x와 y 방향으로 무한대에 대해 취해져야 한다. 이 적분은 풀기가 매우 어려운 이중적분 형태이므로 무한 면전하에 대한 식 (4.22)를 통해 $\vec{E}$를 구하기 위해서는 수치해석을 이용해야만 한다.

다행히, 이 문제를 푸는 더 쉬운 방법이 있다. 이제 무한 면전하를 연속적인 일련의 무한 선전하로 쪼갤 수 있음을 고려하면, x 방향의 하나의 선전하는【그림 4.10】과 같이 $\rho_L = \rho_S\, dy$으로 주어지게 될 것이다. 우리는 이미 무한 선전하에 대해 전기장은 다음과 같음을 알고 있다.

$$\vec{E} = \frac{\rho_L}{2\pi\epsilon_0\rho}\vec{a}_\rho$$

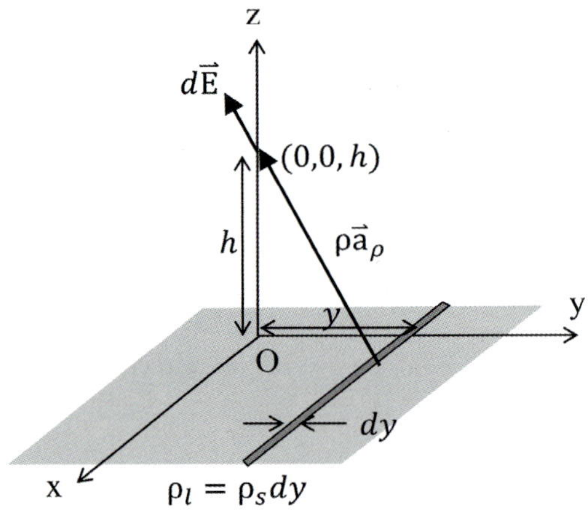

그림 4.10 x-y 평면에 놓여진 무한 면전하를 연속적인 선전하로 쪼개는 경우

무한 면전하 문제에서 각 선전하는 $d\vec{E}$성분을 만들며, 모든 선전하로부터의 값을 더하기 위해서는 y축을 따라 적분을 한 번만 취하면 될 것이다. 다시【그림 4.10】을 고려하면, 전하로부터 측정점에서의 벡터는 $\rho\vec{a}_\rho = -y\vec{a}_y + h\vec{a}_z$이므로 대칭 특성을 이용하여 $d\vec{E}_y$성분은 0이 됨을 알 수 있으므로 식은 다음과 같다.

$$\vec{E} = \int \frac{\rho_s dy\, h}{2\pi\epsilon_0(y^2+h^2)}\vec{a}_z = \frac{\rho_s h}{2\pi\epsilon_0}\left[\int_{-\infty}^{\infty}\frac{dy}{(y^2+h^2)}\right]\vec{a}_z \tag{4.23}$$

식 (4.23)을 풀기 위해서 다음의 적분포를 이용하면 위의 적분식은 다음과 같다.

$$\int_{-\infty}^{\infty}\frac{dy}{(y^2+h^2)} = \frac{1}{h}tan^{-1}\left(\frac{y}{h}\right)\Bigg|_{-\infty}^{+\infty} = \frac{\pi}{h}$$

따라서 전기장 벡터는 다음과 같다.

$$\vec{E} = \frac{\rho_s}{2\epsilon_0}\vec{a}_z \tag{4.24}$$

임의의 위치에 놓여 있는 면전하로부터 전기장에 대한 일반식은 식 (4.25)로 주어진다.

$$\vec{E} = \frac{\rho_s}{2\epsilon_0}\vec{a}_n \tag{4.25}$$

여기서, 방향벡터 $\vec{a}_n$은 면전하로부터 측정점까지 수직인 단위 벡터를 의미한다. 식에서 전기장이 면전하로부터 거리에 상관없이 주어진다는 것을 알 수 있다. 한편, 무한 면전하가 아니라 한 쪽 축이 유한한 무한 리본 형태의 면전하의 경우에는 식 (4.23)의 적분에서 적분 구간을 변경함으로써 계산할 수 있다.

한편, 무한 면전하로부터 전기장을 구하는 또 다른 방법은 동심원을 갖는 원형 전하가 연속되는 경우로 생각하는 것이다. 앞에 유도한 원형 전하로부터의 식을 이용하면 각각의 원형 전하에 의한 전기장 $\vec{E}$는 다음과 같이 주어진다.

$$d\vec{E} = \frac{(\rho_s d\rho)\rho h}{2\epsilon_0(\rho^2 + h^2)^{3/2}}\vec{a}_z$$

여기서 원형 전하밀도 ρ_l를 $\rho_s d\rho$로 대체하고, 반경 ρ를 0부터 무한대까지 적분하면 전기장은 다음과 같다.

$$\vec{E} = \frac{\rho_s h}{2\epsilon_0}\vec{a}_z\int_0^\infty \frac{\rho}{(\rho^2 + h^2)^{3/2}}d\rho$$

쉽진 않지만 이 적분을 풀게 되면 식 (4.24)가 된다. 참고로 이러한 풀이 방법에서 적분 구간을 적절히 변경함으로써 유한 반경의 원형 디스크 모양의 전하 분포에 의한 디스크 중심 위 임의의 높이에서의 전기장을 구하는 문제에도 적용할 수 있다.

예제 4-6

무한 면전하 $\rho_s = 10.0[nC/m^2]$가 평면 $y = -2.0[m]$에 놓여 있다. 점 P(0, 2, 1)[m]에서의 전기장을 구하라.

| 풀이 | 무한 면전하에서 전기장을 구하는 문제는 크기는 일정하므로 단위 벡터의 방향을 결정하는 것이 중요하다. 문제에서 면전하로부터 점 P 방향으로 밖으로 나가는 벡터는 $\vec{a}_y$이다. 이제 전기장은 다음과 같다.

$$\vec{E} = \frac{\rho_s}{2\epsilon_0}\vec{a}_y = 565\vec{a}_y [V/m]$$

요약

전하 분포에 따른 전기장 벡터는 다음과 같으며, 전하가 많을수록 비례하여 거리에 따른 전기장의 크기 감소가 적어지는 것이 특징이다.

- 점전하 : $\vec{E} = \frac{1}{4\pi\epsilon_0}\frac{Q}{R^2}\vec{a}_R$ → 거리의 제곱에 반비례
- 무한 선전하 : $\vec{E} = \frac{\rho_L}{2\pi\epsilon_0 \rho}\vec{a}_\rho$ → 거리에 반비례
- 무한 면전하 : $\vec{E} = \frac{\rho_s}{2\epsilon_0}\vec{a}_n$ → 거리에 무관

4.3 비오-사바르(Biot-Savart)의 법칙의 응용

앞에서 정전기장에 대한 쿨롱의 법칙을 이용하여 다양한 전하 분포에 대한 정전기장을 구하였다. 이제 이러한 전하 분포가 일정한 속도로 이동하는 경우, 즉 DC 전류가 존재하는 경우 정전기장 외에 정자기장이 형성되므로 이를 구해보자. 정전기장에 대한 쿨롱의 법칙과 유사한 개념으로 정자기장에서는 비오-사바르(Biot-Savart) 법칙이 있다[8]. 비오-사바르 법칙은 【그림 4.11】과 같이 미소전류벡터 $Id\vec{l}$에 의해 발생하는 정자기장을 계산하는 데 사용되며, 식은 다음과 같다.

8) 전류가 자기장을 만들 수 있다는 에르스텟의 발견 직후, 비오(Jean Baptiste Biot, 1774-1862)와 사바르(Felix Savart, 1791-1841)는 전류와 자기장과의 수학적인 관계를 유도하였다.

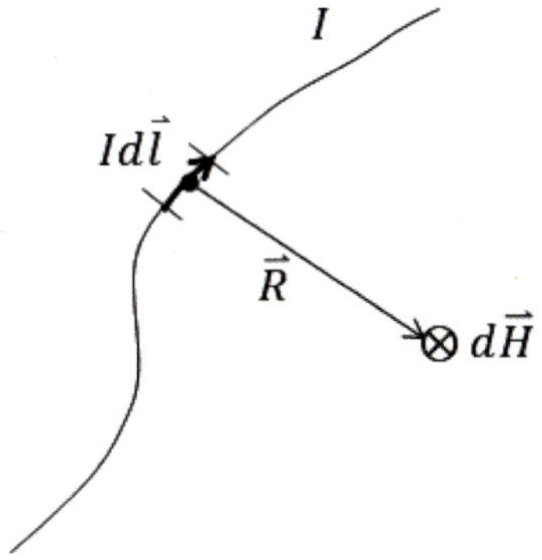

그림 4.11 비오-사바르의 법칙

$$d\vec{H} = \frac{1}{4\pi}\frac{Id\vec{l}\times\vec{a}_R}{R^2} \quad (4.26)$$

식 (4.26)에서 $\vec{a}_R$은 거리벡터 $\vec{R}$의 단위 벡터로 $\vec{R} = |\vec{R}|\vec{a}_R = R\vec{a}_R$로 주어진다. 식 (4.24)는 미소 전하에 의해 발생하는 전기장에 대한 쿨롱의 법칙과 방향을 제외하고는 유사함을 알 수 있다. 단, 실제로 격리된 미소 전류소는 존재할 수 없으므로 식 (4.26)만으로는 의미가 없다. 따라서 전류로부터 발생되는 실제 정자기장을 얻기 위해서는, 식 (4.27)과 같이 각 미소 전류소의 영향을 적분함으로써 전체 자기장을 계산하여야 한다. 이는 자기장에 중첩의 원리가 적용되기 때문에 가능한 것이다. 식 (4.27)에서는 물질과 관련된 상수가 존재하지 않으므로 자기장 벡터는 실제로 존재하지 않는 이상적인 벡터임을 알 수 있다.

$$\vec{H} = \int \frac{Id\vec{l}\times\vec{a}_R}{4\pi R^2} \quad (4.27)$$

4.3.1 선전류에 의한 정자기장

먼저 유한한 길이와 무한한 길이의 선전류에 의한 정자기장을 구하는 것으로 시작하자. 참고로 무한한 길이의 선전류는 실제로 존재하지 않지만, 상대적으로 긴 전선 주변에 공간에서는 전선이 무한 길이인 것처럼 보여질 수 있음을 고려한다면 문제를 풀 가치가 충분히 있다. 먼저,【그림 4.12】에서처럼 $+\vec{a}_z$ 방향으로 놓여 있는 유한 도선 위에 전류 I가 흐르는 경우를 고려해 보자. 이때 전류 주변의 임의의 위치에서 정자기장을 구해보자.

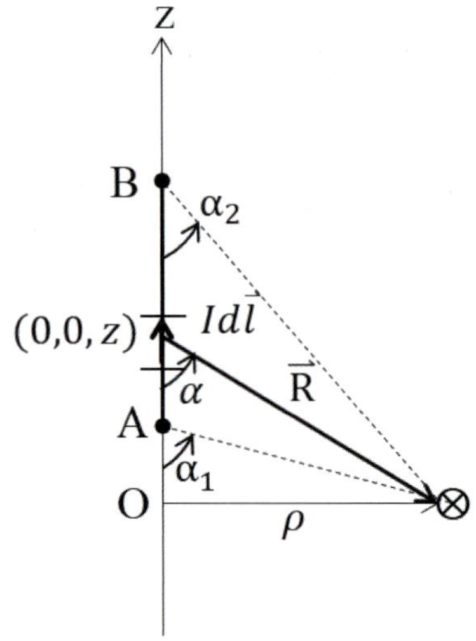

그림 4.12 무한한 길이의 직선전류에 의한 정자기장

무한 선전하에 의한 전기장의 문제와 마찬가지로 문제를 간단히 하기 위하여 처음부터 원통 좌표계를 이용하고 대칭성을 고려하자. 대칭성을 생각해 볼 때 자기장은 z와 ϕ방향으로는 크기가 변하지 않고 ρ에 따라서만 변하므로 ρ만의 함수임을 알 수 있다. 그래서 선전류에 수직 방향으로 ρ만큼 떨어진 거리에 놓여진 한 점에서의 자기장을 계산하는 문제로 간단하게 정리한다. 이제 (4.27)의 각각의 요소를 정의하고 적분을 수행하면 된다. $(0,0,z)$에 놓여 있는 미소전류벡터 $Id\vec{l}$은 간단히 $Idz\vec{a}_z$이고, 소스로부터 측정점까지의 벡터는 $\vec{R}= R\,\vec{a}_R = \rho\vec{a}_\rho - z\,\vec{a}_z$로 주어진다. 이제 적분식을 쓰면 다음과 같다.

$$\vec{H}= \int_A^B \frac{Idz\vec{a}_z \times \left(-z\vec{a}_z + \rho\vec{a}_\rho\right)}{4\pi\left(z^2+\rho^2\right)^{3/2}} \tag{4.28}$$

상수를 적분 밖으로 보내고, 단위 벡터의 외적 특성에 따라 $\vec{a}_z \times \vec{a}_z = 0$와 $\vec{a}_z \times \vec{a}_\rho = \vec{a}_\phi$를 이용하면 다음과 같다.

$$\vec{H}= \frac{I\rho}{4\pi}\left[\int_A^B \frac{dz}{\left(z^2+\rho^2\right)^{3/2}}\right]\vec{a}_\phi \tag{4.29}$$

식 (4.29)는 무한 선전하 문제와 같이 적분표나 매개변수법을 이용해서 계산할 수 있다.【그림 4.12】에서처럼 각도 α를 정의하면 $z = \rho\cot\alpha$가 되고, 미분하면 $dz =-\rho\mathrm{cosec}^2\alpha d\alpha$가 된다. 이제 식 (4.29)는 다음과 같이 적분을 쉽게 할 수 있는 형태로 변환된다.

$$\vec{H} = -\frac{I}{4\pi}\int_{\alpha_1}^{\alpha_2}\frac{\rho^2\,\mathrm{cosec}^2\alpha}{\rho^3\,\mathrm{cosec}^3\alpha}\,d\alpha\,\vec{a}_\phi = -\frac{I}{4\pi\rho}\int_{\alpha_1}^{\alpha_2}\sin\alpha\,d\alpha\,\vec{a}_\phi \tag{4.30}$$

식 (4.30)을 풀면 식 (4.31)과 같다.

$$\vec{H} = \frac{I}{4\pi\rho}\left[(\cos\alpha_2 - \cos\alpha_1)\vec{a}_\phi\right] \tag{4.31}$$

이제 식 (4.31)로부터 무한 길이의 선전류에 의한 자기장을 구해보자. 무한 길이의 선전류는 A점의 좌표가 $(0,0,-\infty)$, B점의 좌표가 $(0,0,\infty)$인 경우이므로 이때 사이각은 $\alpha_1 = \pi$, $\alpha_2 = 0$이 된다. 식 (4.31)에 이 값을 대입하면 식 (4.32)와 같이 주어진다.

$$\vec{H} = \frac{I}{2\pi\rho}\vec{a}_\phi \tag{4.32}$$

이처럼 적분 조건을 무한대로해서 풀면 해답은 간단해진다. 식 (4.31)과 식 (4.32)의 정자기장의 방향은 회전하는 방향이며 오른손 법칙에 의해 주어짐을 알 수 있다. 만약 도선에 흐르는 전류 방향을 오른쪽 엄지손가락으로 향하게 쥐면 나머지 손가락이 도선을 휘어감는 방향이 자기장의 방향이 된다. 물론 도선 방향이 반대가 되면 자기장의 방향도 반대가 된다.

예제 4-7

$z=0$에서 $z=\infty$까지 위치한 반무한(semi-infinite) 선전류에 의해서 발생하는 $z=0$평면에 놓여 있는 임의의 점에서의 자기장 벡터를 구하라.

| 풀이 | 식 (4.31)을 이용하면 반무한 길이의 선전하는 A점의 좌표가 $(0,0,0)$, B점의 좌표가 $(0,0,\infty)$인 경우이므로 $\alpha_1 = 90°$, $\alpha_2 = 0°$가 된다. 따라서 자기장은 다음과 같다.

$$\vec{H} = \frac{I}{4\pi\rho}\vec{a}_\phi$$

예제 4-8

한 변의 길이가 2m인 사각형 loop에 10A의 전류가 흐를 때 Loop의 중심에서의 자기장을 구하라.

| 풀이 | 유한 길이의 선전류 4개에 의해 생기는 정자기장을 구하는 문제로 바꿀 수 있다. ①번 선전류에 의해 발생하는 자기장은 식 (4.30)에서 $\rho=1$, $\alpha_2=45°$, $\alpha_1=135°$인 경우이므로 다음과 같다.

$$\vec{H}=\frac{10}{2\sqrt{2}\pi}\vec{a}_z$$

②번부터 ④번까지의 선전류도 동일한 방식으로 풀어서 더하면 전체 자기장은 다음과 같다.

$$\vec{H}=\frac{10\sqrt{2}}{\pi}\vec{a}_z$$

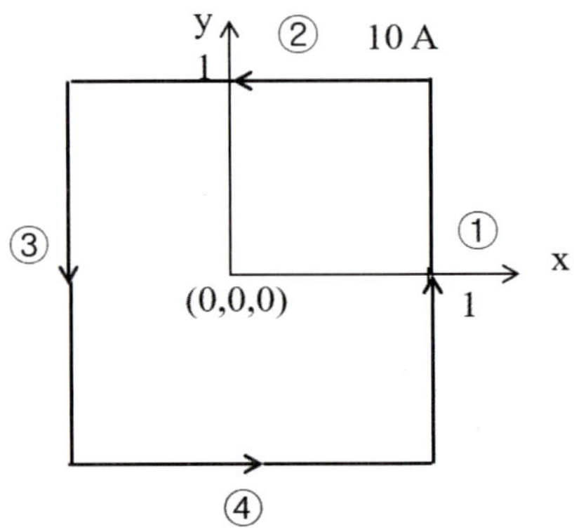

그림 4.13 (예제 4-8)의 사각 루프

4.3.2 원형전류에 의한 정자기장

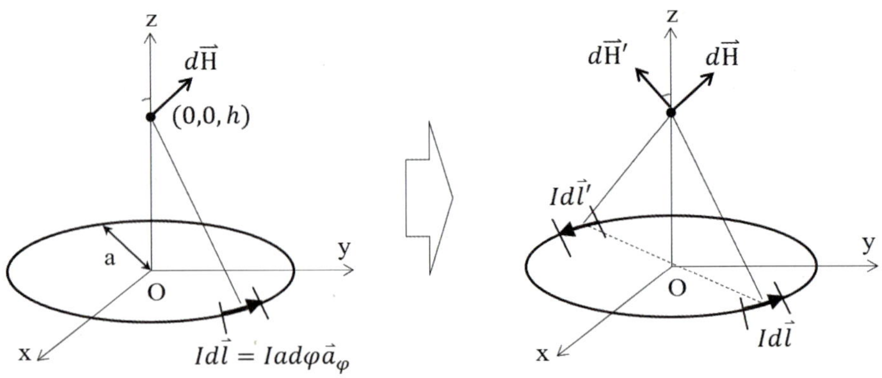

그림 4.14 원형 전류에 의한 자기장

다음으로【그림 4.14】와 같이 x–y 평면에서 $\vec{a}_\phi$ 방향으로 흐르는 반경 a의 링(ring) 전류에 의한 자기장을 구해보자. 먼저, 대칭성을 이용하여 임의의 z–축의 한 위치 h에서의 자기장을 구한다. 이제 비오–사바르 법칙을 적용하면, 적분식은 다음과 같다.

$$\vec{H}=\int_0^{2\pi}\frac{Iad\phi\vec{a}_\phi\times\left(h\vec{a}_z-a\vec{a}_\rho\right)}{4\pi\left(h^2+a^2\right)^{3/2}} \tag{4.33}$$

단위 벡터의 외적 특성에 의해 식 (4.33)은 $\vec{a}_\rho(\vec{a}_\phi\times\vec{a}_z=\vec{a}_\rho$에 의해) 성분과 $\vec{a}_z(\vec{a}_\phi\times\vec{a}_\rho=-\vec{a}_z$에 의해) 성분의 자기장을 만든다. 대칭성에 의해 미소전류의 반대편에 있는 미소전류에 의해 발생하는 자기장을 고려하면【그림 4.14】의 오른쪽 그림과 같이 $\vec{a}_\rho$ 방향의 자기장 성분은 상쇄되고 $\vec{a}_z$ 방향의 자기장 성분은 더해지게 된다. 이를 고려하여 $\vec{a}_\rho$ 성분은 제거하고 상수를 적분 밖으로 빼내면 다음과 같다.

$$\vec{H}=\frac{Ia^2\vec{a}_z}{4\pi\left(h^2+a^2\right)^{3/2}}\int_0^{2\pi}d\phi$$

이 적분식을 풀면 원형전류에 의해 z–축 상의 h점에서의 자기장은 다음과 같다.

$$\vec{H}=\frac{Ia^2}{2\left(h^2+a^2\right)^{3/2}}\vec{a}_z \tag{4.34}$$

여기서 $h=0$ 즉, 링의 중심에서의 자기장은 아래와 같이 간단히 표현된다.

$$\vec{H}=\frac{I}{2a}\vec{a}_z \tag{4.35}$$

예제 4-9

반지름이 1m인 원형 loop에 10A의 전류가 흐를 때 loop의 중심에서의 자기장을 구하라. 예제 4-8의 사각형 loop의 자기장과 비교하여 어느 것이 더 큰가?

| 풀이 | 식 (4.35)에 의해 원형 루프의 중심에서의 자기장은 다음과 같다.

$$\vec{H}=\frac{I}{2a}\vec{a}_z=5\vec{a}_z$$

(예제 4–8)의 자기장이 $\vec{H}=\frac{10\sqrt{2}}{\pi}\vec{a}_z\simeq 4.5\vec{a}_z$이므로 원형루프의 경우가 중심에서의 자기장이 더 크다.

4.3.3 솔레노이드(Solenoid)의 경우

솔레노이드란【그림 4.15】와 같이 절연선(insulated wire)을 원통형으로 수십 번 감은 형태를 갖는다[9]. 솔레노이드는 흔히 릴레이(relay)나 전기 스위치에 사용된다. 여기서 솔레노이드 중심축의 임의의 점에서의 자기장을 구하기 위해 하나의 원형 전류의 중심축에서의 자기장을 구한 결과를 활용할 수 있다.

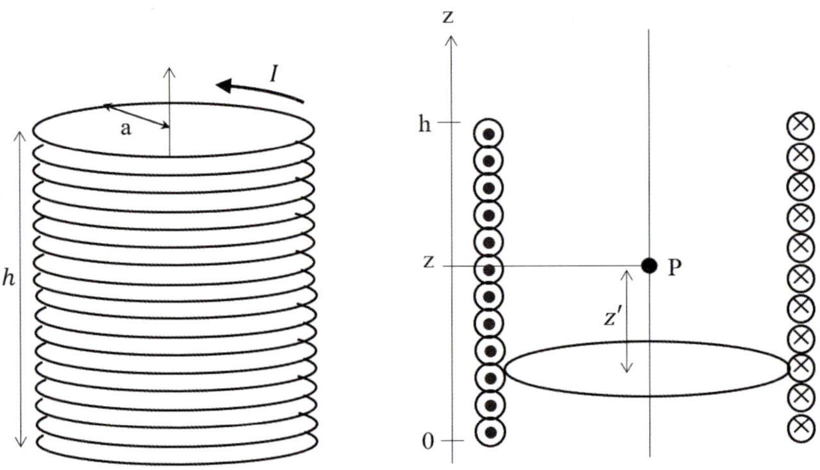

그림 4.15 솔레노이드에 비오-사바르의 법칙을 적용한 경우

솔레노이드가 길이 h와 반경 a를 갖고 N번 감는다고 가정하자. 도선이 촘촘하게 감겨 있는 경우, 우리는 솔레노이드가 N개의 원형 모양의 전류 루프들로 구성되어 있다고 가정할 수 있다. 솔레노이드의 축을 따라 놓여진 P점에서 하나의 원형 루프로부터 자기장을 구하기 위해 식 (4.34)에서 h를 z'으로 바꾸면 다음과 같다.

$$\overrightarrow{H}_P = \frac{Ia^2}{2\left(z'^2 + a^2\right)^{3/2}} \overrightarrow{a}_z \tag{4.36}$$

식 (4.36)은 루프 하나에 의한 자기장이므로 전체 솔레노이드 관점에서는 하나의 미소전류소에 의해 발생하는 미소 자기장이라고 볼 수 있으므로 식 (4.36)을 다음과 같이 표현하는 것이 가능하다.

$$d\overrightarrow{H}_P = \frac{dIa^2}{2\left(z'^2 + a^2\right)^{3/2}} \overrightarrow{a}_z \tag{4.37}$$

9) 절연선은 보통 도체에 에나멜로 얇게 코팅하여 만든다. 코팅하지 않을 경우 원형루프를 따라 회전하는 전류가 형성되지 않고 원통면을 따라 전류가 흐르게 되므로 절연을 위해 에나멜 코팅이 필요하다.

식 (4.37)에서 미소전류 dI는 솔레노이드의 회전수와 솔레노이드의 길이의 함수가 되므로 아래와 같이 쓸 수 있다.

$$dI = \frac{N}{h} I dz' \tag{4.38}$$

식 (4.38)을 미소전류 dI를 0에서 h까지 적분하면 N번 감긴 전류 루프이므로 NI가 되는 것으로 확인할 수 있다.

$$\int_0^h dI = \int_0^h \frac{N}{h} I dz' = NI \tag{4.39}$$

이제【그림 4.18】에서 솔레노이드의 중심축의 임의의 점인 P점에서 자기장을 구해보면, z′은 −z에서 h − z까지의 범위를 갖으며, 아래와 같은 수식이 된다.

$$\vec{H} = \int_{-z}^{h-z} \frac{NIa^2 dz'}{2h(z'^2 + a^2)^{3/2}} \vec{a}_z = \frac{NIa^2}{2h} \int_{-z}^{h-z} \frac{dz'}{(z'^2 + a^2)^{3/2}} \vec{a}_z$$

이 적분은 적분표를 이용해서 구할 수 있고, 그 해는 다음과 같다.

$$\vec{H} = \frac{NI}{2h} \left[\frac{h-z}{\sqrt{(h-z)^2 + a^2}} + \frac{z}{\sqrt{z^2 + a^2}} \right] \vec{a}_z \tag{4.40}$$

식 (4.40)에서 솔레노이드의 축 상의 임의의 점이 아니라 중앙점($z = h/2$)에서 자기장은 $z = h/2$를 대입하면, 식 (4.41)과 같다.

$$\vec{H} = \frac{NI}{2h} \left[\frac{h}{\sqrt{(h/2)^2 + a^2}} \right] \vec{a}_z \tag{4.41}$$

만약 솔레노이드의 중앙점($z = h/2$)에서 솔레노이드의 길이 h가 루프의 반경 a보다 매우 크다고 가정($h \gg a$)할 때, 식 (4.41)은 식(4.42)와 같이 간단히 표현할 수 있다.

$$\vec{H} = \frac{NI}{h} \vec{a}_z \tag{4.42}$$

예제 4-10

솔레노이드의 턴수가 2000, 길이가 0.75m, 반경이 0.05m인 경우 전류가 50mA가 흐른다고 가정할 때, 솔레노이드의 바닥의 중심에서의 자기장은 얼마인가?

풀이 식 (4.40)에서 솔레노이드의 바닥은 $z=0$인 경우이다.

$$\vec{H}=\frac{NI}{2h}\left[\frac{h-z}{\sqrt{(h-z)^2+a^2}}+\frac{z}{\sqrt{z^2+a^2}}\right]\vec{a}_z$$

$$=\frac{(2000)(0.05)}{2(0.75)}\left[\frac{0.75}{\sqrt{0.75^2+0.05^2}}\right]\vec{a}_z=66.51\vec{a}_z$$

4.3.4 면전류에 의한 정자기장

앞에서 학습한 비오-사바르 법칙은 기본적으로 선전류에 대한 공식이다. 이제 비오-사바르 법칙에서 $I d\vec{l}$을 $\vec{K}dS$나 $\vec{J}dv$로 치환하면, 각각 면전류와 체적전류에 대한 자기장을 구할 수 있다.

$$\vec{H}=\int\frac{\vec{K}dS\times\vec{a}_R}{4\pi R^2} \tag{4.43}$$

$$\vec{H}=\int\frac{\vec{J}dv\times\vec{a}_R}{4\pi R^2} \tag{4.44}$$

1장에서 설명한 것처럼 주의할 것은 $Kd\vec{S}$로 표현하지 않고 $\vec{K}dS$로 표현한다는 것이다. 그 이유는 미소면적 벡터 $d\vec{S}$는 전류 방향에 수직이기 때문에 얇은 표면전류 방향은 $d\vec{S}$의 벡터 방향이 될 수 없기 때문이다.

식 (4.43)의 응용으로 유한한 면전류와 무한한 면전류에 의한 정자기장을 구해보자. 면전류의 예를 들면, PCB 회로보드에 인쇄된 얇은 금속 도체층에 흐르는 전류가 있다. 또한, 앞에서 유도한 솔레노이드에서, 코일이 너무 촘촘하게 감겨 있어서 전류가 균등하게 분포된 얇은 판전류라 가정할 때도 표면전류밀도로 생각할 수 있다. 한편, 무한 면전류는 존재할 수 없지만 유한 면전류에서 가까이 떨어진 지점에서 바라볼 때 유한면전류의 면적이 매우 크다고 가정하는 경우에는 무한 면전류를 등가화할 수 있다. 이제【그림 4.16】의 z축으로 무한한 길이를 갖고, x축으로 2d의 길이를 갖는 무한 리본 전류(ribbon of sheet current)의 중심에서 점 a만큼 떨어진 점에서의 자기장 $\vec{H}$를 구하고자 한다.

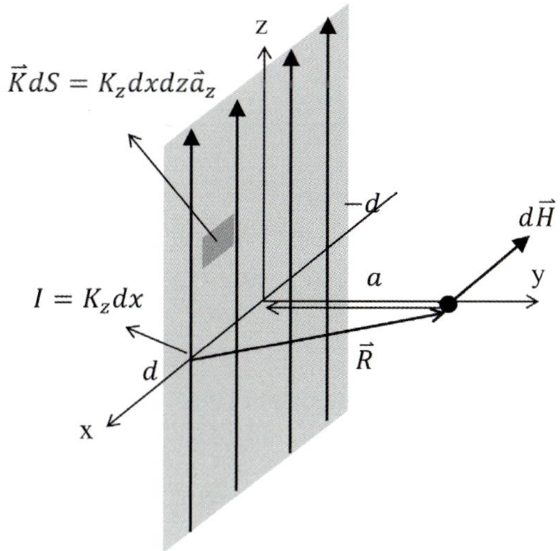

그림 4.16 표면전류밀도 $\overrightarrow{K}dS = K_z dxdz\overrightarrow{a_z}$를 갖는 무한 길이의 리본 전류

식 (4.43)에서 $\overrightarrow{K}dS = K_z dxdz\,\overrightarrow{a_z}$을 이용하여 이중적분으로 표현할 수는 있으나 이중 적분을 계산하는 것은 쉽지 않다. 따라서 리본 전류는 $I= K_z dx$의 무한 선전류들의 합으로 보고 앞에서 구한 무한 길이의 선전류에 의한 정자기장 식을 이용하고자 한다. 무한 선전류에 의한 자기장은 식 (4.32)로부터 $d\overrightarrow{H}$ 를 얻을 수 있다.

$$d\overrightarrow{H} = \frac{I}{2\pi\rho}\overrightarrow{a_\phi} \tag{4.45}$$

【그림 4.16】과 같이 하나의 무한 길이의 선전류로부터의 거리벡터는 $\overrightarrow{R} =- x\overrightarrow{a_x} + a\overrightarrow{a_y}$이 되므로 비오-사바르 법칙은 식 (4.46)과 같다. 여기서 적분 구간은 $x =- d$에서부터 $x = d$까지가 된다. 식 (4.46)에서 전류가 리본 형태의 전류가 아니라 무한 면전류라면 적분 구간만 $(-\infty, \infty)$로 바꾸면 된다.

$$\overrightarrow{H} = \int_{-d}^{d}\frac{K_z dx\overrightarrow{a_z}}{2\pi(x^2+a^2)}\times\left(- x\overrightarrow{a_x} + a\overrightarrow{a_y}\right) \tag{4.46}$$

단위 벡터의 외적에 의해 적분을 전개하면 y 방향($\overrightarrow{a_z}\times\overrightarrow{a_x} = \overrightarrow{a_y}$)과 x 방향($\overrightarrow{a_z}\times\overrightarrow{a_y} =- \overrightarrow{a_x}$)의 자기장 성분이 발생되는데 y 방향의 성분은 리본전류의 중심에서 자기장을 구하는 문제이므로 대칭성에 의해 0이 된다[10]. 이제 리본의 중심에서 a만큼 떨어진 점에서 자기장을 구하기 위해 적분에

10) 만약 리본 전류의 중심에서 떨어진 지점에서 자기장을 구한다면 y 방향의 성분은 사라지지 않음에 주의해야 한다.

서 x 방향의 성분만을 추출하고 적분표를 이용해서 계산하면 자기장은 다음과 같이 주어진다.

$$\vec{H} = \int_{-d}^{d} \frac{-K_z adx\vec{a}_x}{2\pi(x^2+a^2)} = \frac{-K_z}{\pi} tan^{-1}\left(\frac{d}{a}\right)\vec{a}_x \quad (4.47)$$

여기서 d가 무한하다면, 무한 넓이의 얇은 전류판에 의한 자기장을 구할 수 있으며, 이는 아래와 같다.

$$\vec{H} = \frac{-K_z}{2}\vec{a}_x, \text{ where } y > 0 \quad (4.48)$$

만약 $y < 0$인 영역에서는 식 (4.48)의 부호가 바뀌게 됨에 주의하기 바란다.

$$\vec{H} = \frac{K_z}{2}\vec{a}_x, \text{ where } y < 0 \quad (4.49)$$

식 (4.48)과 식 (4.49)는 무한 면전류의 경우 거리에 무관하게 일정한 크기를 갖는 것을 알 수 있다. 이는 무한 면전하에 의한 전기장이 거리에 무관하게 일정한 크기를 갖는 것과 유사하다. 식 (4.48)과 식 (4.49)를 하나로 표현하기 위해 일반적인 방정식으로 확장하면, 식 (4.50)과 같이 일반화하여 쓸 수 있다.

$$\vec{H} = \frac{1}{2}\vec{K} \times \vec{a}_N \quad (4.50)$$

이때, $\vec{a}_N$은 무한 면전류에서부터 측정점까지의 수직방향 벡터이다.

현재까지 다양한 전류 분포에 대한 비오-사바르 법칙의 응용을 학습하였다. 쿨롱의 법칙의 응용이 복잡한 적분을 사용하는 것처럼 비오-사바르 법칙도 복잡한 적분을 푸는 과정이 필요하다. 따라서 매개변수 변환이나 적분표를 사용하게 되는데, 대칭적이지 않은 위치에서 전기장 또는 자기장을 구할 때는 이 또한 어려울 때가 많다. 이 경우에는 보통 수식적으로 계산하지 않고 전자기 해석 툴을 이용한 수치적분을 사용하는 것이 일반적이다. 다음장에서는 대칭 구조를 갖는 경우 가우스 법칙과 Ampere의 법칙을 사용하여 전기장과 자기장을 좀 더 쉽게 구하는 방법을 학습하도록 한다.

요약

전류 분포에 따른 정자기장은 다음과 같으며, 전류 분포가 커질수록 이에 비례하여 거리에 따른 정자기장의 크기 감소가 적어지는 것이 특징이다. 이는 전하 분포에 따른 정전기장의 특징과 매우 유사하다.

- 미소 전류소 : $d\vec{H} = \frac{1}{4\pi}\frac{I d\vec{l} \times \vec{a}_R}{R^2}$ → 거리의 제곱에 반비례
- 무한 선전류 : $\vec{H} = \frac{I}{2\pi\rho}\vec{a}_\phi$ → 거리에 반비례
- 무한 면전류 : $\vec{H} = \frac{1}{2}\vec{K} \times \vec{a}_N$ → 거리에 무관

4.4 가우스 법칙과 그 응용

3장에서 속선의 개념을 설명하면서 속선에 대한 패러데이 실험과 가우스 법칙을 설명하였다. 다시 정리하면 정전기장에 대한 Gauss 법칙은 임의의 폐곡면을 뚫고 나오는 전기장의 속선과 그 폐곡면 내에 포함되는 전하와의 관계를 설명하는 법칙으로, 폐곡면이 폐곡면 안에 위치한 전하를 완전히 둘러싼다면, 그 폐곡면을 통과해 나가는 전체 속선 Ψ는 표면 내에 포함된 전하 Q_{enc}와 같아야 한다. 이러한 폐곡면을 Gaussian 표면이라고 부르며 가우스의 법칙의 일반적인 표현은 다음과 같다:

> 임의의 폐곡면을 통과하는 총 전속 Ψ는 그 표면에 포함된 전체 전하량과 같다.
>
> $$\Psi = Q_{enc} \rightarrow \oint_s \vec{D} \cdot d\vec{S} = \int_v \rho_v dv \rightarrow \nabla \cdot \vec{D} = \rho_v$$

Gauss 법칙에서 폐곡면을 통과해 나가는 선속 Ψ는 다음과 같다.

$$\Psi = \oint_S \vec{D} \cdot d\vec{S} \tag{4.51}$$

또한, 폐곡면을 둘러싼 내부에 존재하는 총 전하는 다음과 같다.

$$Q_{enc} = \int_v \rho_v dv \tag{4.52}$$

Gauss 법칙에 의해 식 (4.51)과 식 (4.52)는 같아야 하며, 전기장 벡터 $\vec{E}$와 전속밀도 벡터 $\vec{D}$는 자유 공간에서 $\vec{D}=\epsilon_0\vec{E}$이 되므로 자유 공간에서 Gauss의 법칙에 대한 적분 표현은 다음과 같이 두 가지로 쓸 수 있다.

$$\oint \vec{E}\cdot d\vec{S} = \frac{Q_{enc}}{\epsilon_0} \tag{4.53}$$

$$\oint \vec{D}\cdot d\vec{S} = Q_{enc} \tag{4.54}$$

3장에서 설명한 바와 같이 적분 기호에서의 원은 적분이 폐곡면(closed surface)을 따라 적분한다는 것을 의미한다. 식 (4.53)과 식 (4.54)는 Gauss 법칙의 적분형이라 불리우며 전자기학에서 최종 방정식인 4개의 Maxwell 방정식 중의 하나이다.

이제 Gauss 법칙의 왼편에 발산 정리를 적용하면 다음과 같다.

$$\oint_S \vec{D}\cdot d\vec{S} = \int_v (\nabla\cdot\vec{D})dv \tag{4.55}$$

식 (4.55)와 식 (4.54)를 결합하면 식 (4.56)을 유도할 수 있는데, 이를 Gauss 법칙의 미분형이라 부른다.

$$\nabla\cdot\vec{D} = \rho_v,\ \nabla\cdot\vec{E} = \frac{\rho_v}{\epsilon_0} \tag{4.56}$$

이러한 가우스의 법칙은 개념적으로는 매우 간단할 뿐만 아니라 대칭성을 갖는 문제에서 전기장을 구하는 데 매우 유용하다. 이때 문제의 대칭성을 이용한다는 것은 폐곡면을 선택할 때 전기장 벡터 $\vec{E}$ 또는 전속밀도 벡터 $\vec{D}$와 폐곡면과의 관계를 잘 선택하여 문제를 간단히 만들라는 것을 의미한다. 이 폐곡면을 Gaussian 표면(Gaussian surface)이라고 부르며, 폐곡면을 선정할 경우, 미소 표면 벡터가 체적 밖으로 나가는 방향이고, $\vec{E}$에 수직(이 경우, $\vec{E}\cdot d\vec{S}= EdS$)이거나 혹은 접선 방향(이 경우, $\vec{E}\cdot d\vec{S}= 0$)이 되도록 선정하여 대칭성을 이용하여야 한다. 가급적 $\vec{E}$의 크기가 일정하고 $\vec{E}$에 수직한 Gaussian 표면을 선정하여 적분을 쉽게 할 수 있도록 하는 요령이 필요하다.

가우스의 법칙을 적용한 첫 번째 예제로 가우스의 법칙을 원점에 점전하가 있는 경우의 전기장을 구해보자[11]. 이 문제는 전기장이 구모양의 대칭성을 가지므로 θ나 ϕ의 함수가 아님으로부터

11) Coulomb의 법칙으로부터 원점에 있는 점전하에 의한 전기장을 알고 있으므로 이 예를 통해 가우스 법칙이 타당함을 확인해 볼 수 있다.

시작할 수 있다(즉, 점전하로부터 고정된 거리가 떨어져 있는 경우 우리의 위치가 θ나 ϕ에 상관없이 같음을 의미한다.) 이러한 대칭 특성으로부터 전기장 $\vec{E}$는 거리의 함수이며, 방향은 방사 방향을 갖는다는 것을 알 수 있다.

$$\vec{E} = E_r(r)\vec{a}_r$$

여기서 $E_r(r)$은 E_r 성분이 단지 r의 함수임을 의미한다. 가우시안 표면을【그림 4.17】과 같이 원점에 중심을 둔 구로 잡자.

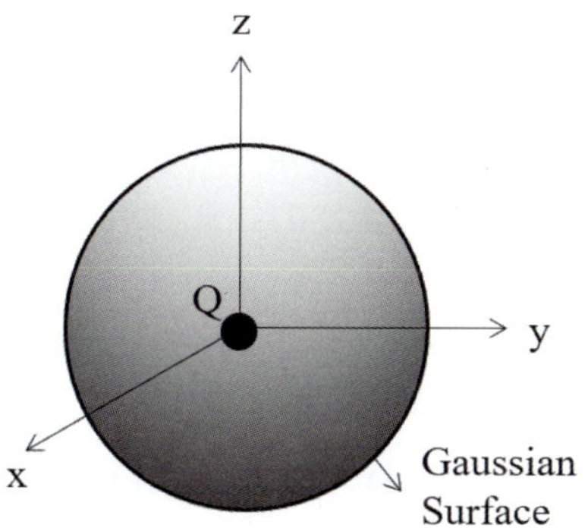

그림 4.17 원점에 있는 점전하에 대한 Gauss 법칙의 적용

이 경우 폐곡면 밖으로 향하는 미소면적 벡터는 $d\vec{S} = r^2\sin\theta d\theta d\phi\,\vec{a}_r$이므로, 식 (4.53)에 의해서 Gauss 법칙의 왼쪽항을 계산할 수 있다.

$$\oint \vec{E} \cdot d\vec{S} = \oint E_r\vec{a}_r \cdot r^2\sin\theta d\theta d\phi\vec{a}_r = \oint E_r r^2\sin\theta d\theta d\phi$$

가우스 표면은 원점으로부터 고정된 반경을 가지기 때문에, 전기장은 표면에 대해서는 일정한 값을 가질 것이고, 따라서 적분 밖으로 나올 수 있다.

$$\oint \vec{E} \cdot d\vec{S} = E_r r^2 \int_{\theta=0}^{\pi} \int_{\phi=0}^{2\pi} \sin\theta d\theta d\phi = 4\pi r^2 E_r$$

이제 가우스 표면에 의해 둘러싸인 총전하는 Q이므로 $4\pi r^2 E_r = Q/\epsilon_0$가 되며, 점전하에 대한 전기장의 식이 유도된다.

$$\vec{E} = \frac{1}{4\pi\epsilon_0}\frac{Q}{r^2}\vec{a}_r \tag{4.57}$$

식 (4.57)은 쿨롱의 법칙으로 유도된 점전하에 대한 전기장의 식과 동일함을 알 수 있다.

다음 예제로 z–축에 놓여진 무한 선전하밀도 ρ_l에 의한 전기장, 즉 원통 좌표계의 임의의 점 $P(\rho,\phi,z)$에서의 전속밀도 벡터($\vec{D}$)를 구해보자[12]. 앞에서 쿨롱의 법칙으로부터 구한 선전하 문제의 가정에 따라 미소전하 dQ는 점 P에서 D_ϕ가 아닌 D_ρ와 D_z 성분만을 가지게 될 것이다. 또한, 【그림 4.6】과 같이 대칭되는 위치에 있는 두 번째 미소전하를 이용하여 D_z 성분을 없앨 수 있다. 따라서, $\vec{D}= D_\rho\vec{a}_\rho$가 되며, 문제의 대칭성으로부터 D_ρ는 단지 ρ만의 함수가 되므로 $\vec{D}= D_\rho(\rho)\vec{a}_\rho$가 된다. 이제【그림 4.18】과 같이 z–축을 따라 반경 ρ이고, 길이 h인 원통 모양의 가우시안 표면을 선정하고, 점 P를 그 표면 어딘가에 놓는다고 가정하자. 폐곡면을 통과하는 선속은 다음과 같이 쓸 수 있다.

$$\oint \vec{D}\cdot d\vec{S} = \int \vec{D}\cdot d\vec{S}_{top} + \int \vec{D}\cdot d\vec{S}_{bot} + \int \vec{D}\cdot d\vec{S}_{side}$$

여기서, 각 표면에서의 윗면, 밑면, 옆면에서 미소면적 벡터는 다음과 같이 주어진다.

$$\begin{aligned} d\vec{S}_{top} &= \rho d\rho d\phi\, d\vec{z} \\ d\vec{S}_{bot} &= -\rho d\rho d\phi\, d\vec{z} \\ d\vec{S}_{side} &= \rho d\phi dz\,\vec{a}_\rho \end{aligned}$$

이다. 원통의 윗면과 아랫면의 적분은 $\vec{a}_\rho \cdot \vec{a}_z = 0$이므로 0이다. 이제, 가우시안 표면의 옆면을 따라 D_ρ가 일정하다는 것을 알고 있으므로 다음과 같다.

$$\oint \vec{D}\cdot d\vec{S} = \int D_\rho \vec{a}_\rho \cdot \rho d\phi dz\,\vec{a}_\rho = D_\rho \rho\int_0^{2\pi} d\phi \int_0^h dz = 2\pi h\rho D_\rho \tag{4.58}$$

가우시안 표면에 포함된 전하는 다음과 같다.

$$Q = \int_0^h \rho_l dz = \rho_\ell h \tag{4.59}$$

12) 자유 공간에서는 $\vec{D}$ 벡터를 구하면 $\vec{E}$ 벡터는 자유 공간의 유전율로 나누어주기만 하면 쉽게 구할 수 있다.

식 (4.58)과 식 (4.59)를 결합하여 D_ρ를 계산하면, 다음과 같이 무한 선전하에 의한 전속밀도 벡터를 구할 수 있으며, 이는 쿨롱의 법칙으로 구한 것과 동일하다.

$$D_\rho = \frac{\rho_l}{2\pi\rho}, \ \vec{D} = \frac{\rho_l}{2\pi\rho}\vec{a}_\rho \tag{4.60}$$

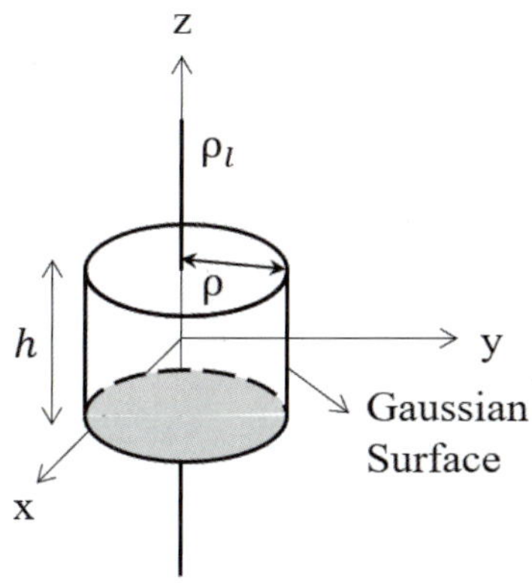

그림 4.18 무한 선전하에 대한 Gauss 법칙의 적용

Gauss 법칙의 세 번째 예제로, 무한히 넓은 면전하 밀도 ρ_s가 $z=0$인 위치의 xy평면에 놓여 있을 때의 전기장을 구해보자. 문제의 대칭성으로부터, 단지 D_z 성분만이 존재할 것이며, x나 y의 함수가 아니라는 것을 알 수 있다. 이제, z축을 따라 높이 h인 지점에서 전기장을 계산하자. 가우시안 표면은 이 점을 포함해야 하며, 또한 전하가 놓여 있는 평면의 일부도 포함해야 하므로【그림 4.19】와 같이 x, y, z 방향으로 $2x$, $2y$, $2h$의 크기를 갖는 직육면체 모양의 상자를 이용한다[13]. 여기서 포함된 전하는 간단히 다음과 같다.

$$Q = \rho_S \int_{-x}^{x} dx \int_{-y}^{y} dy = 4\rho_S xy \tag{4.61}$$

상자의 옆면을 따라 통과해 나가는 전속이 없으므로 윗면과 아랫면을 통과해 나가는 전속만을 구해야 한다.

$$\oint \vec{D}\cdot d\vec{S} = \int_{top} \vec{D}\cdot d\vec{S}_{top} + \int_{bot} \vec{D}\cdot d\vec{S}_{bot}$$

$$\oint \vec{D}\cdot d\vec{S} = \int D_z \vec{a}_z \cdot dxdy\, \vec{a}_z + \int D_z(-\vec{a}_z)\cdot dxdy(-\vec{a}_z) = 2(4xy)D_z \tag{4.62}$$

13) 높이 2h이고 z축에 중심을 갖는 임의의 반경의 원통을 사용할 수도 있다. 그러나, 무한 길이의 선전하 문제에서 이미 원통 모양의 가우시안 표면을 사용했으므로, 여기서는 새로운 표면을 사용해 보도록 하자.

식 (4.61)과 식 (4.62)는 Gauss 법칙에 의해 같아야 하므로 전기장은 상자의 높이와 무관하며, 양의 z축과 음의 z축의 전기장은 서로 반대방향이 되므로 무한 면전하에 의한 전기장은 다음과 같이 쓸 수 있다. 여기서 $\vec{a}_n$은 전하평면으로부터 수직으로 멀어지는 방향의 단위 벡터가 된다.

$$\vec{D} = \frac{\rho_S}{2}\vec{a}_n \tag{4.63}$$

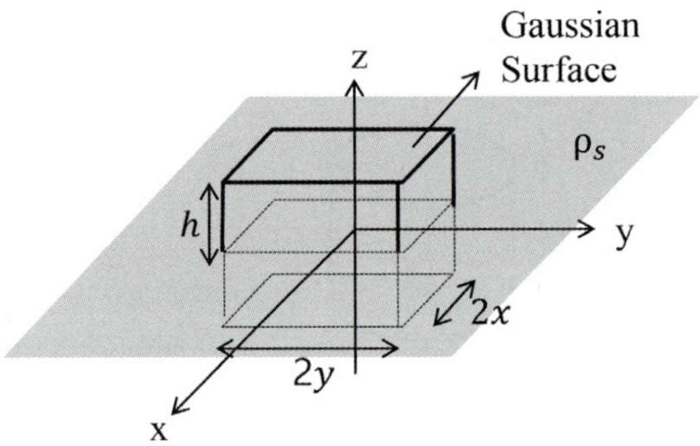

그림 4.19 무한 면전하에 대한 Gauss 법칙의 적용

4.4.1 무한히 긴 동축 선로

앞에서 쿨롱의 법칙으로 계산하였던 무한 선전하와 무한 면전하 문제를 Gauss 법칙으로 쉽게 계산할 수 있음을 살펴보았다. Gauss 법칙은 유한한 전하문제는 풀 수 없지만 무한한 경우에 대칭성을 이용하여 간단하게 전기장을 구할 수 있음을 확인하였다. 이제 쿨롱의 법칙으로는 계산이 어렵지만 Gauss 법칙으로는 쉽게 풀 수 있는 정전기장 문제를 풀어보자.【그림 4.20】에 반경이 a인 원통 모양의 내부 도체가 있고 이를 반경 b인 얇은 금속 도체로 둘러싼 무한히 긴 동축 선로가 있다. 동축 선로는 일반적으로 원통 모양의 내부 도체에 균일하게 전하가 분포되어 있지 않고 전하는 도체의 표면에만 집중되어 분포되어 있다[14]. 하지만 여기서는 계산의 편리를 위하여 실제로 Gauss 법칙을 사용하는데 있어 내부 도체는 균일하게 분포된 전하밀도 ρ_v를 갖는다고 가정할 것이고, 외부 도체는 접지되어 있다고 가정한다. 이제 동축 선로의 모든 지점에서의 전기장을 구해보자[15].

14) 동축 선로는 전송 선로의 일종으로 유선 통신이나 전력선 등 신호와 에너지의 전송 매체로 사용된다. 동축 선로에 대한 자세한 학습은 6장에서 진행된다.

15) 동축 선로 문제를 Coulomb의 법칙으로 구하려면 내부 도체에 있는 체적전하와 외부 도체에 있는 면전하 또는 체적전하에 의한 전기장을 통합하여 계산하여야 하므로 적분식으로 표현하기 어렵다.

문제의 대칭성으로부터 동축 선로에 의한 전속밀도 벡터 $\vec{D}$는 단지 ρ의 함수로 표현된다는 것으로부터 시작한다. 이제 전기장의 D_ϕ 성분은 대칭성에 의해 사라질 것이고, D_z 성분도 대칭성에 의해 사라질 것이므로 단지 $\vec{D} = D_\rho(\rho)$만 남게 된다. 이제 전속밀도 벡터 $\vec{D}$를 계산하는 영역은 $\rho \le a$, $a \le \rho \le b$, $\rho > b$의 3가지 영역이 되므로 3가지의 가우시안 표면(Gaussian surface)이 필요하다. z−축을 따라 높이 h를 갖는 폐원통을 선택하면 단면은【그림 4.20】의 오른쪽과 같다. 선전하에 적용한 것처럼 원통의 윗면과 아랫면을 통과하는 전속이 없으므로 가우시안 표면을 통과하는 전속은 다음과 같다.

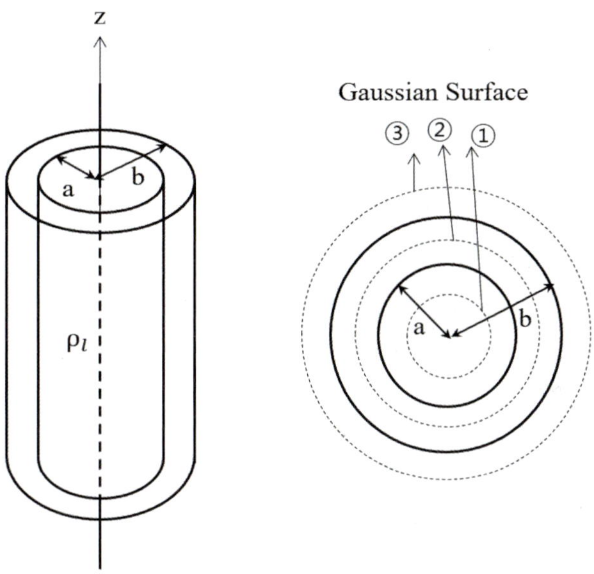

그림 4.20 동축 선로에 대한 Gauss 법칙의 적용

$$\oint \vec{D} \cdot d\vec{S} = \int D_\rho \vec{a}_\rho \cdot \rho d\phi dz \vec{a}_\rho = D_\rho \rho \int_0^{2\pi} d\phi \int_0^h dz = 2\pi h \rho D_\rho \tag{4.64}$$

이 수식은 3가지 가우시안 표면 모두에 동일하게 적용될 것이다. 다음으로 첫 번째 가우시안 표면 ①에 포함된 전하는 적분을 통해 다음과 같이 주어진다.

$$Q = \int \rho_v dv = \rho_v \int_0^\rho \rho d\rho \int_0^{2\pi} d\phi \int_0^h dz = \pi \rho_v h \rho^2 \tag{4.65}$$

식 (4.64)와 식 (4.65)를 이용하여 첫 번째 영역($\rho \le a$)에서의 $\overrightarrow{D}$는 다음과 같다.

$$\overrightarrow{D}=\frac{\pi\rho_v h\rho^2}{2\pi\rho h}=\frac{\rho_v\rho}{2}\overrightarrow{a_\rho},\ \text{where}\ (\rho < a) \tag{4.66}$$

두 번째 가우시안 표면 ②에 포함된 전하는 이전 값 Q_{enc}에 대한 적분식에서 ρ에 대한 적분 구간을 0부터 a까지 취함으로써 계산되며, 결과는 $Q=\pi\rho_v ha^2$이다. 이제 전기장은 다음과 같다.

$$\overrightarrow{D}=\frac{\pi\rho_v ha^2}{2\pi\rho h}=\frac{\rho_v a^2}{2\rho}\overrightarrow{a_\rho},\ \text{where}\ (a < \rho < b) \tag{4.67}$$

마지막으로 외부 도체가 접지되어 있으므로 패러데이 실험으로부터 이 도체의 전하는 −Q 라는 것을 알 수 있다. 이 세 번째 가우시안 표면 ③에 포함된 총전하는 0이 되므로 전속은 0이 된다.

$$\overrightarrow{D}=0,\ \text{where}\ (\rho > \text{b}) \tag{4.68}$$

식 (4.66)에서 식 (4.68)을 이용하여 동축 선로의 반경에 따른 전기장의 크기를 그리면【그림 4.21】과 같다.[16)]

참고

동축 선로의 바깥에는 정전기장이 존재하지 않으므로 타 전자기기에 영향을 주지 않는다. 따라서 동축 선로는 성능이 우수한 전송 선로로 사용된다. 단, 구조가 복잡하여 만들기가 어려워 가격이 비싸다.

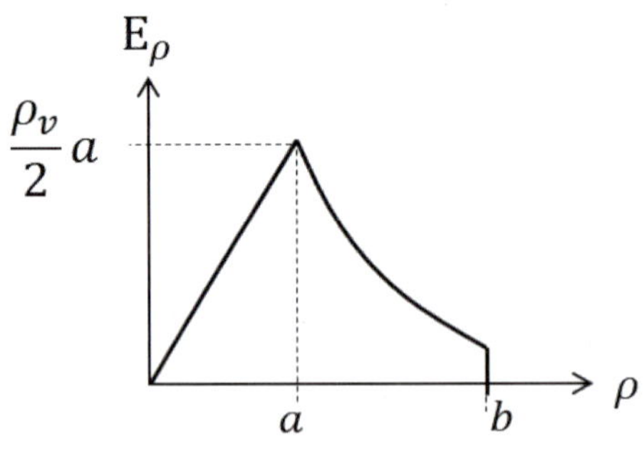

그림 4.21 동축 선로에의 반경에 따른 전속밀도 벡터의 크기변화

16) 동축 선로 바깥에 전기장이 0이 되므로 다른 전송 선로에 비해 외부에 영향을 주거나 영향을 받지 않게 된다. 따라서 동축 선로는 가격이 비싸지만 성능이 우수한 선로라 볼 수 있다.

예제 4-11

내부 반경이 3cm이고 외부 반경이 6cm인 동축 선로의 내부 전하의 크기가 8 [nC/cm^3]이다. 동축 선로의 반경에 따른 전속밀도 벡터의 크기 변화를 MATLAB으로 그리시오.

풀이

```
a=3;         % radius of inner conductor
b=6;         % radius of outer conductor
Qdens=8;     % volume charge density
N=20;
for n=1:a*N
  rho(n)=n/N;
  Drho(n)=Qdens*rho(n)/2;
end
for n=1+a*N:b*N;
    rho(n)=n/N;
   Drho(n)=Qdens*a^2/(2*rho(n));
end
for n=1+b*N:12*N;
    rho(n)=n/N;
    Drho(n)=0;
end
plot(rho,Drho)
xlabel('rho(cm)')
ylabel('Magniutude of Elect Flux Density (nC/cm^2)')
```

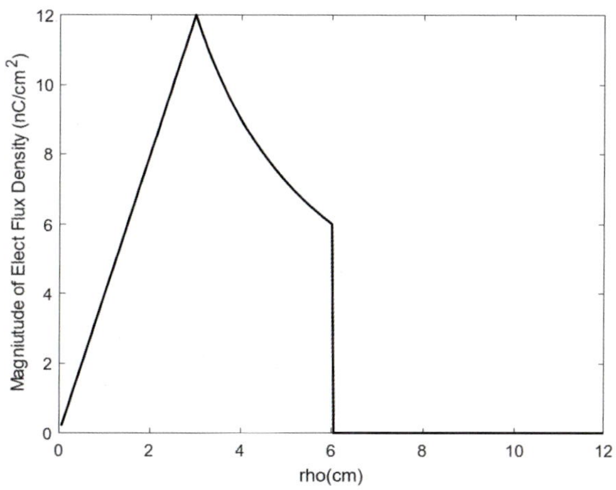

그림 4.22 (예제 4-11)의 결과

Gauss 법칙을 자세히 보면 왼쪽 항은 전속밀도 벡터에 대한 벡터 폐면적분으로 표현되며, 오른쪽 항은 전속밀도 벡터의 발산을 취한 값을 체적적분한 것과 같다.

$$\oint_S \vec{D} \cdot d\vec{S} = Q_{enc} = \int_v (\nabla \cdot \vec{D}) dv$$

따라서 전속밀도 벡터가 주어졌을 때 폐면적 내에 위치한 총 전하량을 구하는 문제를 풀 때 전속밀도 벡터의 폐면적분이나 전속을 전속밀도 벡터의 발산을 취한 후 체적적분하는 두 가지 방법으로 풀 수 있다. 다음 (예제 4–12)는 이 두 가지 방법으로 구한 결과가 같음을 보여 준다.

예제 4-12

전속밀도 벡터가 $\vec{D} = z\rho\cos^2\phi\vec{a}_z$[C/m²]로 주어진 공간이 있다. $(1, \pi/4, 3)$인 점에서의 체적 전하 밀도를 구하고, 반경이 1[m]이고, 높이가 $-2 \le z \le 2$인 원통으로 둘러싸인 전하들의 총 전하량을 구하라.

| 풀이 | 전하밀도는 Gauss 법칙의 미분형에 의해 구할 수 있다.

$$\nabla \cdot \vec{D} = \rho_v = \frac{\partial D_z}{\partial z} = \rho\cos^2\phi$$

$(1, \pi/4, 3)$을 대입하면 체적 전하 밀도 ρ_v는 0.5[C/m³]이 된다.

이제 원통 내의 총 전하량은 Gauss 법칙을 이용하여 구할 수 있다.

1) 전하밀도를 체적적분

$$Q_{enc} = \int_v \rho_v dv = \int_v \rho\cos^2\phi\,\rho d\rho d\phi dz$$

$$= \int_{z=-2}^{2} dz \int_{\phi=0}^{2\pi} \cos^2\phi d\phi \int_{\rho=0}^{1} \rho^2 d\rho = \frac{4}{3}\pi[C]$$

2) 벡터 폐면적분으로 계산

$$\oint \vec{D} \cdot d\vec{S} = \int \vec{D} \cdot d\vec{S}_{top} + \int \vec{D} \cdot d\vec{S}_{bot} + \int \vec{D} \cdot d\vec{S}_{side}$$

$$\int \vec{D} \cdot d\vec{S}_{top} = \int_{\rho=0}^{1} \int_{\phi=0}^{2\pi} \rho^2\cos^2\phi d\phi d\rho = \frac{2\pi}{3}$$

$$\int \vec{D} \cdot d\vec{S}_{bot} = \int_{\rho=0}^{1} \int_{\phi=0}^{2\pi} \rho^2\cos^2\phi d\phi d\rho = \frac{2\pi}{3}$$

$$\int \vec{D} \cdot d\vec{S}_{side} = 0$$

$$\Psi = \oint \vec{D} \cdot d\vec{S} = \frac{4}{3}\pi$$

Gauss 법칙에 의해 폐면적분에 의한 선속과 폐면적 내부의 총전하량은 같다.

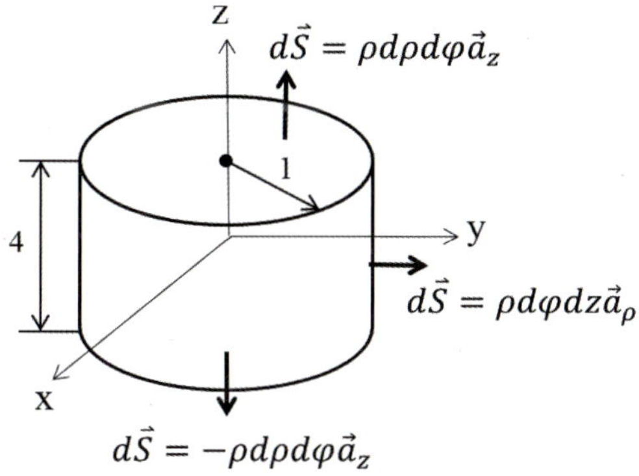

그림 4.23 (예제 4-12)의 그림

4.5 암페어 법칙과 그 응용

전하 분포가 대칭 구조를 갖는 정전기장 문제를 풀 경우 쿨롱의 법칙보다 Gauss 법칙을 이용하면 더 쉽게 정전기장 벡터를 구할 수 있음을 학습하였다. 대칭 구조를 갖는 정자기장 문제 역시 비오-사바르 법칙보다 암페어(Ampere) 법칙을 이용하면 정자기장 벡터를 쉽게 구할 수 있다. Ampere 법칙이란 "임의의 폐곡선을 따라 $\vec{H}$를 선적분하는 것은 그 경로에 의해 둘러싸인 전류와 같다"는 것을 말한다. 이것을 식으로 쓰면 다음과 같다. 이러한 폐경로를 Amperian 경로(Amperian path)라고 부르며 Ampere의 법칙의 일반적인 표현은 다음과 같다[17].

> 임의의 폐경로를 따라 $\vec{H}$를 선적분한 것은 그 폐경로에 둘러싸인 순전류와 같다.
>
> $$\oint_l \vec{H} \cdot d\vec{l} = I_{enc} \rightarrow \nabla \times \vec{H} = \vec{J}$$

$$\oint_l \vec{H} \cdot d\vec{l} = I_{enc} \tag{4.69}$$

식 (4.69)는 Ampere 법칙의 적분형이라 불리우며 전자기학에서 최종 방정식인 4개의 Maxwell 방정식 중의 하나이다. 이제 Stokes의 정리를 적용하면 식 (4.69)는 다음과 같이 쓸 수 있다.

$$\oint_l \vec{H} \cdot d\vec{l} = \int_S (\nabla \times \vec{H}) \cdot d\vec{S} \tag{4.70}$$

17) Ampere 법칙은 Ampere 주회법칙(Ampere circuital law)이라고도 부른다.

전류는 특정 면을 통과해 나가는 전류밀도 벡터의 선속이므로 다음과 같다.

$$I_{enc} = \int_S \vec{J} \cdot d\vec{S} \tag{4.71}$$

식 (4.70)과 식 (4.71)을 결합하면 식 (4.72)를 유도할 수 있는데 이를 Ampere 법칙의 미분형이라 부른다.

$$\nabla \times \vec{H} = \vec{J} \tag{4.72}$$

이러한 Ampere 법칙은 개념적으로는 매우 간단하지만, 대칭성을 갖는 문제에서 자기장을 구하는 데 매우 유용하다. 폐곡선을 따라 $\vec{H}$를 선적분하는 것을 $\vec{H}$의 회전(순환, circulation)이라 하며, 전류를 구하는 데 있어서 선적분의 경로를 어떻게 잡든 결과는 같다. 그러나 실제 문제를 풀 경우 대칭적인 전류 분포가 주어지고, $\vec{H}$를 구하는 것이 일반적이므로 전류의 적분 경로(Amperian path)를 주의 깊게 선택하여야 한다. 보통 전체 적분 경로에서 자기장이 수평 또는 수직 성분만을 갖거나 더 나아가 상수가 되도록 선택한다. 적분의 방향은 일반적으로 오른손 법칙을 만족하도록 선택한다.

Ampere 법칙을 적용한 첫 번째 예제로【그림 4.24】와 같이 z-축 상의 무한 길이의 선전류로부터 발생하는 자기장을 구하기 위해 이 암페어 법칙을 사용해 보자.

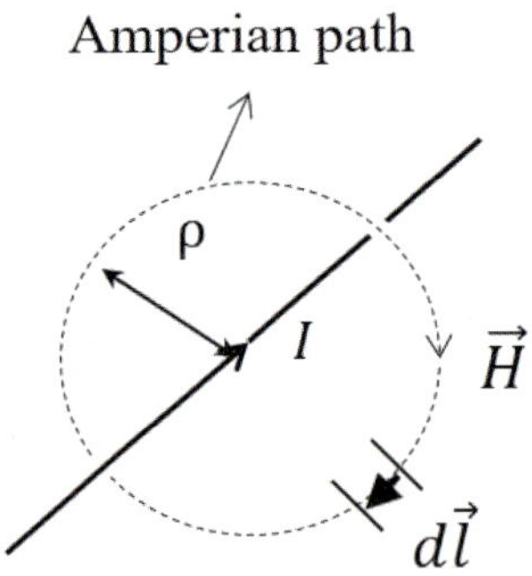

그림 4.24 무한 길이의 선전류 주위의 선적분 경로

【그림 4.24】의 z축 상에 위치한 무한 길이의 선전류에 의한 자기장을 구한다. 대칭성을 고려하여 반경 ρ의 원에서 H_ϕ성분이 상수값을 갖는 경로를 선택하자. 자기장의 대칭성을 이용하여 $\vec{H}$에 $H_\phi \vec{a}_\phi$라 할 수 있으므로 Ampere 법칙은 다음과 같다.

$$\oint_l \overrightarrow{H} \cdot d\vec{l} = I_{enc} = \int_0^{2\pi} (H_\phi \overrightarrow{a}_\phi) \cdot \rho d\phi \overrightarrow{a}_\phi = 2\pi\rho H_\phi \tag{4.73}$$

여기서 적분 경로는 오른손 법칙과 일치하는 $+\overrightarrow{a}_\phi$ 방향으로 선적분을 하도록 선택하였다. 식 (4.73)을 계산하면 무한 길이의 선전류에 의한 자기장에 대한 비오-사바르 공식과 동일한 결과를 얻을 수 있다.

$$\overrightarrow{H} = \frac{I}{2\pi\rho} \overrightarrow{a}_\phi$$

다음으로 【그림 4.25】와 같이 무한한 크기의 면전류에 의한 자기장을 Ampere 법칙으로 구해 보자.

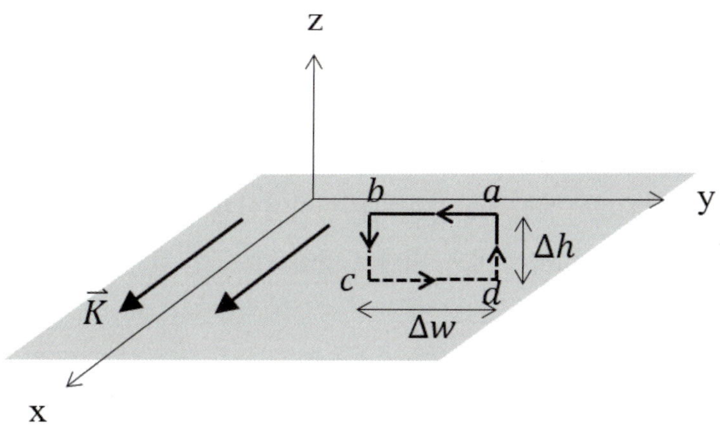

그림 4.25 무한한 면전류 주위의 선적분 경로

【그림 4.25】는 $z=0$ 평면 상에 균일한 전류 분포 $\overrightarrow{K} = K_x \overrightarrow{a}_x$를 갖는 면전류와 높이 Δh와 폭 Δw를 갖는 사각형 모양의 적분 경로를 보여주고 있다. 오른손 법칙에 의해 오른손 엄지 손가락을 전류의 방향으로 취하면 나머지 오른손 손가락들의 회전 방향인 $a \to b \to c \to d \to a$ 순으로 순환적분이 행해진다.

$$\oint_l \overrightarrow{H} \cdot d\vec{l} = \int_a^b \overrightarrow{H} \cdot d\vec{l} + \int_b^c \overrightarrow{H} \cdot d\vec{l} + \int_c^d \overrightarrow{H} \cdot d\vec{l} + \int_d^a \overrightarrow{H} \cdot d\vec{l}$$

먼저 대칭 특성에 의해 $\overrightarrow{H}$는 오직 H_y 성분만을 갖게 됨을 알 수 있다. 따라서, $d\vec{l}= dz\vec{a}_z$를 갖는 $b\rightarrow c$와 $d\rightarrow a$로의 선적분은 0이 될 것이다. 다음으로 면전류 위의 $\overrightarrow{H}= H_y(-\vec{a}_y)$이고, 면전류 아래에서는 $\overrightarrow{H}= H_y\vec{a}_y$ 이다. 또한 판 위에서 적분소는 $d\vec{l}= dy(-\vec{a}_y)$로 쓸 수 있다. 대신 $d\vec{l}= dy\vec{a}_y$로 표시하고 부호에 유의해서 Δw에서 0까지 적분할 수 있다[18].

$$\oint \overrightarrow{H}\cdot d\vec{l} = \int_{\Delta w}^{0} H_y(-\vec{a}_y)\cdot dy\vec{a}_y+\int_{0}^{\Delta w} H_y\vec{a}_y\cdot dy\vec{a}_y= 2H_y\Delta w$$

이제 Ampere 법칙의 오른쪽 항인 적분 경로에 의해 둘러싸인 전류의 양은 다음과 같다.

$$I=\int_{0}^{\Delta w} K_x dy= K_x\Delta w$$

마지막으로 위의 두 항을 같게 놓으면 아래와 같이 자기장을 구할 수 있다.

$$H_y = \frac{K_x}{2}$$

앞에서 구한 무한한 면전류에 의한 자기장 벡터를 일반적인 방정식으로 확장하면 식 (4.74)와 같이 일반화하여 쓸 수 있다. 식 (4.74)는 비오-사바르 법칙으로 구한 식 (4.50)과 동일하다.

$$\overrightarrow{H}= \frac{1}{2}\overrightarrow{K}\times \vec{a}_N \tag{4.74}$$

이때, $\vec{a}_N$은 무한 면전류에서부터 측정점까지의 수직방향 벡터이다.

예제 4-13

무한한 면전류의 면전류밀도 벡터가 $\overrightarrow{K}= 6[A/m]\,\vec{a}_z$일 때, y=0인 x-z 평면에 놓여 있다. H(3,4,5)를 구하라.

| 풀이 | 식 (4.74)에 의해 위치에 상관없이 일정한 크기의 자기장 $\overrightarrow{H}=-3[A/m]\,\vec{a}_x$이 생긴다. 방향은 면전류밀도 벡터에 수직한 방향으로 결정된다.

18) $d\vec{l}= dy(-\vec{a}_y)$를 적분식에 사용하면서, Δw에서 0까지 적분하게 되면, 방향을 두 번 고려하게 되어 틀린 답이 되므로 주의해야 한다.

4.5.1 동축 선로에서의 정자기장

앞에서 비오-사바르법칙으로 계산하였던 무한 선전류와 무한 면전류 문제를 Ampere 법칙으로 쉽게 계산할 수 있음을 살펴보았다. Gauss 법칙과 유사하게 Ampere 법칙은 유한한 전류 문제는 풀 수 없지만 무한한 전류 문제는 대칭성을 이용하여 간단하게 자기장을 구할 수 있음을 확인하였다. 다음은 비오-사바르의 법칙으로는 계산이 어렵지만 Ampere 법칙으로는 쉽게 풀 수 있는 정자기장 문제를 풀어보자.

【그림 4.26】에 반경이 a인 원통 모양의 내부 도체가 있고 이를 반경 b인 얇은 금속 도체로 둘러싼 무한히 긴 동축 선로가 있다. Gauss 법칙에서도 동축 선로의 내부 도체에 전하가 일정하게 분포되어 있지 않고 표면에 분포되어 있듯이 원통 모양의 내부 도체에 균일하게 전류가 흐르지 않고 도체의 표면에만 집중되어 흐르게 되어 있다. 하지만 여기서는 계산의 편리를 위하여 Ampere 법칙을 적용하는 데 있어 내부 도체에 균일하게 전류가 흐른다고 가정할 것이고, 외부 도체는 접지되어 있어 반대 방향으로 전류가 흐른다고 가정한다. 이제 동축 선로의 모든 지점에서의 자기장을 구해보자[19]. 동축 케이블에 Ampere 법칙을 적용하기 위해 동축 선로를【그림 4.26(a)】와 같이 배치한다. 일단 동축 선로에서 전류는 내부 도체와 외부 도체에 균일하게 흐른다고 가정한다.【그림 4.26(b)】의 단면을 살펴보면 세 개의 적분 경로가 가능하다. 암페어 주회 법칙의 왼쪽 식은 세 개의 적분 경로에 대해 모두 같으며, 원통도체에서 살펴본 바와 같이 대칭성에 의해 오직 H_ϕ 성분만 존재한다. 식으로 쓰면 다음과 같다.

$$\oint_l \vec{H} \cdot d\vec{l} = \int_0^{2\pi} H_\phi \rho d\phi = 2\pi\rho H_\phi$$

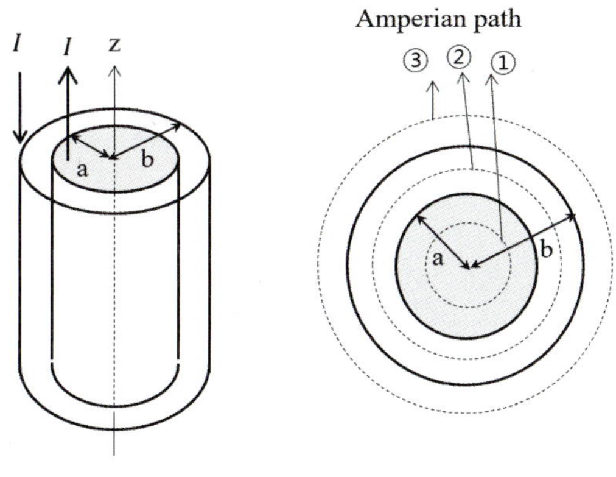

그림 4.26 동축 케이블의 경우

19) 동축 선로 문제를 Bio-Savart의 법칙으로 구하려면 내부 도체에 있는 체적전류밀도와 외부 도체에 있는 면전류밀도 또는 체적전류밀도에 의한 자기장을 통합하여 계산하여야 하므로 적분식으로 표현하기 어렵다.

균일한 전류 분포를 가정하였으므로 내부 도체에서의 전류밀도를 구하면 다음과 같다.

$$\vec{J}=\frac{I}{\pi a^2}\vec{a}_z \tag{4.75}$$

식 (4.75)를 이용하여 첫 번째 경로에 의해 둘러싸인 전류는 다음의 적분으로 구해진다.

$$I_{enc}=\int_S \vec{J}\cdot d\vec{S}=\frac{I}{\pi a^2}\int_0^{\rho}\rho d\rho\int_0^{2\pi}d\phi=\frac{I}{a^2}\rho^2 \tag{4.76}$$

두 번째 경로에 의해 둘러싸인 전류는 다음과 같다.

$$I_{enc}=\int_S \vec{J}\cdot d\vec{S}=\frac{I}{\pi a^2}\int_0^{a}\rho d\rho\int_0^{2\pi}d\phi=I \tag{4.77}$$

세 번째 경로에 의해 둘러싸인 전류는 내부와 외부에 전류의 방향이 반대이므로 총합은 0이 된다.

$$I_{enc}=0 \tag{4.78}$$

이상의 식으로부터 다음과 같이 각 영역에서의 자기장을 구할 수 있다. 식 (4.79)에 의한 정자기장의 크기 특성은 Gauss 법칙으로 구한 정전기장의 크기와 유사한 특성을 갖는다.

$$\vec{H}=\frac{I}{2\pi a^2}\rho\vec{a}_\phi, \qquad \rho\le a \tag{4.79a}$$

$$\vec{H}=\frac{I}{2\pi\rho}\vec{a}_\phi, \qquad a<\rho\le b \tag{4.79b}$$

$$\vec{H}=0, \qquad \rho>c \tag{4.79c}$$

예제 4-14

동축 선로의 외부 도체가 두께 t를 갖는 경우에 자기장의 크기의 변화를 구하고 그 크기를 그림으로 그리시오.

|풀이| 식 (4.71)에서 $b < \rho \le b+t$인 영역에서 전류밀도 벡터는 다음과 같다.

$$\vec{J} = \frac{-I}{\pi\left[(b+t)^2 - b^2\right]}\vec{a}_z$$

$b < \rho \le b+t$인 영역에서 폐경로를 잡았을 때 경로 내부의 전류는 다음과 같다.

$$I_{enc} = I - \frac{I}{\pi\left[(b+t)^2 - b^2\right]}\int_b^\rho \rho d\rho \int_0^{2\pi} d\phi = I\left[1 - \frac{\rho^2 - b^2}{t^2 + 2bt}\right]$$

$b < \rho \le b+t$인 영역에서 자기장은 다음과 같고【그림 4.27】로 주어진다.

$$\vec{H} = \frac{I}{2\pi\rho}\left[1 - \frac{\rho^2 - b^2}{t^2 + 2bt}\right]$$

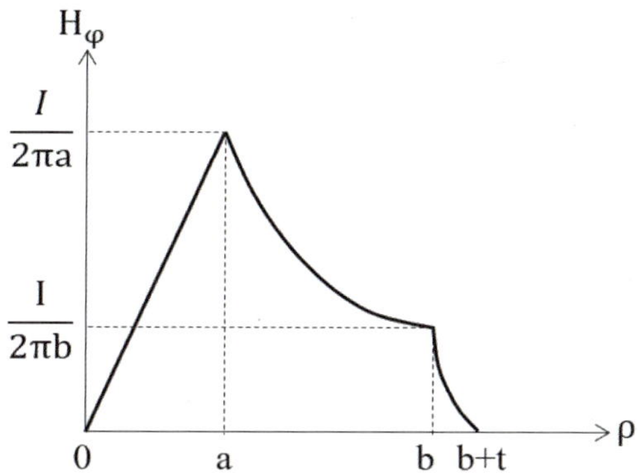

그림 4.27 (예제 4-14)의 동축 선로에서의 거리에 따른 정자기장의 크기 변화

참고

동축 선로의 바깥에는 정전기장이 존재하지 않는 것처럼 정자기장도 존재하지 않으므로 타 전자기기에 영향을 주지 않아 성능이 우수한 전송 선로가 된다.

예제 4-15

내부 반경이 2cm이고 외부 반경이 4cm, 외부 반경 두께가 1cm인 동축 선로에 내부에 DC 전류가 10[A] 흐르고 있다. 동축 선로의 반경에 따른 w자기장 벡터의 크기 변화를 MATLAB으로 그리시오.

|풀이|

```
N=20;
I=100;
a=2;   b=4;   c=5;   d=6;
i=1:d*N;
rho=i./N;
Hf(1:a*N)=(I*rho(1:a*N))./(2*pi*a^2);
Hf(1+a*N:b*N)=I./(2*pi*rho(1+a*N:b*N));
Hf(1+b*N:c*N)=I*(c^2-(rho(1+b*N:c*N)).^2)./(2*pi*(c^2-b^2)*rho(1+b*N:c*N));
Hf(1+c*N:d*N)=0;
plot(rho,Hf)
xlabel('rho(cm)')
ylabel('Mag Field Intensity (A/m)')
```

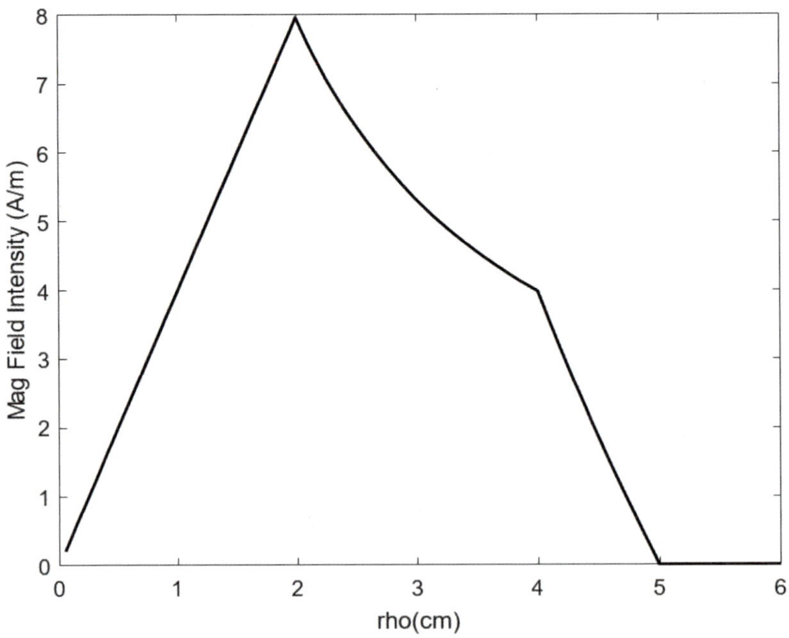

그림 4.28 (예제 4-15)의 그림

4.5.2 솔레노이드와 토로이드

이제 무한 길이의 촘촘히 감긴 솔레노이드 내부의 자기장 벡터를 Ampere 법칙으로 구해보자. 【그림 4.29】는 솔레노이드의 단면을 보여준다. 여기서 솔레노이드의 길이는 h이고, 코일은 N번 감겨져 있다.

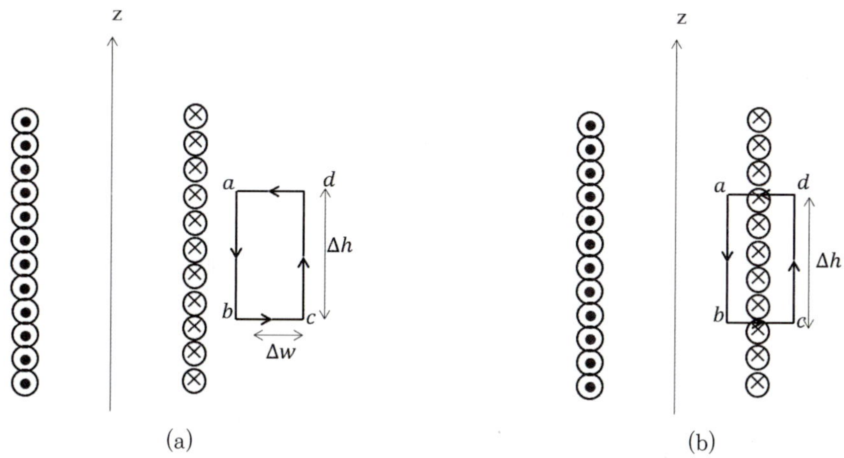

그림 4.29 솔레노이드에 적용된 Ampere 법칙

우선, $\vec{H}$의 성분은 H_z만 존재하므로 대칭 조건을 사용할 수 있다. 【그림 4.29(a)】에서 보여진 단면을 보면, 단면은 한 쌍의 무한의 얇은 면전류의 형태를 가짐을 알 수 있다. 각각의 면전류의 방향은 왼쪽 면전류의 경우 그림의 페이지 밖으로 향하고 있고, 오른쪽 면전류의 경우 그림의 페이지 안으로 향하고 있다. 각각의 면전류에 대한 전류밀도는 다음과 같이 주어진다.

$$K = \frac{NI}{h} \tag{4.80}$$

무한한 면전류에 의한 자기장 식 (4.74)를 이용하면 두 개의 면전류 바깥쪽, 즉 솔레노이드 바깥영역은 자기장이 서로 상쇄되어 없어지지만, 솔레노이드 안쪽은 자기장이 서로 더해진다는 사실을 쉽게 알 수 있다. 따라서 솔레노이드 안쪽에서 자기장은 다음과 같이 주어진다.

$$\vec{H} = K\vec{a}_z = \frac{NI}{h}\vec{a}_z \tag{4.81}$$

사실 위의 결과는 두 개의 무한대의 면전류에 대한 결과이므로 무한대가 아닌 솔레노이드의 경우 정확한 식은 아니지만 비오-사바르의 법칙에 의한 솔레노이드의 식 (4.42)와 같은 형태를 갖는다.

이제 식 (4.81)을 이용하여 솔레노이드에 Ampere 법칙을 적용해 보자. 먼저【그림 4.29(a)】의 적분 경로를 잡자. 이 경우 $a \to b \to c \to d \to a$의 경로 안에는 전류가 존재하지 않음을 알 수 있다. 따라서 솔레노이드 밖에서 자기장이 존재하지 않는다는 것을 알 수 있으며, 다음으로 이제【그림 4.29(b)】의 적분 경로에 설정하면 이 경우 유일하게 0이 아닌 적분 경로는 $a \to b$가 될 것이다. 따라서 암페어의 주회법칙을 적용하면 다음과 같다.

$$\int_0^h H_z \vec{a}_z \cdot dz\vec{a}_z = NI \tag{4.82}$$

식 (4.82)로부터 식 (4.81)을 얻을 수 있고, 이는 Biot–Savart 법칙에서 솔레노이드의 중앙에서 구한 자기장과 동일한 결과를 얻을 수 있다.

다음으로 솔레노이드와 함께 많이 사용되는 토로이드에서의 자기장을 구해보자. 솔레노이드가 원통 모양의 코어에 도선을 감은 것에 비하여 토로이드는 반지 모양의 코어에 도선을 감은 것으로【그림 4.30】과 같이 토로이드의 반경은 ρ_0이고, 코일은 N번 감겨져 있다.

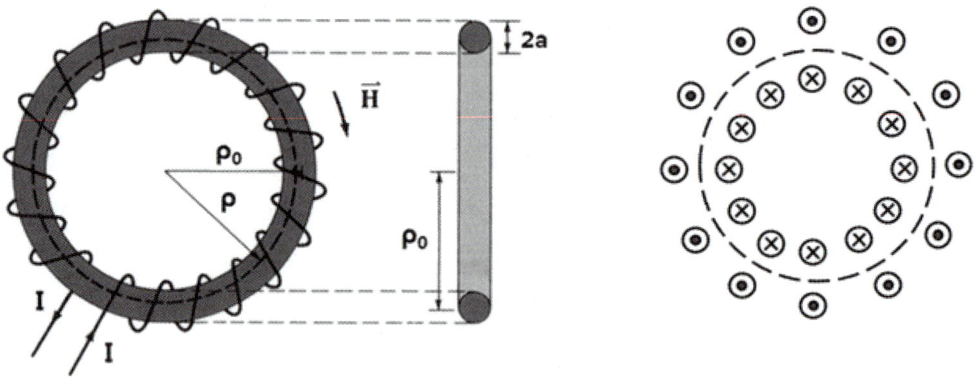

그림 4.30 토로이드에 적용된 Ampere 법칙

Ampere 법칙을 적용하기 위하여 토로이드 코어에 반경 ρ인 Amperian 경로를 잡아보자 Amperian 경로 안 쪽에 위치한 순전류는 N개의 도선에 전류 I가 흐르므로 $I_{enc} = NI$가 된다. 따라서 토로이드 코어의 내부에서는 다음이 성립된다.

$$\oint_l \vec{H} \cdot d\vec{l} = \int_0^{2\pi} H_\phi \rho d\phi = 2\pi\rho H_\phi = NI$$

이제 토로이드 안쪽과 바깥쪽에는 자기장이 존재하지 않는다. 따라서 토로이드에서의 자기장은 다음과 같다.

$$\vec{H} = 0, \qquad \rho \le \rho_0 - a \tag{4.83a}$$

$$\vec{H} = \frac{NI}{2\pi\rho}\vec{a}_\phi, \qquad \rho_0 - a < \rho \le \rho_0 + a \tag{4.83b}$$

$$\vec{H} = 0, \qquad \rho > \rho_0 + a \tag{4.83c}$$

예제 4-16

중심이 원점에 있고, 중심을 통과하는 축이 z축과 같은 원형 단면을 갖는 토로이드에 권선수가 1000회이고, $\rho_0 = 10$[cm]. $a = 1$[cm]이다. 100mA의 전류가 토로이드에 흐를 때 다음의 점에서 자기장 벡터는 얼마인가?

(a) (3cm, −4cm, 0)

(b) (6cm, 9cm, 0)

풀이 (a)지점에서 $\rho = 5$[cm]이므로 식 (4.83a)에 의해 자기장은 0이 되고, (b)지점에서 $\rho = 10.8$[cm]이므로 식 (4.83b)에 의해 자기장은 147.1[A/m]가 된다.

중요

솔레노이드와 토로이드는 자기장을 이용하는 대표적인 전기소자로 다음과 같은 특징을 갖는다.

- 솔레노이드의 외부에는 자기장이 존재하지 않고 자성체 코어 내부에만 자기장이 존재하며, 코일의 감은 수와 전류에 비례하고, 솔레노이드의 길이에 반비례한다.즉, 솔레노이드 길이가 작을수록, 코일을 촘촘하게 감을수록, 전류가 클수록 자기장은 커지게 된다.

$$\vec{H} = K\vec{a}_z = \frac{NI}{h}\vec{a}_z$$

- 토로이드의 안쪽과 바깥쪽에는 자기장이 존재하지 않고 토로이드를 구성하는 자성체 내부에만 자기장이 존재하며 코일의 감은 수와 전류에 비례하고, 직경에 반비례한다. 즉, 토로이드 코어가 작을수록, 코일을 촘촘하게 감을수록, 전류가 클수록 자기장은 커지게 된다.

$$\vec{H} = \frac{NI}{2\pi\rho}\vec{a}_\phi$$

4.6 전위차와 그 응용

앞에서 임의의 전하 분포와 전류 분포에 대해 전기장과 자기장을 구하는 두 가지 방법을 학습하였다. 즉 전기장을 구할 때는 쿨롱의 법칙과 Gauss 법칙을, 자기장을 구할 때는 Biot–Savart의 법칙과 Ampere 법칙을 이용하였다. 이번 장에서는 전기장과 자기장을 구하는 세 번째 방법인 전위차를 이용하는 방법에 대해 학습한다. 단, 전위차를 이용하는 방법은 스칼라장과 벡터장이 일대일로 대응되는 보전장인 정전기장에서만 주로 사용되고, 보전장이 아닌 정자기장에서는 자주 사용되지 않는다[20].

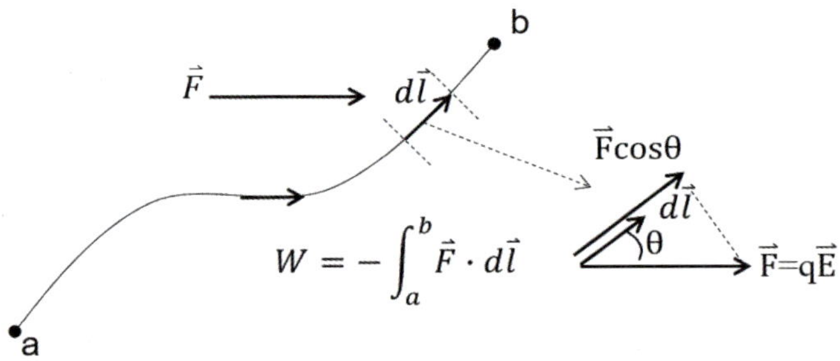

그림 4.31 정전기장 내에서 점전하의 이동

【그림 4.31】에서 나타낸 것과 같이 전기장 $\vec{E}$가 존재하는 공간에서 점전하를 a점에서 b점으로 움직이고자 한다. 쿨롱의 법칙으로부터 전하 Q에 작용하는 힘은 $\vec{F}= Q\vec{E}$이므로 전하를 $d\vec{l}$만큼 움직이는데 필요한 일은 다음과 같다.

$$dW=-\vec{F}\cdot d\vec{l}=-Q\vec{E}\cdot d\vec{l} \tag{4.84}$$

식 (4.84)에서 음의 부호가 사용되는 것은 외부의 작용에 의해 일이 행하여졌음을 나타낸다. 그러므로 전하 Q를 a점에서 b점으로 움직이는 데 필요한 일의 양, 또는 위치에너지는 다음과 같다.

$$W=-Q\int_a^b \vec{E}\cdot d\vec{l} \tag{4.85}$$

이제 식 (4.85)에서 일 W를 전하 Q로 나누면 단위전하 당 위치 에너지가 된다. 이를 전위차(potential difference)라 하며, V_{ab}를 전기장 내에서 한 전하를 점 a점에서 점 b점으로 움직이기 위해 외부 힘

20) 정자기장에서도 전류가 없는 영역에서 자기장에 대한 스칼라 포텐셜과 전류가 있는 영역에서 벡터 포텐셜이 정의되기는 하지만 잘 사용되지는 않는다.

이 한 일을 움직인 전하의 양으로 나눈 값으로 정의한다.

$$V_{ab} = \frac{W}{Q} = -\int_a^b \vec{E} \cdot d\vec{l} \tag{4.86}$$

전위차의 단위는 [J/C]이지만, 일반적으로 [V]로 표현한다.

중요

1) V_{ab}를 정하는 데 a는 시작점, b는 끝점이다.
2) 보전장인 경우 V_{ab}는 경로에 무관하다.
3) V_{ab}가 음(−)이라면 a에서 b로 옮길 때 위치에너지가 감소한다는 것이다. 이는 전기장에 의해서 일이 행해졌다는 것을 의미한다. 반대로 V_{ab}가 양(+)이라면 a에서 b로 옮길 때 위치에너지가 증가한다는 것이다. 이는 외부에서 일을 행하였음을 의미한다.

이 전위차는 점 a와 점 b에서의 절대 전위차로 나타낼 수 있다.

$$V_{ab} = V_b - V_a \tag{4.87}$$

어떤 점에서의 절대전위를 구하기 위해서는 기준 전위값이 필요한데, 종종 접지면(Ground plane)이 영의 전위를 갖는 기준으로 선택된다. 동축 선로의 경우 영의 전위의 기준은 접지시킨 외각 도체가 된다. 원점 근처에 점전하가 모여 있는 경우 영의 값을 갖는 전위의 기준은 무한대의 반경에서의 전위값이 된다. 또한 기준점은 어떤 점에서의 이미 알려진 전위값이 될 수도 있다.

예제 4-17

a점에서의 전위가 10[V]이고, b점에서의 전위차가 20[V]인 두 지점의 전위차 V_{ab}를 구하라. 1[C]의 전하를 a점에서 b점으로 옮길 때 얼마의 일이 필요한가?

| 풀이 | 식 (4.87)에 의해 두 지점의 전위차는 10[V]이고, 1[C]의 전하를 a점에서 b점으로 옮길 때 외부에서 10[J]의 일(에너지)이 필요하다.

한편, 적분 경로로 폐곡선이 선택되어질 경우 적분값은 영의 전위차를 갖는다. 이를 식으로 쓰면 식 (4.88)과 같다. 식 (4.88)을 회로 이론에서는 Kirchhoff의 전압 법칙(KVL)이라고 부른다.

$$\oint_l \vec{E} \cdot d\vec{l} = 0 \tag{4.88}$$

식 (4.86)에서 정의한 전위차의 개념은 벡터장인 전기장과는 다르게 스칼라장이다. 스칼라장으로부터 벡터장은 3장에서 학습한 Gradient 연산을 이용하여 구할 수 있으므로 전위차의 개념은 전기장을 구하는 유용한 수단이 될 수 있다. 즉, 전기장을 구하기 위하여 먼저 스칼라장인 전위차를 구하고, 전위차에 대해 Gradient 연산을 취하면 전기장을 구할 수 있다. 한 번에 구하면 될 것을 두 번에 구하기 때문에 더 복잡할 수 있을 것으로 보이지만 스칼라장의 계산이 벡터장보다 쉽기 때문에 훨씬 편리할 수 있다. 또 다른 측면으로 전위차는 전압계 등을 이용하여 우리가 쉽게 측정이 가능한 값이므로 측정한 결과로 등전위면(equipotential surface)을 그린 후 이로부터 Gradient 연산을 하면 공간상의 전기장의 분포를 쉽게 알 수 있다[21].

스칼라장인 전위차를 구하기 위해 원점에 위치한 점전하에 의해 만들어지는 전기장으로부터 전위차를 구해보자. 전기장은 방사 방향을 향하므로 단지 방사 방향의 이동만이 전위에 영향을 준다. 우리가 반경 a로부터 반경 b로 움직이면, 전위차는 다음과 같다.

$$V_{ab} = -\int_a^b \vec{E} \cdot d\vec{l} = -\int_a^b \frac{Q}{4\pi\epsilon_0 r^2}\vec{a}_r \cdot dr\vec{a}_r \tag{4.89}$$

이 적분을 계산하면 다음과 같다.

$$V_{ab} = \frac{Q}{4\pi\epsilon_0 r}\left(\frac{1}{b} - \frac{1}{a}\right) = V_b - V_a \tag{4.90}$$

이제, 영의 기준 전압을 무한대 반경으로 잡게 되면 원점에 고정된 점전하로부터 어떤 유한 반경에서의 절대 전위차는 다음과 같다.

$$V = \frac{Q}{4\pi\epsilon_0 r} \tag{4.91}$$

이 값은 시험 전하를 무한대에서 반경 r로 당겨오는 데 필요한 쿨롱 당 일로서 정의할 수 있다. N개의 전하의 집합이 있는 경우에 전체 전위는 각각의 전하에 의한 전위값을 더함으로써 구할 수 있다.

$$V = \sum_{i=1}^{N} \frac{Q_i}{4\pi\epsilon_0 r_i} \tag{4.92}$$

식 (4.92)를 확장하면 전하들이 연속적인 분포를 가질 경우 전체 전위는 적분을 취함으로써 계산될

21) TV 등 일기예보에서 등기압선을 그리는 것을 알 수 있다. 등기압선 역시 스칼라장으로서 등기압선을 알고 있으면 벡터장인 바람의 방향(고기압에서 저기압의 방향으로 등기압선에 수직으로 작용) 및 크기를 쉽게 알 수 있다.

수 있다.

$$V = \int \frac{dQ}{4\pi\epsilon_0 r} \tag{4.93}$$

이제 전위차를 구하였으므로 식 (4.94)의 Gradient 연산에 의해 전기장 $\vec{E}$을 쉽게 구할 수 있다.

$$\vec{E} = -\nabla V = -\frac{\partial V}{\partial x}\vec{a}_x - \frac{\partial V}{\partial y}\vec{a}_y - \frac{\partial V}{\partial z}\vec{a}_z \tag{4.94}$$

여기서 마이너스 기호는 전기장의 방향이 전위가 감소하는 방향임을 나타낸다. Gradient 개념을 식 (4.93)의 전위 분포에 대해 적용하면 다음과 같이 원점에서의 점전하에 의한 전기장과 같다.

$$\vec{E} = -\nabla V = -\frac{\partial}{\partial r}\frac{Q}{4\pi\epsilon_0 r}\vec{a}_r = \frac{Q}{4\pi\epsilon_0 r^2}\vec{a}_r$$

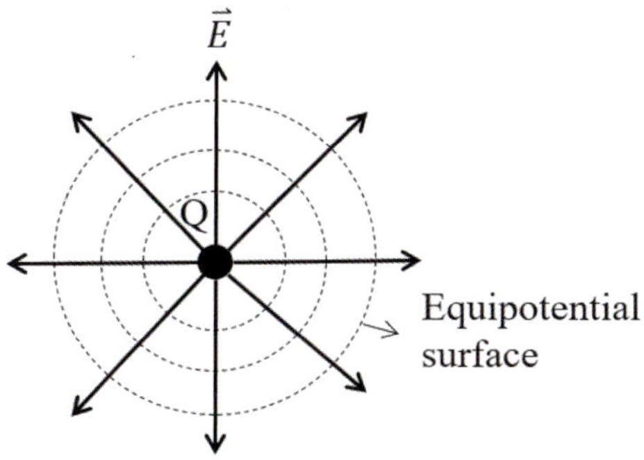

그림 4.32 점전하에 의한 등전위면과 전기장

예제 4-18

스칼라장이 $V = x^2yz$로 주어지는 경우 (2, 3, 0)에서의 전기장을 Gradient를 이용하여 구하라.

| 풀이 | 직각 좌표계에서 Gradient 연산은 다음과 같다.

$$\vec{E} = -\nabla V = -\frac{\partial V}{\partial x}\vec{a}_x - \frac{\partial V}{\partial y}\vec{a}_y - \frac{\partial V}{\partial z}\vec{a}_z$$
$$= -2xyz\vec{a}_x - x^2z\vec{a}_y - x^2y\vec{a}_z$$

이제 좌표 (2,3,0)을 식에 넣으면 $\vec{E} = -12\vec{a}_z$가 된다.

예제 4-19

반경이 a인 원판에 면전하 밀도 ρ_s의 전하가 분포되어 있다. z-축 상에 높이 h인 지점에서 전기장 $\vec{E}$를 구하시오.

| 풀이 | 전기장 $\vec{E}$를 구하는 두 가지 방법이 가능하다.

1) 첫 번째 방법으로 쿨롱의 법칙을 이용하여 동심원을 갖는 원형 전하가 연속되는 경우로 생각하는 것이다. 앞에서 유도한 원형 전하로부터의 식 (4.21)을 이용하면 각각의 원형 전하에 의한 전기장 $\vec{E}$는 다음과 같이 주어진다.

$$d\vec{E} = \frac{(\rho_s d\rho)\rho h}{2\epsilon_0(\rho^2+h^2)^{3/2}}\vec{a}_z$$

여기서 원형 전하 밀도 ρ_l를 $\rho_s d\rho$로 대체하고, 반경 ρ를 0부터 a까지 적분하면 전기장 $\vec{E}$는 다음과 같이 주어진다.

$$\vec{E} = \frac{\rho_s h}{2\epsilon_0}\vec{a}_z\int_0^a \frac{\rho}{(\rho^2+h^2)^{3/2}}d\rho$$

이 적분을 풀면 전기장은 다음과 같다.

$$\vec{E} = \frac{\rho_s}{2\epsilon_0}\left[1-\frac{h}{\sqrt{h^2+a^2}}\right]\vec{a}_z$$

만약에 반경이 a가 무한대라면 무한면전하가 되고 전기장은 무한면전하의 경우와 같다.

$$\vec{E} = \frac{\rho_s}{2\epsilon_0}\vec{a}_z$$

2) 두 번째 방법으로 전위에 대한 식 (4.93)을 이용할 수 있다.

$$V = \frac{\rho_s}{4\pi\epsilon_0}\int_0^a \frac{\rho d\rho}{\sqrt{\rho^2+h^2}}\int_0^{2\pi}d\phi$$

$u = h^2+\rho^2$이라 놓으면 $du = 2\rho d\rho$가 되어 위의 적분을 쉽게 구할 수 있다.

$$V = \frac{\rho_s}{2\epsilon_0}\sqrt{\rho^2+h^2}\Big|_0^a = \frac{\rho_s}{2\epsilon_0}\left(\sqrt{a^2+h^2}-h\right)$$

전위차는 높이 h에 따라 값이 변한다. 따라서 전기장 $\vec{E}$는 h를 z로 바꾸고 Gradient연산을 통해 전기장 $\vec{E}$를 구할 수 있다.

$$\vec{E} = -\nabla V = -\frac{\partial V}{\partial z}\vec{a}_z = \frac{\rho_s}{2\epsilon_0}\left[1-\frac{z}{\sqrt{z^2+a^2}}\right]\vec{a}_z$$

만약에 반경이 a가 무한대라면 무한면전하가 되고 전기장은 무한면전하의 경우와 같다.

$$\vec{E} = \frac{\rho_s}{2\epsilon_0}\vec{a}_z$$

이제 우리는 전기장을 구하는 3가지 방법을 알게 되었다. 먼저, 가장 간단한 방법으로서 충분한 대칭성(점전하, 무한 선전하, 무한 면전하 등)이 있다면 Gauss의 법칙을 적용할 수 있다. 둘째, 쿨롱의 법칙을 사용할 수 있다. 쿨롱의 법칙은 대칭이 아닌 전하 분포에 대해서 문제를 풀 수 있지만 적분으로 표현될 때 식이 복잡하여 계산이 복잡할 수 있다. 셋째, 가장 많이 쓰는 방법으로 전위차를 구한 후 Gradient 연산을 통해 전기장을 구하는 방법이 있다. 특히, 세 번째 방법은 벡터적분이 아닌 스칼라 적분과 상대적으로 쉬운 미분 연산을 통해 구할 수 있으므로 편리하여 실제로 가장 많이 쓰는 방법이다[22].

4.6.1 정자기장에서의 전위차

정전기장의 경우에는 전위차인 스칼라장 V와 전기장 $\vec{E}$가 일대일 대응되므로 스칼라장을 구한 후 전기장을 Gradient연산을 통해 구할 수 있었다. 비슷한 방법으로 자기장 $\vec{B}$와 관련된 스칼라 포텐셜을 정의할 수 있다. 전기장 $\vec{E} = -\nabla V$와 유사하게 자기장에 대한 스칼라 포텐셜 V_m을 정의할 수 있다.

$$\vec{H} = -\nabla V_m \tag{4.95}$$

하지만 자기장의 회전은 다음 식을 만족하여야 하므로 전류밀도가 0인 영역에서만 정의될 수 있다.

$$\nabla \times \vec{H} = \vec{J} = -\nabla \times \nabla V_m = 0 \tag{4.96}$$

보통 자기장 문제는 자기장의 원천인 전류를 제외하고 생각할 수 없으므로 식 (4.95)는 큰 효용성이 없다 이에 따라 정자기장의 경우는 스칼라 포텐셜을 사용하지 않고 벡터 포텐셜을 사용하게 된다. 벡터 포텐셜의 정의는 식 (4.97)과 같다[23].

$$\vec{B} = \nabla \times \vec{A} \tag{4.97}$$

22) 실제 3차원 공간에서 전기장을 측정하는 것은 각 축마다 측정하고 이를 더하는 어려운 작업이므로 전위치를 이용하는 방법이 많이 사용된다. 특히, 회로 이론에서는 공간에서의 전기장을 측정하지 않고 회로 내에서의 전기장만을 측정하므로 처음부터 전기장 개념을 도입하지 않고 전위차 개념만을 도입한다.

23) 실제 자기장에서 벡터 포텐셜은 스칼라 포텐셜에 비해 큰 장점이 없어 안테나 해석 등 특정 분야 이외에는 잘 사용하지 않는다.

중요

정자기장에서 벡터 포텐셜을 정의할 수 있으나 보존장이 정전기장 문제에 비해 큰 장점이 없다. 예를 들어 선전류 문제에서 벡터자기 포텐셜은 다음과 같이 주어진다.

$$\vec{A}=\int_l \frac{\mu_0 I d\vec{l}}{4\pi R}$$

이를 비오-사바르 법칙과 비교할 단위 벡터의 외적이 있는 것을 제외하고는 큰 차이가 없다.

$$\vec{H}=\int_l \frac{I d\vec{l}\times \vec{a}_R}{4\pi R^2}$$

4.7 자기력과 Torque

4장 학습의 마지막으로 자기력과 Torque에 대해 학습하게 된다. 전기장과 전기력은 방향이 같으므로 같이 취급할 수 있었다. 하지만 자기장과 자기력은 작용하는 방향이 다를 뿐만 아니라 자기장 내 전류루프의 배치에 따라 회전력인 Torque도 발생시킬 수 있어 별도로 취급해야 한다. 이러한 자기장의 Torque 특성은 실생활에 매우 유용하다. 예를 들어, 모터와 같이 자기장과 전류의 방향을 잘 조정하면 지속적으로 회전하는 힘을 만들 수 있어 회전력이 필요한 전기기기와 전기차 등에서 매우 유용하게 사용할 수 있다.

4.7.1 자기력

벡터의 외적을 설명하는【그림 2.19】에서 전류 주변에 자기장이 있을 때, 전류와 자기장에 모두 수직한 방향으로 도선 위에 힘이 작용된다는 사실을 설명하였다. 실제로 이 힘은 도체에서 이동하고 있는 개별적인 전하 각각에 작용하는 것이다. 움직이고 있는 전하 q[C]에 작용하는 자기력 $\vec{F}_m$[N]은 다음 식으로 주어진다.

$$\vec{F}_m = q\vec{u}\times \vec{B} \tag{4.98}$$

여기서 속도 $\vec{u}$[m/sec]는 자속밀도 벡터 $\vec{B}$[Wb/m^2] 안에서의 전하의 속도이다. 한편 전기장의 정의에 의하여, 전기장 내에서 전하 q에 작용하는 전기력 $\vec{F}_e$[N]은 다음과 같다.

$$\vec{F}_e = q\vec{E} \tag{4.99}$$

식 (4.98)과 식 (4.99)를 종합하면 전하는 자기장에 대해서도, 전기장에 대해서도 동시에 힘을 받게 된다. 단, 전기력은 전기장과 같은 방향으로 작용하는데 반해, 자기력은 자기장에 직각 방향으로 작용하게 된다. 이때 자기력이 작용하기 위해서는 대전된 입자가 정지하지 않고 이동해야만 한다. 마지막으로 일의 정의를 살펴보면

$$W = \int_a^b \vec{F} \cdot d\vec{l}$$

이므로, 전하의 진행방향에 수직으로 작용하는 자기력은 일을 할 수 없고 전기력만 일을 할 수 있다.

전하에 작용하는 전체 힘은 식 (4.98)과 식 (4.99)를 중첩시켜서 얻을 수 있으며, 이를 로렌츠의 힘의 방정식(Lorentz force equation)[24]으로 부른다.

$$\vec{F} = q(\vec{E} + \vec{u} \times \vec{B}) \tag{4.100}$$

로렌츠의 힘의 방정식은 대전된 입자가 전기장과 자기장을 이동하면서 취하게 되는 경로를 계산하는 데 매우 유용한 식이다. 만약 입자의 질량 m을 알고 있다면, 자기력은 다음 식에 의하여 입자에 가속도를 일으킨다.

$$\vec{F} = m\vec{a} \tag{4.101}$$

한 가지 주목해야 할 점은, 자기력이 입자 속도에 수직한 방향으로 작용하기 때문에, 가속도는 속도에 수직한 방향이며, 속도 벡터의 크기는 영향을 받지 않는다.

예제 4-20

특정 순간에 $\vec{E} = 0$이고, $\vec{B} = 3\vec{a}_y$[Wb/m^2]인 공간이 있다. 질량이 2kg이고 전하가 1[C]인 입자가 속도 $2\vec{a}_x$[m/sec] 인 경우 자기장에 의한 입자의 가속도는 얼마인가?

| 풀이 | 식 (4.100)과 식 (4.101)을 이용하면 가속도는 다음과 같다.

$$\vec{F}_m = q\vec{u} \times \vec{B} = 2\vec{a}_x \times 3\vec{a}_y = 6\vec{a}_z = m\vec{a}$$

따라서 가속도는 $\vec{a} = 3\vec{a}_z$[m/sec^2]이 된다.

자기장이 존재하는 공간에서 도선에 흐르는 전류가 있는 경우를 생각해보자. 여기서 도선에 작용

24) 이 방정식은 독일 물리학자 Hendrik Antoon Lorentz(1853−1928)를 기리기 위해 명명되었다.

하는 힘을 구하려고 한다. $\vec{u}$[m/sec]의 속도로 움직이는 아주 작은 미소전하 dQ를 생각할 수 있으며, 식 (4.98)을 이용하여 미소전하 dQ에 작용하는 힘은 다음과 같이 계산할 수 있다.

$$d\vec{F} = dQ\vec{u} \times \vec{B} \tag{4.102}$$

속도 $\vec{u}$는 미분꼴로 $\vec{u} = d\vec{l}/dt$이므로, 식 (4.102)는 다음과 같이 다시 쓸 수 있다.

$$d\vec{F} = \frac{dQ}{dt}d\vec{l} \times \vec{B} \tag{4.103}$$

이제 dQ/dt는 전선에 흐르는 전류 I에 해당하므로, 식을 다음과 같이 쓸 수 있으며, 이를 모터 방정식(motor equation)이라고 한다.

$$d\vec{F} = Id\vec{l} \times \vec{B} \tag{4.104}$$

식 (4.104)을 적분하면 전류 소자 사이에 작용하는 힘을 다음과 같이 구할 수 있다.

$$\vec{F}_{12} = \int I_2 d\vec{l}_2 \times \vec{B}_1 \tag{4.105}$$

식 (4.105)에서 자기력이 $\vec{B}_1$으로부터 전류 소자 $I_2 d\vec{l}_2$에 작용함을 표시하기 위하여 아래첨자를 사용하였다.

이제, 선전류에서 발생하는 자기력에 대한 문제를 풀어보자. 먼저, 【그림 4.33(a)】에서 하나의 선전류에 존재하는 미소 전류들 간에 자기력이 존재하는지 살펴보자. 비오-사바르 법칙에 의해 미소전류소 $Id\vec{l}_a$에 의해 임의의 점에서의 자기장은 다음과 같다.

$$d\vec{B}_a = \frac{\mu_0}{4\pi}\frac{Idz}{\rho^2+z^2}\vec{a}_z \times \frac{1}{\sqrt{\rho^2+z^2}}\left(\rho\vec{a}_\rho - z\vec{a}_z\right) \tag{4.106}$$

식 (4.106)은 ρ가 0일 때 벡터 외적에 의해 0이 된다. 따라서 $Id\vec{l}_b$에 작용하는 힘도 0이다.

$$d\vec{F}_{ab} = Id\vec{l}_b \times \vec{B}_a = Idz\vec{a}_z \times \vec{0}$$

즉, 같은 전류선 상에 미소 전류 사이에는 힘이 작용하지 않음을 알 수 있다[25].

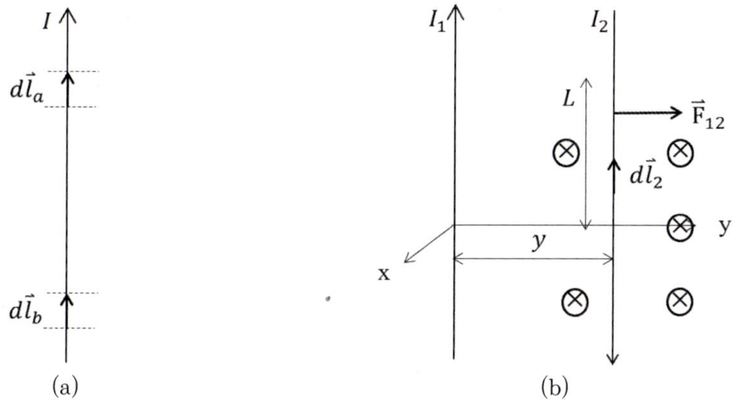

그림 4.33 무한 선전류에 의한 자기력

다음으로【그림 4.33(b)】에서와 첫 번째 전류에 평행한 두 번째 전류를 추가해보자. 1번 전류의 자기장으로부터 2번 전류의 극소 길이에 작용하는 힘 $d\overrightarrow{F}_{12}$는 다음과 같다.

$$d\overrightarrow{F}_{12} = I_2 d\overrightarrow{l}_2 \times \overrightarrow{B}_1 \tag{4.107}$$

무한 길이의 선전류에 대한 자속밀도 $\overrightarrow{B}_1$은 비오-사바르의 법칙이나 Ampere의 법칙으로부터 다음과 같이 주어진다.

$$\overrightarrow{B}_1 = \frac{\mu_0 I_1}{2\pi\rho}\overrightarrow{a}_\phi$$

이제 식을 정리하면 다음과 같다.

$$d\overrightarrow{F}_{12} = I_2 dz\overrightarrow{a}_z \times \frac{\mu_0 I_1}{2\pi y}(-\overrightarrow{a}_x) = \frac{\mu_0 I_1 I_2}{2\pi y}dz(-\overrightarrow{a}_y) \tag{4.108}$$

무한 선전류 1에 의한 자기장으로부터 선전류 2의 길이 L에 작용하는 전체 힘을 구하기 위하여, $d\overrightarrow{F}_{12}$를 +L에서 0까지 적분해야 한다. 전류의 방향을 고려하여 이 방향에서 적분을 하면 아래와 같다.

25) 만약 하나의 도선에 흐르는 전류 내에서 힘이 발생한다면 전하는 힘의 방향으로 이동하게 되므로 전류가 제대로 흐르지 않을 것이다.

$$\vec{F}_{12} = \frac{\mu_0 I_1 I_2}{2\pi y}\int_L^0 dz(-\vec{a}_y) = \frac{\mu_0 I_1 I_2 L}{2\pi y}\vec{a}_y \tag{4.109}$$

여기서 이 값은 척력(repulsive force)에 해당한다. 선로2의 자기장으로부터 선로1에 작용하는 자기력 $\vec{F}_{21}$은 $\vec{F}_{21} = -\vec{F}_{12}$로 구할 수 있다. 따라서 전류가 서로 반대 방향으로 흐르는 평행한 두 선로에는 척력이 작용한다. 반면에 전류가 같은 방향으로 흐르는 평행한 두 선로에서는 인력이 작용한다.

예제 4-21

220V를 110V로 변환하는 변압기는 1차 코일과 2차 코일이 감겨져 있다. 이런 변압기에서 발생하는 잡음(Hum noise)의 가청 주파수는 얼마인가? 이러한 잡음을 없애려면 어떻게 하는가?

| 풀이 | 변압기 코어를 감고 있는 코일은 같은 방향의 전류가 흐르므로 인력이 작용한다. 가정용 전압은 60Hz 교류 신호를 사용하므로 초당 120번씩 코일의 전류 방향이 바뀐다. 따라서 인력이 커졌다 작아졌다를 반복하면서 120Hz의 잡음이 발생한다. 이 잡음을 없애기 위해서는 코일을 감을 때 코일 사이 여백이 없도록 감아서 움직임이 최소가 되도록 하여야 한다.

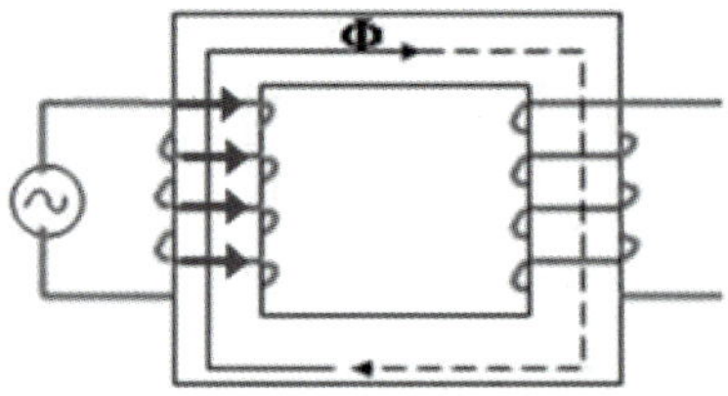

이제【그림 4.34】와 같이 두 선로가 평행하지 않거나 일직선이 아닌 더 일반적인 경우에서 1번 전류의 자기장으로부터 2번 전류에 작용하는 힘 $\vec{F}_{12}$는 식 (4.110)과 같다. 식 (4.110)에서 1번 전류에 의한 자기장 $\vec{B}_1$을 비오-사바르 법칙으로 구하고, 2번 전류에 미치는 힘을 구하므로 두 번 적분이 들어가게 된다.

$$\vec{F}_{12} = \frac{\mu_0}{4\pi} I_1 I_2 \int\int \frac{d\vec{l}_2 \times \left(d\vec{l}_1 \times \vec{a}_{12}\right)}{R_{12}^2} \tag{4.110}$$

이 방정식은 전류가 흐르는 회로에서 암페어의 힘의 법칙(Ampere's law of force)이라고 알려져 있으며, 한 쌍의 전하 사이에서의 쿨롱의 법칙과 유사하다. 하지만 실제 문제에 적용할 경우 식 (4.110)을 바로 적용하는 것보다 비오-사바르 법칙으로부터 $\vec{B}_1$을 구하고 $\vec{F}_{21}$를 구하는 것이 쉽다.

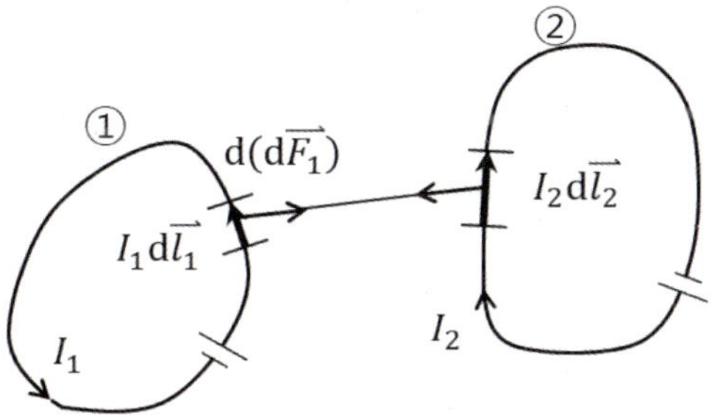

그림 4.34 두 전류 루프 사이에 작용하는 힘

요약

자기력은 자기장과 힘의 방향이 수직으로 작용하므로 주의해야 한다. 두 전류 사이에 작용하는 힘을 구하려면 하나의 전류 루프에서 작용되는 자기장을 구하고 이 자기장이 있는 공간에서 자기장의 방향과 두 번째 전류를 구성하는 전하들이 움직이는 방향에 수직으로 작용하는 자기력을 계산하면 된다.

예제 4-22

z축 위의 무한 길이의 선전류 I_1에 의하여 생성된 자기장이 정사각형 전류 루프의 각 팔(arm)에 작용하는 힘을 구해 보자. 여기서 루프에서 전류 소자 간에 작용할 수 있는 모든 힘은 무시한다.

풀이 첫 번째 단계로, 루프를 포함하는 y-z평면에서 자기장 $\vec{B_1}$을 찾는다. 이는 무한도선에 전류가 흐르는 경우이므로 다음과 같다.

$$\vec{B_1} = \frac{\mu_0 I_1}{2\pi y}(-\vec{a_x})$$

다음으로 정사각형 전류 루프의 각 팔(arm)에 작용하는 힘을 구하자. 길이 a부터 계산하면 다음과 같다. 벡터 방향은 $\vec{a_y} \times (-\vec{a_x}) = \vec{a_z}$ 방향으로 주어진다.

$$\vec{F}_{1a} = \int I_2 d\vec{l}_a \times \vec{B_1} = I_2 \int_{y_0}^{y_0+w} dy \frac{\mu_0 I_1}{2\pi y}\vec{a_z} = \frac{\mu_0 I_1 I_2}{2\pi} ln\left(\frac{y_0+w}{y_0}\right)\vec{a_z}$$

다음으로 길이 b의 힘은 다음과 같다. 벡터방향은 $\vec{a_z} \times (-\vec{a_x}) = -\vec{a_y}$ 방향으로 주어진다.

$$\vec{F}_{1b} = \int I_2 d\vec{l}_b \times \vec{B_1} = I_2 \int_0^w dz \frac{\mu_0 I_1}{2\pi(y+w)}(-\vec{a_x}) = -\frac{\mu_0 I_1 I_2 w}{2\pi(y_0+w)}\vec{a_y}$$

마찬가지로 길이 c와 d에 대해서는 다음과 같다.

$$\vec{F}_{1c} = -\frac{\mu_0 I_1 I_2}{2\pi} ln\left(\frac{y_0+w}{y_0}\right)\vec{a_z}$$

$$\vec{F}_{1d} = \frac{\mu_0 I_1 I_2 w}{2\pi y_0}\vec{a_y}$$

이 힘을 합하면, $\vec{F}_{1a}$와 $\vec{F}_{1c}$는 상쇄되지만 길이 d가 무한 선전류에 더 가깝게 있기 때문에 힘 $\vec{F}_{1d}$의 크기가 $\vec{F}_{1a}$보다는 크므로 상쇄되지 않는다. 따라서 루프는 y방향으로 힘을 받는다. 만약 루프에서 전류의 방향이 시계 방향이라면 루프는 -y방향으로 힘을 받게 된다.

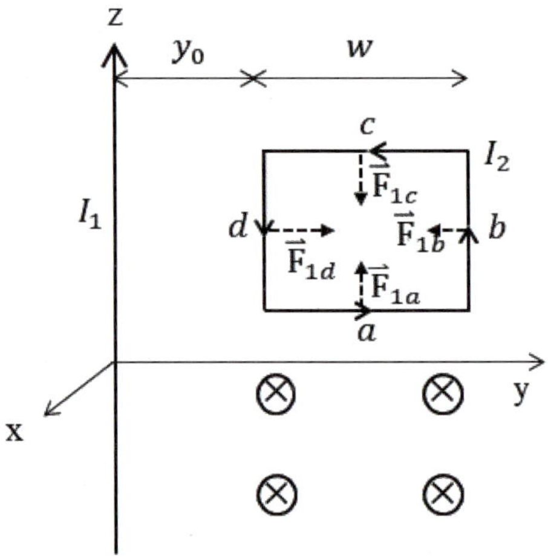

그림 4.35 (예제 4-22)의 그림

4.7.2 자기 토크와 자기 모멘트

자기력을 살펴보았으므로 자기력에 의해 발생하는 회전력에 대해 살펴보자.【그림 4.36】과 같이 x-y 평면상에 놓여 있는 사각형 전류 루프가 있다고 가정하자. 두 그림의 차이점은【그림 4.36(a)】에서는 공간에 존재하는 자기장이 전류 루프가 놓여 있는 평면에 수직한 방향($-B_x\vec{a}_x$)인 반면에【그림 4.36(b)】에서는 공간에 존재하는 자기장이 전류 루프가 놓여 있는 평면과 같은 방향($B_y\vec{a}_y$)이라는 것이다.【그림 4.36(a)】에서 전류 루프에 작용하는 전기력은 (예제 4-22)에서 4개의 루프에 작용하는 자기력이 동일한 크기를 가질 때와 같으며, 이 경우 서로 상쇄되어 0이 된다. 반면에【그림 4.36(b)】에서는 두 루프에 작용하는 힘이 반대 방향이므로 루프가 반시계 방향으로 돌아가게 하는 토크가 작용하게 된다. 이 토크는 루프가 자기장의 방향과 수직일 때까지 작용하고, 루프가 수직이 되면 사라지게 된다.

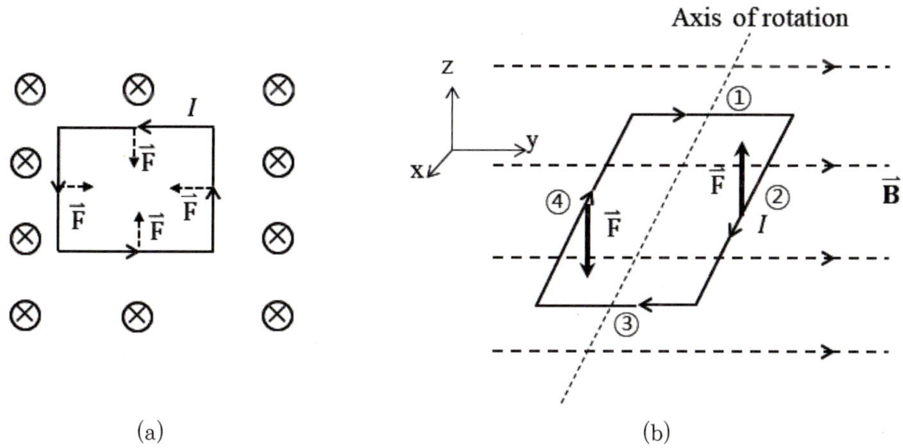

그림 4.36 자기장 내에서의 사각형 전류 루프

이제【그림 4.36(b)】에 작용하는 토크를 구해보자. 토크(torque) $\vec{\tau}$는 모멘트 암(moment arm)의 길이 벡터 $\vec{r}$과 힘 $\vec{F}$와의 외적으로 정의된다.

$$\vec{\tau} = \vec{r} \times \vec{F} \tag{4.111}$$

식 (4.111)을【그림 4.36(b)】에 적용하면 토크는 다음과 같다.

$$\tau = \vec{r}_1 \times \vec{F}_1 + \vec{r}_2 \times \vec{F}_2 + \vec{r}_3 \times \vec{F}_3 + \vec{r}_4 \times \vec{F}_4 \tag{4.112}$$

모멘트 암 1번에서의 힘은 다음 식 (4.107)을 적분함으로써 구해진다.

$$d\vec{F}_1 = Idy\,\vec{a}_y \times B_y\,\vec{a}_y \tag{4.113}$$

하지만 이 경우 전류 방향이 자기장의 방향과 같은 방향이기 때문에 0이 된다. 모멘트 암 3에서의 힘 역시 같은 이유로 0이 된다. 따라서 남은 항은 다음과 같다.

$$\tau = \vec{r}_2 \times \vec{F}_2 + \vec{r}_4 \times \vec{F}_4 \tag{4.114}$$

모멘트 암 2번에서의 힘을 구하면 다음과 같다.

$$d\vec{F}_2 = Idx\,\vec{a}_x \times B_y\vec{a}_y = IB_y dx\,\vec{a}_z \tag{4.115}$$

식 (4.115)에서 $\vec{r}_2 = b/2\vec{a}_y$이므로 생성되는 토크는 $\vec{\tau}_2 = IB_y \frac{ab}{2}\vec{a}_x$가 된다. 동일한 방법으로 모멘트 암 4번에서의 토크을 구하면 동일하게 $\vec{\tau}_4 = IB_y \frac{ab}{2}\vec{a}_x$이다. 따라서 루프 상에 생기는 전체 토크는 다음과 같다.

$$\vec{\tau} = IB_y ab\vec{a}_x \tag{4.116}$$

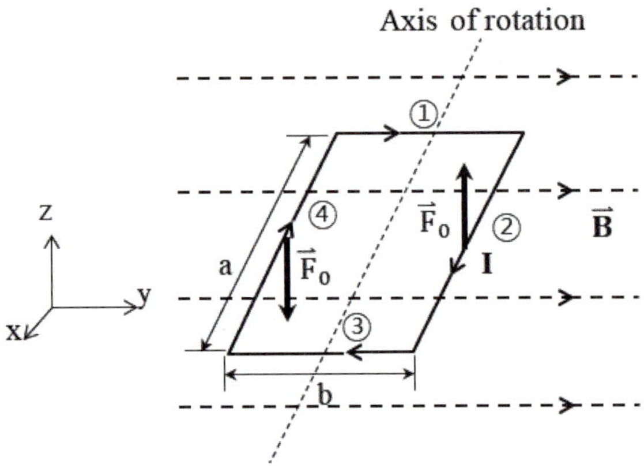

그림 4.37 그림 4.36(b)의 각 루프의 위치에 대한 단면도

이러한 자기장 내에 놓여 있는 전류 루프가 회전력을 가질 수 있는 원리는 전기모터 등에서 매우 유용하다. 간단한 직류 모터에 있어서, 루프(이를 회전자(rotor)라 부르기도 한다)가 자기장 속에 삽입된다. 회전자의 끝 부분은 분리된 링을 통해 DC 전류에 연결되도록 도체 브러시(brush)로 이루어져 있다. 전류가 루프상을 통과함으로써 토크가 발생한다. 회전자는 회전하여 곧 토크가 0이 되는 지점에 도달하고, 브러쉬가 링의 스플릿(split)을 통과하며 이때 전류의 방향이 바뀐다. 이러한 원리로 회전자는 같은 방향으로 계속해서 돌게 된다. 이것이 DC모터의 동작 원리이다.

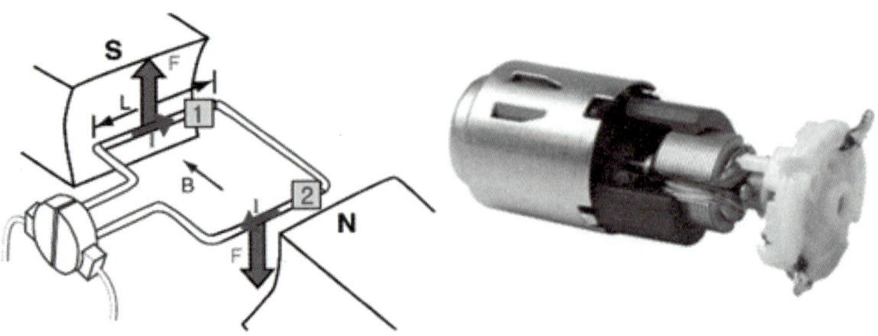

그림 4.38 DC모터의 동작 원리

이제 식 (4.116)을 일반화하기 위해 루프의 자기 쌍극자 모멘트(magnetic dipole moment)를 다음과 같이 정의하자.

$$\vec{m} = IS\vec{a}_N \tag{4.117}$$

여기서 $\vec{m}$ 은 [Am^2]의 단위를 가지며, $\vec{a}_N$은 루프를 이루고 있는 평면 S에 수직인 단위 벡터이다. 단위 벡터 $\vec{a}_N$의 방향은 오른손 법칙을 통해 정해지는데, 엄지를 제외한 오른 손가락들이 가리키는 방향이 루프상의 전류 방향이 되고, 엄지 손가락이 가리키는 방향이 $\vec{a}_N$ 단위 벡터의 방향이 된다. 이제 자속 $\vec{B}$에서 자기 쌍극자에 의한 토크는 다음과 같이 주어진다.

$$\vec{\tau} = \vec{m} \times \vec{B} \tag{4.118}$$

여기서 자속 밀도 벡터 $\vec{B}$는 수직 성분과 수평 성분으로 구성되며, 수직 성분은 $\vec{m}$ 과 같은 방향이기 때문에 토크형성에 기여하지 않는다.

토크에 대한 식 (4.111)과 식 (4.118)을 비교하면 식 (4.111)은 기계 응용에서 회전력을 다룰 때 주로 사용되는 식이며, 식 (4.118)은 정자기장 문제에서 유용하다. 즉, 외부 자기장 내에 놓여 있는 자성체 물질을 해석할 때 자성체 물질을 자기 쌍극자 모멘트의 합이라고 표현하여 자화 현상을 설명하는데 사용할 수 있다.

예제 4-20

y-z 평면 상($0 < y < 0.4,\ 0 < z < 0.6$)에 사각형 전류 루프가 놓여 있으며, 반시계 방향으로 3[A]의 전류가 흐르고 있다. 자기장이 $\vec{B} = 0.5\vec{a}_x + 0.8\vec{a}_y\,[Wb/m^2]$일 때, 코일의 토크를 구하시오.

| 풀이 | 자기 쌍극자 모멘트와 자기장을 알면 토크를 계산할 수 있다.

$\vec{\tau} = \vec{m} \times \vec{B} = 3(0.4)(0.6)\vec{a}_x \times (0.8\vec{a}_y) = 0.576\vec{a}_z$

4.8 정전기장과 정자기장 요약

현재까지 정전기장과 정자기장의 주요 법칙들을 학습하였다. 정전기장에 대한 주요 법칙으로 쿨롱의 법칙과 Gauss의 법칙을 학습하였고, 정자기장에 대해서는 비오-사바르의 법칙과 Ampere의 법칙을 학습하였다. 쿨롱의 법칙과 비오-사바르의 법칙은 적분식이 복잡하긴 하지만 적분만 풀 수 있다면 다양한 정전기장과 정자기장 문제를 풀 수 있음을 알았다. Gauss의 법칙과 Ampere의 법칙은 복잡한 적분을 풀지 않고도 개념적으로 문제를 풀 수 있는 장점이 있지만, 대칭적인 구조에 대해서만 적용이 가능하다. 한편, 정전기장은 보전장이므로 정전기장과 일대일로 대응되는 전위차의 개념을 통해 쉽게 정전기장 문제를 풀 수 있음을 학습하였다. 마지막으로 정전기장의 경우에는 회전력이 존재하지 않지만 정자기장의 경우에는 자기력이 자기장과 수직으로 작용한다는 특성을 적절히 활용하면 회전력(토크)을 얻을 수 있음을 학습하였다.

현재까지 학습한 정전기장과 정자기장의 기본 법칙은 다음과 같은 4가지 형태의 미분꼴과 적분꼴을 가지게 되는데, 이를 정전기장과 정자기장에 대한 Maxwell 법칙이라고 부른다. 맥스웰 법칙의 미분형 또는 포인트 형태는 적분형으로부터 발산 정리나 Stokes 정리를 이용하면 쉽게 유도할 수 있다.

$$\oint_S \vec{D} \cdot d\vec{S} = Q_{enc}, \quad \nabla \cdot \vec{D} = \rho_v \tag{4.119}$$

$$\oint_S \vec{B} \cdot d\vec{S} = 0, \quad \nabla \cdot \vec{B} = 0 \tag{4.120}$$

$$\oint_l \vec{E} \cdot d\vec{l} = 0, \quad \nabla \times \vec{B} = 0 \tag{4.121}$$

$$\oint_l \vec{H} \cdot d\vec{l} = I_{enc}, \quad \nabla \times \vec{H} = \vec{J} \tag{4.122}$$

중요

정전기장과 정자기장에서의 Maxwell 방정식은 각각 다음의 이름을 갖는다.

$\oint_S \vec{D} \cdot d\vec{S} = Q_{enc}$: 정전기장에서의 Gauss 법칙

$\oint_S \vec{B} \cdot d\vec{S} = 0$: 정자기장에서의 Gauss 법칙

$\oint_l \vec{E} \cdot d\vec{l} = 0$: 정전기장에서의 Ampere 법칙(KVL)

$\oint_l \vec{H} \cdot d\vec{l} = I_{enc}$: 정자기장에서의 Ampere 법칙

Chapter 5

물질 공간에서의 벡터장

우리는 4장에서 정전기장과 정자기장을 구하는 다양한 방법을 학습하였다. 하지만, 이때 벡터장이 존재하는 공간은 아무 물질도 없는 자유 공간을 가정하였다. 하지만, 우주 공간이 아닌 우리가 살고 있는 세상은 다양한 물질이 존재하며, 이러한 물질공간에서 정전기장과 정자기장은 물질과 다양한 상호작용을 하게 되므로 이를 이해할 필요가 있다. 예를 들어 전자가 도체 밖으로 나가지 못하는 이유, 전선을 만들 때 도체 주위를 절연체로 감싸는 이유, 전자레인지에서 음식이 뜨거워지는 이유 등은 물질에서의 전기장과 자기장의 특성을 알아야 설명이 가능하다. 이에 따라 5장에서는 물질을 고려한 정전기장과 정자기장이 어떠한 특성을 갖는지 비교하면서 학습한다. 전자기학에서 바라보는 물질은 크게 도체, 유전체, 자성체로 분류할 수 있으며 이러한 물질은 물질 고유의 3가지 파라미터인 투자율 μ("mu")와 유전율 ε("epsilan") 및 도전율 σ("sigma")에 의해 정의된다. 이 중 투자율은 자기장과 관련되며, 대표적인 응용 소자로는 인덕터와 변압기가 있다. 다음으로 유전율은 전기장과 관련이 깊으며, 대표적인 응용 소자로는 캐패시터와 PCB 기판이 있다. 마지막으로 도전율은 물질 내에서 전류가 얼마나 잘 흐르는지와 연관되며, 대표적인 응용 소자로는 전선과 저항 소자가 있다.

5장의 학습은 먼저 도체와 전류에 대한 학습으로 시작한다. 도체에서 전하와 전류가 어떻게 분포되는지, 또는 어떻게 이동하는지 살펴보고, 도체에서의 전류 흐름을 전류 연속 방정식으로 설명할 수 있음을 살펴본다. 다음으로 유전체와 자성체를 구성하는 기본 전기적, 자기적 입자는 각각 전기 쌍극자와 자기 쌍극자이므로 이러한 쌍극자에서의 벡터장을 구한다. 이렇게 구한 전기 쌍극자의 벡터장으로부터 유전체와 분극 현상을 설명하고, 회로적으로 정전 용량으로 모델링됨을 학습한다. 다음으로 자기 쌍극자로부터 자성체와 자화 현상을 설명하고, 회로적으로 인덕턴스로 모델링됨을 학습한다. 마지막으로 한 물질공간에서 벡터장을 알 때 다른 물질 공간과 경계에서 벡터장의 특성 변화를 살펴봄으로써 다른 물질 공간에서 벡터장을 구하는 경계 조건을 학습한다.

5.1 물질의 전기적 특성

우리 주변의 대부분의 물질은 전기적 특성을 갖는다. 따라서 전기가 잘 통하는지 통하지 않는지에 따라 크게 도체 또는 유전체로 구분된다. 반면에 자기적 특성은 대부분의 물질에서 미약하여 극히 일부의 물질만이 발현된다[1]. 참고로 전자기학 관점에서 물질을 다룰 때는 균일한 물질을 가정한다. 즉, 물질 내의 모든 위치에서 특성이 균일하게 같다는 의미에서 물질은 균질(homogeneous[2])하다고 하며, 물질이 놓인 방향에 무관하다는 의미에서 물질은 등방성(isotropic[3])이라고 가정한다.

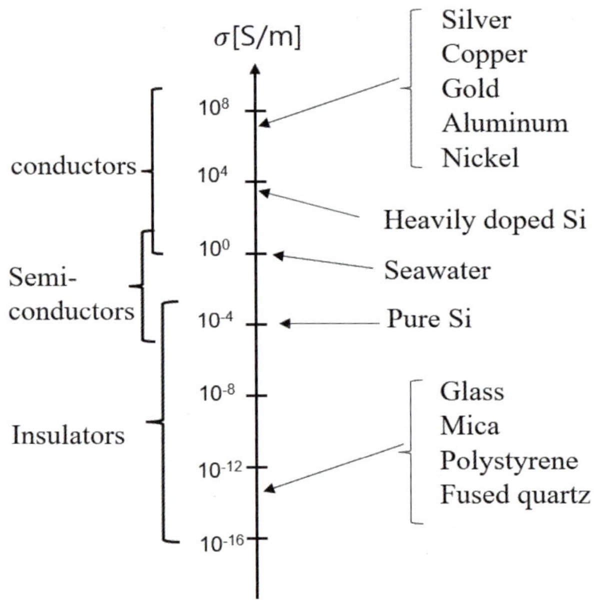

그림 5.1 도전율 도표

물질의 전기적 특성은 도전율로 설명된다. 도전율의 단위는 단위미터 당 지멘스(S/m)로 표현된다. 지멘스는 저항의 역수이므로 $[1/\Omega\,\mathrm{m}]$로 표현된다. 때때로, $\mho/m$로("mho/meter로 발음된다") 표현되기도 한다.【그림 5.1】은 도체($\sigma > 10^4$S/m)와 절연체($\sigma < 10^{-4}$S/m) 및 반도체에 대한 대표적인 도전율 값을 나타낸다. 대부분의 도체는 전류의 흐름을 정의하는 전자를 많이 가지고 있는 금속이다. 금속에서의 전자의 움직임은 외부 전기장이 인가되면 최외각 전자가 금속을 구성하는

1) 물질은 전기적 성질과 자기적 성질을 같이 갖는다. 예를 들어 Aluminum은 자기적 성질을 거의 띠지는 않으며 강한 전도성을 가지므로 도체로만 분류되지만, 니켈(Ni)은 도체이면서도 강한 자기적 성질을 띠는 물질로 두 가지 성질을 모두 가지고 있다.

2) 소재를 다루는 공학에서는 위치에 따라 균일하지 않는 물질을 다룬다. 위치에 따라 특성이 달라질 수 있는 물질을 비균질(inhomogeneous) 물질이라고 한다.

3) 크리스탈 등 특정 결정의 특성은 크리스탈의 방향에 따라 변하므로 비등방성(anisotropic) 물질이다.

핵과 최외각 전자를 제외한 전자들이 이루는 격자구조 사이에서 좌충우돌되면서 이동하는데, 이러한 이동의 정도를 나타내는 것이 도전율이다[4]. 일반적으로 전기선으로 사용될 수 있는 대부분의 금속은 10^7에서 10^8[S/m]의 값을 갖는다. 도체는 굳이 고체일 필요는 없으며, 수은이나 바닷물도 전기를 흐르게 하므로 도체라 볼 수 있다. 한편 전자기학에서는 무한대의 도전율을 갖는 이상적인 도체를 가정하는데 이를 양도체(good conductor)라 부른다.

다음으로 절연체, 또는 유전체에서는 전자가 원자에 밀접하게 구속되어 전도를 일으킬 수 없다. 하지만 매우 강한 전기장에서(또는 절연제 양쪽에 높은 전압상태에서) 전자가 갑자기 궤도를 벗어나 전도가 일어나는 불행한 결과가 나오기도 한다. 이러한 현상을 항복(breakdown)이라고 하며 유전체의 항복을 일으키는 전압을 항복 전압(breakdown voltage)이라 한다. 항복 전압은 유전체의 특징을 설명하는 중요한 파라미터이기는 하지만 전자기학에서 다루는 유전체는 이를 특별히 고려하지는 않는다.

도체도 유전체도 아닌 반도체에서는 전자는 원자에 강하게 구속되어 있지 않아서 에너지를 조금 추가하는 것만으로도 전도가 가능하다. 전자가 원자로부터 튕겨나가면 그 자리에 정공 또는 hole이라 부르는 빈 공간이 남는데, 실질적으로 이동하는 양전하와 같이 행동한다. 상온에서 순수한 실리콘의 경우 이동하는 전하 입자(전자와 hole)의 수가 매우 작으며, 【그림 5.1】에서 나타낸 바와 같이 도전율은 낮다. 그러나 온도가 증가하면, 이동하는 전하 입자의 수는 빠르게 증가하며, 입자의 진동이 많아짐에도 불구하고 전도성이 커진다. 반도체의 도전율을 증가시키는 다른 방법으로 반도체에 불순물을 주입하여 전하 캐리어를 쉽게 증가시킬 수 있다. 불순물이 많이 주입된 실리콘은 10^4[S/m] 정도로 높은 도전율 값을 갖는다. 참고로 이러한 반도체의 전기적 특성은 물리전자, 반도체 공학 등의 별도의 과목에서 좀 더 자세히 학습하자.

5.1.1 대류 전류와 전도 전류

1장에서 학습한 바와 같이 전하의 움직임인 전류는 식 (5.1)로 표현할 수 있다. 즉 1[A]의 전류는 1초당 1[C]의 전하가 이동하는 것을 의미한다. 그래서 1[A] = 1[C/sec]가 된다.

$$I = \frac{dq}{dt}\,[C/\sec]\,\text{or}\,[A] \tag{5,1}$$

그런데 식 (5.1)의 전류에 대한 식은 전하의 시간변화만을 설명하고 공간상의 전하의 이동 방향

4) 도전율은 온도를 증가시킴에 따라 격자구조의 진동이 많아짐에 따라 고온으로 올라갈수록 더 많은 충돌이 생기기 때문에 속도가 감소하게 되며, 온도가 낮아질수록 격자의 진동이 적어짐에 따라 속도가 증가하게 된다.

을 설명하지는 못하므로 전자기학에서는 전류가 아닌 전류밀도 벡터를 정의하여 사용하게 된다. 전류밀도 벡터의 개념은【그림 5.2】와 같이 전류를 전류가 통과하는 면적으로 나눈 값이다. 전류 밀도는 벡터량 $\vec{J}(\mathrm{A/m^2})$로 표현되며, 식 (5.2)와 같이 전류는 특정 면적을 뚫고 나가는 선속으로 표현될 수 있다. 따라서 전류 벡터의 방향과 면적이 수평인 경우 전하가 면적을 뚫고 나가지 못하므로 전류는 0이 되고, 전류 방향에 면적이 수직으로 놓여 있는 경우 최댓값이 된다[5].

$$I = \int \vec{J} \cdot d\vec{S} \tag{5.2}$$

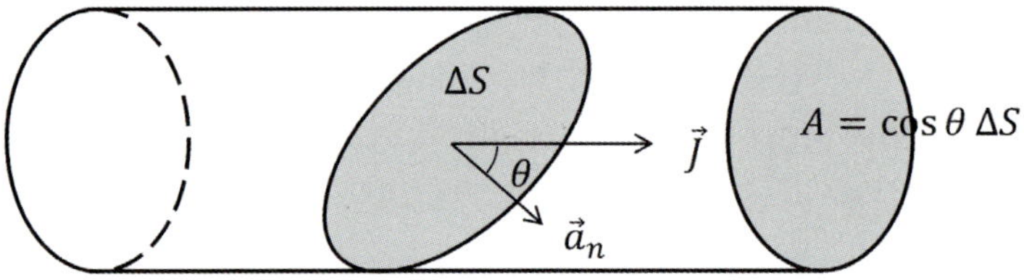

$$\vec{J} = JA = \vec{J} \cdot \vec{a}_n\,\Delta S$$

그림 5.2 전류와 전류밀도 벡터 개념

보통 전류와 전류밀도 벡터에는 대류 전류, 전도 전류 및 변위 전류라는 3가지 형태가 있을 수 있다. 변위 전류는 시간적으로 변하는 전자기장에서 생기는 현상으로 캐패시터의 양쪽 면 사이에 교류 전류가 흐를 수 있도록 하는데, 이는 6장에서 논의될 것이고, 정전기장이나 정자기장과 관련된 전류는 대류 전류와 전도 전류이다.

먼저, 대류 전류를 보자. 대류 전류는 진공, 공기와 같이 비전도성 매질을 통과하는 전하입자의 운동과 관련된다. 이러한 예로 음극선관의 전자빔(즉, 텔레비전의 모니터)이 있다. 체적 전하 밀도 ρ_v가 속도 $\vec{u}$로 움직인다면, 대류 전류 밀도는 다음과 같다.

$$\vec{J} = \rho_v \vec{u} \tag{5.3}$$

5) 전자기학에서 선속은 전속(electric flux), 자속(magnetic flux), 전류(current) 3개가 있으며 각각 전속밀도 벡터 $\vec{D}$, 자속밀도 벡터 $\vec{B}$, 전류밀도 벡터 $\vec{J}$의 벡터면적분으로 정의된다.

예제 5-1

체적 전하 밀도가 $-0.2\,[nC/m^3]$인 전하가 자유 공간에서 2mm의 반경을 갖는 원통 모양의 형태로 $|\vec{u}| = 6\times 10^6\,[m/\text{sec}]$의 속도로 이동하고 있다. 이러한 전류는 어떤 전류이며, 이 경우 전류의 크기는 얼마인가?

풀이 도체가 존재하지 않는 자유 공간에서 전하가 이동하므로 대류 전류이고, 전류는 다음과 같다.

$$|\vec{J}| = \rho_v |\vec{u}| = 1.2\times 10^{-3}$$

$$I = \int \vec{J}\cdot d\vec{S} = 1.2\times 10^{-3}(\pi 4\times 10^{-6}) = 15.1\,[nA]$$

다음으로 전도 전류밀도는 도체에 있는 전하에 전기장이 가해질 때 전도성 물질을 통한 전류의 이동을 설명하며, 다음과 같이 주어진다. 식 (5.4)를 옴의 법칙(Ohm's law)의 미분형이라 부른다.

$$\vec{J} = \sigma\vec{E} \tag{5.4}$$

도체는 움직임이 자유로운 많은 수의 전자를 갖고 있어 전도 전류의 움직이는 전하의 역할을 한다. 하지만 도체에는 전류를 구성하는 자유전자 외에 원자핵과 구속 전하가 있으므로 자유전자는【그림 5.3】과 같이 이러한 원자의 격자와 충돌하여 한 원자에서 다른 원자로 표류하게 된다. 엄청나게 많은 자유전자가 이러한 운동을 하게 되면 통계적으로 다룰 수 있으며, 이를 설명하는 것이 도전율이라고 볼 수 있다[6].

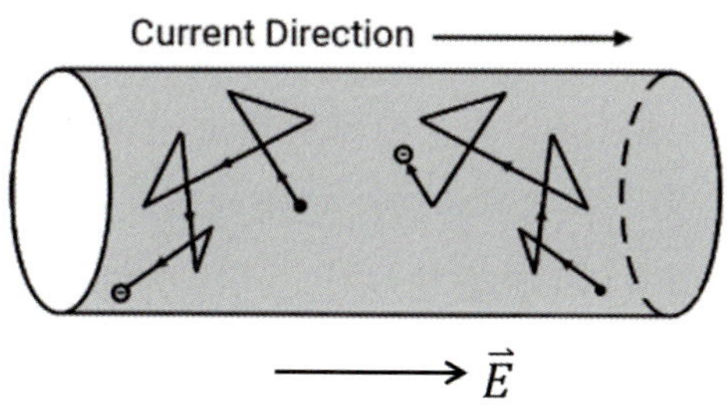

그림 5.3 도체에서의 전기장에 의한 전하의 움직임

6) 물리전자 등의 과목에서는 전자소자를 구성하는 다양한 물질에서의 전하의 평균 속도(drift velocity)를 계산하는 것이 중요하지만, 전자기학에서는 식 (5.4)만으로 전도 전류를 묘사한다.

예제 5-2

반경 0.5mm인 원통 모양의 도선에 10[mV/m]의 전기장을 가했을 때 다음을 구하시오. 자유전자의 수는 $1m^3$의 체적 내에 $n = 10^{29}$개가 존재하며 도전율은 $\sigma = 5 \times 10^7 [S/m]$이다(이 예제를 통해서 전자의 속도는 실제 에너지 전달 속도에 비해 매우 느림을 학습한다).

(a) 자유 전자에 의한 전하 밀도 ρ_v

(b) 전류 밀도 벡터의 크기

(c) 전류

(d) 전자의 속도

| 풀이 | (a) $\rho_v = nQ_e = 10^{29} \times (-1.6 \times 10^{-19}) = -1.6 \times 10^{10} [C/m^3]$

(b) $|\vec{J}| = \sigma |\vec{E}| = (5 \times 10^7) \times (0.01) = 500 [kA/m^2]$

(c) $I = \int \vec{J} \cdot d\vec{S} = (5 \times 10^5)(\pi 0.0005^2) = 0.393 [A]$

(d) $|\vec{u}| = |\vec{J}| / |\rho_v| = (5 \times 10^5) / (1.6 \times 10^{10}) = 3.125 \times 10^{-5} [m/\sec]$

5.1.2 도체에서의 저항과 전력

도체는 움직임이 자유로운 많은 수의 전자를 갖고 있지만 전기적으로 중성이다[7]. 이제 만약【그림 5.4】와 같이 도체 주변에 외부 전기장($\vec{E_e}$)이 인가되었다고 생각하자. 도체 내의 양전하는 인가된 전기장과 같은 방향으로 이동하게 되고 음전하는 반대 방향으로 이동하게 되는데 이러한 이동은 도체 내부의 전기장이 0이 될 때까지 순간적으로 진행될 것이다[8]. 만약 도체 내에 전하가 남아 있다면 이는 서로 간의 인력과 척력에 의해 도체 표면 바로 근처로 빠르게 축적된다. 이 결과 도체 내에서 전하밀도는 0이 되며, 가우스 법칙에 의해 도체 내부의 전기장은 0이 된다. $\vec{E} = 0$이므로, 도체 내의 두 점 간에 전위차 역시 0이 된다. 따라서 도체는 전체가 등전위면으로 생각할 수 있다.

7) 도체 안에 자유전자가 많다고 해서 전기적으로 '−' 성질을 띠는 것이 아니다. 도체 안에는 자유전자 와 원자핵이 동일한 전하량을 갖고 불규칙(랜덤)하게 배치되어 있으므로 전기적으로는 중성이 된다.

8) 실제 도체에서는 이동하는 것은 자유전자뿐이고, 자유전자가 떠나고 남은 빈자리가 양전하(hole)의 역할을 한다.

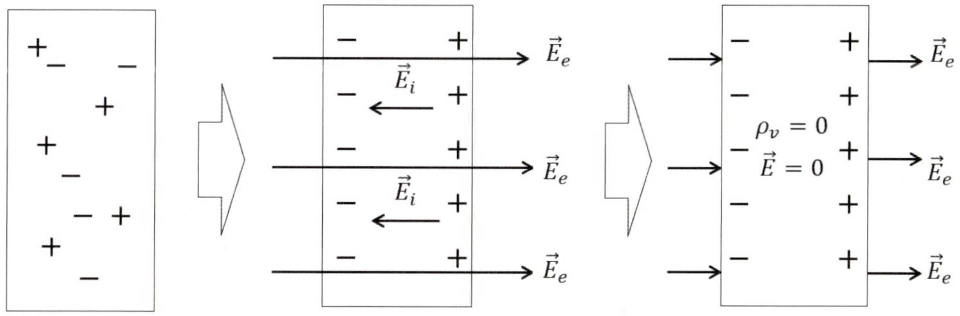

그림 5.4 정전기장 내에서 독립된 도체

이제【그림 5.5】와 같이 도체의 양쪽 끝에 전위차 V를 인가한 경우를 고려하자.

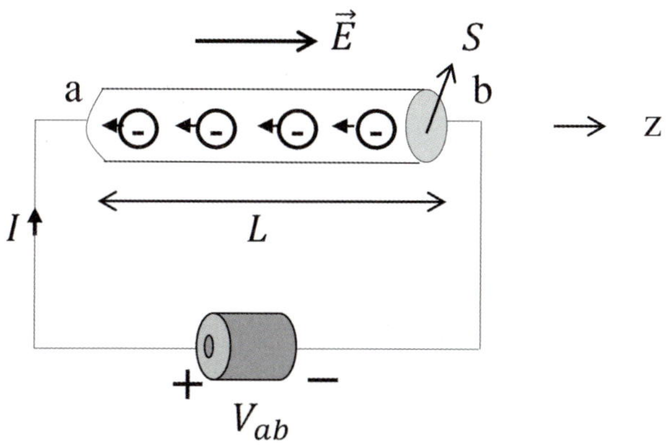

그림 5.5 전기장이 인가된 경우 균일한 단면을 갖는 도체

도체의 양 끝에 전위차가 인가되면【그림 5.4】와는 다르게 도체 내부에서 전하밀도가 0이 되지 않으므로 전기장이 0이 되지 않는다. 즉,【그림 5.5】는【그림 5.4】와 달리 전하를 지속적으로 공급하는 배터리와 연결되어 있으므로 정전기장에 의한 평형상태에 도달할 수 없게 된다. 따라서 도체 내부에서 전류의 흐름을 계속 유지시키기 위하여 도체 내에 전기장이 존재해야 한다. 이러한 경우 전자들이 이동할 때 저항이라 부르는 제동력이 존재한다. 이러한 전위차와 전류 간의 관계는 저항 R로 표현되며, 회로 이론에 나오는 Ohm의 법칙에 따라 $R = V/I$로 주어진다.

Ohm의 법칙의 미분형으로부터 회로 이론식을 유도하는 것을 보이기 위한 예로서【그림 5.5】와 같이 단면적 S, 길이 L, 도전율 σ를 갖는 원통 모양의 물질을 고려하자. 원통의 축 방향을 z방향으로 놓으면 원통의 양 끝단 간의 전위차 V_{ab}에 의해 전기장 $\vec{E} = (V_{ab}/L)\vec{a}_z$가 된다. 전류밀도는 Ohm의 법칙의 미분형 $\vec{J} = \sigma\vec{E}$과 관련이 있다. 전류는 전류밀도에 대해 $\vec{J} = (I/S)\vec{a}_z$이므로 Ohm

의 법칙의 미분형은 다음과 같이 쓸 수 있다.

$$\vec{J} = \sigma \vec{E} \quad \leftrightarrow \quad \frac{I}{S} = \sigma \frac{V_{ab}}{L}$$

이 식을 저항에 대한 표현식이 되도록 표현하면 다음과 같다.

$$R = \frac{V_{ab}}{I} = \frac{1}{\sigma}\frac{L}{S} \tag{5.5}$$

도전율의 역수를 비저항(relative resistivity)이라고 부른다. 도전율과 비저항은 보통 1m당 얼마로 표현하며 대표적인 도체 물질들의 도전율과 비저항이【표 5.1】에 나타나 있다.

표 5.1 대표적인 도체 물질들의 도전율과 비저항

도체물질	도전율[S/m]	비저항[Ωm]
구리(Cu)	5.8×10^{7}	1.7×10^{-8}
알루미늄(Al)	3.8×10^{7}	2.6×10^{-8}
금(Au)	4.1×10^{7}	2.4×10^{-8}
은(Ag)	6.2×10^{7}	1.6×10^{-8}

예제 5-3

도체의 도전율이 $10^{6}\,[S/m]$, 길이 1.0[m], 반경 0.5[mm]인 원통 모양의 도체 저항을 구하라.

| 풀이 | 식 (5.5)에 의해 저항은 도체의 도전율과 길이와 넓이에 의해 계산된다.

$$R = \frac{V_{ab}}{I} = \frac{1}{\sigma}\frac{L}{S} = 1.27\Omega$$

외부 전기장 $\vec{E}$가 인가될 경우 도체의 저항을 구하는 식 (5.5)의 일반적인 표현은 식 (5.6)과 같다.

$$R = \frac{V}{I} = \frac{\int_{l} \vec{E} \cdot d\vec{l}}{\int_{S} \sigma \vec{E} \cdot d\vec{S}} \tag{5.6}$$

예제 5-4

특별한 형태를 갖는 저항의 예로 【그림 5.6】과 같이 도전율이 $5\times10^6\,[S/m]$이고, 길이가 4m이고, 가운데 반경 5mm의 둥근 구멍이 있는 도체의 저항을 구하라.

| 풀이 | 저항의 형태에 따라 단면적과 길이를 구해서 저항을 구하면 된다.

$$R=\frac{V_{ab}}{I}=\frac{1}{\sigma}\frac{L}{S}=\frac{4}{(5\times10^6)(0.03^2-\pi(0.005)^2)}=974u\Omega$$

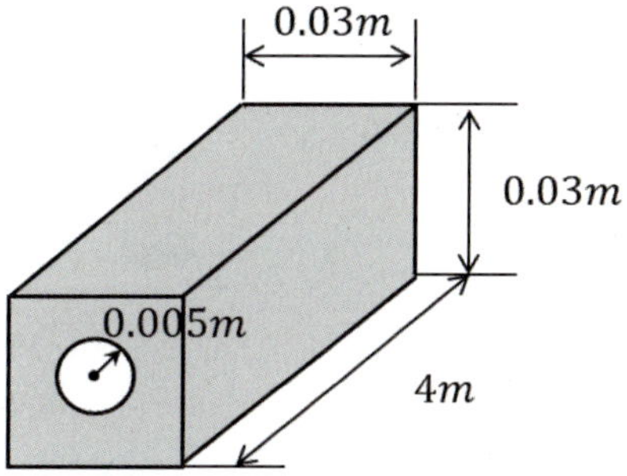

그림 5.6 (예제 5-4)의 저항

이제 전류와 저항의 개념을 도입하였으므로 전력을 계산할 수 있다. 보통 전력 P는 일(또는 에너지) W의 시간에 대한 변화율로 정의된다. 따라서 식 (5.7)과 같다.

$$dW=-\vec{F}\cdot d\vec{l}=-Q\vec{E}\cdot d\vec{l}\ \rightarrow P=\frac{dW}{dt}=-\vec{F}\cdot\frac{d\vec{l}}{dt}=-Q\vec{E}\cdot\vec{u} \tag{5.7}$$

식 (5.7)에서 전하를 체적 전하 밀도의 체적적분으로 표현하면 다음과 같다.

$$P=-Q\vec{E}\cdot\vec{u}=\int_v\rho_v dv\,\vec{E}\cdot\vec{u}=\int_v\vec{E}\cdot\rho_v\vec{u}\,dv \tag{5.8}$$

이제 전류밀도의 정의에 따라 식 (5.8)은 다음과 같다.

$$P=\int_v\vec{E}\cdot\vec{J}dv=\int\sigma|\vec{E}|^2dv \tag{5.9}$$

식 (5.9)는 전자기학에서의 Joule의 법칙이 된다. 균일한 단면을 갖는 도체에서 $dv=dSdl$이므로 식 (5.9)는 회로 이론에서 Joule의 법칙과 동일하다.

$$P = \int_L \vec{E} \cdot d\vec{l} \int_S \vec{J} \cdot d\vec{S} = VI \qquad (5.10)$$

현재까지 도체에서의 저항에 대해 살펴보았다. 회로 이론에서는 보통 회로 소자를 연결하는 전선이 이상적이라고 가정하지만, 전자기학에서는【그림 5.7】과 같이 단면적 S, 길이 L, 도전율 σ를 갖는 원통 모양의 도체라고 가정하고 여기에 도선에서의 전력 소모를 고려할 수 있다[9].

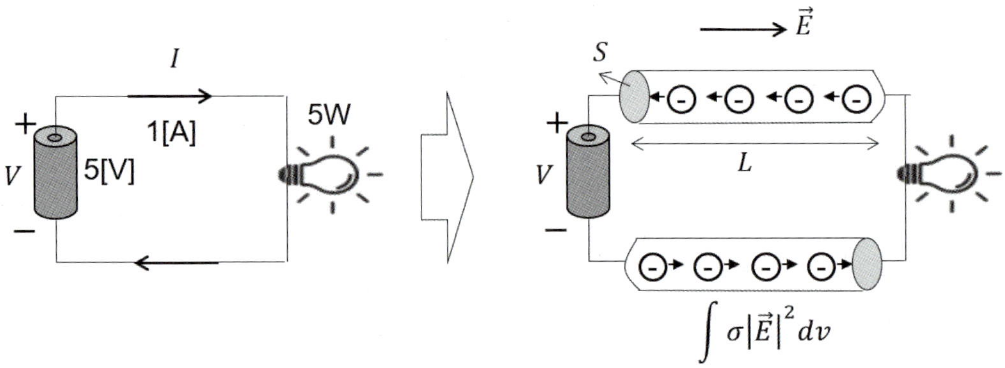

그림 5.7 전자기학에서는 도선에서의 전력 소모를 고려

예제 5-5

0.05m의 반경과 1m의 길이를 갖는 원통 막대가 있다. 이 막대의 도전율이 $10^{-3}[S/m]$이고, 전기장이 $\vec{E} = 12\vec{a}_z$[V/m]로 주어진다. 이 막대에서 소모되는 전력은 얼마인가?

풀이 식 (5.10)에 의해 원통 막대에 전하들이 소모하는 전력은 체적적분으로 구할 수 있다.

$$P = \int_v \sigma |\vec{E}|^2 dv = \sigma \int_0^{0.05} (12)^2 \rho d\rho \int_0^{2\pi} d\phi \int_0^1 dz$$

$$= (10^{-3})(144)\frac{(0.05)^2}{2}(2\pi)(1) = 1.13[mW]$$

9) 전자회로 내에서는 전압과 전류의 크기가 작고 선로의 길이가 짧아서 선로의 전력 손실을 크게 고려하지 않지만 송배전과 같이 도선의 길이가 길거나 전압과 전류가 큰 대전력 회로에서는 도선에서 소모되는 전력에 대한 계산이 반드시 필요하다.

5.1.3 동축 선로의 저항

앞에서 원통 모양의 도선에 의한 저항을 계산하였다. 이를 확장하여 4장에서 학습한 동축 선로의 저항을 살펴보자.【그림 5.8】의 배터리와 부하를 연결하는 두 개의 도선이 있는데 이를 이중 선로(two-wire line)라고 부른다. 이러한 이중선로를 동축 선로를 대체하면 동축 선로에는 2개의 도체가 있으므로 배터리와 부하를 선로하나만으로 연결할 수 있다. 동축 선로에는 내부 도체와 외부 도체에 의한 직렬 저항이 각각 존재하며, 유전체 역시 작지만 도전율이 있으므로 두 도체 사이에도 병렬저항이 존재한다고 볼 수 있다.

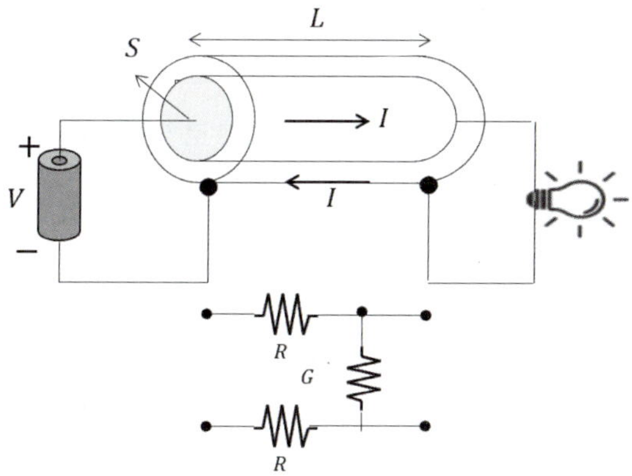

그림 5.8 동축 선로에 존재하는 저항 성분

내부 도체의 직렬 저항은 식 (5.5)와 같이 단면적 S, 길이 L, 도전율 σ를 갖는 원통 모양의 도체를 고려하면 계산할 수 있으며, 외부 도체에 의한 직렬 저항은 단면적이 링(ring) 모양이므로 이를 고려하여 계산할 수 있다[10].

한편, 동축 선로는 내부 도체와 외부 도체 사이에 유전율이 채워져 있는데 이러한 유전체에 의한 병렬 저항을 계산해 보자. 동축 선로의 내부 반경이 a, 외부 반경이 b, 길이가 L이며, 도전율이 σ인 유전체 물질로 채워져 있다고 볼 수 있다. 먼저 동축 케이블의 내부 도체에 전하량 Q가 있다고 가정하여 Gauss 법칙을 적용하면 동축 케이블 내부 반경과 외부 반경 사이의 전기장은 다음과 같다.

$$\vec{E} = \frac{Q}{2\pi\epsilon_0 \rho L}\vec{a}_\rho$$

이제 내부 도체와 외부 도체 사이의 전위차를 구해보자.

10) 동축 선로는 보통 DC로 사용하기 보다는 고주파 선로로 사용하므로 직렬 저항은 주파수의 함수가 된다. 주파수가 올라갈수록 표피 효과(skin effect)에 의해 단면적이 작아져 저항 성분이 커지는데 이를 교류 저항이라 한다.

$$V_{ba} = -\int_b^a \frac{Q}{2\pi\epsilon_0 \rho L}\vec{a}_\rho \cdot d\rho\vec{a}_\rho = \frac{Q}{2\pi\epsilon_0 L}\ln\left(\frac{b}{a}\right) \tag{5.11}$$

전류는 다음과 같다.

$$I = \int_S \sigma\vec{E}\cdot d\vec{S} = \int_0^{2\pi}\int_0^L \frac{\sigma Q}{2\pi\epsilon_0 \rho L}\vec{a}_\rho \cdot \rho d\phi dz\vec{a}_\rho = \frac{\sigma Q}{\epsilon_0} \tag{5.12}$$

이제 유전체에 의한 병렬 저항 성분은 식 (5.11)을 식 (5.12)로 나누면 구할 수 있다.

$$R = \frac{1}{2\pi\sigma L}\ln\left(\frac{b}{a}\right) \tag{5.13}$$

보통 병렬 저항은 저항의 역수인 컨덕턴스 G로 표현하므로 컨덕턴스는 다음과 같다.

$$G = \frac{2\pi\sigma L}{\ln\left(\frac{b}{a}\right)}[S] \tag{5.14}$$

컨덕턴스의 단위는 Siemens[S]이 된다.

5.1.4 전류 연속 방정식

도체와 전류에 대한 설명을 마치기 전에 마지막으로 도체 및 전류에 대한 특성을 나타내는 전류 연속 방정식(current continuity equation)을 설명한다. 먼저, 폐곡면 내에 전하 Q를 포함하는 체적을 고려한다. 전하 보전의 법칙에 의해 둘러싸인 폐곡면 안의 Q를 감소시키는 오직 한 가지 방법은 전하가 표면을 뚫고 나가도록 하는 것이다. 이러한 전하의 흐름이 전류이며, 이 전류는 내부 전하의 감소 정도와 같아야 한다. 따라서 다음과 같이 표현될 수 있다.

$$I = \oint \vec{J}\cdot d\vec{S} = -\frac{\partial Q}{\partial t} \tag{5.15}$$

식 (5.15)에서 Q는 시간과 위치의 함수이기 때문에 편미분이 사용되었다[11]. 폐곡면 밖으로 나가는 전류는 둘러싸인 전하의 시간에 따른 감소와 같기 때문에, 음의 부호가 유도식에 포함됨에 주의하기 바란다. 발산 정리를 이용해 식 (5.15)의 좌변을 다시 기술하고, 우변을 전하밀도로 나타내면 식 (5.16)이 된다.

11) 시간에 따라서만 변할 경우 상미분의 표시는 d/dt로 표시하나 공간에서의 변화가 있으므로 편미분 기호인 $\partial/\partial t$를 사용한다.

$$I = \int (\nabla \cdot \vec{J}) \cdot dv = -\frac{\partial}{\partial t}\int \rho_v dv \tag{5.16}$$

이제, 전하를 포함하는 체적이 시간에 따라 변하지 않도록 하기 위해 폐곡면을 고정한다면, 미분을 적분 안쪽으로 넣을 수 있다. 이제 다음과 같은 전류 연속 방정식의 미분형(point form of the current continuity equation)을 유도할 수 있다.

$$\nabla \cdot \vec{J} = -\frac{\partial \rho_v}{\partial t} \tag{5.17}$$

이 식은 전하 밀도에 어떠한 변화도 없는 정상 전류의 경우, 노드에 유입되는 전류의 합은 0이라는 키르히호프 전류 법칙(KCL: Kirchhoff Current Law)을 의미한다. 회로 이론에서 KCL은 회로의 노드(node)에 들어오는 전류를 '+'라 하고 나가는 전류를 '−'라 할 때 임의의 노드에서 전류의 대수적 합은 0과 같다는 것이므로 전류 연속 방정식과 같은 의미가 된다.

예제 5-6

도전율이 $\vec{J} = e^{-2y}\sin 2x\,\vec{a}_x + e^{-2y}\cos 2x\,\vec{a}_y + z\,\vec{a}_z$일 때 전하밀도의 변화율을 구하라.

풀이 $\nabla \cdot \vec{J} = 2e^{-2y}\cos 2x - 2^{-2y}\cos 2x + 1 = 1 = -\frac{\partial \rho_v}{\partial t}$이므로 전하밀도의 변화를 $\frac{\partial \rho_v}{\partial t}$는 −1[C/m³]이 된다.

요약

- 도체와 유전체에서 전기적 특성은 도전율로 설명한다. 도전율이 높은 물질을 도체(conductor), 도전율이 매우 낮은 물질을 유전체(dielectric) 또는 절연체(insulator)라 하며, 도전율이 도체와 유전체의 중간 정도의 값을 갖는 것을 반도체(semiconductor)라 한다. 도전율의 단위는 단위 길이 당 지멘스 [S/m]가 된다. 도전율의 역수는 단위 길이당 저항인 비저항이 되며, 단위는 [Ω/m]가 된다.
- 도체가 전기장 공간에 놓여 있을 때 내부의 전기장의 0이 된다. 하지만, 도체가 배터리에 연결되어 있을 때는 내부의 전기장이 존재하여 전하가 한쪽 방향으로 이동하여 전류가 흐르게 된다.
- 옴의 법칙(Ohm's law)은 $\vec{J} = \sigma\vec{E}$으로 표현되는데 회로 이론에서는 $V = IR$와 동일한 개념이다.
- 회로 이론에서는 도선을 이상적인 경우로 가정하지만 전자기학에서는 도선에 의한 저항 및 전력을 고려한다.
- 전력(Power)은 $P = \int_v \vec{E} \cdot \vec{J} dv$로 표현되는데 회로 이론에서는 $P = VI$와 동일한 개념이다.
- 회로 이론에서 KCL은 전자기학에서는 전류 연속 방정식이라 부른다.

5.2 쌍극자에서의 벡터장

5.1절에서 최외각 전자의 통계적인 움직임으로 도체와 유전체(또는 절연체)를 설명하였다. 유전체는 도체와 달리 외부 전기장이 존재해도 최외각 전자가 없기 때문에 도체와 같은 전하의 움직임을 만들 수가 없지만 전기장에 대해서 반응한다. 이러한 전기장에서 유전체의 반응의 정도를 설명하기 위해서는 유전체의 전기적 모델이 필요하다. 즉, 외부 전기장에 반응하는 제일 작은 전기적 입자로 유전체를 설명하여야 한다. 이러한 제일 작은 전기적 특성을 갖는 입자를 전기 쌍극자라 한다. 마찬가지로 자성체에 대해서도 자기장에 대해 반응하여 자기적 특성을 만드는 최소 크기의 입자가 필요한데 이를 전기 쌍극자와 유사하게 자기 쌍극자라 부른다[12].

5.2.1 전기 쌍극자에서의 정전기장

동일한 크기이지만 부호가 반대인 한 쌍의 점전하, $+Q$와 $-Q$가【그림 5.9】와 같이 가까이 놓여 있는 경우를 생각해 보자. 이러한 한 쌍의 전하를 전기 쌍극자(또는 전기다이폴, electric dipole)라고 부르며, 유전체 물질의 특성을 설명하는 데 매우 유용하게 사용된다. 이러한 다이폴에 대해 전하의 이격 거리 d에 비해 상대적으로 큰 거리 r에서의 전위차에 대한 표현식을 구하고, 이를 Gradient 연산을 적용하여 전기장을 구하고자 한다.

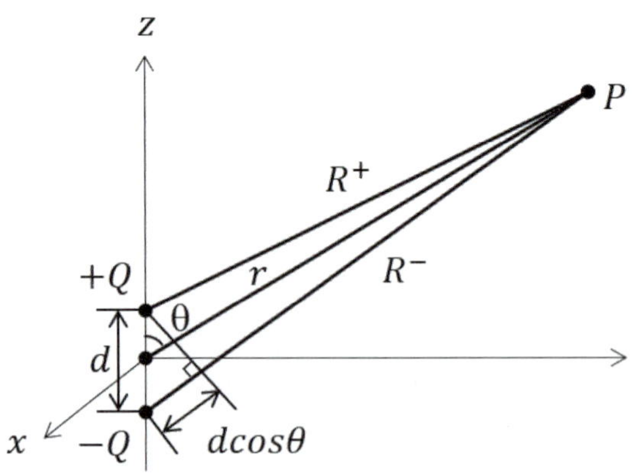

그림 5.9 전기 쌍극자에 의한 P점에서의 전기장

12) 유전체의 특성을 설명하기 위해서는 전기 쌍극자로 충분하지만 자성체의 특성을 설명하기 위해서는 자기 쌍극자로는 부족하다. 하지만 설명의 통일성을 위해 자기 쌍극자를 자성체의 특징을 결정하는 최소의 입자로 설명한다.

이러한 한 쌍의 부호가 다른 점전하에 의한 전위차는 다음과 같이 주어진다.

$$V_P = \frac{+Q}{4\pi\epsilon_0 R^+} + \frac{-Q}{4\pi\epsilon_0 R^-} = \frac{+Q}{4\pi\epsilon_0}\left(\frac{R^- - R^+}{R^- R^+}\right) \tag{5.18}$$

전기 쌍극자의 크기는 원자나 분자 단위로 매우 작지만, 관찰하고자 하는 공간은 매우 크므로 $r \gg d$라고 가정할 수 있다. 이러한 가정 하에서는 두 개의 직선 R^+와 R^-는 근사적으로 동일한 길이가 되므로 분자에서의 곱셈은 $R^- R^+ = r^2$로 볼 수 있다.【그림 5.9】에서와 같이 두 개의 직선은 근사적으로 평행하다고 볼 수 있으므로 두 직선 간의 길이의 차이는 $R^- - R^+ = d\cos\theta$가 된다. 그래서 전위차는 다음과 같이 주어진다.

$$V_P = \frac{Qd\cos\theta}{4\pi\epsilon_0 r^2} \tag{5.19}$$

식 (5.19)에서 $-Q$에서 시작하여 $+Q$까지의 거리 벡터를 $\vec{d}$로 정의하면 $d\cos\theta = \vec{d} \cdot \vec{a_r}$이 되므로 식 (5.19)는 다음과 같이 쓸 수 있다.

$$V_P = \frac{Q\vec{d} \cdot \vec{a_r}}{4\pi\epsilon_0 r^2} = \frac{\vec{p} \cdot \vec{a_r}}{4\pi\epsilon_0 r^2} \tag{5.20}$$

식 (5.20)에서 $\vec{p}$ 벡터를 쌍극자 모멘트(dipole moment)라 부르며 $\vec{p} = Q\vec{d}$가 된다. 전기 쌍극자의 특성을 결정짓는 것은 쌍극자의 전하량과 쌍극자 사이의 거리가 되므로 전기 쌍극자 모멘트는 전기 쌍극자의 특성을 설명하는 기본 벡터라 볼 수 있다[13]. 이제 $r \gg d$인 경우에 V_P에 대한 Gradient 공식을 사용하여 전기장을 구할 수 있다.

$$\vec{E} = -\nabla V_P = \frac{-\partial V_P}{\partial r}\vec{a_r} + \frac{-1}{r}\frac{\partial V_P}{\partial \theta}\vec{a_\theta} + \frac{-1}{r\sin\theta}\frac{\partial V_P}{\partial \phi}\vec{a_\phi} \tag{5.21}$$

대칭성에 의해 V_P는 r과 θ에 대해서만 변하므로 E_ϕ 항은 0이 된다. E_r 항은 다음과 같고,

$$\frac{-\partial V_P}{\partial r}\vec{a_r} = \frac{-Qd\cos\theta}{4\pi\epsilon_0}\frac{\partial}{\partial r}(r^{-2})\vec{a_r} = \frac{2Qd\cos\theta}{4\pi\epsilon_0 r^3}\vec{a_r}$$

13) 모멘트란 회전력과 관련된 용어로 전기장 내에서 전기 쌍극자가 회전하는 특성을 설명하는 단위라는 것을 유추할 수 있다.

다음으로 E_θ 항은 다음과 같다.

$$-\frac{1}{r}\frac{\partial V_P}{\partial r}\vec{a_\theta} = -\frac{1}{r}\frac{Qd}{4\pi\epsilon_0 r^2}\frac{\partial}{\partial\theta}(\cos\theta)\vec{a_\theta} = \frac{Qd\sin\theta}{4\pi\epsilon_0 r^3}\vec{a_\theta}$$

이 두 항을 더함으로써 전기장은 다음과 같이 주어진다.

$$\vec{E} = \frac{Qd}{4\pi\epsilon_0 r^3}\left(2\cos\theta\,\vec{a_r} + \sin\theta\,\vec{a_\theta}\right) \tag{5.22}$$

이렇게 구한 전기 쌍극자에 대한 전위차와 전기장을 그림으로 표현하고 점전하 하나일 때와 비교하면【그림 5.10】과 같다. 그림에서 전기 쌍극자에 대한 등전위면은 두 전하의 가운데 면 전체에서 전위가 0이 되며, 전기장 벡터는 그 면에 수직으로 작용한다는 특징이 있다.

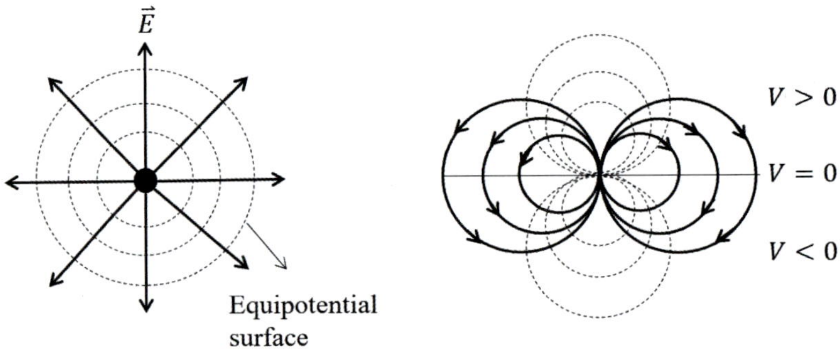

그림 5.10 전기 쌍극자에 의한 전기장의 예

예제 5-7

다음 MATLAB 프로그램을 이용하여 전기 쌍극자의 전위 분포와 전기장을 구하고【그림 5.10】과 비교하시오.

```
[x,y]=meshgrid(-1: .1: 1, -1: .1: 1);
R1=(x.^2+(y-0.25).^2).^.5;
R2=(x.^2+(y+0.25).^2).^.5;
V=(1./R1) - (1./R2);
figure(1)
    R1=(x.^2+(y-0.25).^2).^.5;
```

```
    R2=(x.^2+(y+0.25).^2).^.5;
    V=(1./R1) - (1./R2);
    surf(x,y,V)
    axis off
    view(- 37.5,20)
figure(2)
    contour(x,y,V, 5)
    hold on
    axis square
    [u,v] =gradient (V, .2);
    quiver(x,y,-u,-v, 0.8)
    axis equal
    axis off
    hold off
```

5.2.2 자기 쌍극자에서의 정자기장

정전기장에서 전기 쌍극자에 대응되는 정자기장에서의 개념이 자기 쌍극자(magnetic dipole)로 미소 자석이나 미소 전류 루프를 의미한다[14). 【그림 5.11】과 같이 전류 I가 흐르는 원형 루프에 의해 구좌표계의 한 점 $P(r,\theta,\phi)$에서의 정자기장 벡터 $\vec{B}$는 식 (5.23)과 같이 주어진다. 단, 4장에서 설명한 바와 같이 전기 쌍극자에서와 같이 스칼라장인 전위차로 쉽게 풀 수는 없으므로 유도 과정은 생략한다. 자기 쌍극자에 자속밀도 벡터에 대한 식 (5.23)은 전기 쌍극자에 대한 전기장 벡터의 식 (5.22)와 매우 유사한 형태를 가짐을 알 수 있다. 따라서 미소전류 루프를 자기 쌍극자라 부를 수 있다. 【표 5.2】는 전기 쌍극자와 자기 쌍극자의 특성을 비교한 것으로 둘 사이의 대칭성을 볼 수 있다.

$$\vec{B}=\frac{\mu_0 m}{4\pi r^3}\left(2\cos\theta\,\vec{a}_r+\sin\theta\,\vec{a}_\theta\right) \tag{5.23}$$

14) 자기 쌍극자라는 용어는 정자기장에서 N극과 S극이 분리될 수 없으므로 정확한 용어가 아니다. 하지만 정전기장의 전기 쌍극자와 유사한 공식으로 표현될 뿐만 아니라 그 역할이 유사하다는 의미에서 자기 쌍극자라고 부른다.

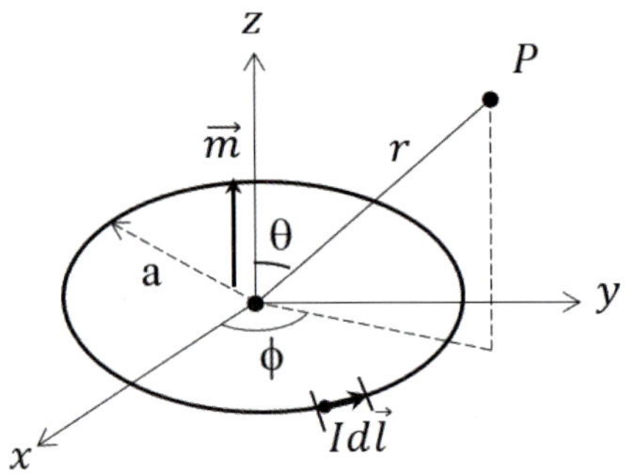

그림 5.11 전류 루프(자기 쌍극자)에 의한 P점의 자기장

표 5.2 전기 쌍극자와 자기 쌍극자

구분	최소입자	쌍극자 모멘트	벡터장
유전체	전기 쌍극자	$\vec{p}=Q\vec{d}$	$\vec{E}=\dfrac{Qd}{4\pi\epsilon_0 r^3}(2\cos\theta\,\vec{a}_r+\sin\theta\,\vec{a}_\theta)$
자성체	자기 쌍극자	$\vec{m}=I\vec{S}$ or $\vec{m}=Q_m\vec{l}$	$\vec{B}=\dfrac{\mu_0 m}{4\pi r^3}(2\cos\theta\,\vec{a}_r+\sin\theta\,\vec{a}_\theta)$

자기 쌍극자를 전기 쌍극자와 유사한 형태로 만들면 자기장 내에서 자기 쌍극자 모멘트의 특성의 변화를 더 잘 이해할 수 있는데 이를 위해서【그림 5.12】와 같이 작은 막대자석을 도입한다. 주의할 점은 $+Q_m$과 $-Q_m$은 전기 쌍극자와는 달리 절대로 분리해서 존재할 수 없는 가상의 값이며, $IS=Q_m l$이 되도록 Q_m과 l의 크기를 잡아야 한다.

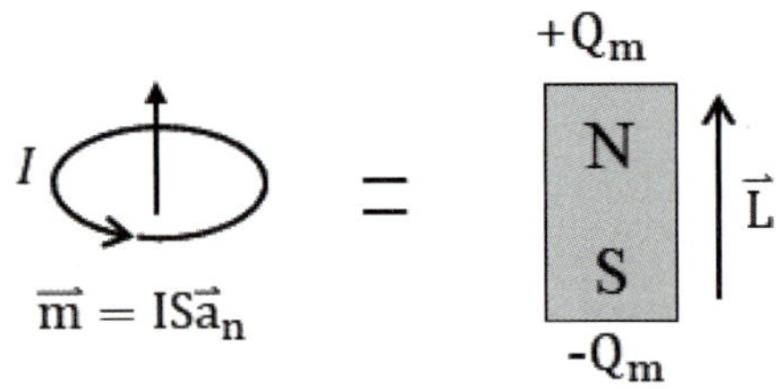

그림 5.12 작은 막대자석으로 표시한 자기 쌍극자 모멘트

이제 식 (5.23)을 이용하여 자기 쌍극자에 대한 자기력선을 그리면【그림 5.13(a)】와 같다. 이는【그림 5.13(b)】의 막대 자석에 의한 자기장과 동일한 형태를 가지므로 자기 쌍극자 모멘트를 작은 막대자석으로 표시할 수 있음을 알 수 있다.

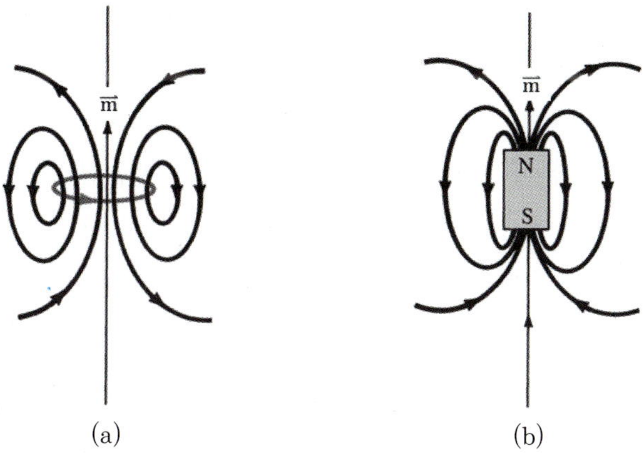

그림 5.13 자기 쌍극자에 의한 자기력선

이 막대자석은 균일한 자기장 $\vec{B}$ 내에 존재하게 되면 식 (5.24)와 같은 회전력이 작용한다. 즉 자기 쌍극자는 자성체 물질 하나하나의 회전력을 설명하기 위해 도입된 개념으로 자성체 물질에 작용하는 회전력은 자성체 물질자체가 갖고 있는 자기 쌍극자 모멘트와 외부 자기장에 의해 결정된다.

$$\vec{\tau} = \vec{m} \times \vec{B} = Q_m \vec{l} \times \vec{B} \tag{5.24}$$

5.3 유전체와 정전 용량

5.2.1절에서 유도한 전기 쌍극자는 유전체의 정전기적 특성을 결정하는 기본 입자가 된다. 본 절에서는 전기 쌍극자가 집단으로 모여 있는 것으로 유전체를 설명하는데 이를 분극 벡터라 한다. 유전체는 언제나 외부 전기장을 분극의 형태로 저장하게 된다. 이러한 원리를 이용하여 캐패시터를 만들 수 있는데 캐패시터의 특성은 정전 용량으로 설명하므로 정전 용량에 대해서도 함께 학습한다.

5.3.1 유전체와 분극

앞에서 우리는 절연체(유전체)는 전도를 위한 자유전자가 존재하지 않는다는 점에서 도체와는 다르다는 것을 학습하였다. 하지만 자유전자는 없지만 유전체는 전기장에 의해 반응하게 된다[15]. 유전체가 외부 전기장에 대해 반응하는 특성을 설명하기 위하여 외부 전기장이 없을 때 아무런 전

15) 유전체에 자유전자가 없는데도 불구하고 전기장에 반응하는 것을 유전체는 전기장에 의해 영향을 받는 구속된 전하를 갖는다고 표현한다.

기적 특성이 존재하지 않는 무극성(nonpolar) 유전체 물질로 시작하자. 유전체 물질은 크게 무극성 물질과 유극성(polar) 물질로 구분된다. 무극성 물질은 전기장을 가하지 않을 경우에 쌍극자를 형성하지 않고 있다가 전기장을 가하면 쌍극자를 형성하는 것으로 수소, 산소, 질소 등이 이에 해당한다. 하지만, 유극성 물질은 전기장이 없는 경우에도 자체적인 전기 쌍극자를 가지고 있다. 무극성 유전체 물질을 원자 레벨에서 설명하자면, 전자 구름은 양으로 대전된 핵을 둘러싸고 있으며, 외부에서 인가된 전기장은 전자 구름에 변화를 일으켜【그림 5.14】에서와 같이 전기 쌍극자가 형성된다고 설명할 수 있다. 각각의 다이폴은 핵의 중심에 양전하와 전자구름의 중심에 음전하가 약간의 거리만큼 떨어진 형태가 된다. 이러한 물질은 전기 쌍극자가 배열된다는 의미에서 "전기장에 의해 분극되었다"라고 말한다.

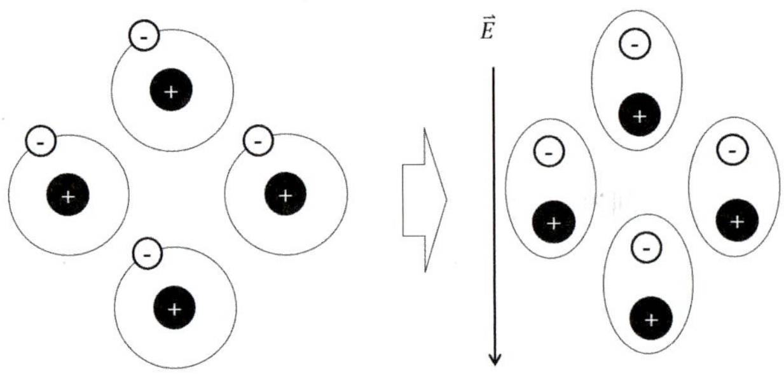

그림 5.14 무극성 분자의 유전체에서의 분극 현상

유전체에서의 분극 현상을 전자기학 관점에서 설명하기 위하여 분극된 하나의 원자를 하나의 전기 쌍극자 모멘트로 모델링한다.【그림 5.15(a)】는 외부 전기장이 없는 경우 하나의 무극성 유전체 원자의 전기적 모델이고,【그림 5.15(b)】는 외부 전기장이 있는 경우 무극성 유전체의 전자구름의 변화를 나타낸다.【그림 5.15(b)】는 다시 외부 전기장이 없는 경우의 원자 모델과 하나의 전기 쌍극자의 합으로 표현할 수 있는데 외부 전기장이 없는 경우의 원자 모델은 대칭 구조에 의해 전기적 특성이 없으므로 무극성 원자 하나의 전기적 특성은 전기 쌍극자 모델 하나로 모델링될 수 있다는 것을 알 수 있다.

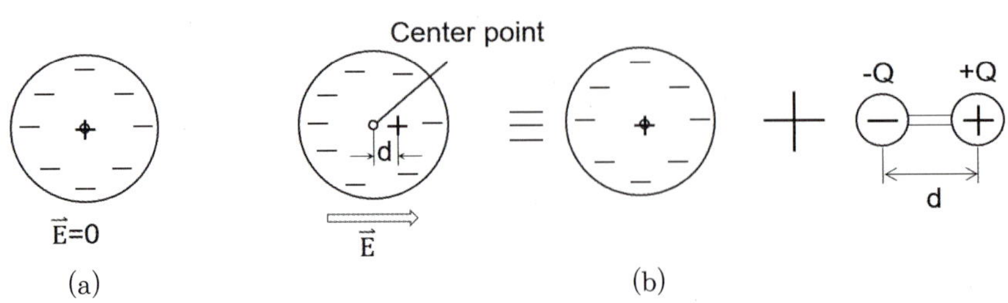

그림 5.15 무극성 분자의 분극 현상의 전기적 모델

이제 무극성 유전체 원자 하나의 전기적 특성을 나타내는 전기 쌍극자는 식 (5.25)와 같다.

$$\vec{p} = Q\vec{d} \tag{5.25}$$

만일 유전체의 미소체적 Δv 내에 N개의 쌍극자가 있다면, 전기장에 의한 총 쌍극자 모멘트는 다음과 같이 개별 쌍극자 모멘트의 벡터 합이 될 것이다.

$$Q_1\vec{d}_1 + Q_2\vec{d}_2 + \cdots + Q_N\vec{d}_N = \sum_{i=1}^{N} Q_i\vec{d}_i \tag{5.26}$$

이제 전기장에 의해 유전체 물질이 분극되는 정도를 설명하기 위하여 단위 체적당 총 쌍극자 모멘트를 분극 벡터(Polarization vector) $\vec{P}$로 정의하면 다음과 같다.

$$\vec{P} = \lim_{\Delta v \to 0} \frac{\sum_{i=1}^{N} Q_i\vec{d}}{\Delta v} \tag{5.27}$$

이제, 유극성 유전체 물질을 살펴보자. 물분자(H_2O)는 유극성 유전체의 대표적인 물질로【그림 5.16(a)】와 같이 수소 원자가 산소 원자의 양쪽 편에 위치해 있지 않고 한쪽에 몰려 있으므로 물분자 하나는 전기 쌍극자 하나가 된다. 이 전기 쌍극자의 벡터 방향은 음의 극성을 띠는 산소 원자에서 시작하여 두 개의 수소 원자의 가운데 방향으로 향하게 된다. 이 유극성 분자도 무극성 분자와 마찬가지로 전기장이 없을 경우에는 자유롭게 배치되어 전기적으로는 중성이지만,【그림 5.16(b)】와 같이 전기장을 가하면 분극 현상이 발생한다. 유극성 분자의 경우는 외부 전기장을 가할 경우 전기장 방향으로 회전하여 일렬로 배열하게 된다[16].

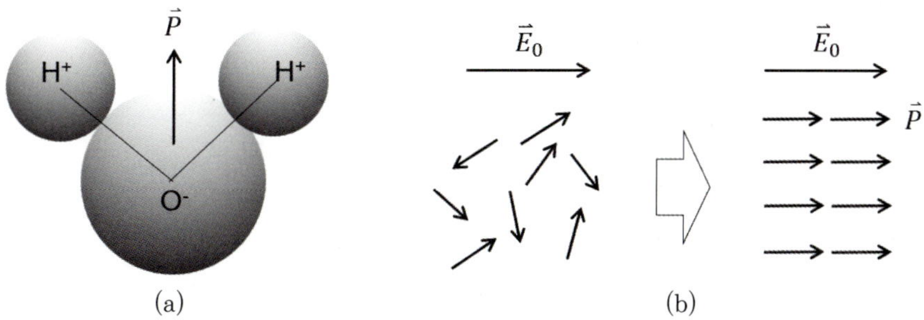

그림 5.16 유극성 분자의 유전체에서의 분극 현상

16) 물(H_2O)은 유극성 분자이며 음식물에는 많은 수분이 포함되어 있다 따라서 전기장을 주기적으로 변화시키면 물 분자는 회전하게 되고 회전에 따른 열에 의해 음식물이 데워지게 된다. 이러한 원리를 이용한 것이 전자레인지(microwave range)이다.

이와 같이 유전체 물질은 물질마다 전기 쌍극자 모멘트가 다르기 때문에 같은 외부 전기장이라도 분극의 정도가 달라진다. 이러한 물질이 극성을 띄는 정도를 χ_e("chi")로 표현하며 물질의 전기 민감도(electric susceptibility)라 부른다. 즉 유전체 물질의 분극 벡터는 식 (5.28)과 같이 주어진다.

$$\vec{P} = \chi_e \epsilon_0 \vec{E} \tag{5.28}$$

유전체 물질은 분극 정도에 따라 다양한 값의 전기 민감도를 갖는다. 예를 들어 무극성 유전체 물질은 전기 민감도가 낮으며, 유극성 유전체 물질은 전기 민감도가 상대적으로 크다. 물은 분자 구조가 전기 쌍극자를 형성하기 좋은 특성을 가지고 있어 전기 민감도가 80 정도로 매우 큰 값을 갖게 된다. 유전체 물질 중에서 티탄산바륨($BaTiO_3$) 등의 물질은 일그러진 결정 구조를 가지고 있어 전기 민감도가 2000정도 되는 큰 값을 갖는다.

이제【그림 5.17】에서와 같이 유전체 물질이 외부 전기장이 존재하는 공간에 놓여 있다고 생각하자. 유전체 내부에 분극 벡터에 의해 외부 자기장은 유전체 내부에서 방해를 받으므로 전기장의 크기가 감소하는 효과를 낳는다. 다행히 전속밀도 벡터는 물질과 상관없는 가상의 벡터이므로 유전체 물질의 존재가 있을 때와 없을 때의 차이가 없다. 이러한 전기장 벡터, 분극 벡터와 전속밀도 벡터의 관계는 식 (5.29)로 주어진다.

$$\vec{D} = \epsilon_0 \vec{E} + \vec{P} \tag{5.29}$$

즉, 유전체가 전기장이 있는 공간에 놓여진 경우 유전체 내의 전기장 벡터는 작아지고 전기장 벡터가 작아진 만큼 $\vec{P}$가 커지므로 전속밀도 벡터 $\vec{D}$는 일정하게 유지된다.

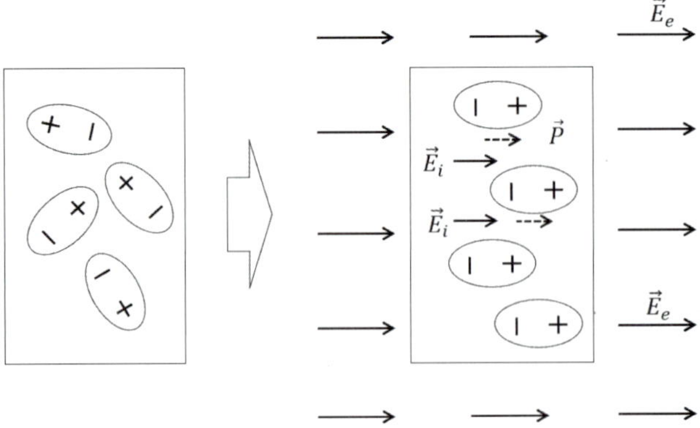

그림 5.17 외부 전기장이 있을 때 유전체 효과

이제【그림 5.18】에서와 같이 유전체 물질로 채워져 있는 평행판 캐패시터에 외부 전기장 $\overrightarrow{E_0}$가 인가되어 있는 상황을 고려해 보자. 이 경우는【그림 5.17】과는 다르게 전하가 배터리로부터 공급될 수 있으므로 전속밀도 벡터가 일정하지 않고 분극 벡터만큼 더 커지는 현상이 발생한다.

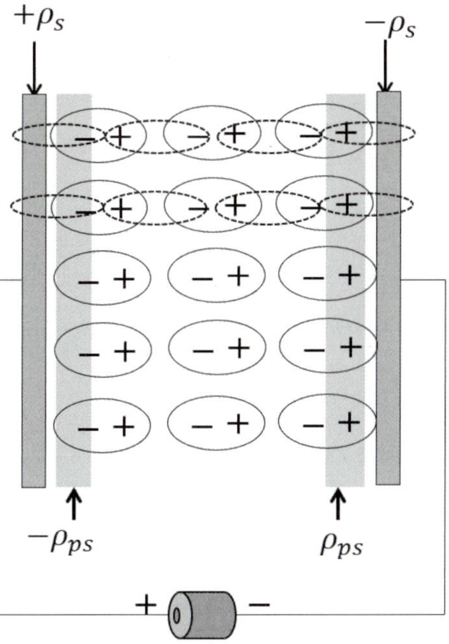

그림 5.18 캐패시터 내부의 유전체 물질의 분극 벡터

캐패시터 내부에서는 두 전극 간에 간격이 좁다고 가정하면 무한 면전하로 가정할 수 있으므로 양쪽 전극에는 무한 면전하 밀도 $\pm\rho_s$가 발생하게 된다. 이에 외부 전기장에 의해 유전체 물질은 일렬로 배열하여 분극 벡터 $\overrightarrow{P}$를 형성하는데, 분극 벡터는 유전체 내부의 전기 쌍극자는 부호가 반대이므로 서로 상쇄하여 캐패시터의 도체에 밀접해 있는 쌍극자 다이폴에 의한 가상의 면전하만 보이게 될 것이다. 이를 분극전하의 면전하 밀도 ρ_{ps}라 부른다. 유전체가 없는 경우와 비교하여 유전체가 있는 경우 유전체 바깥 면에 전극의 면전하 밀도와 부호가 반대인 분극 전하 밀도가 존재하게 되므로 배터리로부터 더 많은 전하를 끌어당기게 된다. 즉, 더 많은 면전하 밀도가 전극에 모이게 되며, 이것이 유전체가 높은 물질을 사용하는 경우 캐패시터가 더 많은 전하를 축적하는 원리가 된다.

예제 5-8

평행판 캐패시터의 극판 사이의 간격은 1.5[mm]이고, 10[kV/m]의 전기장이 가해졌다. 유전체가 없는 경우와 비유전율이 2.55인 유전체로 채워져 있는 경우의 1) 분극 벡터, 2) 전속밀도 벡터, 3) 극판에서의 자유전하의 면전하 밀도, 4) 분극전하의 면전하 밀도를 구하시오.

| 풀이 | 먼저, 캐패시터의 두 극판 사이의 전위차는 다음과 같다.

$V = |\vec{E}|d = 10^4 \times 0.0015 = 15[V]$

캐패시터 내에 유전체가 없는 경우

1) 분극 벡터: $\vec{P} = \chi_e \epsilon_0 \vec{E} = 0$

2) 전속밀도 벡터: $\vec{D} = \epsilon_0 \vec{E} + \vec{P} = \dfrac{10^{-9}}{36\pi} \times 1000 = 88.4\,[nC/m^2]$

3) 극판에서 자유전하의 면전하 밀도: $\vec{D} \cdot \vec{a}_n = \rho_s = \pm 88.4\,[nC/m^2]$

캐패시터 내에 유전체가 있는 경우

1) 분극 벡터: $\vec{P} = \chi_e \epsilon_0 \vec{E} = 1.55 \times \dfrac{10^{-9}}{36\pi} \times 10000 = 137[nC/m^2]$

2) 전속밀도 벡터: $\vec{D} = \epsilon_0 \vec{E} + \vec{P} = 225.4\,[nC/m^2]$

3) 극판에서 자유전하의 면전하 밀도: $\vec{D} \cdot \vec{a}_n = \rho_s = \pm 225.4\,[nC/m^2]$

4) 분극전하의 면전하 밀도: $\vec{P} \cdot \vec{a}_n = \rho_{ps} = \pm 137\,[nC/m^2]$

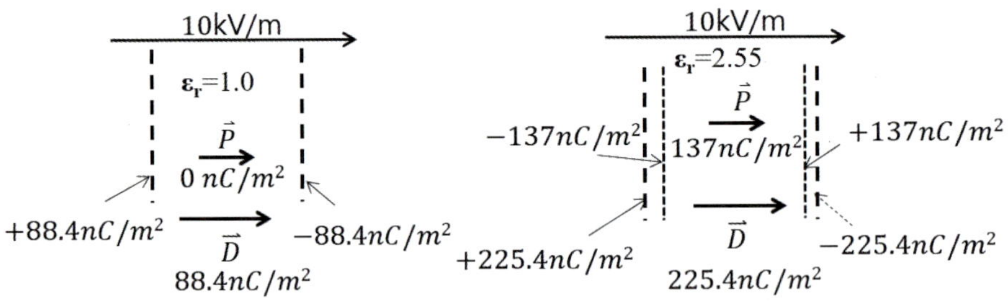

그림 5.19 (예제 5-8)의 캐패시터의 분극 벡터와 전속밀도 벡터의 크기

전기 민감도와 분극은 물질 내에서 전기장의 영향을 나타내는 유용한 항목이지만, 보통은 비유전율(ϵ_r: relative permittivity)개념을 도입하여 $\vec{D}$와 $\vec{E}$에 대한 하나의 식을 얻을 수 있다.

$$\vec{D} = \epsilon_0(1+\chi_e)\vec{E} = \epsilon_0\epsilon_r\vec{E} = \epsilon\vec{E} \tag{5.30}$$

여기서 ϵ는 물질의 유전율이며, 자유 공간의 유전율과 비교하여 비유전율 또는 유전상수 ϵ_r만큼 차이를 갖는다.

$$\epsilon = \epsilon_0 \epsilon_r = \epsilon_0 (1 + \chi_e) \tag{5.31}$$

유전체 물질에서 χ_e는 언제나 0보다 크므로 비유전율은 1보다 크거나 같다. 즉, 비유전율이 1인 경우는 유전체 물질이 전혀 없는 자유 공간에 해당한다.

예제 5-9

유전체 물질인 폴리스티렌의 비유전율은 2.56이다. 전기 민감도와 유전율을 구하라.

| 풀이 | 1.56, 22.7pF/m

5.3.2 캐패시터와 정전 용량

앞에서 유전체 물질의 특성을 학습하였으므로 유전체 물질의 특성을 응용한 대표적인 소자인 캐패시터와 캐패시터의 특성을 나타내는 캐패시턴스(정전 용량, capacitance)에 대해 알아보자. 【그림 5.20】에서와 같이 유전체에 의해 분리되어 있는 한 쌍의 도체에 전위차 V가 인가되었다고 가정하자. 그림에서, 양전하($+Q$)는 왼쪽 도체면에 축적될 것이고, 동일한 크기의 음전하($-Q$)가 오른쪽 도체면에 축적될 것이다. 이 때 동일한 전압이 인가될 경우 유전체의 유전율, 도체판의 면적과 거리 등에 따라 전하의 축적 정도가 달라질 것이다.

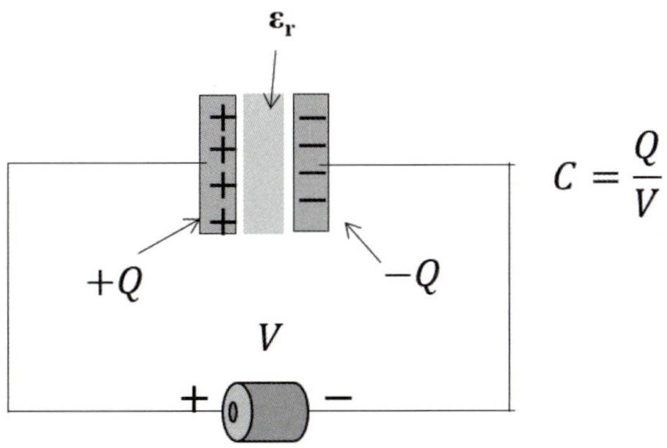

그림 5.20 두 도체로 이루어진 캐패시터

이러한 캐패시터에 축적된 전하의 양과 전위차의 함수로 표현한 것이 정전 용량(capacitance)이다. 정전 용량 C에 대한 정의는 다음과 같다.

$$C = \frac{Q}{V} \tag{5.32}$$

여기서, Q는 양전하의 전하량[C]이며, V는 두 도체 사이의 전위차이다. 정전 용량의 단위는 farad(F)이며, 1[F]은 도체 사이의 전위차가 1[V]일 때 1[C]의 전하가 모여 있는 것으로 정의된다. 이렇게 두 도체로 이루어져 전하가 저장될 수 있는 소자가 캐패시터이다. 캐패시터는 전기회로에서 DC 블록, AC 바이패스, 필터링, 튜닝, 및 잡음 억제를 위해 사용된다. 일반적으로 전자회로에서 사용되는 캐패시터의 정전 용량은 $\mu F = 10^{-6}[F]$ 보다 작으며 $pF = 10^{-12}[F]$보다는 큰 값을 갖는 경우도 많다. 하지만 최근에는 전기자동차 등의 배터리 등으로 사용되기 위해서 수 farad 단위의 매우 큰 값을 갖는 캐패시터도 제작되고 있다.

정전 용량의 값은 도체-유전체 구조(간격과 단면적)와 도체 사이의 유전체의 비유전율에 의해 결정되며, Q와 V의 비가 언제나 일정하므로 Q와 V의 특정 값에 의해 결정되지는 않는다[17]. 따라서 정전 용량을 계산하려면 Q를 가정하여 전위차를 구한 후 나중에 Q를 제거하는 방법을 사용한다.

정전 용량 계산 순서

1. 도체 a에서 $+Q$의 전하를, 도체 b에서 $-Q$의 전하를 가정한다.
2. 전하 분포로부터 적당한 방법(쿨롱의 법칙, 가우스의 법칙, 또는 경계 조건)을 사용하여 전기장 $\vec{E}$를 구한다.
3. 두 도체 사이의 전위차를 계산한다.
4. $C = Q/V$를 계산한다. 이때 가정된 Q는 사라진다.

이제 평행판 캐패시터의 정전 용량을 위의 계산 순서대로 구하여 보자. 도체의 왼쪽 면에 양전하($+Q$)를 놓고, 오른쪽 면에 음전하($-Q$)를 놓는다. 도체판의 단면적이 S인 경우 면전하 밀도는 $\rho_s = Q/S[\mathrm{C/m^2}]$이다. 캐패시터의 도체판의 전하를 무한 면전하라 가정하고 Gauss의 법칙을 사용하여 두 도체판 사이의 전속밀도 벡터를 계산하면 왼쪽면에 의한 전속밀도와 오른쪽 면에 의한 전속밀도가 더해져 $\vec{D} = \frac{Q}{S}\vec{a}_x$를 구할 수 있다. 이제, 전기장은 $\vec{D}$를 유전율로 나눔으로써 $\vec{E} = \frac{Q}{\epsilon_0 \epsilon_r S}\vec{a}_x$로 계산된다. 이제 두 도체 사이에 걸리는 전위차 V_{ab}는 선적분을 통해 구할 수 있다.

17) 10[uF]의 캐패시터에 1[V]를 인가할 경우 10[uC]의 전하가 측정된다. 이때 전압을 두 배로 올리면 전하도 두 배가 되며 특정한 전압이나 전하량과 무관하다. 하지만 실제 캐패시터는 전압이 커지면 파괴될 수 있으므로 이 관계가 언제나 성립되는 것은 아니다.

$$V = \int_0^d \frac{Q}{\epsilon_r \epsilon_0 S} = \frac{Qd}{\epsilon_r \epsilon_0 S}$$

마지막으로, Q를 V로 나눔으로써 평행판 캐패시터의 정전 용량이 계산된다.

$$C = \frac{Q}{\left(\dfrac{Qd}{\epsilon_r \epsilon_0 S}\right)} = \epsilon_r \epsilon_0 \frac{S}{d} \tag{5.33}$$

평행판 캐패시터의 정전 용량을 유도하는 데 있어, 캐패시터의 가장자리에서 발생하는 전기장의 변화(fringing field)는 무시하였다. 실제 이러한 가장자리에서의 누설 전기장은 정전 용량을 변화시킬 수 있으나, 보통 캐패시터의 면적이 이격 거리에 비하여 매우 큰 경우 가장자리에서의 누설 전기장은 무시할 수 있다.

다음으로 동축 구조를 갖는 캐패시터의 정전 용량을 살펴보자.【그림 5.21】과 같이 내부 반지름이 a이고 외부 반지름이 b이며, 길이가 L인 두 개의 동축 모양의 도체를 고려하자. 두 개의 동축 도체 사이에 유전율 ϵ인 균일한 유전체가 채워져 있다고 가정한다. 도체 1과 도체 2 사이에 각각 $+Q$와 $-Q$인 전하가 균일하게 분포되어 있다고 가정하고 Gauss 법칙을 적용하면 다음과 같다.

$$V_{ba} = -\int_b^a \left[\frac{Q}{2\pi \epsilon_r \epsilon_0 \rho L} \vec{a}_\rho \right] \cdot d\rho \vec{a}_\rho = \frac{Q}{2\pi \epsilon_r \epsilon_0 L} \ln \frac{b}{a}$$

마지막으로, $C = Q/V$가 계산된다.

$$C = \frac{Q}{V} = \frac{2\pi \epsilon_r \epsilon_0 L}{\ln (b/a)} \tag{5.34}$$

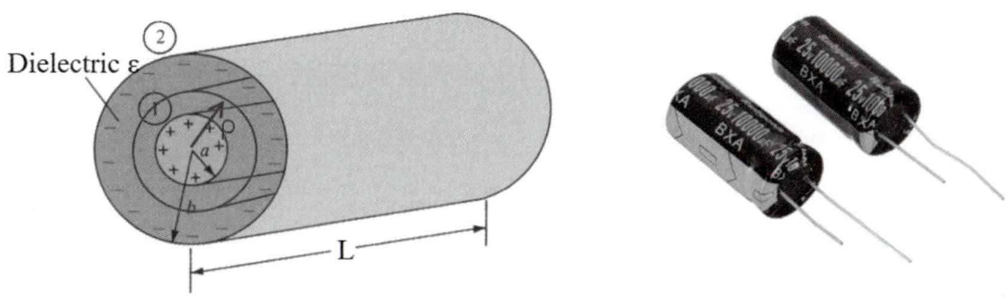

그림 5.21 동축 캐패시터[18]

18) 동축 구조를 갖는 캐패시터의 대표적인 예로 알루미늄 전해 캐패시터가 있다. 얇은 알루미늄 포일을 말아서 만든 구조이므로 전극의 면적이 매우 넓고 전극간 거리가 매우 짧아 높은 캐패시턴스 값을 구현할 수 있다. 전극 사이에 사용되는 유전체는 전해질을 함유한 종이를 사용하여 전해 캐패시터라 부른다.

정전 용량이 각각 C_1과 C_2인 두 개의 캐패시터가【그림 5.22】와 같이 직렬로 접속되어 있을 때 총 정전 용량은 다음과 같다. 정전 용량은 단면적에 비례하고, 이격 거리에 반비례하는데 직렬로 연결되어 있는 경우 캐패시터의 단면적은 변하지 않고 이격거리가 두 배가 되는 것으로 볼 수 있기 때문에 총 정전용량이 반으로 작아지게 된다. 캐패시터가 직렬로 연결되어 있는 경우 일반식은 식 (5.35)와 같다.

$$\frac{1}{C} = \frac{1}{C_1} + \frac{1}{C_2} \text{ or } C = \frac{C_1 C_2}{C_1 + C_2} \tag{5.35}$$

반면, 동일한 캐패시터 2개가 병렬로 연결되어 있는 경우 캐패시터의 이격거리는 변하지 않고 단면적이 두 배가 되는 것으로 볼 수 있기 때문에 총 정전용량이 두 배가 된다. 따라서 캐패시터가 직렬로 연결되어 있는 경우 일반식은 식 (5.36)과 같다.

$$C = C_1 + C_2 \tag{5.36}$$

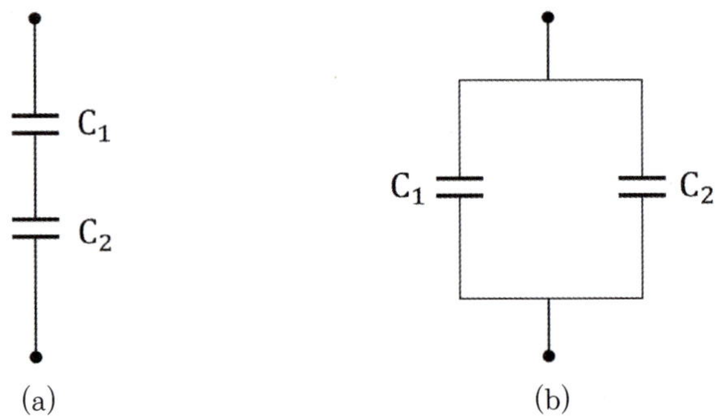

그림 5.22 캐패시터의 직렬 연결과 병렬 연결

예제 5-10

1[pF]과 2[pF]의 캐패시터가 직렬로 연결된 경우와 병렬로 연결된 경우의 캐패시턴스를 각각 구하시오.

| 풀이 | 식 (5.35)와 식 (5.36)에 의해 캐패시터가 병렬로 연결된 경우 3[pF], 직렬로 연결된 경우 0.66[pF]이 된다.

예제 5-11

최근 전자기기의 소형화로 인해 다층 세라믹 캐패시터(Multi-layer ceramic capacitor, MLCC)가 많이 사용된다. 이에 대해 조사해보자.

5.4 자성체와 인덕턴스

유전체에서 전기 쌍극자가 유전체의 특성을 결정하는 기본 입자인 것처럼 5.2.2절에서 설명한 자기 쌍극자는 자성체의 정자기적 특성을 결정하는 기본 입자가 된다. 전기 쌍극자의 총합으로 유전체를 설명한 것과 유사하게 자기 쌍극자가 집단으로 모여 있는 것으로 자성체를 설명하는데 이를 자화 벡터라 한다. 그러나 모든 원자들은 전자의 궤도와 스핀이 함께 이루어지므로 유전체와는 다르게 외부 자기장을 자화의 형태로 저장하지 않고 미세하게 외부 자기장에 + 또는 − 로 영향을 줄 뿐이다. 다행히 일부 강자성체의 경우 자성체 내부에서 자화되는 양만큼 자속밀도가 커지게 된다. 이러한 원리를 이용하여 인덕터를 만들 수 있는데 인덕터의 특성은 인덕턴스로 설명하므로 이에 대해서도 알아본다.

5.4.1 자화 벡터 모델

보어의 원자 모델에 의하면 모든 물질은 원자로 구성되어 있고 중앙에 원자핵이 있고, 핵 주위의 전자궤도에서 전자가 회전하고 있으며, 전자들은 그 자신의 축을 갖고 회전(자전)한다. 따라서【그림 5.23】과 같이 핵 주위의 궤도를 따라 원운동하는 전자들에 의해 내부 자기장이 발생한다고 볼 수 있다[19]. 즉, 원자 하나당 자기 쌍극자 모멘트 $\overrightarrow{m}$ 하나가 존재한다고 말할 수 있다. 특히, 전자 껍질에 전자가 다 채워져 있다고 가정하면 안쪽 전자와 핵에 의한 순 모멘트는 거의 무시할 수 있고, 대부분의 자기 쌍극자 모멘트는 최외각 전자로부터 발생된다고 볼 수 있다.【그림 5.23】에서 최외각 전자는 전류 루프와 유사하게 궤도 운동을 하는 전하이다. 이때 전자는 궤도 자기 쌍극자 모멘트(orbital magnetic dipole moment) 또는 간단히 궤도 모멘트(orbital moment)를 가지고 있다고 말한다.

19) 전자의 공전 방향과 전류의 방향이 반대임에 주의해야 한다.

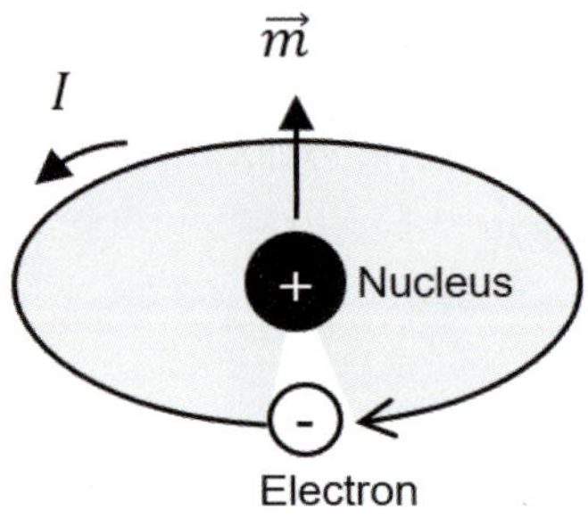

그림 5.23 원자 레벨에서 궤도 모멘트

이러한 최외각 전자의 원운동에 의해 만들어지는 원형 루프에 의한 자기 쌍극자의 효과를 설명하기 위하여 외부 자기장이 있는 공간에【그림 5.24】와 같이 자기 쌍극자가 놓여 있는 경우를 생각하자. 외부 자기장 $\vec{B}$가 존재하지 않으면 물질의 자기 쌍극자에 의한 자기 쌍극자 모멘트의 합은 불규칙하게 놓여 있기 때문에 0이 된다. 그러나 외부 자기장 $\vec{H}_0$가 물질에 인가되면 자기 쌍극자가【그림 5.24】의 오른쪽과 같이 $\vec{H}_0$의 방향으로 배열되어 자기 쌍극자 모멘트의 합이 0이 되지 않는다.【그림 5.25】와 같이 자기 쌍극자를 매우 작은 막대자석으로 가정하더라도 동일한 현상을 설명할 수 있다.

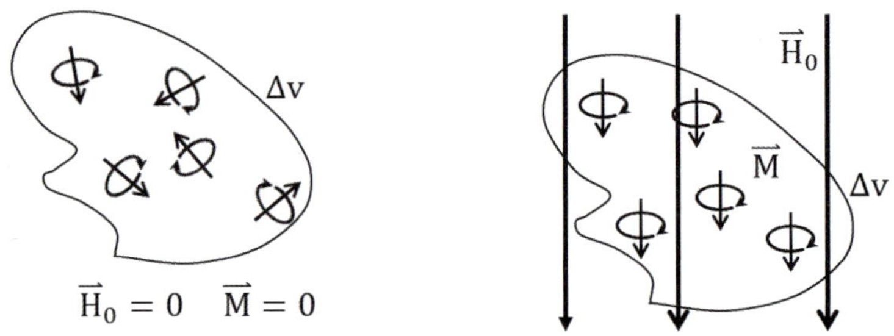

그림 5.24 자성체에서의 자화 현상

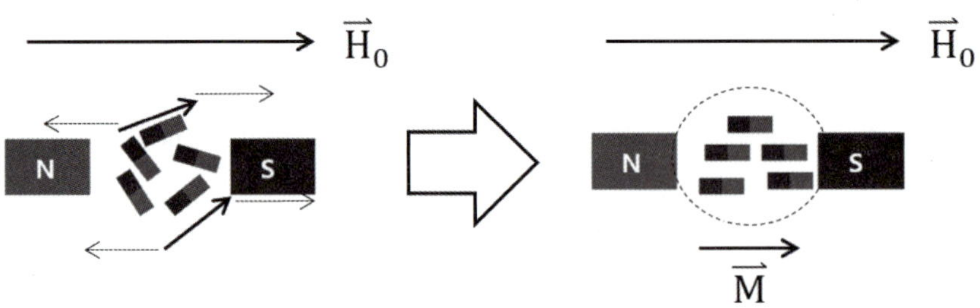

그림 5.25 막대자석으로 모델링한 자성체에서의 자화 현상

만일 자성체의 미소체적 Δv 내에 N개의 자기 쌍극자가 있다면, 외부 자기장에 의한 총 자기 쌍극자 모멘트는 다음과 같이 개별 자기 쌍극자 모멘트의 벡터 합이 될 것이다.

$$\overrightarrow{m}_1+\overrightarrow{m}_2+\cdots+\overrightarrow{m}_N=\sum_{i=1}^{N}\overrightarrow{m}_i \tag{5.37}$$

이제 자기장에 의해 자성체 물질이 자화되는 정도를 설명하기 위하여 단위체적당 총 자기 쌍극자 모멘트를 자화 벡터(Magnetization vector) $\overrightarrow{M}$으로 정의하면 다음과 같다.

$$\overrightarrow{M}=\lim_{\Delta v\to 0}\frac{\sum_{i=1}^{N}\overrightarrow{m}_i}{\Delta v} \tag{5.38}$$

앞에서 유전체의 유전율을 표현하기 위해서 분극 벡터(polarization) $\overrightarrow{P}$와 전기 민감도(electric susceptibility) χ_e를 설명하였다. 비슷한 방법으로 자기 물질의 경우 자화 벡터(magnetizaition) $\overrightarrow{M}$과 자기 민감도(magnetic susceptibility) χ_m을 생각할 수 있다. 따라서 외부 자기장 $\overrightarrow{H}$가 주어질 경우 자화 벡터 $\overrightarrow{M}$은 물질의 자화율과 자기장에 의해서 아래와 같은 수식으로 표현된다.

$$\overrightarrow{M}=\chi_m\overrightarrow{H} \tag{5.39}$$

이제 자속밀도 벡터는 자성체에서 다음과 같은 수식으로 자속밀도 벡터와 연관되어 있다.

$$\overrightarrow{B}=\mu_0\overrightarrow{H}+\mu_0\overrightarrow{M} \tag{5.40}$$

따라서 물질의 투자율과 비투자율은 자화율에 의해서 다음과 같이 표현될 수 있다.

$$\overrightarrow{B}=\mu_0(1+\chi_m)\overrightarrow{H}=\mu\overrightarrow{H}=\mu_0\mu_r\overrightarrow{H} \tag{5.41}$$

식 (5.41)에서 비투자율 μ_r은 물질이 외부 자기장에 어느 정도 영향을 받는지를 의미하며, 공기 중에서의 비투자율은 1이다. 즉 공기 중에 아무런 물질이 없는 경우 자기장에 아무런 영향을 주지 않는다고 할 수 있다. 이상과 같이 유전체의 분극 현상과 동일하게 자성체를 자화 현상으로 모델링하면 비투자율이 1보다 큰 경우에 유전체의 분극 현상과 유사하게 자성체 내에서 자속밀도가 증가하는 것을 설명할 수 있다.

5.4.2 물질의 자기적 특성

앞에서 유전체와 비슷한 모델을 이용하여 물질의 자기적 특성을 설명하는 모델을 구성하였다. 하지만 언제나 1보다 크면서 다양한 값의 비유전율을 갖는 유전체와는 달리 자성체의 경우에는 【표 5.3】과 같이 비투자율이 1보다 약간 크거나 약간 작은 경우가 대부분이다. 자성체 중 상자성체와 강자성체의 경우 위에 설명한 자화 벡터를 이용하여 일부 설명이 가능하지만 비투자율이 1보다 작은 반자성체의 경우에는 설명이 불가능하다.

이러한 반자성 물질을 설명하기 위하여 전자가 스핀(spin)이라고 하는 양자 역학적 특성도 가지고 있음을 기억해야 한다. 최신 원자 모델 관점에서 보면 정확하지 않지만 전자의 스핀을 【그림 5.26】에 나와 있는 것처럼 축을 중심으로 전하가 회전하는 것으로 생각할 수 있다. 이때 전자는 스핀 자기 쌍극자 모멘트(spin magnetic dipole moment) 혹은 스핀 모멘트(spin moment)를 가지고 있다고 말한다[20]. 대부분의 물질에서 자기장이 없을 때 궤도 모멘트와 스핀 모멘트의 합인 순 쌍극자 모멘트는 0이 된다. 즉, 스핀 모멘트는 궤도 모멘트를 상쇄시킨다. 만약, 외부에서 자기장이 인가되면 궤도 모멘트는 자기장 방향으로 정렬하려는 회전력을 일으키게 된다. 하지만 그 경우에도 스핀 모멘트는 계속해서 궤도 모멘트를 방해하게 된다. 이런 경우 자성을 띠지 않는 비자성 물질이 되며 비자성 물질은 순 모멘트가 0, 즉 비투자율이 1이라고 생각할 수 있다.

이제 비투자율이 1보다 약간 작은 반자성 물질을 생각해 보자. 반자성 물질의 외부에서 가해진 자기장은 궤도를 돌고 있는 전자에 약간의 에너지를 전달한다. 하지만 전자는 일정한 에너지 준위를 갖도록 양자화되어야만 한다. 만약 에너지가 전자에 더해진다면 전자는 에너지 준위를 유지하기 위해서 전자의 에너지가 감소되어야 한다. 이러한 에너지 감소는 전자 속도를 줄임으로써 이뤄진다. 궤도상의 전자 속도 감소는 루프 상에서 전류 감소와 같은 이치가 된다. 그러나 반자성 물질의 경우 스핀 모멘트는 외부 자기장에 영향을 받지 않으므로 순 자기 모멘트는 음수가 되고, 외부에 가해진 자기장에 반대 방향으로 자화 벡터 $\overrightarrow{M}$이 작용된다. 이러한 물질을 반자성체(diamagnetic)라 하며, 비투자율이 1보다 약간 작다. 따라서 대부분의 반자성 물질은 자기장에 약간의 영향만을 미치게 된다. 예를 들어 비스무트(bismuth)는 대표적인 반자성 물질로서 비투자율 값은 0.99983으로 1보다 약간 작을 뿐이다.

20) 간단히 설명하자면 지구가 공전을 하면서 동시에 자전하는 것처럼 전자도 공전과 자전을 한다고 생각하자.

표 5.3 몇 가지 물질들의 투자율값

구분	물질	비투자율
Diamagnetic (반자성)	bismuth	0.99983
	gold	0.99986
	silver	0.99998
	copper	0.999991
	water	0.999991
Paramagnetic (상자성)	air	1.0000004
	aluminum	1.000021
	platinum	1.0003
Ferromagnetic (강자성)	cobalt	250
	nickel	600
	iron (99.8% pure)	5000
	iron (99.96% pure)	280,000
	Mo/Ni supermalloy	1,000,000

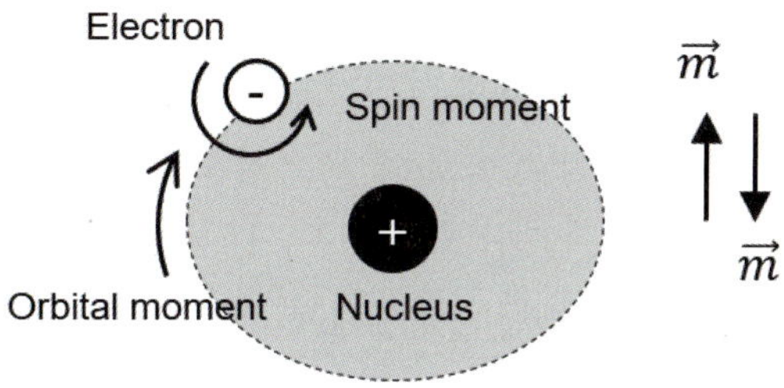

그림 5.26 원자레벨에서 궤도 모멘트와 스핀 모멘트

자성 물질의 두 번째 종류로 반자성체와 달리 비투자율이 1보다 약간 큰 상자성체(paramagnetic)가 있다. 이러한 물질은 궤도 모멘트를 스핀 모멘트가 상쇄하지 못한다. 그러나 앞에서 설명한 것처럼 외부 자기장이 없는 경우 궤도 모멘트의 배열이 랜덤(random)하기 때문에 외부 자기장이 없다면 상자성 물질은 자기적 성질을 갖지 않는다. 그러나 외부 자기장이 인가된다면 자기 쌍극자는 외부의 자기장 방향으로 토크(torque)를 일으키고, 그 물질은 약간의 자성을 띤다. 알루미늄이 상자성의 대표적인 물질이고, 비투자율 값은 1.000021이다. 상자성체의 경우도 궤도 모멘트와 스핀 모멘트의 약간의 차이에 의해 비투자율이 1보다 약간 클 뿐이다. 즉 자성 물질의 특성이 크지는 않다. 따라서 자기장 속에서 약간의 자화 벡터 $\vec{M}$이 존재하지만 자기장이 제거되면 사라진다[21].

21) 실제 상자성과 반자성의 차이는 양자역학의 파울리의 베타 원리에 의해 최외각 전자들의 개수와 스핀 방향에 따라 결정된다. 전자의 궤도에 짝이 채워지지 않는 전자가 많을수록 상자성체가 되고, 짝이 채워져 있으면 반자성체가 된다. 하지만 전자기학에서는 분극 벡터와 대응되는 개념으로 자화 벡터를 도입하기 때문에 자세한 설명은 제외한다.

앞에서 얘기한 반자성체와 상자성체는 외부 자기장에 약간의 변화만을 주기 때문에 자기장 관점에서 응용하기 어렵다. 다행히 자성 물질의 세 번째 물질로 비투자율이 매우 큰 강자성체(ferromagnetic)는 응용이 가능한데 대표적인 물질로 철, 니켈, 코발트 등이 있다. 강자성체는 개개의 원자의 궤도 모멘트가 스핀 모멘트보다 매우 커서 외부 자기장이 인가되면 자기장을 축적할 수 있다. 단, 강자성체의 경우 비선형 특성이 있으므로 이를 고려해야 한다. 보통 강자성체의 비선형성을【그림 5.27】과 같은 자화 곡선(magnetization curve)을 이용하여 설명한다. 초기에 아무런 외부 자기장이 없어 자성을 갖지 않은 상태에서 강자성체에 자기장 $\vec{H}$를 가하고, 그에 따른 자속 밀도 $\vec{B}$를 측정한다. 처음에는 $\vec{H}$의 크기에 비례하여 $\vec{B}$의 크기도 증가하며, 이에 따라 $\vec{B}$는 처음 지점 a에서 b로 이동한다. 그러나 $\vec{B}$의 증가가 점점 어려워지고 마침내 c 지점에서 멈추게 된다. 이 지점을 자기포화(magnetic saturation)라고 하고, H_S, B_S로 표현한다. 이와 같이 외부 자기장을 걸어주면 강자성체는 영구 자석이 된다. 여기서 다시 외부 자기장을 0으로 감소시키면 그래프는 c 지점에서 d 지점으로 이동한다. d 지점에서는 외부에 자기장이 0임에도 불구하고 잔류자속(residual flux density) B_r이 남게 된다. 이는 강자성체가 영구 자석이 되었음을 의미한다. e 지점에서 $\vec{B}$를 0으로 강제로 만들기 위해서는 음의 자기장을 가해야 한다. 이것은 H_C인 지점에서 일어나고 이를 coercive field intensity라 부른다. 만약 계속해서 $\vec{B}$를 감소시킨다면 f 지점에서 반대 방향으로 자기 포화(magnetic saturation)에 다다른다. 여기서 다시 자기장을 증가시키면 그래프는 f에서 g, h를 거쳐 결국 c로 돌아온다. 이러한 곡선을 잔류자기(히스테리시스) 루프(hysteresis loop)[22]라고 한다.

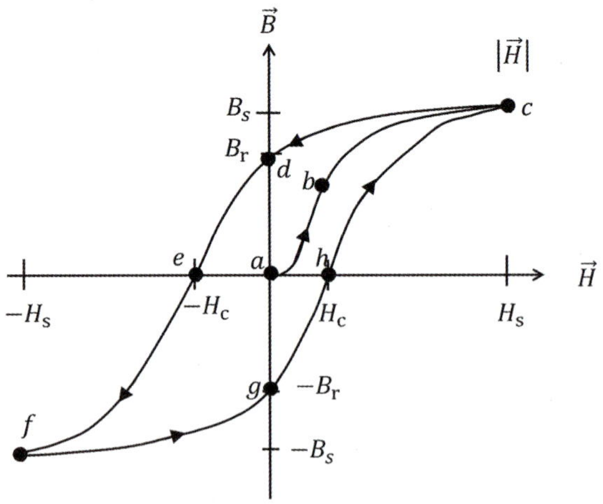

그림 5.27 강자성체의 히스테리시스 곡선

22) 히스테리시스는 그리스어로 '지연됨'을 의미한다.

이제까지 물질의 자기적 성질에 대해 살펴보았다. 자성체 물질은 분극으로 모든 것을 설명할 수 있는 유전체 물질과는 다르게 여러 가지 고려해야 할 것이 많음을 알 수 있다. 자성체 물질에 대해서 정리한 결과는【그림 5.28】과 같다. 자성체 물질은 강자성체를 주로 사용하며 강자성체의 μ_r 이 매우 크므로 강자성체를 이용해 자기장 차폐(shield) 등을 할 수가 있다[23].

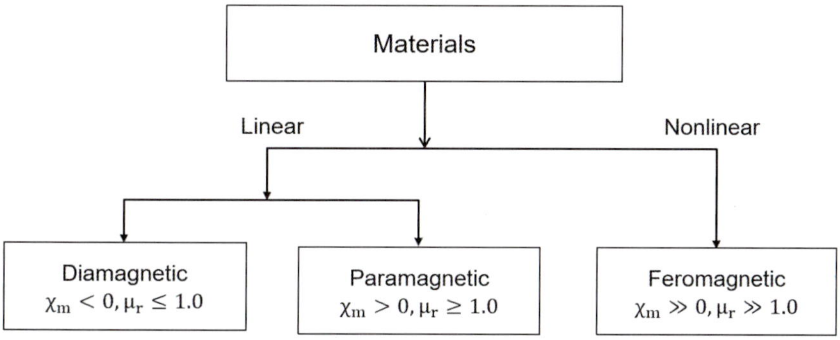

그림 5.28 자성체 물질의 분류

그림 5.29 강자성체 비선형 특성을 이용한 저장 장치

23) 병원에 있는 MRI실 등은 매우 큰 자기장을 사용하므로 외부로 자기장이 누설되거나 외부에서 자기장이 들어오지 않도록 MRI 실 외부를 투자율이 높은 강자성체 물질로 둘러싸서 차폐시킨다.

예제 5-12

반경이 2mm이고 Ni($\mu_r = 600$)로 만들어진 원통형 도체에 1[A]의 직류 전류가 흐르고 있다. 도체 주변에 자속밀도 벡터를 구하시오. 또한 이를 자기장 벡터의 크기와 비교하시오.

| 풀이 | Ampere 법칙에 의해 원통 도체 주변에 자기장 벡터는 식 (4.79)에 구하였으므로 이를 사용한다. 여기서 반경은 a이다.

$$\vec{H} = \frac{I}{2\pi a^2}\rho\vec{a}_\phi,\ \rho \le a$$

$$\vec{H} = \frac{I}{2\pi\rho}\vec{a}_\phi,\ a < \rho$$

자속밀도 벡터는 다음과 같다.

$$\vec{B} = \frac{\mu_0\mu_r I}{2\pi a^2}\rho\vec{a}_\phi,\ \rho \le a$$

$$\vec{B} = \frac{\mu_0 I}{2\pi\rho}\vec{a}_\phi,\ a < \rho$$

Ni 도체에서 $\mu_r = 600$이므로【그림 5.30】과 같이 자속밀도는 연속이지 않고 $\rho = a$지점 바깥에서 급격히 작아지게 되며 대부분의 자속은 강자성체 내부에만 존재하게 된다.

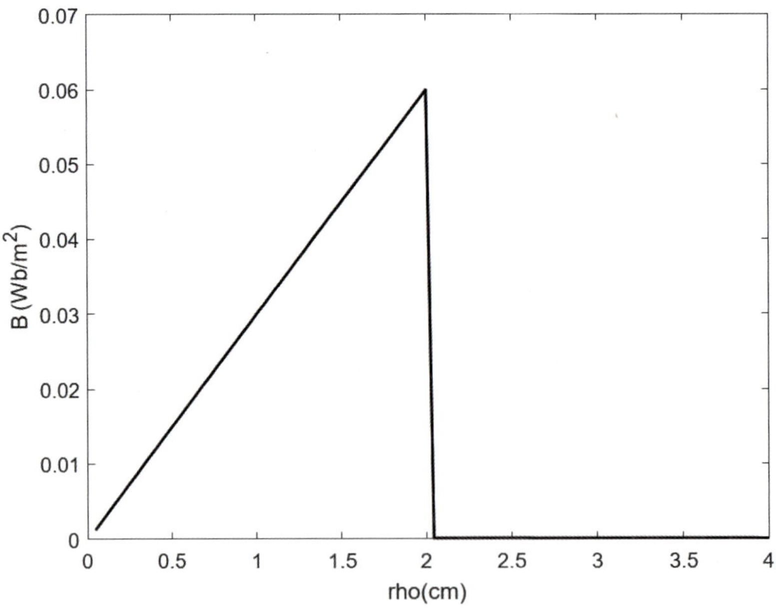

그림 5.30 (예제 5-12)의 그림

요약

- 모든 물질이 가지는 전기적 성질과 다르게 물질의 자기적 성질은 대부분의 물질에서 자유 공간과 큰 차이가 없으며 이는 원자를 구성하는 전자들의 궤도 모멘트와 스핀 모멘트가 서로 상쇄되기 때문이다.
- 유전체 물질의 분극 벡터와 유사한 자화 벡터를 정의할 수 있으나 유용성은 분극 벡터만큼 높지 않다.
- 물질의 자기적 성질을 강하게 띠는 (비투자율이 매우 높은) 강자성체가 존재하는데, 이러한 강자성체는 보통 비선형 특성을 가지고 있으므로 이를 이용하여 자기 테이프 등의 기억소자로 과거에 많이 사용되었다.

5.4.3 인덕턴스(Inductance)

이제 자성체 물질의 특성을 학습하였으므로 자성체 물질의 특성을 응용한 대표적인 소자인 인덕터(Inductor)와 인덕터의 특성을 나타내는 인덕턴스에 대해 알아보자.【그림 5.31(a)】의 전류 루프 I를 고려하자. 루프의 내부 면적 S_1을 통과하는 자속은 Φ_1이다.

$$\Phi_1 = \int_{S_1} \vec{B} \cdot d\vec{S} \tag{5.42}$$

【그림 5.31(b)】에서와 같이 서로 매우 근접하게 감긴 두 개의 루프에 동일한 전류를 흘린다고 가정하자. 각각의 루프는 Φ_1의 자속을 만들고 각 루프는 매우 근접하므로 각 루프를 통과하는 총 자속은 $\Phi_{tot} = 2\Phi_1$가 된다. 루프에 의해 경계되는 총 면적 $2S_1$을 통과하는 자속은 얼마나 될까? Φ_{tot}은 각 루프의 표면을 통과하므로 면적이 2배가 되어 답은 $2\Phi_{tot}$ 또는 $4\Phi_1$이 된다. 이러한 경우 우리는 두 개의 루프가 총 자속 Φ_{tot}에 의해 쇄교(link)되었다고 말한다.

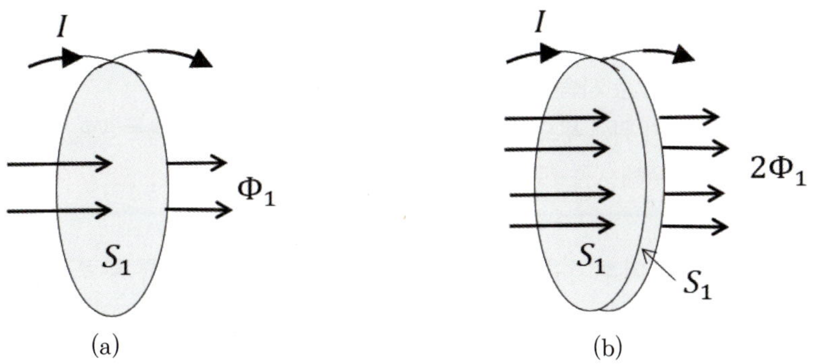

그림 5.31 인덕턴스와 쇄교자속

이제 전류가 흐르는 회로의 외형에 의해 경계되는 표면을 통과하는 총 자속을 자속 쇄교수(flux linkage) λ를 정의한다.【그림 5.31(a)】에서 λ는 단순히 Φ_1이고【그림 5.29(b)】에서 λ는 $4\Phi_1$이다.

더욱 조밀하게 감긴 솔레노이드에서 자속 쇄교수는 그것들을 쇄교하는 총 자속에 루프의 갯수를 곱한 것이다. 만약 N턴으로 조밀하게 감싸진 솔레노이드를 고려하면 λ는 Φ_1을 단일 루프에 의해서 생성된 자속이라 할 때 다음과 같이 주어진다.

$$\lambda = N\Phi_{tot} = N^2\Phi_1 \tag{5.43}$$

이제 자속 쇄교수와 자속을 생성하는 전류 I의 비로 인덕턴스(inductance) L을 정의한다.

$$L = \frac{\lambda}{I} = \frac{N\Phi_{tot}}{I} \tag{5.44}$$

인덕턴스의 단위는 henry[H]이고 [Wb/A]와 같다. 1[H]는 루프에 흐르는 전류가 1[A]일 때 1[Wb]의 자속이 생성되는 것으로 정의된다. 인덕터는 전기회로에서 DC 바이패스, 필터링, 튜닝을 위해 사용된다. 커패시터에 의해 전하가 축적되어 전기 에너지가 저장되는 것과 유사하게 인덕터는 자기 에너지를 저장하는 장치이다.

인덕터는 도선을 감은 루프로 구성되며, 종종 강자성체인 페라이트나 철심 코어에 도선을 감아 만든다. 인덕터스 값은 단지 자속의 경로에 따른 자성체 코어의 투자율과 도체의 물리적 형상으로 주어지며, λ와 I의 비가 언제나 일정하므로 λ와 I의 특정값에 의해 결정되지는 않는다. 따라서 인덕턴스를 계산하려면 I를 가정하여 λ를 구한 후 나중에 I를 제거하는 방법을 사용한다.

인덕턴스 계산 순서

1. 도체 내의 전류 I를 가정한다.
2. 비오-사바르 법칙 또는 충분한 대칭성이 있다면 암페어 주회 법칙을 이용해 $\vec{B}$를 구한다.
3. 모든 루프를 쇄교하는 총 자속 Φ_{tot}를 계산한다.
4. 자속 쇄교수를 구하기 위해 루프의 개수에 의한 총 자속을 곱한다 : $\lambda = N\Phi_{tot}$
5. 인덕턴스를 구하기 위해 λ를 I로 나눈다: $L = \lambda/I$

인덕턴스를 구하는 예로서 비투자율 μ_r을 갖는 원통형 자성체에 전류 루프를 N번 감은 솔레노이드의 인덕턴스를 구해보자. 첫 번째 단계로 도체의 한 쪽 끝으로 들어가는 전류 I를 가정한다. 4장에서 구한 솔레노이드 내부에서 자기장은 다음과 같다.

$$\vec{H} = \frac{NI}{h}\vec{a}_z$$

실제로는 솔레노이드의 끝에서 자기장의 감소가 있을 수 있으나 여기서는 $h \gg a$를 가정하므로 이러한 종단에서의 효과는 무시한다. 그러면 μ_r을 갖는 자기코어 내에서의 자기장은 다음과 같다.

$$\vec{B} = \frac{\mu NI}{h}\vec{a}_z \tag{5.45}$$

다음으로 솔레노이드의 하나의 루프에 대한 단면적은 πa^2이므로 하나의 루프를 통과한 총자속 Φ_{tot}은 다음과 같다.

$$\Phi_{tot} = \int \vec{B} \cdot d\vec{S} = \frac{\mu NI\pi a^2}{h} \tag{5.46}$$

자속 쇄교수는 다음과 같다.

$$\lambda = N\Phi_{tot} = \frac{\mu N^2 I\pi a^2}{h} \tag{5.47}$$

마지막으로 인덕턴스는 전류로 나누어주면 솔레노이드의 인덕턴스는 다음과 같이 주어진다.

$$L = \frac{\mu N^2 \pi a^2}{h} \tag{5.48}$$

예제 5-13

솔레노이드를 만들기 위해 에나멜 코팅된 구리선을 사용하여 0.5[cm]의 반경을 가진 나무침($\mu_r = 1$)을 따라 10[cm]의 길이에 200회 고르게 감았다. (a) 인덕턴스를 구하여라. (b) 동일한 치수를 갖는 99.8%의 순도를 갖는 철($\mu_r = 5000$)로 나무침을 교체한 후 인덕턴스를 다시 계산하라.

| 풀이 | 식 (5.48)에 의해

$$L = \frac{\mu N^2}{h}\pi a^2 = \frac{4x \times 10^{-7} 200^2}{0.1}\pi(0.005)^2 = 40[\mu\text{H}]$$

(a) 40 [μH], (b) 200 [mH])

이제 내부 반경이 a이고, 외부 반경이 b이며, 내부 반경과 외부 반경 사이에 비투자율 μ_r로 채워져 있는 동축 선로의 인덕턴스를 구해보자. 원통 좌표계를 가정하여 내부 도체에서 전류의 방향이 $+\vec{a}_z$ 방향이고 외부 도체에서는 $-\vec{a}_z$ 방향으로 돌아온다고 가정하자. Ampere 법칙에 의해 두 도체 사이의 영역에서 자속밀도 벡터는 다음과 같다.

$$\vec{B} = \frac{\mu_0 \mu_r I}{2\pi\rho} \vec{a}_\phi \tag{5.49}$$

다음으로【그림 5.32】의 색칠한 영역을 통과하는 총 자속은 다음과 같다[24).]

$$\Phi_{tot} = \int \vec{B} \cdot d\vec{S} = \iint \left(\frac{\mu_0 \mu_r I}{2\pi\rho} \vec{a}_\phi \right) \cdot d\rho dz \vec{a}_\phi \tag{5.50}$$

식 (5.50)의 결과는 다음과 같다.

$$\Phi_{tot} = \frac{\mu_0 \mu_r I}{2\pi\rho} \int_a^b \frac{d\rho}{\rho} \int_0^h dz = \frac{\mu_0 \mu_r I h}{2\pi} \ln\left(\frac{b}{a}\right)$$

마지막으로 인덕턴스는 전류로 나누어주면 동축 선로의 인덕턴스는 다음과 같이 주어진다.

$$L = \frac{\mu_0 \mu_r h}{2\pi} \ln\left(\frac{b}{a}\right) \tag{5.51}$$

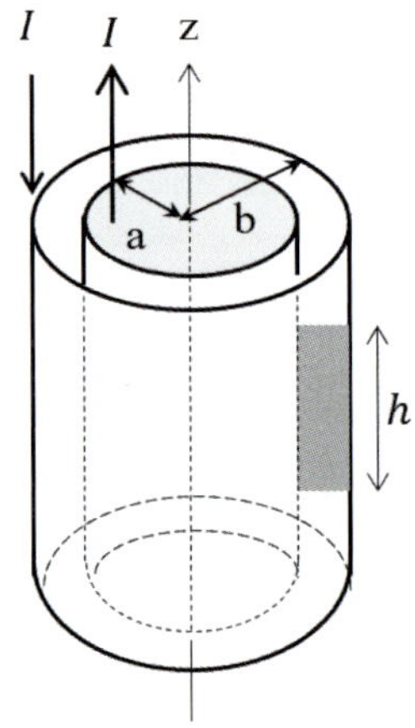

그림 5.32 동축 케이블의 인덕턴스

지금까지 우리가 계산한 인덕턴스는 자기 인덕턴스(self inductance)라 부른다. 여기서 자속은 자속을 생성하는 전류 루프를 포함하는 회로 자체에 쇄교된다. 한편 한 회로에 의해 발생된 자속이 다른 회로에 쇄교되는 자속을 구하는 경우가 있는데, 이를 상호 인덕턴스라 하고 변압기의 설계와 동작의 기본 원리가 된다.【그림 5.33】과 같이 하나의 자성체를 감은 두 개의 코일을 생각해 보자.

24) 자속밀도 벡터의 방향은 원의 형태를 가지므로 내부 반경과 내부 반경 사이의 영역에서 단면적에 대해 면적분을 계산하면 자속을 구할 수 있다.

여기서 N_1 루프를 갖는 회로 1(Circuit 1)을 구동 코일, N_2 루프를 갖는 회로 2(Circuit 2)를 수신 코일이라 놓자. 전류 I_1이 회로1에 인가되면 이 전류에 의해 자속이 생성된다. 이 자속은 강자성체인 토로이드 코어에만 흐르게 되므로 N_2 루프를 갖는 회로 2에도 쇄교한다. 따라서 자속은 두 회로에 공통(common) 또는 상호(mutual) 작용한다. 이 자속을 Φ_{12}라 하고 아래첨자는 회로 1의 $\overrightarrow{B}_1$에 의한 자속이 회로 2를 쇄교함을 의미한다. 자속 Φ_{12}는 $\overrightarrow{B}_1$과 회로 2의 루프 면적을 내적한 후 적분함으로써 구할 수 있다.

$$\Phi_{12} = \int \overrightarrow{B}_1 \cdot d\overrightarrow{S}_2 \tag{5.52}$$

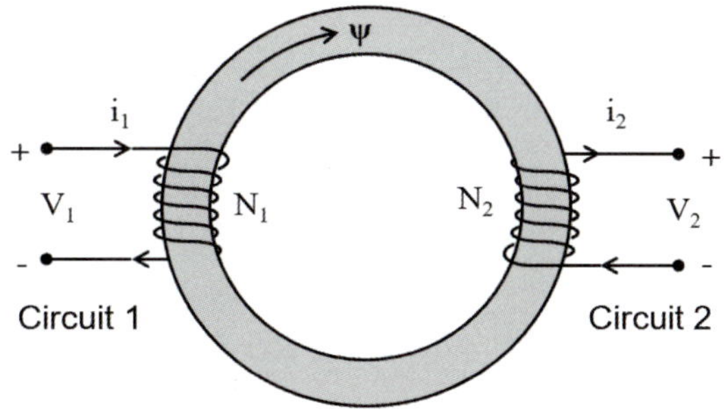

그림 5.33 한 쌍의 코일과 상호 인덕턴스

자속 쇄교수 λ_{12}는 Φ_{12}가 회로2에 쇄교되는 정도가 된다.

$$\lambda_{12} = N_2 \Phi_{12} \tag{5.53}$$

최종적으로 상호 인덕턴스 M_{12}은 다음과 같다.

$$M_{12} = \frac{\lambda_{12}}{I_1} = \frac{N_2}{I_1} \oint \overrightarrow{B}_1 \cdot d\overrightarrow{S}_2 \tag{5.54}$$

이제【그림 5.34】와 같이 N_1 턴을 갖는 솔레노이드에 추가로 같은 코어를 공유하는 N_2 턴이 감긴 솔레노이드를 고려하자. 이러한 구조에서 상호 인덕턴스를 계산하는 방법은 자기 인덕턴스를 계산하는 방법과 매우 유사하다. 즉, 다음과 같은 단계로 이루어진다.

상호 인덕턴스 계산 순서

1 구동회로를 위한 도체 내에 전류 I_1을 가정한다.

2 회로 1로부터 총 $\vec{B}_1$을 결정한다.

3 회로 2의 한 루프를 통과하는 자속 Φ_{12}를 찾는다.

4 쇄교 저속수를 구하기 위해 자속에 루프의 개수 N_2을 곱한다: $\lambda_{12} = N_2 \Phi_{12}$

5 상호 인덕턴스을 구하기 위해 λ_{12}를 I_1으로나눈다: $M_{12} = \lambda_{12} / I_1$

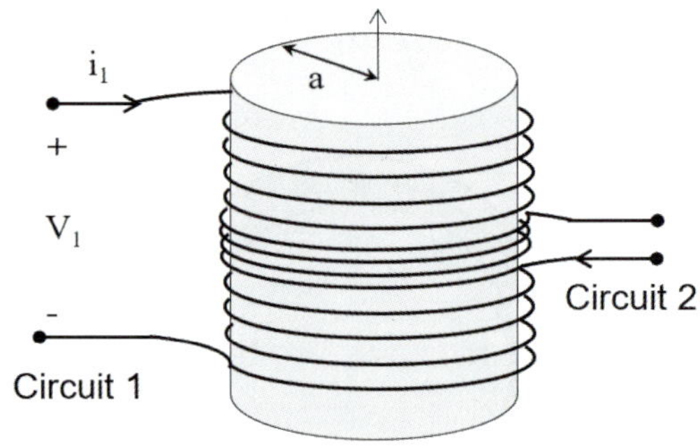

그림 5.34 이차 코일이 감긴 솔레노이드

먼저, 회로1에서 I_1을 가정하고 이를 이용해 $\vec{B}_1$을 계산하자. 앞에서 계산하였으므로 첨자만을 붙여서 나타내면 다음과 같다.

$$\vec{B}_1 = \frac{\mu N_1 I_1}{h} \vec{a}_z \tag{5.55}$$

다음으로 솔레노이드의 회로 2의 루프 중에서 하나의 루프를 통과한 총자속은 다음과 같다.

$$\Phi_{12} = \frac{\mu N_1 I_1 \pi a^2}{h} \tag{5.56}$$

이 자속은 회로 2의 모든 N_2 루프에 쇄교하므로 쇄교 자속수는 다음과 같다.

$$\lambda_{12} = N_2 \Phi_{12} = \frac{\mu N_1 N_2 I_1 \pi a^2}{h} \tag{5.57}$$

마직막으로 인덕턴스는 전류로 나누어주면 다음과 같이 주어진다.

$$M_{12} = \frac{\mu N_1 N_2 \pi a^2}{h} \tag{5.58}$$

예제 5-14

(예제 5-13)의 솔레노이드에 100턴을 2차로 추가하고 상호 인덕턴스를 계산하라.

(a) 나무침

(b) 철막대기($\mu_r = 5000$)

| 풀이 | (a) 식 (5.58)에 의해 구할 수 있다.

$$L = \frac{\mu N_1 N_2 \pi a^2}{h} = \frac{(4\pi \times 10^{-7})(200)(100)}{0.1} \pi 0.005^2 = 20[\mu H]$$

(b) 비투자율만큼 상호인덕턴스는 커지므로 100[mH]가 된다.

5.5 정전기장과 정자기장의 경계 조건

지금까지 자유 공간이나 하나의 물질 내에서의 정전기장과 정자기장에 대해 살펴보았다. 하지만 실제로 우리가 사는 세상은 다양한 물질이 경계를 가지고 존재한다. 예를 들어 우리가 발을 딛고 있는 땅을 유전체라 하면 우리는 땅(유전체)과 공기(자유 공간)의 경계에서 살고 있다. 따라서 공기 중에 정전기장과 정자기장을 알고 있을 때 땅의 경계 아래에서는 이 값이 어떻게 변하는지 알 필요가 있다. 이러한 경우를 경계 조건 문제(boundary condition problem)라 한다. 전자 소자의 하나인 다이오드는 P형 반도체와 N형 반도체가 접합되어 있는 구조를 가지므로 P형 반도체에서 정전기장과 정자기장을 알 때 N형 반도체에서는 어떻게 변하는지 알 필요가 있으며 이 또한 경계 조건 문제가 된다[25].

5.5.1 정전기장에서의 경계 조건

지금까지는 도체와 유전체 안에서의 전기장의 특성을 살펴보았다. 이제 유전체와 도체 간에 또는 유전체와 유전체 사이의 경계면에서 전기장이 어떻게 변하는지를 살펴보고자 한다.【그림 5.35】와 같이 두 개의 유전체(Medium 1과 Medium 2) 간의 경계가 있는 경우 각 영역에서의 전기장은 경계에 수평한(transverse) 성분인 접선 성분 벡터 $\overrightarrow{E}_T$와 경계에 수직한(normal) 법선 벡터 $\overrightarrow{E}_N$의 2개의 성분으로 나눌 수 있으므로 매질 1(Medium 1)에서는 식 (5.59)으로, 매질 2(Medium 2)에서는 식 (5.60)과 같이 벡터 덧셈으로 표현할 수 있다.

25) 다이오드, 트랜지스터 등 반도체 소자들의 반도체 소자들 간의 유전체－유전체 경계 조건 문제뿐만 아니라 전극을 통해 외부와 연결되므로 도체－유전체 경계 조건 문제도 포함하고 있다.

$$\vec{E}_1 = \vec{E}_{T1} + \vec{E}_{N1} \quad (5.59)$$

$$\vec{E}_2 = \vec{E}_{T2} + \vec{E}_{N2} \quad (5.60)$$

이제 경계 조건 문제를 접선 성분과 법선 성분에 대해 각각 구해보자. 먼저, 【그림 5.35】와 같이 접선 성분에 대한 경계 조건을 구하기 위해 사각형 모양의 폐경로를 따라 전기장 벡터 $\vec{E}$의 벡터 폐선적분을 수행하고 정전기장에서 Kirchhoff의 전압 법칙을 적용한다.

$$\oint \vec{E} \cdot d\vec{l} = 0 \quad (5.61)$$

식 (5.61)은 a부터 시작하여 시계방향으로 4번 선적분을 취한 것과 같으므로 다음과 같이 쓸 수 있다.

$$\int_a^b \vec{E} \cdot d\vec{l} + \int_b^c \vec{E} \cdot d\vec{l} + \int_c^d \vec{E} \cdot d\vec{l} + \int_d^a \vec{E} \cdot d\vec{l} = 0 \quad (5.62)$$

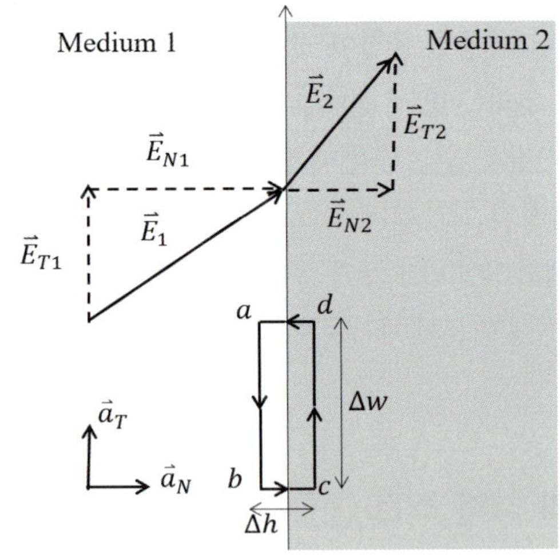

그림 5.35 전기장에서 접선 성분의 경계 조건을 구하기 위한 벡터 폐선적분

식 (5.62)의 선적분은 다음과 같이 계산되어 진다.

$$\int_a^b \vec{E} \cdot d\vec{l} = -E_{T1} \Delta w \quad (5.63a)$$

$$\int_b^c \vec{E} \cdot d\vec{l} = +(E_{N1} + E_{N2}) \frac{\Delta h}{2} \quad (5.63b)$$

$$\int_{c}^{d} \vec{E} \cdot d\vec{l} = + E_{T2} \Delta w \tag{5.63c}$$

$$\int_{d}^{a} \vec{E} \cdot d\vec{l} = - (E_{N1} + E_{N2}) \frac{\Delta h}{2} \tag{5.63d}$$

여기서 $E_{T1} = |\vec{E}_{T1}|$, $E_{N1} = |\vec{E}_{N1}|$이고, $E_{T2} = |\vec{E}_{T2}|$, $E_{N21} = |\vec{E}_{N2}|$이다. 이제, 각각의 성분들을 더하면 0이 되어야 하므로 법선 성분인 (5.63b)와 (5.63d)는 더해져서 없어지므로 서로 상쇄되고[26], 접선 성분은 $E_{T1} = E_{T2}$가 되어야 한다. 즉, 식 (5.64)와 같이 $\vec{E}_T$는 경계면에서 변하지 않는다.

$$\vec{E}_{T1} = \vec{E}_{T2} \tag{5.64}$$

식 (5.64)에 의해 두 개의 유전체 경계에서 경계에 평행인 정전기장의 접선 성분은 경계에 대해 연속적이라는 것을 알 수 있다. 다음으로 정전기장의 법선 성분은 경계에서 어떻게 되는지 알아야 한다. 이 경우 법선 성분에만 관심이 있으므로 전기장 벡터 대신 전속밀도 벡터의 법선 성분을【그림 5.36】과 같이 그리고 매우 작은 원통 모양의 가우시안 표면에 대해 가우스 법칙을 적용한다. 가우스 법칙의 왼쪽 항은 다음과 같다.

$$\oint_S \vec{D} \cdot d\vec{S} = \int_S \vec{D} \cdot d\vec{S}_{top} + \int_S \vec{D} \cdot d\vec{S}_{bot} + \int_S \vec{D} \cdot d\vec{S}_{side} \tag{5.65}$$

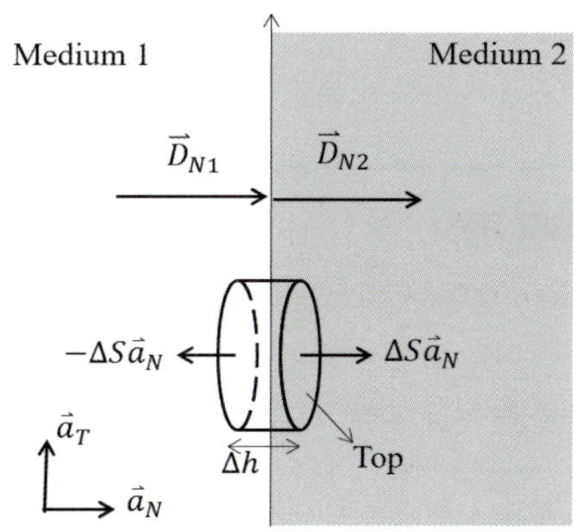

그림 5.36 정전기장에서 법선 성분의 경계 조건을 구하기 위한 벡터면적분

26) 이 문제에서 수직 성분이 거리 Δw에 따라 변한다면 어떻게 되는가?라고 반문할 수도 있다. 그러면 수직 성분은 서로 상쇄되지 않을 수 있다. 하지만 이 문제는 다음의 두 가지 방법으로 피할 수 있다. Δw가 아주 작아서 변하지 않게 할 수도 있거나, Δh를 영에 근접시키면 수직 성분은 무시할 수 있다.

원통의 높이가 충분히 작다면, 옆면을 통과하는 전속은 무시할 수 있으므로 윗면과 아랫면을 통과하는 전속만이 남을 것이며, 그 값은 다음과 같다.

$$\oint_{top} D \cdot dS = \int D_{N2}\vec{a}_n \cdot dS\vec{a}_n = D_{N2}\Delta S \tag{5.66a}$$

$$\oint_{bot} D \cdot dS = \int D_{N1}\vec{a}_n \cdot dS(-\vec{a}_n) = -D_{N1}\Delta S \tag{5.66b}$$

이 식을 더하고 Gauss 법칙을 완성하면 다음과 같다.

$$(D_{N1} - D_{N2})\Delta S = Q = \rho_S \Delta S \tag{5.67}$$

식 (5.67)로부터 두 개의 유전체 경계면에서의 두 번째 경계 조건인 법선 방향의 경계 조건을 얻을 수 있다.

$$D_{N1} - D_{N2} = \rho_S \tag{5.68}$$

일반적으로 유전체 경계에는 전하가 존재하지 않는다고 가정할 수 있으므로 식 (5.68)은 식 (5.69)로 쓸 수 있다.

$$D_{N1} = D_{N2} \tag{5.69}$$

이제 식 (5.64)와 식 (5.69)를 이용하면 두 개의 유전체 경계에서의 전기장의 변화를 알 수 있다. 이러한 정전기장의 경계 조건 특성을 이용하여 문제를 푸는 과정은 다음과 같다.

정전기장의 경계 조건 문제 풀이 과정

1. 첫 번째 유전체 물질(Medium 1)에서 알고 있는 정전기장 벡터를 경계에 수평인 성분과 경계에 수직인 성분으로 분리한다.
2. 경계에 수평한 성분은 연속이므로 두 번째 유전체 물질(Medium 2)에서의 정전기장의 수평인 성분을 구한다.
3. 첫 번째 유전체 물질(Medium 1)에서 수직인 정전기장 벡터로부터 전속밀도 벡터를 구한다.
4. 경계에 수직인 전속밀도 벡터는 연속이므로 두 번째 유전체 물질(Medium 2)에서의 전속밀도 벡터의 수직인 성분을 구한다.
5. 두 번째 유전체 물질(Medium 2)에서 수직인 전속밀도 벡터로부터 정전기장 벡터의 수직 성분을 구한다.
6. (2)와 (5)로부터 두 번째 유전체 물질(Medium 2)에서의 정전기장을 구한다.

예제 5-15

전기장 $\vec{E}_1$이 【그림 5.37】과 같이 $z < 0$인 영역($\epsilon_{r1} = 2$)에서 $\vec{E}_1 = 3\vec{a}_x + 4\vec{a}_y + 5\vec{a}_z$[V/m]로 주어진 경우, $z > 0$인 영역($\epsilon_{r2} = 5$)의 다른 유전체에서 전기장 $\vec{E}_2$의 값을 구하시오.

| 풀이 |
1) 경계가 z=0인 x-y평면에 놓여 있으므로 경계에 수직인 $\vec{E}_1$의 성분은 $\vec{E}_{N1} = 5\vec{a}_z$이고, 경계에 수평한 $\vec{E}_1$의 수평 방향 성분은 $\vec{E}_{T1} = 3\vec{a}_x + 4\vec{a}_y$이 된다.
2) 식 (5.64)에 의해 경계에 수평한 성분은 연속이므로 $\vec{E}_{T2} = 3\vec{a}_x + 4\vec{a}_y$이다.
3) ϵ_{r1}이 2이므로 $\vec{D}_{N1} = 10\epsilon_0\vec{a}_z$가 된다.
4) 식 (5.69)에 의하여 $\vec{D}_{N1}$과 $\vec{D}_{N2}$는 같으므로 $\vec{D}_{N2} = 10\epsilon_0\vec{a}_z$이다.
5) ϵ_{r2}이 5이므로 $\vec{E}_{N2} = 2\vec{a}_z$가 된다.
6) 이를 종합하면 $\vec{E}_2 = 3\vec{a}_x + 4\vec{a}_y + 2\vec{a}_z$를 구할 수 있다.

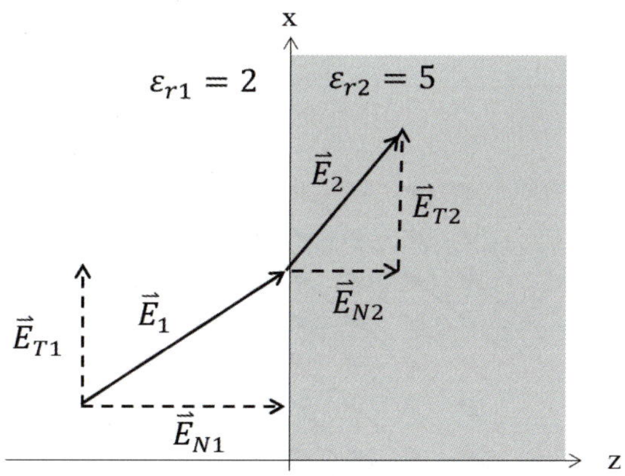

그림 5.37 (예제 5-15)의 풀이

예제 5-16

(예제 5-15)의 경계 조건에 의한 벡터장의 변화를 MATLAB으로 그리시오.

|풀이| MATLAB 프로그램을 이용하면 z=0 위치에서 정전기장의 크기와 방향이 변하는 것을 확인할 수 있다. 단, 2차원으로 표현하기 위해 x–z 평면만을 그렸다.

```
[z,x]=meshgrid(-2:0.5:1.5,-2:0.5:1.5);
u1=3*ones(size(x)/2);
u2=2*ones(size(x)/2);
u=[u1,u2; u1,u2];
v=3*ones(size(x));
quiver(z,x,u,v)
xlabel('z');
ylabel('x');
axis([-2.5,2.5,-2.5,2.5]);
```

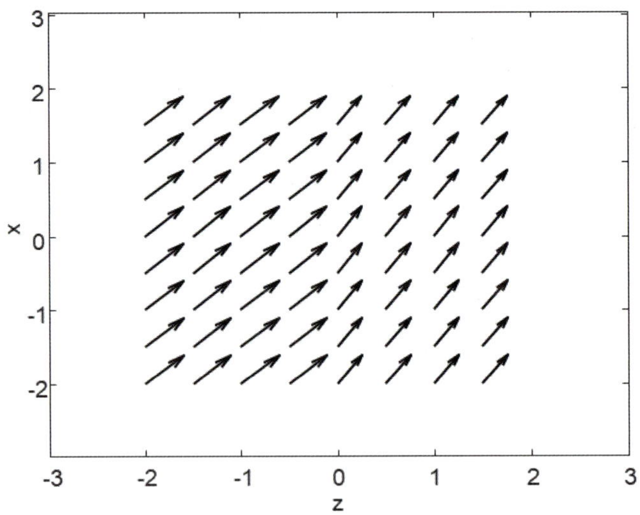

그림 5.38 (예제 5–16)의 MATLAB 결과

예제 5-17

(예제 5-16)의 경계 조건에서 $z<0$인 영역($\epsilon_{r1}=2$)에서 $\vec{E}_1 = 3\vec{a}_x + 4\vec{a}_y$[V/m]로 주어진 경우, $z>0$인 영역($\epsilon_{r2}=5$)의 다른 유전체에서 전기장 $\vec{E}_2$의 값을 구하고, 벡터장의 변화를 MATLAB으로 그리시오.

|풀이| 전기장 벡터는 경계에 접선 성분만 있으므로 벡터장의 변화가 없다.

예제 5-18

$\rho \le 2$[m]인 원통 안의 영역에서 $\epsilon_{r1} = 2$이며, 전기장은 $\vec{E}_1 = 3\vec{a}_\rho + 6\vec{a}_\phi + 9\vec{a}_z$[V/m]이다. $\rho > 2$[m]인 원통 밖의 영역에서, $\epsilon_{r1} = 3$인 경우 전기장 $\vec{E}_2$를 구하라.

|풀이| 원통 좌표계이므로 원통 경계에 수직인 단위 벡터는 $\vec{a}_\rho$이므로 $\vec{a}_\rho$성분만 전기장의 크기가 변한다. 경계 조건을 구하는 순서대로 쓰면 전기장은 $\vec{E}_2 = 2\vec{a}_\rho + 6\vec{a}_\phi + 9\vec{a}_z$[V/m]이 된다.

앞에서 구한 유전체 경계에서의 경계 조건을 사용하여, 유전체와 도체 간에 경계 조건도 구할 수 있다. 도체 내부에서는 $\vec{E} = 0$이라는 것을 고려하여 접선 방향의 경계 조건은 다음과 같다.

$$\vec{E}_T = 0 \tag{5.70}$$

즉, 도체의 경계에는 접선 방향의 전기장이 존재하지 않는다. 다음으로 법선 방향의 경계 조건으로부터 전속밀도 벡터는 도체 내에서 0이라는 것을 이용하면 다음의 경계 조건을 얻는다.

$$\vec{D}_N = \rho_S \tag{5.71}$$

예제 5-19

$y \le 0$인 영역은 완전 도체이며, $y > 0$인 영역은 유전체 ($\epsilon_{r1} = 2$)으로 채워져 있다. 도체의 표면에 2[nC/m^2]의 면전하가 있을 때 전기장을 모든 영역에서 구하고 MATLAB으로 그리시오.

|풀이| $y \le 0$인 영역에서는 도체 내부이므로 $\vec{E} = \vec{D} = 0$이다. $y > 0$인 영역에서는 식 (5.66)에 의해 $\vec{D} = 2\vec{a}_y[nC/m^2]$이 되며, 전기장은 다음과 같다.

$$\vec{E} = \frac{\vec{D}}{\epsilon_0 \epsilon_r} = 113.1\vec{a}_y[V/m]$$

도체-유전체 경계에서 전기장을 그리면 전기장은 언제나 도체 표면에 수직으로 그려진다.

5.5.2 정자기장에서의 경계 조건

유전체의 경계에서의 정전기장에 대한 경계 조건을 알아보았으니, 이제 이와 유사한 방법으로 두 자성체의 경계에서 경계 조건을 구해보자. 자성체 경계 조건은 정자기장의 기본 법칙인 Ampere의 법칙과 정자기장에 대한 Gauss 법칙으로부터 유도된다.

$$\oint \vec{H} \cdot d\vec{l} = I_{enc}, \oint \vec{B} \cdot d\vec{S} = 0$$

정자기장에서 Ampere의 법칙으로부터【그림 5.39】에서 보는 바와 같이 두 자성체 사이에 면전류 밀도 $\vec{K}$가 존재하는 경우를 고려하자. 폭 Δw와 높이 Δh의 사각형에 대해 폐경로를 선택하고 이 경로를 경계면의 중앙에 두어 경로가 두 매질 사이를 지나가도록 한다.

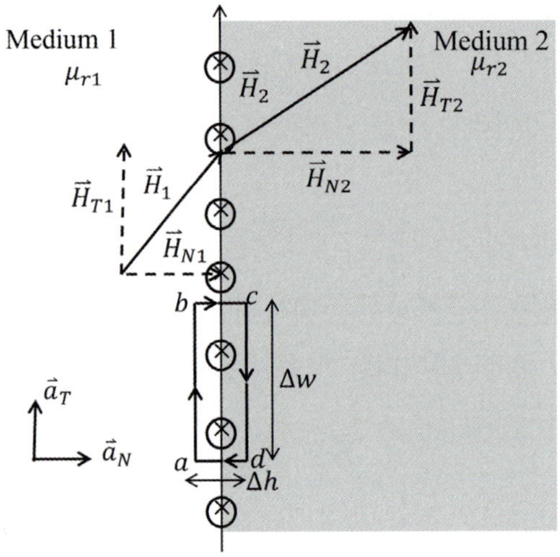

그림 5.39 경계 조건을 구하기 위한 선적분

【그림 5.39】에서 사각형 경로에 의해 둘러싸인 전류는 다음과 같다.

$$I_{enc} = K\Delta w \tag{5.72}$$

여기서 전류 방향은 종이 안쪽으로 들어가는 방향이다. 루프의 적분 경로 방향을 결정하기 위해서 오른손 법칙을 이용한다. 전류 방향을 오른 엄지 손가락으로 가리키고 나머지 오른 손가락들로 경로를 감아쥐면 폐경로는 시계 방향으로 돌아감을 알 수 있다. Ampere 법칙 좌변의 폐선적분은 네 개의 경로로 분류할 수 있으며 각각의 경로 값은 다음과 같다.

$$\int_a^b \vec{H} \cdot d\vec{l} = H_{T1}\Delta w \tag{5.73a}$$

$$\int_b^c \vec{H} \cdot d\vec{l} = +(H_{N1} + H_{N2})\frac{\Delta h}{2} \tag{5.73b}$$

$$\int_c^d \vec{H} \cdot d\vec{l} = -H_{T2}\Delta w \tag{5.73c}$$

$$\int_{d}^{a}\overrightarrow{H}\cdot d\vec{l}=-(H_{N1}+H_{N2})\frac{\Delta h}{2} \tag{5.73d}$$

이제, 식 (5.73b)와 식 (5.73d)는 상쇄되고, 식 (5.73a)와 식 (5.73c)로부터 다음의 경계 조건을 얻을 수 있다.

$$H_{T1}-H_{T2}=K \tag{5.74}$$

좀 더 일반적인 식으로 쓰면 다음과 같다.

$$(\overrightarrow{H}_1-\overrightarrow{H}_2)\times\vec{a}_{12}=\overrightarrow{K} \tag{5.75}$$

여기서 $\vec{a}_{12}$은 경계에서 매질 1로부터 매질 2로 향하는 수직 방향의 단위 벡터이다.

다음으로【그림 5.40】에서와 같이 매우 작은 원통 모양의 가우시안 표면에 대해 정자기장에 대한 가우스 법칙을 적용함으로써 두 번째 경계 조건을 얻을 수 있다.

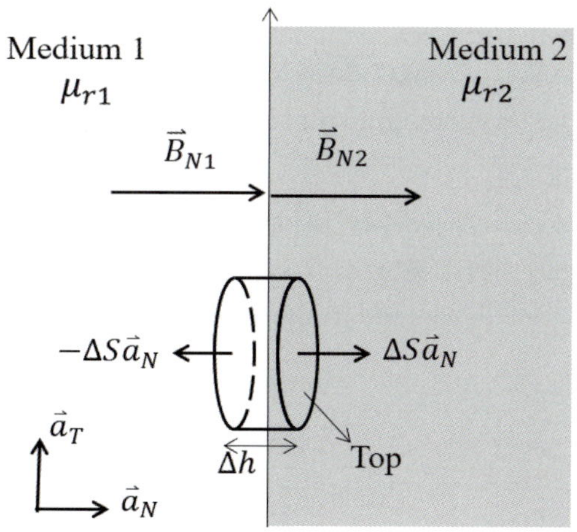

그림 5.40 경계 조건을 구하기 위한 면적분

자속밀도 벡터에 대한 가우스 법칙은 다음과 같다.

$$\oint_S B\cdot dS=\int_S B\cdot dS_{top}+\int_S B\cdot dS_{bot}+\int_S B\cdot dS_{sides}=0 \tag{5.76}$$

원통의 높이가 충분히 작다면, 옆면을 통과하는 자속은 무시할 수 있으므로 윗면과 아랫면을 통과하는 자속만이 남을 것이며, 그 값은 다음과 같다.

$$\int_{top} \vec{B} \cdot d\vec{S} = \int B_{N2}\vec{a}_n \cdot dS\vec{a}_n = B_{N2}\Delta S \tag{5.77a}$$

$$\int_{bot} \vec{B} \cdot d\vec{S} = \int B_{N1}\vec{a}_n \cdot dS(-\vec{a}_n) = -B_{N1}\Delta S \tag{5.77b}$$

이제 두 식을 합하면 자성체 경계면에서의 식 (5.78)과 같이 정자기장에 대한 두 번째 경계 조건을 얻을 수 있다.

$$\vec{B}_{N1} = \vec{B}_{N2} \tag{5.78}$$

정자기장의 경계 조건 문제 풀이 과정

1. 첫 번째 자성체 물질(Medium 1)에서 알고 있는 정자기장 벡터를 경계에 수평인 성분과 경계에 수직인 성분으로 분리한다.
2. 경계에 수평한 성분은 연속이므로 두 번째 자성체 물질(Medium 2)에서의 정자기장의 수평인 성분을 구한다(경계면에 전류가 없는 경우).
3. 첫 번째 자성체 물질(Medium 1)에서 수직인 정자기장 벡터로부터 자속밀도 벡터를 구한다.
4. 경계에 수직인 자속밀도 벡터는 연속이므로 두 번째 자성체 물질(Medium 2)에서의 자속밀도 벡터의 수직인 성분을 구한다.
5. 두 번째 자성체 물질(Medium 2)에서 수직인 자속밀도 벡터로부터 정자기장 벡터의 수직 성분을 구한다.
6. (2)와 (5)로부터 두 번째 자성체 물질(Medium 2)에서의 정자기장을 구한다.

예제 5-20

【그림 5.41】과 같이 z<0인 영역에서 μ_{r1}= 6000인 매질에 자기장 $\vec{H_1} = 6\vec{a}_x + 2\vec{a}_y + 3\vec{a}_z$[A/m]이 주어졌다. z>0에서 μ_{r2}= 3000인 매질에서의 자기장 $\vec{H_2}$를 경계 조건으로 구하라.

풀이

1) 경계가 x–y평면에 놓여 있으므로 경계에 수직인 $\vec{H_1}$의 성분은 $\vec{H}_{N1} = 3\vec{a}_z$이고, 경계에 수평한 $\vec{H_1}$의 수평 방향 성분은 $H_{T1} = 6\vec{a}_x + 2\vec{a}_y$이 된다.

2) 경계면에서 전류가 없으므로 경계의 양쪽에서의 접선 성분은 같으므로 $H_{T2} = 6\vec{a}_x + 2\vec{a}_y$이다.

3) μ_{r1}이 2이므로 $\vec{B}_{N1} = 18000\mu_0\vec{a}_z$가 된다.

4) $\vec{B}_{N1}$과 $\vec{B}_{N2}$는 같으므로 $\vec{B}_{N2} = 18000\mu_0\vec{a}_z$이다.

5) μ_{r2}이 3000이므로 $\vec{H}_{N2} = 6\vec{a}_z$가 된다.

6) 이를 종합하면 $H_2 = 6\vec{a}_x + 2\vec{a}_y + 6\vec{a}_z$를 구할 수 있다.

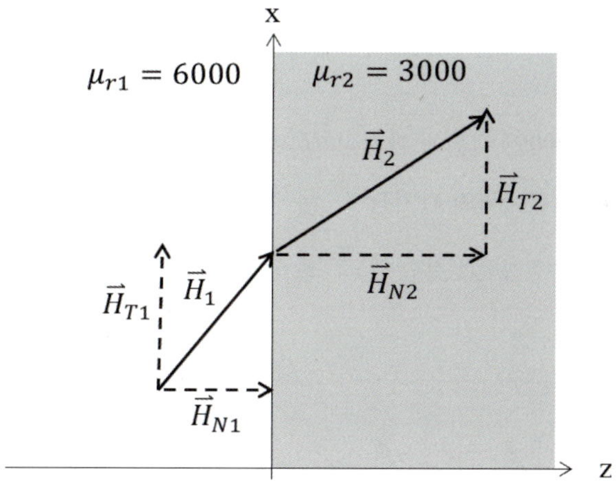

그림 5.41 (예제 5-20)의 경계 조건 문제 해법

예제 5-21

(예제 5-20)의 경계 조건에 의한 벡터장의 변화를 MATLAB으로 그리시오.

| 풀이 | MATLAB 프로그램을 이용하면 z=0 위치에서 정전기장의 크기와 방향이 변하는 것을 확인할 수 있다. 단, 2차원으로 표현하기 위해 x–z 평면만을 그렸다.

```
[z,x]=meshgrid(-2:0.5:1.5,-2:0.5:1.5);
u1=3*ones(size(x)/2);
u2=6*ones(size(x)/2);
u=[u1,u2; u1,u2];
v=6*ones(size(x));
quiver(z,x,u,v)
xlabel('z');
ylabel('x');
axis([-2.5,2.5,-2.5,2.5]);
```

예제 5-22

z<0인 영역에서 $\mu_{r1}= 6000$인 매질에 자기장 $\overrightarrow{H_1} = 6\overrightarrow{a_x} + 2\overrightarrow{a_y}$[A/m]이 주어졌다.

z>0에서 $\mu_{r2}= 3000$인 매질에서의 자기장 $\overrightarrow{H_2}$를 경계 조건으로 구하고 MATLAB으로 그리시오.

| 풀이 | 자기장 벡터는 경계에 접선 성분만 있으므로 정자기장 벡터장의 변화가 없다.

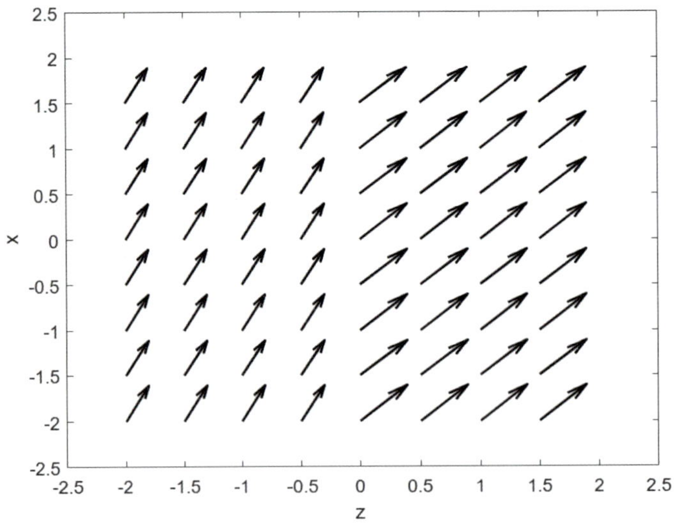

그림 5.42 (예제 5–21)의 MATLAB 결과

예제 5-23

z < 0인 위치에 철(순도 99.8%) $\mu_r = 5000$로 채워져 있다. z > 0영역은 공기이고 자속밀도는 $\vec{B}_{air} = 1\vec{a}_x + 5\vec{a}_y + 12\vec{a}_z$[T]이다. 경계에서 면전류는 없다고 가정하고 $\vec{B}_{iron}$을 구하여라.

| 풀이 | 직각 좌표계이므로 z=0 경계서 수직인 단위 벡터는 $\vec{a}_z$이므로 $\vec{a}_z$성분에서 자속밀도 벡터는 변하지 않는다. 반면 자속밀도의 수평 성분은 비투자율만큼 커지게 된다. 정자기장의 경계 조건을 구하는 순서대로 계산하면 다음을 구할 수 있다. $\vec{B}_{iron} = 5000\vec{a}_x + 25000\vec{a}_y + 12\vec{a}_z$

현재까지 학습한 정전기장과 정자기장의 경계 조건을 요약하면 다음과 같다. 상호 비교를 위해 왼쪽에는 자유 공간(ϵ_0, μ_0), 오른쪽은 각각 유전체, 강자성체, 도체의 3가지 물질이 있다고 가정하고 벡터장은 크기가 변하지 않는다고 가정한다.

1) 자유 공간 – 유전체 경계에서 정전기장은【그림 5.43】과 같이 유전체에 수직의 방향을 가질 경우 분극 벡터에 의해 크기가 작아진다. 반면에 수평 방향을 갖는 정전기장은 경계에 따른 변화가 없다. 또한, 정자기장은 자유 공간–유전체 경계에 따른 변화가 없다.
2) 자유 공간 – 강자성체 경계에서 정자기장은【그림 5.44】와 같이 강자성체에 접선 방향을 가질 경우 강자성체 내에서 크기가 커진다. 반면에 수직 방향을 갖는 정자기장은 경계에 따른 변화가 없다. 또한, 정전기장은 자유 공간–강자성체 경계에 따른 변화가 없다.
3) 자유 공간 – 도체 경계에서 정전기장은 도체 표면에 자유전자가 균일하게 배치되도록 하므로【그림 5.45】와 같이 경계면에 수직으로 전기장이 방향을 갖도록 영향을 준다. 참고로 도체 중에 철이나 니켈과 같은 강자성체의 경우 정자기장은 경계에 따른 변화가 있으며 자유 공간–강자성체 경계 조건과 동일하다.

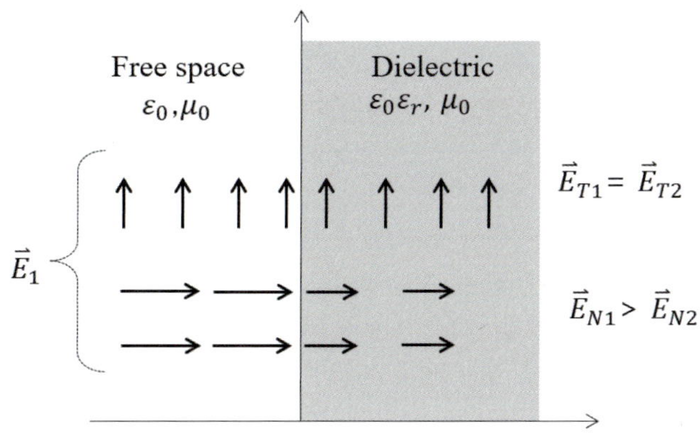

그림 5.43 자유 공간 – 유전체 경계 조건

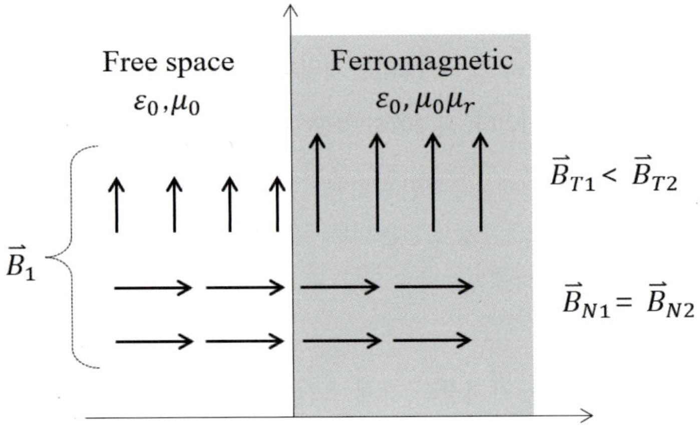

그림 5.44 자유 공간 – 강자성체 경계 조건

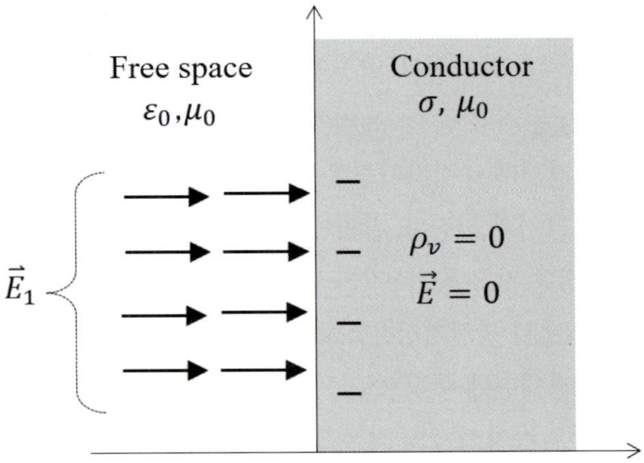

그림 5.45 자유 공간 – 도체 경계 조건

예제 5-24

【그림 5.44】와【그림 5.45】를 참고하여 자유 공간과 철의 경계 조건을 그려보시오.

Chapter 6 동적 전자기장과 전자기파

본 교재 Part 2의 4장과 5장에서는 시간에 따라 변하지 않는 전기장과 자기장인 정전기장과 정자기장을 다루었다. 현재까지 학습을 통해 학생들은 벡터와 좌표계에 친숙하게 되었을 것이며, 본 교재가 최종 목표로 하는 맥스웰 방정식에 대해서도 어느 정도 친숙해졌을 것이라 기대한다. 본 장에서는 전자기학 학습의 마지막 단계로서 전하의 분포가 시간에 따라 변하는 경우의 전기장과 자기장에 대해 학습한다. 전하의 분포가 시간에 따라 변하면 전기장과 자기장도 시간에 따라 변하게 될 뿐만 아니라 서로 간에 영향을 주게 되는데 이를 자세히 살펴보고자 한다. 먼저 시간에 따라 변한다는 의미를 살펴보고, 이를 해석하는 방법으로 Phasor 개념이 필요함을 살펴본다. 전자기학에서는 전하 분포의 시간에 따른 변화를 특정 주파수를 가지고 주기적으로 변하는 경우에만 집중하는데 이를 시정현 전자기장(time harmonic electromagnetic field)이라 한다. 이러한 시정현장을 사용하면 페이저(phasor) 개념을 통해 동적 전자기장을 쉽게 이해할 수 있다.[1]. 다음으로 시간에 따라 변하는 자기장이 전기장을 생성함을 처음 발견한 패러데이 법칙(Faraday's law)을 학습하고, 이의 반대인 시간에 따라 변하는 전기장이 자기장을 생성하는 변위 전류(displacement current)에 관한 내용을 학습한다. 이러한 두 개의 개념을 통합하여 맥스웰이 발견한 동적 전기장과 동적 자기장 사이의 밀접한 상호 관계에 대해 알아본다. 통합된 4개의 맥스웰 방정식으로부터 동적 전자기장이 파동의 특성을 가짐을 확인하고, 이를 파동 방정식으로 해석한다. 해석한 파동 방정식으로부터 안테나를 통해 공기 중으로 퍼져나가는 전파나 전송 선로를 따라 신호나 에너지를 전달하는 파동을 설명한다. 마지막으로 전파의 응용을 살펴 전자기학이 향후 어떻게 응용되는지를 설명하면서 전자기학의 학습을 마친다.

1) 시정현장의 대표적인 예로 60Hz 주파수를 갖는 교류 전원이 있다. 방송국이나 이동통신상의 전파는 대역폭을 가지고 있어 엄밀한 의미의 시정현장은 아니지만 반송파 주파수에 비해 대역폭이 좁기 때문에 시정현장으로 해석할 수 있다.

6.1 동적인 전자기장의 해석 방법

5장까지는 정적인 벡터장(Static vector field)을 학습하였고, 이제 동적인 벡터장(Dynamic vector field)을 학습할 차례이다. 정적인 벡터장과 동적인 벡터장의 차이는【그림 6.1】에 잘 나타나 있다. 평행판 캐패시터와 배터리, 그리고 스위치가 연결된 회로를 보자. 스위치가 OFF 상태일 때는 캐패시터를 구성하는 두 개의 도체에 아무런 전하가 존재하지 않으며, 시간이 흘러도 변하지 않는 정적인 상태를 갖는다. 이제 스위치가 연결되어 ON이 되면 도선에 전하가 이동하기 시작하여 캐패시터의 전극에 전하가 축적되기 시작한다. 캐패시터가 축적할 수 있는 전하량은 $Q = CV$에 의하여 전압과 캐패시터의 정전 용량의 곱으로 정해진다. 이때는 시간이 지남에 따라 전하가 점점 많아지는 동적인 상태가 된다. 이제 전하의 축적이 끝나면 더 이상 시간이 흘러도 캐패시터에 축적된 전하의 총량은 변하지 않으며, 더 이상 도선에서 전하의 이동은 없다. 즉, 전류는 흐르지 않으므로 다시 정적인 상태가 된다. 이와 같이 동적인 벡터장은 전하의 순간적인 변화가 있는 시간 구간에서의 벡터장을 의미하게 된다. 즉, 캐패시터 내에서는 전하의 수가 변하므로 전기장이 동적으로 변하게 되며, 도선 주위에서는 전류의 크기가 변하므로 자기장이 동적으로 변하게 된다. 4장과 5장에서 학습한 벡터장은 전하가 고정되어 있거나 전류가 일정한 정적인 상태의 벡터장을 해석하였으나, 6장에서는 전하나 전류에 변화가 있는 동적인 전기장과 자기장을 학습한다.

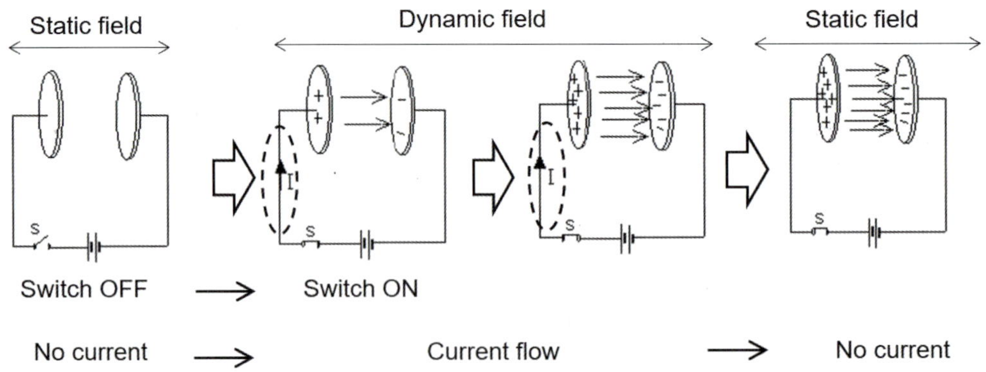

그림 6.1 전자기장의 동적인 변화란?

【그림 6.1】의 회로를 회로 이론 관점에서 살펴보자. 캐패시터에 흐르는 전류와 전압의 관계식은 식 (6.1)로 주어진다. 즉 전류의 변화는 전압의 시간 미분에 비례한다.

$$i(t) = C\frac{dv(t)}{dt} \tag{6.1}$$

식 (6.1)에 의해【그림 6.1】의 스위치 동작은【그림 6.2(a)】와 같이 해석할 수 있다. 스위치가 OFF상태일 때는 전압이 0[V]였다가 스위치가 ON 상태일 때는 전압이 갑작기 공급된 것으로 볼 수 있다. 전압이 순간적으로 증가되었으므로 전류는 그 순간에 갑자기 커졌다가 작아져 0이 되는 것으로 볼 수 있다. 이제 배터리의 극성이 순간적으로 바뀐다고 하자. 이제는 전압이 양에서 음으로 갑자기 변하는 것으로 캐패시터의 전하 배치가 순간적으로 바뀌게 될 것이다. 이제 배터리와 스위치 대신에 일정한 주파수를 갖는 교류 전압이 인가되는 경우를 살펴보자. 교류 전압은 sine 함수로 표현할 수 있으므로【그림 6.2(b)】와 같이 해석할 수 있다. sine 함수의 미분은 cosine 함수이므로 전압이 최대일 때 전류는 최소가 되고, 전압이 최소일 때 전류가 최대가 된다. 한편,【그림 6.2(a)】은 전압과 전류파형이 미분이나 적분이 어려운 함수인 것과 비교하여【그림 6.2(b)】는 미분이나 적분이 가능한 함수이므로 해석이 간편함을 알 수 있다. 다행히 Fourier 해석에 의하면 구형파(사각펄스) 함수는 주파수가 다른 정현파 함수의 합으로 표현할 수 있으므로 정현파 해석만으로도 다양한 동적인 현상을 해석할 수 있다.

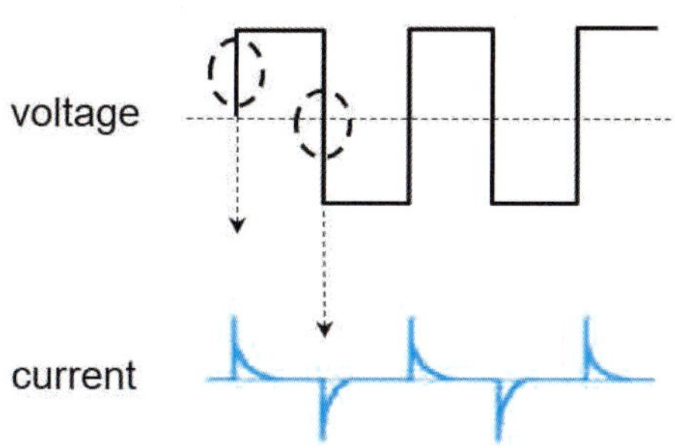

(a)

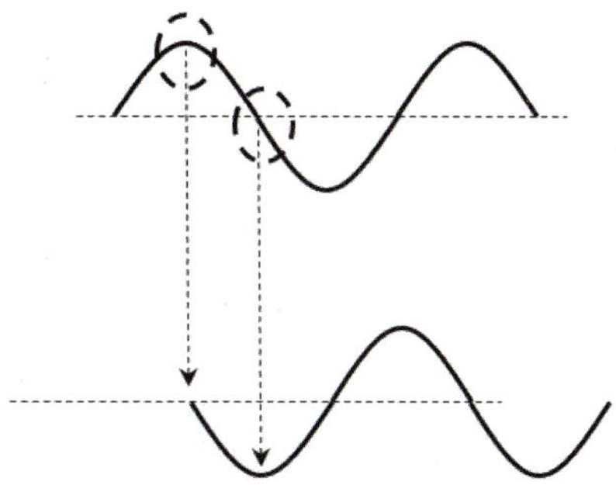

(b)

그림 6.2 캐패시터의 전압과 전류의 관계

6.1.1 시정현 해석

시정현이란 주파수가 일정하여 시간에 따라 변하지 않는 경우를 의미한다. 우리가 흔히 볼 수 있는 원운동은 자연계에 존재하는 가장 보편적이고 기본적인 운동이며, 원운동 중에서 지구에서 바라보는 태양의 운동이 있다. 실제 태양의 운동은 지구의 자전에 의한 것이지만 여기서는 지구에서 바라보는 태양의 궤적을 그리면 마치 동쪽에서 서쪽으로 원을 그리는 모양으로 보인다. 이제【그림 6.3】은 태양의 운동을 시간별로 표현한 것이다. 여기서 태양이 지구 반대편을 돌아 눈에 보이지 않는 동안은 음의 값으로 표현하였다. 이러한 태양의 운동은 하루 24시간이 변하지 않으므로 주파수가 변하지 않는 시정현 해석이 가능하다.

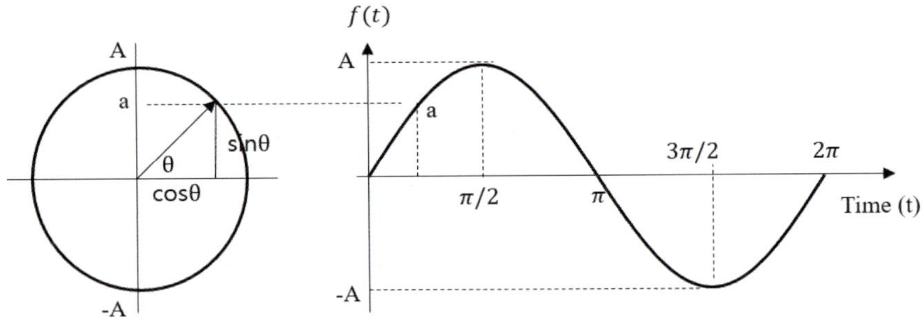

그림 6.3 시간의 함수로 그린 태양 고도의 관측

【그림 6.3】에서 좌측의 원운동과 우측의 곡선은 본질적으로 동일한 것이며, 원운동을 우축과 같이 시간의 함수로 표현한 것을 '정현파(sinusoidal wave)'라고 부른다. 태양의 운동 외에 교류 신호, 수정진동자, 용수철 진동 등에서 정현파를 관찰할 수 있다. 정현파의 특성은 다음 4가지로 정리할 수 있다. 이중 주기와 주파수는 반비례 관계에 있으므로 정현파는 진폭, 위상, 주파수 3개로 표현할 수 있다.

- 진폭(Amplitude) : 원운동의 회전 반경, 정현파의 최고점 또는 최저점의 크기
- 위상(phase) : 원운동에서 태양의 위치, 1번 회전하면 2π[rad], 즉 360° 변함
- 주기(Period) : 태양이 한 바퀴(cycle) 도는 데 걸리는 시간[sec]
- 주파수(Frequency) : 1초 동안 도는 횟수[Hz], 주기와 주파수는 반비례 관계

진폭은 크기는 스칼라값으로 여기서는 A라고 하자. 시간에 따라 위상이 변하는데 $t=0$에서 위상이 0이라면 시간의 함수로 표현되는 위상은 식 (6.2)와 같다.

$$\theta(t) = 2\pi f t = \frac{2\pi}{T}t \tag{6.2}$$

위상은 radian[rad]으로 표기하는데, 원주율이 2π[rad]이므로 1초에 1바퀴 회전(~주파수가 1)하는 경우 2π[rad]만큼 위상이 변하게 된다. 따라서 식 (6.2)에서 주파수에 2π가 곱해진 각주파수(angular frequency) ω를 사용하게 되면 2π가 사라지므로 수식이 간단해진다. 또한, $t=0$에서 위상이 0이라, 초기 위상 θ_0를 갖는다면 신호는 식 (6.3)과 같이 표현될 수 있다. 당연히 ω의 단위는 rad/sec가 된다.

$$A\sin\theta(t) = A\sin(2\pi f t + \theta_0) = A\sin(\omega t + \theta_0) \tag{6.3}$$

만약 원주 위를 일정한 각속도 ω_0로 회전한다면 각도는 시간에 비례하여 위상과 각주파수는 식 (6.4)와 같이 선형적인 관계로 주어진다.

$$\theta(t) = \omega_0 t + \theta_0 \tag{6.4}$$

이제 각속도 또는 주파수는 위상과 식 (6.5)와 식 (6.6)처럼 위상을 미분하면 구할 수 있다.

$$\omega_0 = \frac{d\theta(t)}{dt} \tag{6.5}$$

$$f_0 = \frac{1}{2\pi}\frac{d\theta(t)}{dt} \tag{6.6}$$

한편【그림 6.3】에서 태양의 고도가 최대점일 때를 시작으로 곡선을 그릴 수도 있는데 이러한 곡선을 여현파(cosine wave)라 부른다. 여현파는 정현파를 90° 만큼 위상을 당겨놓은 것과 동일한 모양이다. 정현파와 여현파의 90° 위상차만 있으므로 식 (6.7)과 식 (6.8)과 같이 주어진다.

$$\sin\left(\theta \pm \frac{\pi}{2}\right) = \pm\cos\theta \tag{6.7}$$

$$\cos\left(\theta \pm \frac{\pi}{2}\right) = \mp\sin\theta \tag{6.8}$$

일반적으로 정현파, 여현파라는 용어를 사용하기보다는 사인파와 코사인파라는 용어를 더 많이 사용한다[2]. 보통 전자기장 해석에서는 코사인파를 더욱 많이 사용하는데 그 이유는 코사인파가 시간 원점을 중심으로 우함수(even function)이므로 앞으로 나올 해석 과정에서 더 편리하기 때문이다. 원운동을 표현하는 사인 함수와 코사인 함수를 합쳐 '삼각 함수(trigonometric function)'라고 부르는데 이는【그림 6.4】와 같이 원운동의 반지름을 단위 길이 1로 정규화(normalization)하고, 반지름을 빗변으로 하는 직각 삼각형을 그렸을 때 세로변이 그 위상에 해당하는 사인 함수 값, 가로변이 코사인 함수 값을 나타내기 때문이다. 따라서 식 (6.9)가 성립되는 것을 쉽게 알 수 있다.

$$\cos^2\theta + \sin^2\theta = 1 \tag{6.9}$$

삼각 함수의 장점은 미분에서 들어난다. 사인 함수를 미분하면 코사인 함수가 되기 때문이다. 즉, 크기는 변하지 않고 위상만 지연되는 특성이 있다. 따라서 시간에 따른 변화를 구할 때 삼각 함

2) 책에 따라서는 정현파라고 하면 사인파와 코사인파를 포함하는 용어로 사용되기도 한다.

수를 이용하면 편리하다.

$$\frac{d}{dt}\sin at = a\cos at \tag{6.10}$$

$$\frac{d}{dt}\cos at = -a\sin at \tag{6.11}$$

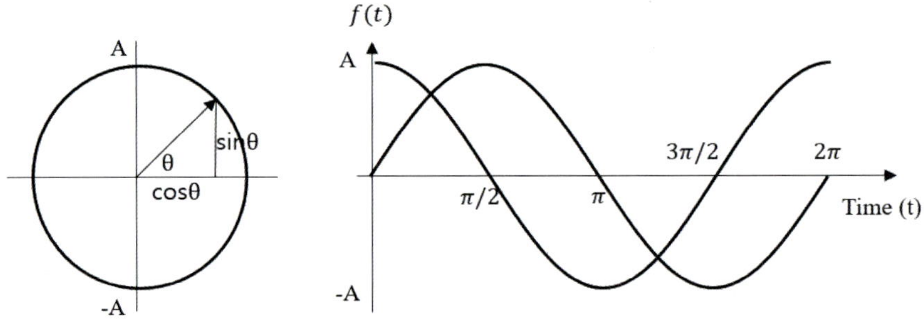

그림 6.4 삼각 함수(사인 함수와 코사인 함수)의 유래

이제 삼각 함수의 미분과 적분을 좀 더 간단히 하기 위해서는 삼각 함수를 오일러 공식(Euler's formula)에 의해 복소 평면에서의 지수 함수(exponential function)로 표현하는 것이 더욱 편리하다(지수 함수는 미분해도 지수 함수이므로 삼각 함수보다 더욱 편리하다). 【그림 6.5】는 복소 평면과 오일러 공식을 보여준다. 복소 평면(complex plane)이란 2차원 좌표계에서 가로축을 실수(real number)축, 세로축을 허수(imaginary number)축으로 표현하는 평면을 의미한다. 복소 평면은 복소수와 원운동을 연계하여 편리하게 사용한 것으로 그 물리적인 의미를 찾을 필요는 없다.

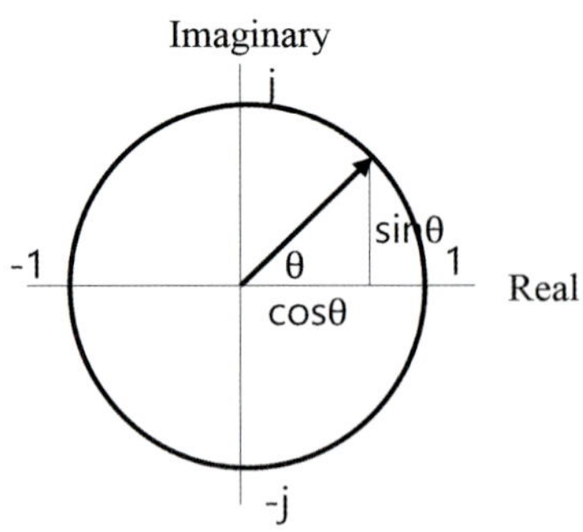

$$e^{j\theta} = \cos\theta + j\sin\theta$$

그림 6.5 복소 평면과 오일러 공식

이제 오일러 공식과 관련된 중요한 수식은 아래와 같다.

$$\frac{d}{d\theta} e^{j\theta} = je^{j\theta}, \ \frac{d}{dt} e^{j\omega_0 t} = j\omega_0 e^{j\omega_0 t} \tag{6.12}$$

$$\cos\theta = \frac{e^{j\theta} + e^{-j\theta}}{2} \tag{6.13}$$

$$\sin\theta = \frac{e^{j\theta} - e^{-j\theta}}{2j} \tag{6.14}$$

오일러 공식은 수학에서 가장 아름다운 정리라고 부르며 수학에서 중요한 다섯 개의 상수인 $(0, 1, i, \pi, e)$와 세 개의 연산(더하기, 곱하기, 거듭제곱)이 함께 등장한다.

예제 6-1

식 (6.12)부터 식 (6.13)과 식 (6.14)를 증명하시오.

$$\cos\theta = \frac{e^{j\theta} + e^{-j\theta}}{2}, \ \sin\theta = \frac{e^{j\theta} - e^{-j\theta}}{2j}$$

예제 6-2

$e^{j\pi} + 1 = 0$임을 보이시오.

6.1.2 시공간에서 벡터장의 시정현파 해석

앞에서 시간의 함수로 표현되는 원운동을 삼각 함수나 지수 함수 형태로 표현하는 방법을 학습하였다. 이제 이를 기반으로 시간만이 아니라 공간에 따라 변하는 경우로 확장해보자[3]. 그런데 시간과 공간을 모두 고려하는 것은 어렵다. 예를 들어【그림 6.4】는 시간과 1차원 공간에 따라 변하는 파동을 보여준다. 아마도 자연계에 존재하는 가장 간단한 파동임에도 불구하고 시간과 공간을 모두 표현하기 위하여 여러 파형을 보여주어야 한다.

3) 예를 들어 잔잔한 호수에 돌을 던진 후 물결의 변화를 보자. 물결의 파동은 돌이 떨어진 지점에서 방사 방향으로 퍼져 나가는 공간의 변화를 볼 수 있다. 하지만 한 지점의 물의 진동은 시간에 따라 위아래로 출렁일 것이다. 이러한 파동은 시간과 공간 모두에 대해 변화가 있다고 볼 수 있다.

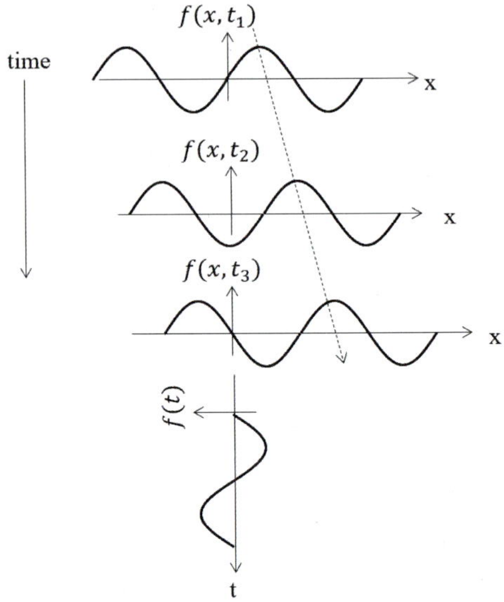

그림 6.6 시간과 1차원 공간에서의 파동

예를 들어 시간을 고정하면 고정된 파동을 볼 수 있는데【그림 6.4】에서는 t_1, t_2, t_3의 3개의 고정된 시간에서의 파동을 보여주고 있다. 이제 시간에 따른 파동의 변화를 보기 위해서는 공간을 고정하여야 한다. 즉, $x = 0$지점에서 시간에 따른 파동의 변화를 살피면 시간의 함수로 파동을 볼 수 있다. 즉, 시공간에 대해 변화를 가진 파동은 공간의 변화를 보기 위해서는 시간을 고정할 필요가 있고, 시간의 변화를 보기 위해서는 공간을 고정할 필요가 있다.

전자기학에서 다루는 벡터장은 공간에 대한 변화가 중요하므로 시간을 고정하기 위해 페이저(phasor) 개념을 이용하게 된다. 페이저란 시간에 따라 변하는 정현파 신호를 나타내기 위해서는 진폭, 주파수, 초기 위상이 세 가지 파라미터로 필요한데, 이 중 파동의 주파수가 변하지 않는다고 가정하고 진폭과 초기 위상만으로 표현하는 것이다. 즉, 페이저란 신호를 복소 지수 형식으로 표현하는 경우 시간에 따라 변하는 항인 $e^{j\omega t}$항을 제외하는 것이다. 따라서 페이저 표현을 통해 시간항이 사라지고 진폭과 위상 정보만을 갖게 된다. 그렇다고 시간항이 완전히 없어지는 것이 아니라 나중에 필요한 경우 다시 포함시키면 된다.

진폭 A, 각주파수 ω, 초기 위상 θ_0인 정현파 전압 $V(t)$를 페이저로 표현하면 식 (6.15)와 같다.

$$V(t) = Acos(\omega t + \theta_0) = Re\{phasor \times e^{j\omega t}\} \tag{6.15}$$

$$\text{where } phasor = Ae^{j\theta_0}$$

동적 전자기장의 해석에서 페이저의 개념이 중요한 이유는 무엇일까? 그 이유는 대부분의 동적 전자기장 안에 존재하는 벡터는 주파수가 변화되지 않고 진폭과 위상만이 변화되기 때문이다[4]. 즉, 시간을 고려하지 않아도 되기 때문이다. 동적 전자기장은 페이저로 표현하면 시간 변수가 제외되어 공간의 함수만으로 표현될 수 있다. 보통 페이저는 아래첨자 s를 이용하여 표기한다. 즉, $V(t)$의 페이저는 V_s로 표시된다.

예제 6-3

전기장 벡터 $\vec{E}(t) = 10\sin(100\pi t)\vec{a}_x$의 페이저 표현을 구하시오.

| 답 | $\vec{E}(t) = 10\sin(100\pi t)\vec{a}_x = 10\cos(100\pi t - \pi/2)\vec{a}_x$

$\rightarrow \vec{E}(t) = Re\{10e^{j(100\pi t - \pi/2)}\}\vec{a}_x = Re\{10e^{j100\pi t}e^{-j\pi/2}\}\vec{a}_x$

$\rightarrow \vec{E}_s = 10e^{-j\pi/2}\vec{a}_x$ (페이저 계산의 기준이 cos함수임에 주의해야 한다)

예제 6-4

자기장 벡터의 페이저 표현이 $\vec{H}_s = 10\vec{a}_y$으로 주어진다. 이 자기장 벡터의 시간에 따른 표현 $\vec{H}(t)$를 복원하라(주파수는 1[GHz]라고 하자).

| 답 | $\vec{H}(t) = 10\cos(2\pi 10^9 t)\vec{a}_y = 10\cos\left(\frac{2\pi}{10^{-9}}t\right)\vec{a}_y$

이제 페이저의 개념을 시공간에서 전기장 벡터에 도입해 보자. 시공간에서 주파수가 일정한 시정현 환경에서의 전기장 벡터는 출발 지점에서부터 일정한 방향으로 형성되지만, 그 크기는 시간 및 공간에 따라 변화한다. 【그림 6.7】에 나타낸 것처럼 평행 금속판 사이에 일정한 주파수를 갖는 AC 전압이 인가되었다고 하자. 이 전압은 평행판 사이에서 동일한 주파수의 시변 전기장(time-varying electric field) 벡터를 연속적으로 생성할 것이다.

4) 물질에 비선형성이 있는 경우는 주파수가 변할 수 있다. 하지만 대부분의 전자공학에서 다루는 물질에서 선형이라 가정하므로 페이저의 개념을 적용할 수 있다.

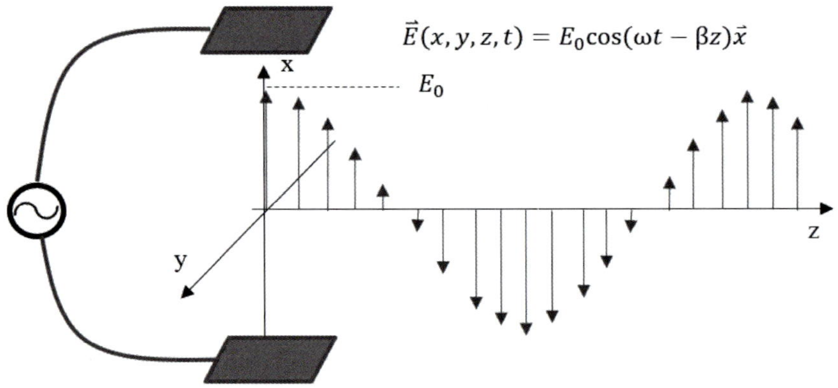

그림 6.7 평행 금속판 사이에서 발생하여 전파되는 전기장 벡터

이러한 시변 전자기장은 Maxwell 방정식을 이용한 파동 방정식(wave equation)으로 계산되는데, 실제 파동 방정식을 계산하기 전에【그림 6.7】의 전기장 벡터를 식 (6.16)으로 표현할 수 있다고 가정하자[5].

$$\vec{E}(z,t) = E_0\cos(\omega t - \beta z)\vec{a}_x \tag{6.16}$$

식 (6.16)에서 ωt항은 시간에 따라 파형이 진행하는 것을 의미한다. 그림에서 시간 원점($t=0$)에서 cos 파형이 시작되었다고 할 때, 시간이 증가하면서 전기장 벡터가 우측으로 진행하게 된다.【그림 6.8】에 전기장 벡터의 z 방향으로 파동이 진행하는 상황을 보여주고 있다. 식 (6.16)에서 cos 함수의 위상은 시간 t와 공간 z의 함수가 되며, 시간에 대해서는 각주파수 ω, 공간에 대해서는 β에 따라 위상이 변한다. 즉, βz항은 위치에 따른 위상의 변화를 의미하며, 이때 β를 전파 상수(propagation constant)라 한다[6]. 시간에서는 파형의 한 주기에서 $t = T$가 되는데, $\omega t = 2\pi$가 될 때 cos 파형이 한주기가 완성되므로, $T = 2\pi/\omega$가 된다. 공간에서는 파형의 한 주기에서 $z = \lambda$가 되는데, $\beta z = 2\pi$가 될 때 cos 파형이 한 주기가 완성되므로, $\lambda = 2\pi/\beta$가 된다.

5) 향후에 자유 공간에서 파동 방정식을 유도하고 이의 해를 구하면 식 (6.16)을 구할 수 있다. 본 절에서는 일단 시정현 전기장 벡터의 특성을 살펴보기 위해 일반꼴을 먼저 제시하였다. 식에서 전기장 벡터는 $\vec{a}_x$ 방향을 가지며 가장 큰 값은 E_0이다. 시간과 공간의 함수를 표현하는데 있어 공간은 z에 따라서만 변한다고 가정하였다.

6) 전파는 시간으로도 공간으로도 표현될 수 있으며, 각속도 ω_0와 전파 상수 β는 각각 시간에서의 각속도, 공간에서의 각속도를 의미하게 된다.

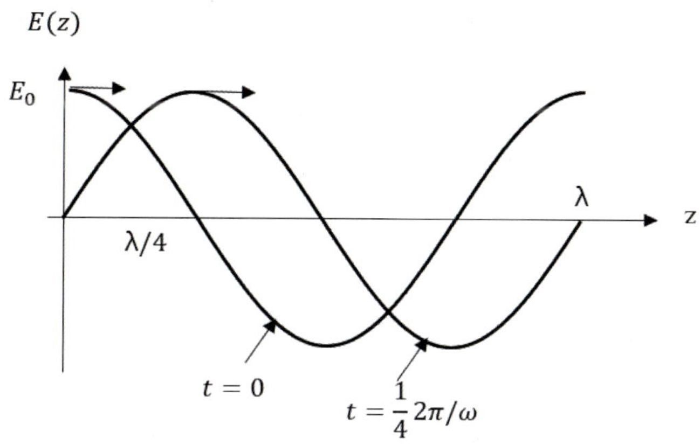

그림 6.8 전기장 벡터의 진행

시간과 공간의 함수로 표현되는 위상은 식 (6.17)과 같다.

$$\theta(z) = \beta z = \frac{2\pi}{\lambda} z \tag{6.17a}$$

$$\theta(t) = \omega t = \frac{2\pi}{T} t \tag{6.17b}$$

【그림 6.7】에서 실선으로 표현한 파형의 최대 크기는 전기장 벡터의 크기 (E_0)를 나타내고 있으며 실제 전기장 벡터는 z축을 향해 전파된다. 전파는 빛의 속도(c)로 이동하므로 $\overrightarrow{E}(z) = E_0 \cos(\omega t - \beta z)\overrightarrow{a_x}$ 식에서 β와 ω는 식 (6.18) 및 식 (6.19)와 같이 주어진다. 즉 전기장 벡터의 ω값이 결정되면, β값은 $\beta = \omega / c$로 결정된다는 의미이다.

$$\lambda = \frac{c}{f} = \frac{2\pi c}{\omega} \quad (\omega = 2\pi f) \tag{6.18}$$

$$\beta = \frac{2\pi}{\lambda} = 2\pi \times \frac{\omega}{2\pi c} = \frac{\omega}{c} \tag{6.19}$$

이제 식 (6.16)을 페이저로 표현해 보자. cos 함수를 지수 함수로 변환한 후 $e^{j\omega t}$항을 제외하며 식 (6.20)과 같다.

$$\overrightarrow{E}(z,t) = Re[E_0 e^{-j\beta z} e^{j\omega t}] = Re[\overrightarrow{E}_s(z) e^{j\omega t}] \tag{6.20}$$

$$\text{where } \overrightarrow{E}_s(z) = E_0 e^{-j\beta z} \overrightarrow{a}_x$$

식 (6.20)에서 $\overrightarrow{E_s}(z)$는 전기장 벡터 $\overrightarrow{E}(z,t)$의 페이저 값인데, 전기장 벡터의 크기(E_0), 초기위상(현재는 0), 공간에 대한 위상 변화를 포함하고 있으며 전기장의 방향 정보(방향 벡터 $\overrightarrow{a_x}$)까지 포함하는 벡터 페이저가 된다. 즉, 전기장 벡터의 크기는 E_0이고, $z=0$의 위치에서 최댓값을 가지고 있으며, 전기장 벡터의 방향은 x축을 향하고 있다. 이러한 시공간에서의 전기장을 MATLAB으로 그리기 위해서는 시간을 고정하고 그려야 한다.

예제 6-5

자유 공간에서 전기장 벡터가 $\overrightarrow{E}(t) = 10\cos(\omega t - \beta z)\overrightarrow{a}_x$일 때 $t = 1$[sec]에서의 파형을 그리시오. (주파수는 1[kHz]라고 하자) 파장은 얼마인가?

| 답 | 시간이 고정되었으므로 거리를 바꾸면서 4λ까지 그려보자.

```
Eo=10;                          % amplitude (V/m)
f=1000;                         % frequency (Hz)
t=1;                            % time snapshot (sec)
phi=0;                          % phase constant (degrees)
phir=phi*pi/180;                % phase constant (radians)
c=2.998e8;                      % speed of light in vacuum (m/s)
lambda=c/f;                     % wavelength (m)
B=2*pi/lambda;                  % phase constant (1/m)
omega=2*pi*f;                   % angular frequency (rad/sec)
z=0:4*lambda/100:4*lambda;      % position
E=Eo*cos(omega*t-B*z+phir);     % electric field intensity
subplot(211)
plot(z,E)
axis('tight')                   % sets axes min & max data values
xlabel('z(m)')
ylabel('E(V/m)')
```

예제 6-6

1장에서 수행한 (예제 1-7)을 다시 한 번 더 수행하시오. 특히, movie 효과를 이용하여 파동이 시간에 따라 진행되는 것을 확인하시오.

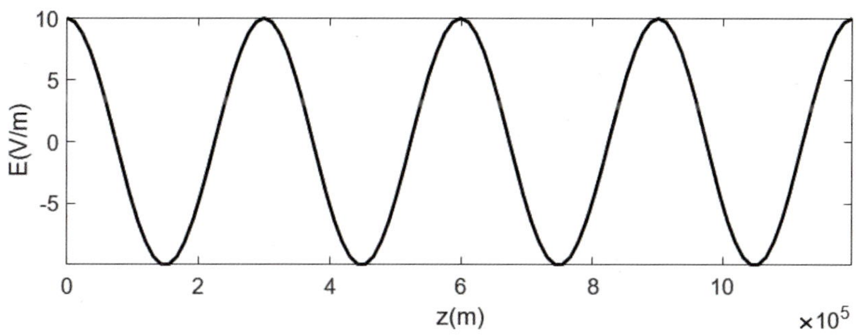

그림 6.9 (예제 6-5)의 전기장 벡터의 MATLAB 표현

6.2 패러데이 법칙과 변위 전류

6.1절에서 동적인 변화를 해석하기 위해서 주파수가 일정한 시정현 상황에서 전기장을 해석할 필요가 있음을 학습하였다. 이제 동적인 상황에서 전자기 법칙이 4장에서 학습한 정전기장과 정자기장과 어떤 차이가 있는지 알아보자. 동적인 상황에 대한 대표적인 전자기장의 변화에 대한 법칙으로 패러데이 법칙과 변위 전류가 있다.

먼저 페러데이 법칙을 살펴본다. 에르스텟(Oersted)의 발견에 영감을 얻은 영국의 패러데이(Michael Faraday)는 만약 전선의 전류가 자기장을 생성할 수 있다면, 반대로 자기장도 전선에 전류를 생성할 수 있을 것이라 생각하였고, 오랜 실험 과정을 거쳐 그의 가설을 증명하였다[7]. 패러데이가 발견한 사실은 회로에 인접한 자기장이 시간에 따라 변하지 않을 경우에는 전류가 발생하지 않지만, 시간에 따라 변할 경우에는 회로에 전류가 유도된다는 것이다.

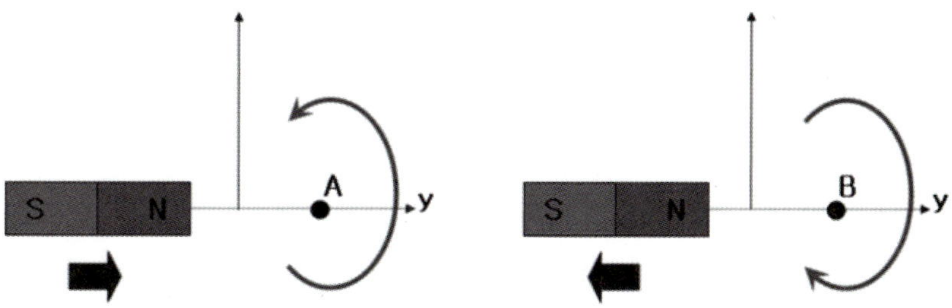

그림 6.10 패러데이 법칙의 개념적인 이해

7) 패러데이 법칙은 미국의 헨리(Joseph Henry, 1791~1878)도 동시에 확인한 바 있다. 하지만 패러데이가 더 신속하게 그의 증명을 출판사에 보내어, 패러데이가 발견의 영예를 얻었다. 헨리는 전자석을 감을 때 구리선에 피복을 입혀 여러 층 겹쳐 감음으로써 강력한 전자석을 만들었던 것으로 유명하다. 헨리의 이름을 따서 인덕턴스의 단위를 헨리[H]라고 부른다.

【그림 6.10】은 시간에 따라 변하는 자기장에 수직한 평면에 놓여 있는 루프 전류를 보여준다. 루프 내부의 면적을 통과하는 자속이 변하게 되면 전류가 루프에 유도된다. 이 경우 유도된 전류의 방향에 주의해야 하는데 유도된 전류에 의해서 생성된 자속은 자속의 변화(change)에 반대로 작용하는 것이 특징이다. 즉,【그림 6.10】의 왼쪽은 막대자석이 루프 방향으로 진행하므로 자속이 커지게 되며, 이때 발생하는 전류는 자속을 감소시키는 방향으로 흐르게 된다. 반대로 오른쪽의 그림은 막대자석이 루프에서 멀어지는 방향으로 진행하므로 루프에 자속이 작아지게 되므로 전류는 자속을 증가시키는 방향으로 흐르게 된다. 즉, 루프에 흐르는 전류는 자속의 변화를 거부하는 관성의 성질을 가지게 되며, 이것을 렌츠의 법칙(Lenz's law)이라고도 한다[8]. Faraday 법칙에서 루프에 전류가 유도된다는 것은 전위차가 존재하는 것을 의미하므로 이를 기전력(emf, electromotive force)이라 하고 V_{emf}라 표기한다[9]. 이 기전력 V_{emf}는 패러데이 법칙(Faraday's law)에 의해 회로에 인접한 자속의 변화율과 관련되며 다음 식 (6−21)로 표현할 수 있다.

$$V_{emf} = -\frac{\partial \lambda}{\partial t} \tag{6.21}$$

방정식에 음의 부호가 있는 것은 렌츠의 법칙을 의미한다. 만약에 루프가 하나라면 자속의 정의에 따라 패러데이 법칙은 다음과 같이 쓸 수 있다.

$$V_{emf} = -\frac{\partial \lambda}{\partial t} = -\frac{\partial}{\partial t}\int \vec{B} \cdot d\vec{S} \tag{6.22}$$

기전력은 회로에 인접한 자속의 시간적인 변화로 발생한다. 이것은 자기장이 시간에 따라 변하거나(transformer emf : 변압기 기전력 또는 기전력), 또는 자속을 포함하는 표면이 시간에 따라 변할 때(motional emf : 운동 기전력)에도 자속의 변화가 발생하므로 생성될 수 있다. 기전력은 전압의 개념이므로 자속이 지나가는 면적을 둘러싼 폐곡면 주위에서 측정된다면 다음과 같이 쓸 수 있다.

$$V_{emf} = \oint \vec{E} \cdot d\vec{l} \tag{6.23}$$

식 (6.23)은 전기장의 폐선적분이 0이 된다는 정전기장의 Kirchhoff의 법칙과 모순된다. 정전기장은 보전장이므로 폐곡면 주위의 정전기장 $\vec{E}$를 폐선적분하면 0이 되지만 시간에 따라 변하는 경우

8) 러시안 물리학자 하인리히 렌츠(1804 −1865)는 패러데이, 헨리와 동시대의 사람으로, 1834년에 그의 법칙을 발표하였다.
9) 기전력이라 해서 힘이라고 생각하지 않아야 한다. 기전력은 전압이고 [V] 단위이다. 또한, 대문자 EMF는 'ElectroMagnetic Field'를 보통 의미하므로 구별하기 위하여 기전력을 소문자 emf로 쓰는 것이 일반적이다.

에는 보전장이 아님을 의미한다. 식 (6.22)와 식 (6.23)를 결합하여 패러데이 법칙을 정리하면 식 (6.24)와 같다.

$$V_{emf} = \oint \vec{E} \cdot d\vec{l} = -\frac{\partial}{\partial t}\int \vec{B} \cdot d\vec{S} \tag{6.24}$$

6.2.1 변압기 기전력

이제 기전력의 첫 번째 경우로 자기장이 시간에 따라 변하고, 표면이 일정하게 유지되는 경우를 고려해보자. 식 (6.24)의 우변에서 적분 안으로 시간 미분을 집어넣으면 식 (6.25)와 같다. 이는 변화하는 자기장에 의해 발생되는 기전력을 계산하는 식이 된다. 이 기전력은 변압기(transformer)의 동작 원리가 되므로, 변압기 기전력(transformer emf)이라고 부른다.

$$V_{emf} = -\int \frac{\partial \vec{B}}{\partial t} \cdot d\vec{S} \tag{6.25}$$

이제 식 (6.23)의 좌변에 Stoke 정리를 적용하면 다음과 같다.

$$V_{emf} = \oint \vec{E} \cdot d\vec{l} = \int (\nabla \times \vec{E}) \cdot d\vec{S} = -\int \frac{\partial \vec{B}}{\partial t} \cdot d\vec{S} \tag{6.26}$$

식 (6.26)으로부터 다음과 같은 패러데이 법칙의 미분형을 구할 수 있다.

$$\nabla \times \vec{E} = -\frac{\partial \vec{B}}{\partial t} \tag{6.27}$$

이 식은 동적 전자기장에 대한 Maxwell 방정식 중 하나가 된다.

변압기 기전력의 예로서【그림 6.11】과 같이 다음과 같이 시간에 따라 sine 함수로 변하는 자기장에 놓여 있는 루프 쌍을 살펴보자.

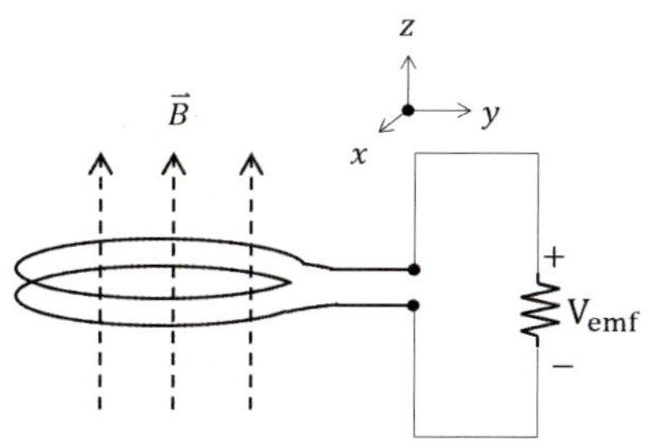

그림 6.11 시간에 따라 변하는 자기장에서의 루프 쌍

【그림 6.11】에서 자기장의 방향은 z방향이며 sine 함수로 변하므로 다음과 같이 쓸 수 있다.

$$\vec{B}= B_0 \sin(\omega t)\vec{a}_z$$

루프의 수직인 방향은 z 방향이므로 미소면적 벡터 $d\vec{S}(+\vec{a}_z$ 방향)가 정의되며 2개의 루프에 따른 변압기 기전력 V_{emf}는 다음과 같다.

$$V_{emf} = -N\int \frac{\partial \vec{B}}{\partial t} \cdot d\vec{S} = -2\omega B_0 S\cos\omega t$$

즉, 시간이 0에서 $\omega t = \pi/2$가 될 때 자기장이 0에서 B_0까지 증가하게 되고 유도기전력은 $-2\omega B_0$에서 0까지 감소하게 된다. 이제 시간이 $\omega t = \pi/2$에서 $\omega t = \pi$가 될 때 자기장은 B_0에서 0까지 감소하게 되고 유도기전력은 0에서 $2\omega B_0$까지 증가하게 된다(예제는 아니지만 그림을 그려서 확인하자).

변압기 기전력의 또 다른 예로써 공간에서 자기장의 크기가 일정하지 않아 루프가 이동함에 따라 자기장이 시간에 따라 변하는 경우 발생하는 기전력을 구해 보자.【그림 6.12】와 같이 z축 상에 놓여 있는 무한 길이를 갖는 선전류(전류의 크기는 I)로부터 발생하는 자기장에서 $\vec{u}= u_y\vec{a}_y$의 속도를 가지고 움직이는 직사각형 모양의 루프를 고려해보자. 선전류에 의해 발생하는 자기장이 y축에서 멀어짐에 따라 작아지므로(공간에서 자기장의 크기가 일정하지 않으므로) 자기장의 변화에 따른 기전력이 발생할 것이다.

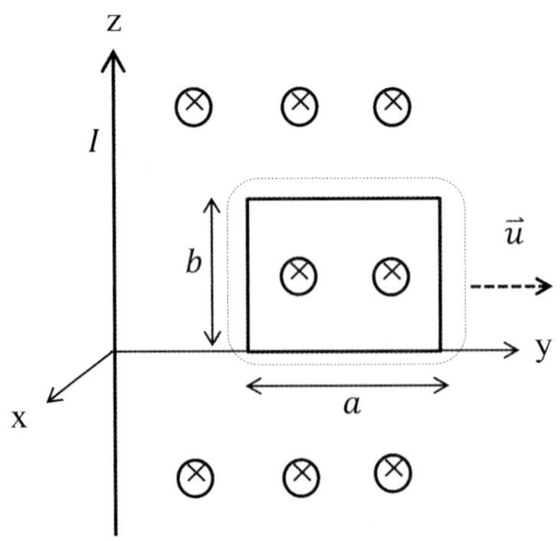

그림 6.12 EMF를 계산하는 두 번째 예제

Ampere 법칙에 의해 자기장의 크기는 y축을 따라 크기가 작아지며, 루프에 수직인 방향인 $-\vec{a}_x$ 방향을 가지므로 다음과 같이 자속밀도 벡터를 구할 수 있다.

$$\vec{B}=\frac{\mu_0 I}{2\pi\rho}\vec{a}_\phi=-\frac{\mu_0 I}{2\pi y}\vec{a}_x$$

이제 $d\vec{S}=dydz\vec{a}_x$로 미소면적벡터를 잡아 벡터면적분하면 다음과 같이 자속을 구할 수 있다.

$$\Phi=-\frac{\mu_0 I}{2\pi}\int_y^{y+a}\frac{dy}{y}\int_0^b dz=-\frac{\mu_0 Ib}{2\pi}[\ln(y+a)-\ln(y)]$$

이제 시간에 따라 미분을 취하면 다음과 같다.

$$\frac{d\Phi}{dt}=-\frac{\mu_0 Ib}{2\pi}\left[\frac{1}{y+a}-\frac{1}{y}\right]\frac{dy}{dt}$$

dy/dt를 속도 u_y라 하면 유도기전력은 다음과 같이 주어진다.

$$\frac{d\Phi}{dt}=\frac{\mu_0 Iabu_y}{2\pi y(y+a)}$$

이제 기전력은 렌츠의 법칙에 의하여 마이너스 부호를 붙이면 된다. 즉, 이 기전력에 의해 생기는 전류는 자속의 변화에 반대방향인 시계방향으로 흐르게 된다.

$$V_{emf}=\frac{-\mu_0 Iabu_y}{2\pi y_0(y_0+a)}$$

지금까지 살펴본 변압기 기전력의 대표적인 예로 이름이 의미하듯이 변압기(transformer)가 있다. 변압기는 패러데이 법칙을 이용한 대표적인 전기소자로써 전압과 전류를 올리거나 내리는 경우에 사용한다. 기본 원리는【그림 6.13】과 같이 1차 측 교류전압에 의해 토로이드를 구성하는 자성체 내부에서 자속이 시간에 따라 변화하며, 이 변화에 반대 방향으로 2차 측 코일에 기전력을 발생시키는 것이다.

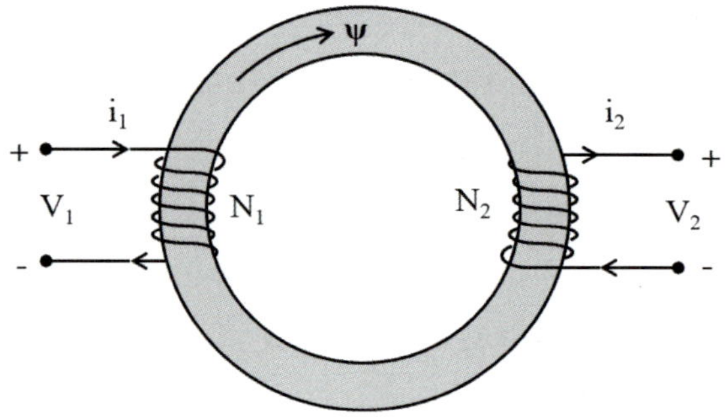

그림 6.13 변압기의 동작 원리

변압기는 강자성체를 사용한다. 따라서 두 코일 사이에 자속은 코어 내부에서만 존재하고 그 크기는 동일하므로 두 권선수의 비만큼 전압에 차이가 난다. 1차측 권선수를 N_1, 2차측 권선수를 N_2하면 식 (6.28)과 같은 관계로 주어진다. 반면 전류는 반대로 작용한다[10).]

$$\frac{V_2}{V_1} = \frac{N_2}{N_1} \tag{6.28}$$

반면 전류는 반대로 작용한다.

$$\frac{I_2}{I_1} = \frac{N_1}{N_2} \tag{6.29}$$

예제 6-7

주상 변압기는 3,300[V] 교류 전압을 220[V] 교류 전압으로 낮추어 가정에 공급하는 역할을 한다. 주상변압기의 권선비가 1차 코일의 권선수 $N_1 = 3300$이라 할 때, 2차 코일의 권선수는 얼마인가?

| 풀이 | 식 (6.28)에 의해 220회가 된다.

$$\frac{V_2}{V_1} = \frac{N_2}{N_1} = \frac{220}{3300} = \frac{N_2}{3300}$$

10) 실제 변압기의 권선수의 비는 식 (6.28)로 정해지지만 실제 몇 번 감을지는 변압기가 공급하는 전압과 전류, 변압기의 저항과 인덕턴스값 등을 종합적으로 고려하여 결정한다.

예제 6-8

【그림 6.13】의 변압기는 반경 10[cm]이고 $10^{-3}[m^2]$의 균일한 단면적을 갖고 비투자율 5000을 갖는 자성체 코어로 만들어져 있다. 1차 코일에 전류 $i_1 = 3\sin(120\pi t)$[A]가 흐를 때, 2차 코일에 유도되는 기전력 V_2를 계산하시오. 이때 1차 코일의 권선수 $N_1 = 200$, 2차 코일의 권선수 $N_2 = 100$으로 가정한다.

|풀이| 변압기는 토로이드 모양이므로 Toroid의 자기장은 다음과 같다.

$$\vec{B} = \frac{\mu_0 \mu_r N I}{2\pi\rho}\vec{a}_\phi$$

따라서 Toroid의 자속은 다음과 같다.

$$\Psi = \frac{\mu_0 \mu_r N_1 I_1}{2\pi\rho} S$$

2차 코일에 자속의 변화만큼 V_2가 발생한다.

$$V_2 = -N_2 \frac{d\Psi}{dt} = \frac{\mu_0 \mu_r N_1 N_2 S}{2\pi\rho}\frac{dI_1}{dt}$$

$$= -\frac{(5000)(4\pi\times10^{-7})(100)(200)(10^{-3})}{2\pi(10\times10^{-2})} 360\pi\cos(120\pi t)$$

$$= -72\pi\cos(120\pi t)[V]$$

참고로 변압기의 원리를 이용한 것 중에 전기 용접기가 있다. 기본적인 전기 용접기는 변압기 구조를 가지고 있는데 2차측 권선을 1회로 하여 전압을 매우 낮게 하고, 전류를 매우 크게 설계하는 것이다. 전류가 매우 크므로 전기 아크 및 열이 발생하여 용접이 이루어진다.

예제 6-9

전기 용접기 내부의 권선비가 2200:1로 설계되어 있다고 하자. 1차 권선의 전류가 1[A]일 때, 전기 용접기의 전압과 전류를 구하시오.

|풀이| 식 (6.28)에 의해 전기 용접기의 전압은 0.1[V]가 된다.

$$\frac{V_2}{V_1} = \frac{N_2}{N_1} = \frac{V_2}{220} = \frac{1}{2200}$$

반면 전류는 2,200[A]의 매우 높은 전류가 흐른다.

$$\frac{I_1}{I_2} = \frac{N_2}{N_1} = \frac{1}{I_2} = \frac{1}{2200}$$

6.2.2 운동기전력과 그 응용

앞에서 살펴본 변압기 기전력을 생성하려면 자기장의 시간적인 변화가 필요하다. 예를 들어【그림 6.13】의 변압기는 60Hz 교류 전압을 사용하므로 60Hz의 주파수를 가지고 시간에 따라 주기적으로 변한다. 따라서 자기장의 시간적인 변화가 주어진다. 이제 교류 전압이 없는 경우, 예를 들어 발전소와 같이 교류 전압을 처음으로 생성하는 경우를 생각해보자. 이 경우 자기장의 시간적인 변화를 만들기는 쉽지 않으므로 자기장을 일정하게 유지하는 대신 루프의 면적을 변화시켜 회로에 유기되는 자속의 변화를 얻어내는 것이 훨씬 더 실용적이다. 즉 식 (6.24)의 미분을 적분 안쪽으로 끌어와 다음과 같이 수정할 수 있다.

$$V_{emf} = -\int \vec{B} \cdot \frac{d\vec{S}}{dt} \tag{6.30}$$

식 (6.30)과 같이 일정한 자기장이 있는 경우 자기장을 통과하는 면적의 변화를 이용하여 만들어지는 기전력을 운동기전력(motional EMF)이라 한다. 운동기전력에 대한 식은 (6.30)이외에도 로렌츠의 힘의 방정식으로도 구할 수 있다. 일정한 크기의 자기장 $\vec{B}$ 내에서 일정한 속도 $\vec{u}$로 움직이는 전하에 작용하는 힘은 다음과 같다.

$$\vec{F}_m = Q\vec{u} \times \vec{B} \tag{6.31}$$

이제 이러한 전하의 운동에 의한 전기장 $\vec{E}_m$을 다음과 같이 정의할 수 있다.

$$\vec{E}_m = \vec{F}_m / Q = \vec{u} \times \vec{B} \tag{6.32}$$

수많은 자유 전자가 존재하는 도체 루프가 일정한 속도 $\vec{u}$로 운동한다고 할 때, 전류 루프에 유도되는 기전력은 폐선적분을 이용하여 다음과 같이 주어진다.

$$V_{emf} = \oint_l \vec{E}_m \cdot d\vec{l} = \oint_l (\vec{u} \times \vec{B}) \cdot d\vec{l} \tag{6.33}$$

운동기전력의 대표적인 응용 예로 교류 발전기가 있다. 발전기의 구조는 모터와 유사한데, 모터는 루프에 전류를 흘려서 루프를 회전시키는 반면, 발전기는 루프를 회전시켜서 전류를 얻는다는 차이가 있다. 루프를 돌리는 에너지원으로는 수력, 화력, 원자력 등이 사용된다.【그림 6.14】와 같이 막대자석에 의해 일정한 자기장 $\vec{B}$가 생성된다. 이제 자기장 내에 수평으로 놓여 있는 사각형의 전류 루프를 힘 $\vec{F}$를 이용하여 회전시킨다고 가정하자. 루프가 수평으로 놓여있을 때는 전류 루프를 통과하는 자속이 0이지만 루프가 자기장에 수직으로 놓이게 되면 전류 루프를 통과하는 자속은 최대가 된다. 사각루프는 외부 힘에 의해 지속적으로 회전하므로 전류 루프를 통과하는 자속은 주기적인 변화가 생성이 될 것이다. 이에 따라 패러데이 법칙에 의해 자속의 변화에 대항하는 기전력이 생성될 것이고, 이러한 방법으로 발전소에서는 교류 발전을 하게 된다.

운동기전력의 또 다른 응용 예로 마이크(mic)가 있다. 마이크는 사람의 소리를 전기 신호로 만드는 기기인데 사람의 소리에 따른 공기 중의 진동을 운동기전력으로 변환한다.【그림 6.15】와 같이 마이크 내부에는 원통 모양의 막대자석이 있어 자기장의 방향은 $\vec{a}_\rho$ 방향을 갖는다. 사람의 목소리에 의해 얇은 진동판이 $\vec{a}_z$ 방향으로 움직이게 되는데 목소리가 커서 진동판이 아래로 내려가면 막대자석쪽으로 루프가 내려가서 자기장이 커지고, 목소리가 작아 진동판이 원래 위치로 올라오면 막대자석에서 멀어져서 자기장이 작아진다. 이제 식 (6.23)에 의해 $\vec{a}_z \times \vec{a}_\rho = \vec{a}_\phi$ 방향을 갖는 전류 루프에 운동기전력이 발생하게 된다[11].

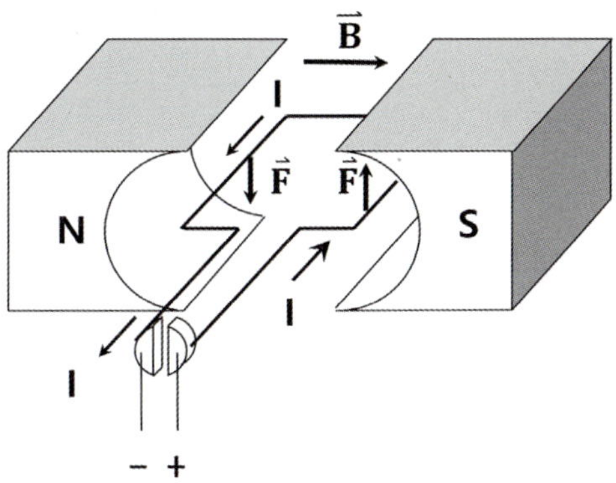

그림 6.14 교류 발전기에서 운동기전력(motional EMF) 생성

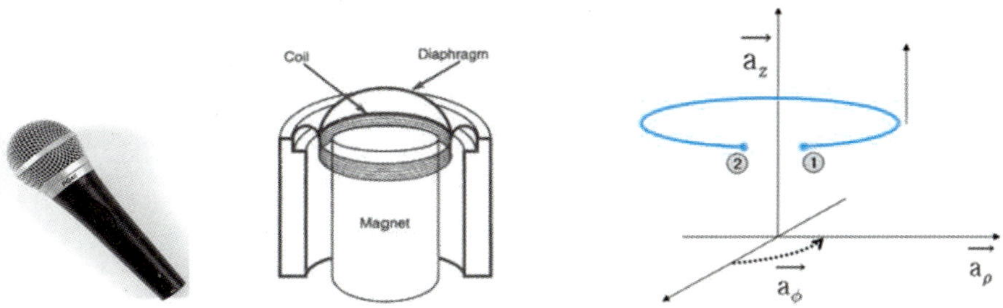

그림 6.15 마이크에서 운동기전력(motional EMF) 생성

11) 보통 마이크에서 발생하는 운동기전력은 작으므로 전류 루프를 여러 번 감아서 자속을 크게 하고, 마이크 뒷단에 트랜지스터나 OPAMP를 이용한 증폭기를 추가하여 신호를 크게 한다.

예제 6-10

마이크(mic)는 영구 자석과 움직이는 코일로 구성되어 있다. 영구 자석의 자기장이 0.0001[T]이고, 음성신호에 의해 길이가 2[cm]인 코일이 움직이는 속도가 2[m/sec]일 때, 자기마이크에 유도되는 운동기전력(motional emf)을 계산하시오.

|풀이| 마이크에 의한 운동기전력은 다음과 같다.

$$V_{emf} = \oint_l \vec{E}_m \cdot d\vec{l} = \oint_l (\vec{u} \times \vec{B}) \cdot d\vec{l}$$

$$= \int_0^{0.02} (2\vec{a}_z \times 0.0001\vec{a}_\rho) \cdot dl\vec{a}_\phi = 4[u\,V]$$

6.2.3 변위 전류

패러데이 법칙과 대응되는 동적인 상황의 전자기 법칙으로 교류에서 존재하는 전류인 변위 전류(displacement current)가 있다. 정자기장에 대한 암페어 주회 법칙은 전도 전류와 관련되는 것으로 식 (6.34)와 같다.

$$\nabla \times \vec{H} = \vec{J}_c \tag{6.34}$$

여기서 특별히 전도 전류밀도(conduction current density)로 정의하기 위해 “C” 첨자가 전류밀도 항에 추가되어졌는데, 이것은 옴의 법칙에 의해 다음과 같이 전기장과 관련된다.

$$\vec{J}_c = \sigma \vec{E} \tag{6.35}$$

식 (6.35)의 전도 전류는 전기장에 따라 자유전자나 정공(hole)이 이동한 결과로 발생한다. 따라서 $\sigma = 0$인 진공 상태에서는 $J_c = 0$이 된다. 벡터 대수학의 기본 공리 중의 하나로 식 (6.36)과 같이 어떤 벡터장을 회전한 후 발산 연산을 하면 0이 된다는 것이다.

$$\nabla \cdot (\nabla \times \vec{A}) = 0 \tag{6.36}$$

이 방정식을 정자기장의 Ampere 법칙에 적용해 보자.

$$\nabla \cdot (\nabla \times \vec{H}) = \nabla \cdot \vec{J}_c = 0 \tag{6.37}$$

식 (6.37)은 앞에서 유도한 전류 연속 방정식에 위배되기 때문에 시간에 따라 변하는 동적인 벡터장에는 적용되지 않음을 알 수 있다. 이러한 모순점을 극복하기 위하여 맥스웰에 의해 Ampere의 법칙에 다음과 같은 추가적인 항을 도입함으로써 해결되었다.

$$\nabla \times \overrightarrow{H} = \overrightarrow{J}_c + \overrightarrow{J}_d \quad (6.38)$$

이 추가적인 항을 변위 전류밀도(displacement current density)라고 하며, 전속밀도의 시간에 따른 변화 비율로 정의된다.

$$\overrightarrow{J}_d = \frac{\partial \overrightarrow{D}}{\partial t} \quad (6.39)$$

이제 식 (6.38)은 식 (6.40)과 같이 정리될 수 있다.

$$\nabla \times \overrightarrow{H} = \overrightarrow{J}_c + \frac{\partial \overrightarrow{D}}{\partial t} \quad (6.40)$$

식 (6.40)에 벡터 대수학의 기본 공리에 적용하면 다음과 같다.

$$\nabla \cdot (\nabla \times \overrightarrow{H}) = \nabla \cdot \overrightarrow{J}_c + \nabla \cdot \left(\frac{\partial \overrightarrow{D}}{\partial t}\right) = 0 \quad (6.41)$$

재정리하면 다음과 같다.

$$\nabla \cdot \overrightarrow{J}_d = -\nabla \cdot \left(\frac{\partial \overrightarrow{D}}{\partial t}\right) = -\frac{\partial}{\partial t} \nabla \cdot \overrightarrow{D} = -\frac{\partial \rho_v}{\partial t} \quad (6.42)$$

식 (6.42)는 전류 연속 방정식을 만족하게 된다. Maxwell은 수학적으로 변위 전류의 개념을 도입함으로써 자기장의 회전이 전기장의 변화를 만들 수 있음을 증명하였으며, Faraday 법칙과 함께 시간에 따라 변하는 전기장과 자기장 간의 상호 의존 관계를 명확히 증명하였다[12].

이제【그림 6.16】과 같이 $v_{in} = v(t) = V_0 \sin\omega t$라는 교류 전압이 인가된 평행판 캐패시터를 고려하자. 평행판 캐패시터에서 전기장은 다음과 같다.

$$\overrightarrow{E} = \frac{v(t)}{d} \overrightarrow{a}_z$$

12) 변위 전류라는 항을 도입한 맥스웰의 원래 동기는 빛이 전기장과 자기장 모두에 의해 구성되는, 전자기파라는 것을 보여주는 것이다. 그는 전도도가 0인(전도 전류=0) 진공에서 자기장이 만들어지는 어떤 방법이 필요하였기에 변위 전류 개념을 도입하여 해결하게 된다.

전기장으로부터 전속밀도 벡터는 다음과 같이 계산된다.

$$\overrightarrow{D}= \frac{\epsilon v(t)}{d}\overrightarrow{a}_z = \frac{\epsilon V_0}{d}\sin\omega t\,\overrightarrow{a}_z$$

이제 변위 전류는 전속밀도 벡터의 시간미분으로부터 다음과 같다.

$$\overrightarrow{J}_d = \frac{\partial \overrightarrow{D}}{\partial t} = \frac{\omega\epsilon V_0}{d}\cos\omega t\,\overrightarrow{a}_z$$

이제 캐패시터에 흐르는 전류는 전류밀도 벡터를 선적분하면 구할 수 있다.

$$i_d = \int_x \overrightarrow{J}\cdot d\overrightarrow{S} = \frac{\omega\epsilon S V_0}{d}\cos\omega t$$

평행판 캐패시터에서 캐패시턴스는 $C = \epsilon S/d$로 주어지므로 다음과 같다.

$$i_d = \int_x \overrightarrow{J}\cdot d\overrightarrow{S} = CV_0\omega\cos\omega t = C\frac{dV}{dt}$$

전자기학 관점에서 구한 변위 전류에 대한 식은 회로 이론에서 캐패시터의 전압과 전류 관계인 $i(t) = Cdv(t)/dt$와 동일함을 알 수 있다.

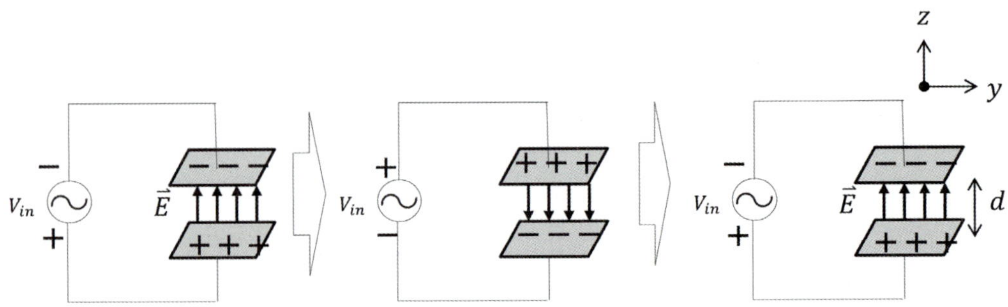

그림 6.16 평행판 캐패시터에서 변위 전류

예제 6-11

극판 면적이 5[cm²]이고, 극판 사이의 간격이 3[mm]인 평행판 캐패시터에 50sin1000t[V] 인 전압이 인가되었다. 캐새시터 사이의 유전체의 비유전율이 2라고 할 때 변위 전류를 계산하시오.

| 풀이 | 변위 전류는 다음과 같다.

$$I_d = J_d S = \epsilon_0 \epsilon_r \frac{S}{d}\frac{dV}{dt} = C\frac{dV}{dt}$$

$$= 2\frac{10^{-9}}{36\pi}\frac{5\times 10^{-4}}{3\times 10^{-3}} 10^3 \times 50\cos 10^3 t = 147.4\cos 10^3 t\,[nA]$$

6.3 동적 전자기장에서의 맥스웰 방정식

패러데이 법칙과 함께 Ampere의 법칙에서의 변위 전류를 포함함으로써 맥스웰은 전기장과 자기장의 모든 이론을 맥스웰 방정식으로 알려진 일련의 간결한 공식으로 통합할 수 있었다. 물질의 관계식과 로렌츠의 힘 방정식 및 전류 연속 방정식을 포함하여 모든 기본적인 전자기 방정식을【표 6.1】에 나타내었다. 그림에는 맥스웰 방정식의 미분형과 적분형이 모두 포함된다.

표 6.1 Maxwell 방정식 및 관련 공식

Maxwell 방정식	적분형	미분형
Gauss의 법칙	$\oint_S \vec{D}\cdot d\vec{S} = Q_{enc}$	$\nabla \cdot \vec{D} = \rho_v$
자기장에서의 Gauss의 법칙	$\oint_S \vec{B}\cdot d\vec{S} = 0$	$\nabla \cdot \vec{B} = 0$
Faraday의 법칙	$\oint_l \vec{E}\cdot d\vec{l} = -\frac{\partial}{\partial t}\int_S \vec{B}\cdot d\vec{S}$	$\nabla \times \vec{E} = -\frac{\partial \vec{B}}{\partial t}$
Ampere의 법칙	$\oint_l \vec{H}\cdot d\vec{l} = I_{enc} + \frac{\partial}{\partial t}\int_S \vec{D}\cdot d\vec{S}$	$\nabla \times \vec{H} = \vec{J}_c + \frac{\partial \vec{D}}{\partial t}$
보조방정식	Lorentz 힘의 방정식	$\vec{F} = q(\vec{E} + \vec{u}\times\vec{B})$
	물질의 관계	$\vec{D} = \epsilon\vec{E}$ $\vec{B} = \mu\vec{H}$ $\vec{J} = \sigma\vec{E}$
	전류 연속 방정식	$\nabla \cdot \vec{J} = -\frac{\partial \rho_v}{\partial t}$

【표 6.1】에 정리한 공식은 그 밖의 모든 다른 전자기학 공식의 기본이 된다. 예를 들면, 4장에서 사용된 정적인 상태에서 맥스웰 방정식은【표 6.1】의 방정식에서 시간미분을 0으로 취하면 구할 수 있다. 이러한 Maxwell 방정식의 중요한 가치는 전기장과 자기장 간의 상호 의존성을 밝혔다는 데 있다. 시간에 따라 변하는 전기장은 자기장의 원천이고, 반대로 시간에 따라 변하는 자기장은 전기장의 원천이라는 것은 두 개의 힘이 서로 같은 것이며 합칠 수 있는 것임을 설명해주는 것이다. Maxwell은 이러한 방정식을 연합하여 전자기 파동의 원리를 밝힘으로써 전자기파의 존재를 증명하였다.

앞에서 전하의 분포가 시간에 따라 변하는 동적인 상황에서의 Maxwell 방정식을 유도하였다. 이러한 Maxwell 방정식을 통해 시공간 상에서 전자기장을 살펴보아야 하는데, 전자기장은 시간과 공간 모두의 함수이므로 다루기가 어렵다. 정전기장과 정자기장에서처럼 동적인 벡터장을 시간을 제외하고 공간에서만 다룰 필요가 있다. 이를 위해서 주파수가 상수인 시정 현장을 고려해야 한다. 주파수가 상수가 되면 시공간에서의 복잡한 전자기장의 변화를 공간에서의 전자기장의 변화로 일대일 대응시킬 수 있어 편리하다. 이에 따라 시간에서의 변환과 공간에서의 변환을 상호 변환할 수도 있어 6장의 동적 전자기장은 시정 현장에서만 다루게 된다.

페이저의 장점은 전기장과 자기장의 미분과 적분에서 크게 발휘된다. 미분의 경우 원함수의 페이저 값에 $j\omega$를 곱해주고, 적분의 경우 $1/j\omega$를 곱해주면서 미적분 기호를 없앨 수 있다. 페이저의 미분특성을 이용하여 시변 전자파에서의 맥스웰 방정식을 표기하면 다음 식 (6.43)에서 식 (6.46)까지와 같이 주어지게 된다.

$$\nabla \times \vec{E} = -\frac{\partial \vec{B}}{\partial t} = -\mu \frac{\partial (\vec{H})}{\partial t}, \ \nabla \times \vec{E}_s = -j\omega\mu \vec{H}_s \tag{6.43}$$

$$\nabla \times \vec{H} = \vec{J} + \frac{\partial \vec{D}}{\partial t} = \vec{J} + \epsilon \frac{\partial \vec{E}}{\partial t}, \ \nabla \times \vec{H}_s = \sigma \vec{E}_s + j\omega\epsilon \vec{E}_s = (\sigma + j\omega\epsilon)\vec{E}_s \tag{6.44}$$

$$\nabla \cdot \vec{D} = \rho_v \tag{6.45}$$

$$\nabla \cdot \vec{B} = 0 \tag{6.46}$$

전파가 전파되는 매질은 자유 공간(free space)인 경우가 대부분이다. 여기서 자유 공간의 의미는 전하 또는 전류가 존재하지 않는 공간을 의미한다. 그러므로 자유 공간 또는 전송 선로에서는 맥스웰 방정식에서 도전류(σ), 전하밀도(ρ_v)는 모두 0이 된다.

이제 Maxwell 방정식을 다음과 같은 전기장 벡터 $\vec{E}(z,t)$에 대해 적용해보자.

$$\vec{E}(z,t) = E_0 \cos(\omega t - \beta z)\vec{a}_x \tag{6.47}$$

여기서 전기장 벡터는 z 방향으로 파동이 진행하며 벡터의 방향은 $\vec{a}_x$ 방향임에 주의한다. 이제 전기장 벡터를 페이저로 쓰면 다음과 같다.

$$\vec{E}_s(z) = E_0 e^{-j\beta z}\vec{a}_x$$

이제 패러데이 법칙을 이용하여 전기장 벡터의 curl을 취한다.

$$\nabla \times \vec{E}_s(z) = \begin{bmatrix} \vec{a}_x & \vec{a}_y & \vec{a}_z \\ \dfrac{\partial}{\partial x} & \dfrac{\partial}{\partial y} & \dfrac{\partial}{\partial z} \\ E_0 e^{-j\beta z} & 0 & 0 \end{bmatrix} \tag{6.48}$$

식 (6.48)은 다음과 같이 주어진다.

$$\nabla \times \vec{E}_s(z) = -j\beta E_0 e^{-j\beta z}\vec{a}_y \tag{6.49}$$

식 (6.49)를 순시형으로 바꾸면 다음과 같다.

$$\nabla \times \vec{E}(z,t) = \beta E_0 \sin(\omega t - \beta z)\vec{a}_y \tag{6.50}$$

Faraday 법칙에 의해 식 (6.50)은 다음과 같다.

$$-\mu\frac{\partial \vec{H}}{\partial t} = \beta E_0 \sin(\omega t - \beta z)\vec{a}_y \tag{6.51}$$

식 (6.51)을 적분하여 자기장 벡터 $\vec{H}$를 구하면 다음과 같다.

$$\vec{H}(z,t) = \frac{\beta}{\omega\mu}E_0 \cos(\omega t - \beta z)\vec{a}_y \tag{6.52}$$

식 (6.52)를 식 (6.47)과 비교하면 이제 전기장 벡터와 자기장 벡터는 서로 직각의 방향을 가지며, 위상은 동일하고 크기의 비는 $\beta/(\omega\mu)$임을 알 수 있다.

이번에는 식 (6.52)를 Maxwell의 변위 전류 식에 적용한다. 이때 도전율이 없는 공간을 가정한다. 이런 가정에 따라 식 (6.44)는 식 (6.53)과 같이 주어진다.

$$\nabla \times \overrightarrow{H} = \epsilon \frac{\partial \overrightarrow{E}}{\partial t} \tag{6.53}$$

자기장 벡터를 페이저로 바꾸고 curl을 취하면 다음과 같다.

$$\nabla \times \overrightarrow{H}_s(z) = \begin{bmatrix} \overrightarrow{a}_x & \overrightarrow{a}_y & \overrightarrow{a}_z \\ \dfrac{\partial}{\partial x} & \dfrac{\partial}{\partial y} & \dfrac{\partial}{\partial z} \\ 0 & \dfrac{\beta E_0}{\omega\mu} e^{-j\beta z} & 0 \end{bmatrix} \tag{6.54}$$

식 (6.54)를 풀고 순시형으로 바꾸면 다음과 같다.

$$\nabla \times \overrightarrow{H}(z,t) = -\frac{\beta^2}{\omega\mu} E_0 \sin(\omega t - \beta z) \overrightarrow{a}_x \tag{6.55}$$

Maxwell의 변위 전류 법칙에 의해 식 (6.55)는 다음과 같다.

$$\frac{\partial \overrightarrow{E}}{\partial t} = -\frac{\beta^2}{\omega\mu\epsilon} E_0 \sin(\omega t - \beta z) \overrightarrow{a}_x \tag{6.56}$$

식 (6.56)을 적분하여 자기장 벡터 $\overrightarrow{E}$를 구하면 다음과 같다.

$$\overrightarrow{E}(z,t) = \frac{\beta^2}{\omega^2\mu\epsilon} E_0 \cos(\omega t - \beta z) \overrightarrow{a}_x \tag{6.57}$$

식 (6.57)은 처음에 가정한 식 (6.47)과 같아야 하므로 다음이 성립하여야 한다.

$$\beta^2 = \omega^2 \mu\epsilon \tag{6.58}$$

또는 다음과 같다.

$$\beta = \omega\sqrt{\mu\epsilon} \tag{6.59}$$

각속도와 전파 상수의 비는 파동의 속도가 되므로 파동의 속도는 다음과 같다. 이 파동의 속도는 파동의 위상이 일정한 면이 이동하는 속도라 하여 위상 속도(phase velocity)라 부른다.

$$u_p = \frac{\omega}{\beta} = \frac{1}{\sqrt{\mu\epsilon}} \tag{6.60}$$

자유 공간에서는 식 (6.60)에 $\mu = \mu_0$와 $\epsilon = \epsilon_0$를 집어넣으면 식 (6.60)은 빛의 속도로 진행하게 된다. 비유전율이 큰 유전체 물질이나 비투자율이 큰 자성체 물질에서는 위상 속도가 빛의 속도보다 느려짐을 알 수 있다. 이제 자유 공간에서 전기장 벡터와 자기장 벡터의 크기의 비는 다음과 같이 일정하게 주어진다.

$$\frac{|\vec{E}|}{|\vec{H}|} = \frac{\omega\mu}{\beta} = \sqrt{\frac{\mu}{\epsilon}} \tag{6.61}$$

자유 공간에서는 식 (6.61)에 $\mu = \mu_0$와 $\epsilon = \epsilon_0$를 집어넣으면 식 (6.61)은 377[Ω]이 되며, 이를 자유 공간의 특성 임피던스(characteristic impedance)라고 부른다.

예제 6-12

y-방향을 갖는 전기장 벡터가 자유 공간에서 x-방향으로 진행한다. 전기장 벡터의 순시형 수식을 쓰시오(단, E_o는 10V/m, 주파수는 10MHz를 가정하시오).

| 풀이 | $\vec{E}(x,t) = 10\cos(2\pi \times 10^7 t - 0.2\pi x/3)\vec{a}_y [V/m]$

예제 6-13

아래 MATLAB 프로그램을 이용하여 3차원 전파의 모양을 그리시오(단, E_o는 1V/m, 주파수는 10MHz를 가정하시오).

```
Eo=1;                f=10e6;              c=2.998e8;
uo=pi*4e-7;          lambda=c/f;          B=2*pi/lambda;
w=2*pi*f;
z=0:1:100;
Ex=Eo*cos(-B*z);
Hy=((B*Eo)/(w*uo))*cos(-B*z);
null=0.*z;           %build a null array
plot3(z,Ex,null,'-',z,null,Hy)
grid on
view([30 30])
xlabel('z(m)')       ylabel('Ex(V/m)')  zlabel('Hy(V/m)')
```

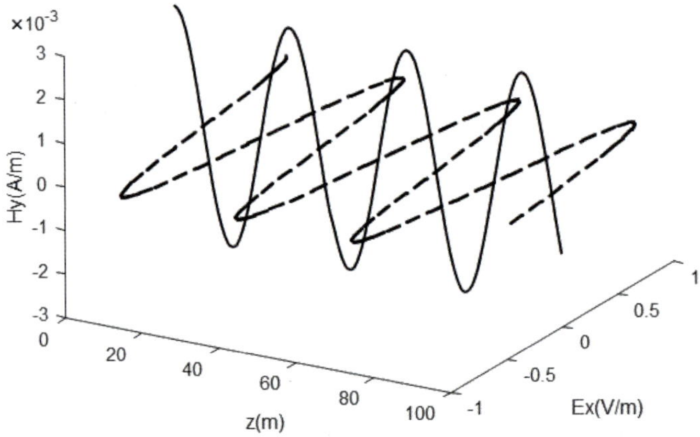

그림 6.17 전기장 벡터와 자기장 벡터 그리기 실습

6.4 자유 공간 시정현 파동 방정식

자유 공간에서는 비투자율과 비유전율이 1이며 전하가 존재하지 않는다. 따라서 선형, 등방성, 균질인 자유 공간에서 Maxwell 방정식을 페이저 형태로 쓰게 되면 다음과 같다.

$$\nabla \times \overrightarrow{E_s} = -j\omega\mu_0 \overrightarrow{H_s} \tag{6.62}$$

$$\nabla \times \overrightarrow{H_s} = j\omega\epsilon_0 \overrightarrow{E_s} \tag{6.63}$$

$$\nabla \cdot \overrightarrow{D} = 0 \tag{6.64}$$

$$\nabla \cdot \overrightarrow{B} = 0 \tag{6.65}$$

식 (6.62)의 양변에 curl을 취하면

$$\nabla \times \nabla \times \overrightarrow{E_s} = -j\omega\mu_0 (\nabla \times \overrightarrow{H_s}) \tag{6.66}$$

가 된다. 이제 벡터 항등식인 식 (6.67)을 적용하고, 식 (6.66)과 식 (6.64)를 결합하여 정리하면, 식 (6.68)을 구할 수 있다.

$$\nabla \times (\nabla \times \overrightarrow{A} = \nabla (\nabla \cdot \overrightarrow{A}) - \nabla^2 \overrightarrow{A} \tag{6.67}$$

$$-\nabla^2\overrightarrow{E}_s = -j\omega\mu_0(j\omega\epsilon_0)\overrightarrow{E}_s \tag{6.68}$$

식 (6.68)로부터 자유 공간의 전기장 및 자기장에 의한 전파의 파동 방정식을 유도할 수 있다.

$$\nabla^2\overrightarrow{E}_s + \omega^2\mu_0\epsilon_0\overrightarrow{E}_s = 0 \tag{6.69}$$

이제 다음과 같은 상수β를 정의하자 이 상수를 전파 상수(propagation constant)라 부르며, 단위는 meter의 역수이다.

$$\beta^2 = \omega^2\mu_0\epsilon_0 \tag{6.70}$$

이제 식 (6.69)는 다음과 같다.

$$\nabla^2\overrightarrow{E}_s + \beta^2\overrightarrow{E}_s = 0 \tag{6.71}$$

비슷한 과정을 통해 다음 식도 구할 수 있다.

$$\nabla^2\overrightarrow{H}_s + \beta^2\overrightarrow{H}_s = 0 \tag{6.72}$$

식 (6.71)과 식 (6.72)는 시간과 공간상에 퍼져나가는 전기장 벡터와 자기장 벡터의 2차 미분 방정식에 대한 페이저 표현을 의미한다. 전기장 벡터와 자기장 벡터는 전하 (또는 전류)가 위치한 곳에서 3차원적으로 형성되어 퍼져나가므로 이 미분 방정식을 수학적으로 푸는 것은 다변수 함수이므로 매우 복잡하다. 하지만 일반적으로 전자파는 원거리를 가정하므로 평면파 근사(plane wave approximation) 방법을 사용하면 그 해를 쉽게 구할 수 있다.

평면파 근사란【그림 6.18】에 나타낸 것처럼 하나의 점원 (point source)[13)]에서 시작한 전자기 파동이 구(sphere)의 형상으로 공간에 퍼져나가는 데 충분한 거리를 진행하고 나면 2차원적인 동일 위상의 면이 평면 형태의 파동으로 해석할 수가 있다는 것이다.【그림 6.18】의 오른쪽에서 소스에서 발생한 전자기 파동은 근거리에서는 원모양의 형상을 갖지만 거리가 증가할수록 원의 반경이 커지게 되므로 충분한 거리를 진행한 후에는 거의 평면에 가까워짐을 알 수 있다. 이렇게 전자파를 평면파로 근사화할 수 있는 영역을 보통 원역장(Far-field) 또는 프라운호프(Fraunhofer) 영역이라고 부른다.

13) 점원(point source)의 예로 시간에 따라 전하의 분포가 변하는 안테나가 있다. 안테나는 형태를 갖지만 먼거리에서 보면 하나의 점으로 보일 수 있다.

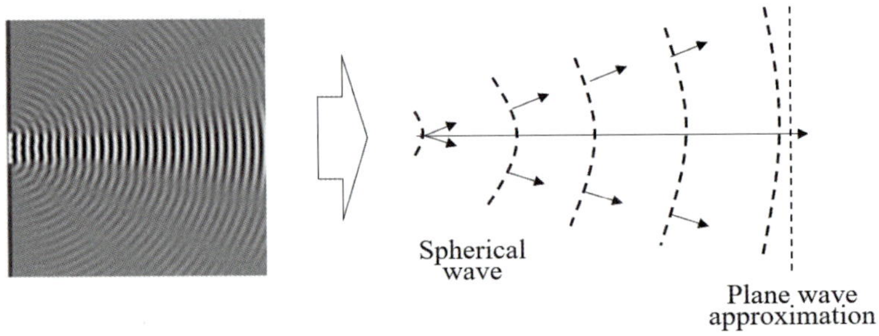

그림 6.18 평면파 근사

전자기파는 평면파 근사를 적용할 수 있으며 이러한 경우 전기장 벡터는【그림 6.19】와 같은 모습이 된다. 축은 자유롭게 설정할 수 있지만 보통 전기장과 자기장 벡터가 진행하는 방향을 z축으로 설정하고, 전기장 벡터의 방향을 x축으로 설정한다. 이렇게 하면 자기장 벡터의 방향은 앞에서 유도한 바와 같이 맥스웰 방정식에 의해 y축 방향이 된다.

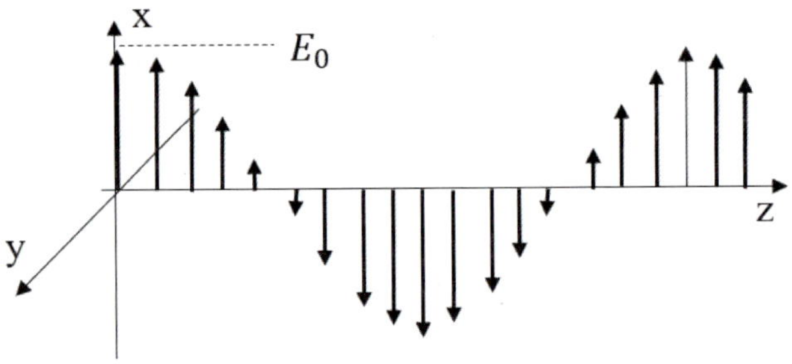

그림 6.19 전기장 벡터가 공간상에서 형성된 모습

【그림 6.19】의 상황에서 자유 공간에서 전자기장에 관한 파동 방정식을 풀어보자. 평면파 근사를 적용하면 동일한 x−y 평면에서 x, y 좌표가 변화하더라도 $\vec{E}_s$와 $\vec{H}_s$는 크기의 변화가 없다. 그러므로 ∇^2 연산자에서 $\frac{\partial^2}{\partial x^2} = \frac{\partial^2}{\partial y^2} = 0$이 되므로 식 (6.71)과 식 (6.72)의 파동 방정식은 식 (6.73)과 식 (6.74)로 간략화된다. 식에서 E_{sx}는 벡터 $\vec{E}_s$의 x축 방향의 성분을 가르치는 스칼라 페이서의 값이다. 한편 $\vec{H}_s$ 벡터의 방향은 y축이 되므로 자기장 벡터의 스칼라 페이서는 H_{sy}가 된다.

$$\frac{d^2}{dz^2}E_{sx} + \beta^2 E_{sx} = 0 \tag{6.73}$$

$$\frac{d^2}{dz^2}H_{sy} + \beta^2 H_{sy} = 0 \tag{6.74}$$

위 식에서 스칼라량 E_{sx}는 파동의 진행 방향인 z만의 함수가 된다. 위 방정식은 2차 상미분 방정식이며, 전기장 벡터에 대해서 그 해를 구하면 식 (6.75)와 같다.

$$E_{sx}(z) = E_0^+ e^{-j\beta z} + E_0^- e^{+j\beta z} \tag{6.75}$$

위 식에서 우변의 첫 번째 항 ($E_0^+ e^{-j\beta z}$)은 전기장 벡터의 진행 방향이 +z 방향으로 진행되는 것을 의미하며, 보통 진행파라 부른다. 두 번째 항 ($E_0^- e^{+j\beta z}$)은 −z 방향으로 진행되는 것을 의미하며, 보통 반사파라 부른다. E_0^+ 및 E_0^-는 각각 진행파와 반사파의 진폭을 의미한다. 진행파와 반사파의 의미를 다루기 전에 일단 식 (6.76)과 같이 진행파에 국한하여 수식적 의미를 더 살펴보자.

$$E_{sx}(z) = E_0 e^{-j\beta z} \tag{6.76}$$

식 (6.76)의 전기장 페이저 벡터로부터 전기장 벡터를 복원해 보자. 전기장 벡터의 방향은 x축을 향하므로 전기장 벡터의 복원식에 x축 단위 벡터 $\vec{a}_x$가 포함된다.

$$\vec{E}(z) = Re[E_{sx}(z)e^{j\omega t}]\vec{a}_x = Re[E_0 e^{-j\beta z} e^{j\omega t}]\vec{a}_x \tag{6.77}$$

오일러 방정식 $e^{jt} = \cos(t) + j\sin(t)$에 의하면 $Re\{e^{jt}\} = \cos(t)$가 되므로 위 식은 다음 식 (6.78)과 같이 정리된다.

$$\vec{E}(t,z) = E_0 \cos(\omega t - \beta z)\vec{a}_x \tag{6.78}$$

식 (6.78)은 처음에 전자파 파동을 설명한 식 (6.16)과 동일하다.

예제 6-14

자유 공간에서 전기장 벡터가 아래 그림과 같을 때 다음을 구하시오.

(a) β값과 주파수를 계산하시오.

(b) 전기장 벡터의 식을 쓰시오.

(c) $t = 0.25$[usec] 이후의 전기장 벡터의 형상을 그리시오.

| 풀이 | 파장이 300m이므로 주파수는 $c = f\lambda$에 의해 주파수는 1[MHz]가 된다. 전파 상수는 다음과 같다.
$\beta = 2\pi/\lambda = 2\pi/300$

전기장 벡터의 방향은 x 방향이고 최댓값은 10이므로 다음과 같이 주어진다.

$\vec{E}(t,z) = 10\cos(2\pi \times 10^6 t - \frac{2\pi}{300}z)\vec{a}_x$

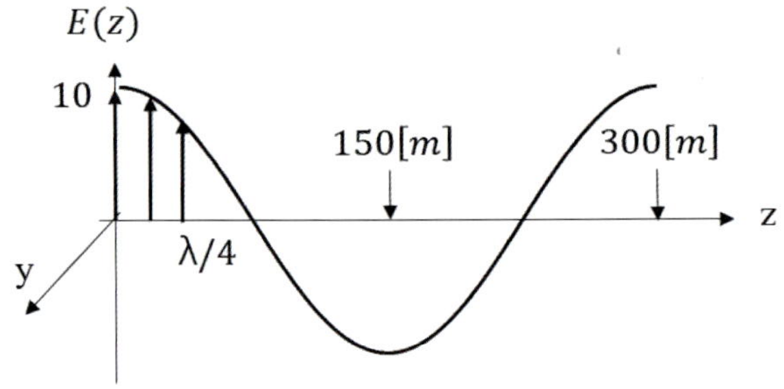

그림 6.20 (예제 6-14)의 그림

지금까지는 전기장 벡터의 방정식에 대해 알아보았다. 다음으로 자기장 벡터의 경우도 비슷한 요령으로 전개하면 $\vec{H}(z,t) = H_0\cos(\omega t - \beta z)\vec{a}_y$의 결과를 얻을 수 있다. 주의할 점은 자기장 벡터의 방향은 전기장과 수직으로 y축이 된다는 점이다[14].

이상의 결과를 종합하면 자유 공간을 진행하는 전기장, 자기장 벡터의 방정식을 다음과 같이 정리할 수 있다. 아래 식에서 θ_0는 파형의 초기 위상으로 식의 일반화를 위해 포함하였다. 초기 위상은 $t=0$에서의 파형의 위상을 나타낸다.

$$\vec{E}(z) = E_0\cos(\omega t - \beta z + \theta_0)\vec{a}_x \tag{6.79}$$

$$\vec{H}(z) = H_0\cos(\omega t - \beta z + \theta_0)\vec{a}_y \tag{6.80}$$

자유 공간에서 평면파의 경우 전기장 벡터와 자기장 벡터는【그림 6.21】의 형상과 같이 서로 수직을 이루면서 z 방향으로 전파되어 간다.

14) 자기장의 curl에 대한 맥스웰 방정식을 통해 전기장 벡터의 회전 방향이 자기장 벡터의 방향이 된다는 것을 알 수 있다. 전기장 벡터는 x 축을 향하기 때문에 $\nabla \times \vec{E}$(자기장) 방향은 y 축이 된다.

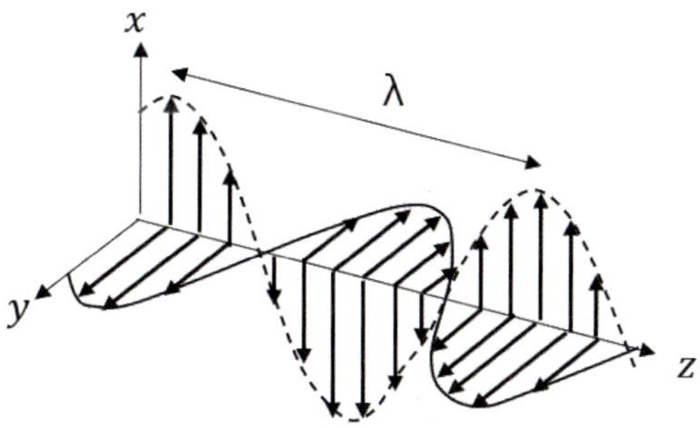

그림 6.21 자유 공간에서 전기장 벡터와 자기장 벡터의 진행

전기장과 자기장의 비인 특성 임피던스를 자유 공간에서는 고유 임피던스(intrinsic impedance) 라고 부르며 식 (6.81)과 같이 주어진다. 즉 자유 공간에서 전기장의 크기는 자기장의 크기에 비해 377배 크며 전기장이 최대일 때 자기장이 최대가 되는 동위상을 갖는다는 의미가 된다.

$$\frac{E_0}{H_0} = \sqrt{\frac{\mu_0}{\epsilon_0}} = \eta = 377\,\Omega \tag{6.81}$$

예제 6-15

자유 공간을 진행하는 자기장 벡터의 크기 (H_0)가 0.01[H/m]라고 하자. 이때 전기장 벡터의 크기 (E_0)는 얼마인가?

| 풀이 | $E_0 = 3.77$[V/m]

예제 6-16

전기장 벡터 $\vec{E} = 50\cos(2000\pi t - 2.1 \times 10^{-5} z)\vec{a}_x$가 자유 공간을 진행하여 나아간다. 이때 자기장 벡터를 구하라.

| 답 | $\vec{H} = 0.13\cos(2000\pi t - 2.1 \times 10^{-5} z)\vec{a}_y$

6.4.1 손실이 있는 유전체에서의 파동 방정식

앞에서 자유 공간에서 동적 전자기장인 전자기파에 대해 살펴보았다. 자유 공간은 아무런 물질이 없으므로 전자기파는 손실이 없이 자유 공간으로 퍼져나가게 된다. 본 절에서는 매질 내에서 파동 방정식을 유도하고, 다양한 매질에서 파동이 어떻게 변하는지 살펴보도록 하자. 먼저 손실이 있는 유전체(lossy dielectric) 물질에서 파동 방정식을 살펴보자. 손실이 있는 유전체는 전자기파가 전파하면서 전력을 잃어버리는 물질을 의미한다. 손실이 없는 무손실 유전체(lossless dielectric)에서는 $\sigma=0$인 것에 비해 손실이 있는 유전체에서는 $\sigma \neq 0$이므로 약간의 도전성을 갖게 된다.

전하가 존재하지 않는 선형, 등방성, 균질인 손실 유전체 매질을 고려하자. Maxwell 방정식을 페이저 형태로 쓰게 되면 다음과 같다.

$$\nabla \times \overrightarrow{E}_s = -j\omega\mu\overrightarrow{H}_s \tag{6.82}$$

$$\nabla \times \overrightarrow{H}_s = (\sigma + j\omega\epsilon)\overrightarrow{E}_s \tag{6.83}$$

$$\nabla \cdot \overrightarrow{D}_s = 0 \tag{6.84}$$

$$\nabla \cdot \overrightarrow{B}_s = 0 \tag{6.85}$$

식 (6.82)의 양변에 curl을 취하면

$$\nabla \times \nabla \times \overrightarrow{E}_s = -j\omega\mu\left(\nabla \times \overrightarrow{H}_s\right) = -j\omega\mu(\sigma + j\omega\epsilon)\overrightarrow{E}_s \tag{6.86}$$

가 된다. 이제 벡터 항등식을 적용하고, 식을 정리하면, 식 (6.87)을 구할 수 있다. 또한 자기장 벡터에 대해서도 동일한 식 (6.88)을 얻을 수 있다.

$$\nabla^2\overrightarrow{E}_s - \gamma^2\overrightarrow{E}_s = 0 \tag{6.87}$$

$$\nabla^2\overrightarrow{H}_s - \gamma^2\overrightarrow{H}_s = 0 \tag{6.88}$$

이때 전파 상수를 자유 공간에서는 β를 사용하였으나, 여기서는 γ를 사용하였고, 이에 따라 식 (6.87)과 식 (6.88)의 파동 방정식과 자유 공간에서 구한 파동 방정식의 부호가 달라짐에 주의해야 한다. 따라서 전파 상수는 다음과 같이 주어진다.

$$\gamma^2 = j\omega\mu(\sigma + j\omega\epsilon) \tag{6.89}$$

전파 상수 γ는 복소수이므로 다음과 같이 표현할 수 있다.

$$\gamma = \alpha + j\beta \tag{6.90}$$

아래의 식 (6.91)과 식 (6.92)를 참고하면 식(6.89)와 식 (6.90)으로부터 α와 β를 구할 수 있다.

$$-Re[\gamma^2] = \beta^2 - \alpha^2 = \omega^2\mu\epsilon \tag{6.91}$$

$$|\gamma^2| = \beta^2 + \alpha^2 = \omega\mu\sqrt{\sigma^2 + \omega^2\epsilon^2} \tag{6.92}$$

식 (6.91)과 식 (6.92)로부터 다음의 표현식을 얻을 수 있다.

$$\alpha = \omega\sqrt{\frac{\mu\epsilon}{2}\left[\sqrt{1+\left[\frac{\sigma}{\omega\epsilon}\right]^2} - 1\right]} \tag{6.93}$$

$$\beta = \omega\sqrt{\frac{\mu\epsilon}{2}\left[\sqrt{1+\left[\frac{\sigma}{\omega\epsilon}\right]^2} + 1\right]} \tag{6.94}$$

예제 6-17

식 (6.91)과 식 (6.92)로부터 식 (6.93)과 식 (6.94)를 유도하시오.

| 풀이 | 식 (6.91)과 식 (6.92)를 더하면 β에 대한 식을 식 (6.92)에서 식 (6.91)을 빼면 α에 대한 식을 얻을 수 있다.

이제 평면파 근사를 가정하고 전기장 벡터가 $\vec{a}_x$ 방향을 가지며, z축으로 진행한다고 가정하면 다음과 같이 파동 방정식을 구할 수 있다.

$$\frac{d^2}{dz^2}E_{sx} - \gamma^2 E_{sx} = 0 \tag{6.95}$$

식 (6.95)의 2차 미분방정식은 다음과 같이 풀 수 있다.

$$E_{sx}(z) = E_0^+ e^{-\gamma z} + E_0^- e^{+\gamma z} \tag{6.96}$$

위 식에서 우변의 첫 번째 항 ($E_0^+ e^{-\gamma z}$)은 전기장 벡터의 진행 방향이 +z 방향으로 진행되는 것을 의미하며, 보통 진행파라 부른다. 두 번째 항 ($E_0^- e^{+\gamma z}$)은 −z 방향으로 진행되는 것을 의미하며, 보통 반사파라 부른다. +z 방향으로 진행되는 진행파만을 고려하고, $\gamma = \alpha + j\beta$로 바꾼 후 페이저를 순시형으로 바꾸면 다음과 같이 손실이 있는 유전체에서의 파동 방정식을 구할 수 있다.

$$\overrightarrow{E}(t,z) = E_0 e^{-\alpha z} \cos(\omega t - \beta z) \overrightarrow{a_x} \tag{6.97}$$

식 (6.97)을 그리면【그림 6.22】와 같은 파동을 구할 수 있다. 전기장 벡터는 도전율에 의해 크기가 점점 작아지면서 진행하는 것을 알 수 있다. 즉 도전율이 클수록 파동은 급격히 감소하게 될 것이다. 파동의 감쇠정도는 α에 의해 결정되므로 α를 감쇠 상수(attenuation constant) 또는 감쇠 계수(attenuation coefficient)라고 부른다. 즉 파의 공간적 감쇠율의 척도가 되며, 단위는 nepers/m[N/m]로 표현한다. 1 neper의 감쇠는 원래 값에서 e^{-1}만큼 줄어든 것을 의미한다. 반면에, β는 단위 길이당 위상 변화의 척도로서 위상 상수(phase constant) 혹은 파수(wave number)라고 부른다.

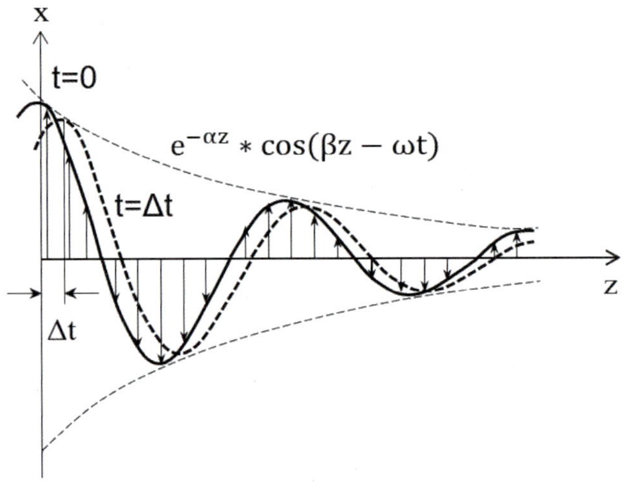

그림 6.22 손실이 있는 유전체에서 전기장 벡터의 진행

이제 비슷한 과정으로 자기장 벡터에 대해 유도를 하거나 전기장 벡터를 curl을 취해 자기장 벡터를 구할 수 있다. 이러한 과정을 통해 자기장 벡터도 동일한 식을 유도할 수 있다. 식 (6.98)에서 크기 차이와 벡터 방향에 차이가 있음을 주의해야 한다.

$$\overrightarrow{H}(t,z) = H_0 e^{-\alpha z} \cos(\omega t - \beta z) \overrightarrow{a_y} \tag{6.98}$$

전기장 벡터와 자기장 벡터의 크기 차는 다음과 같다.

$$H_0 = \frac{E_0}{\eta} \tag{6.99}$$

η는 복소수로서 매질의 고유 임피던스(intrinsic impedance)라고 하며, 단위는 $[\Omega]$이다. η를 구하

면 식 (6.100)으로 주어진다.

$$\frac{E_0}{H_0} = \eta = \sqrt{\frac{j\omega\mu}{\sigma + j\omega\epsilon}} = |\eta| e^{j\theta_\eta} \qquad (6.100)$$

예제 6-18

식 (6.100)을 유도하시오.

| 풀이 | 식의 유도가 복잡하기는 하지만 6.3절에서처럼 전기장과 자기장의 상호관계를 이용하면 유도할 수 있다.

예제 6-19

전기장 벡터가 $\vec{E}(t) = 10e^{-\alpha z}\cos(\omega t - \beta z)\vec{a}_x$ 일 때, $t = 0$[sec]에서의 파형을 그리시오. (주파수는 1[kMz]라고 하자) 파장은 얼마인가?

| 답 | 시간이 고정되었으므로 거리를 바꾸면서 4λ까지 그려보자.

```
atten=0.001;
Eo=10;
f=1e6;
t=0;
phi=0;
phir=phi*pi/180;
c=2.998e8;
lambda=c/f;
B=2*pi/lambda;
omega=2*pi*f;
z=0:4*lambda/100:4*lambda;
E=Eo*exp(-atten.*z).*cos(omega*t-B*z+phir);
plot(z,E)
axis('tight')   %sets axes min & max data values
xlabel('z(m)')
ylabel('E(V/m)')
```

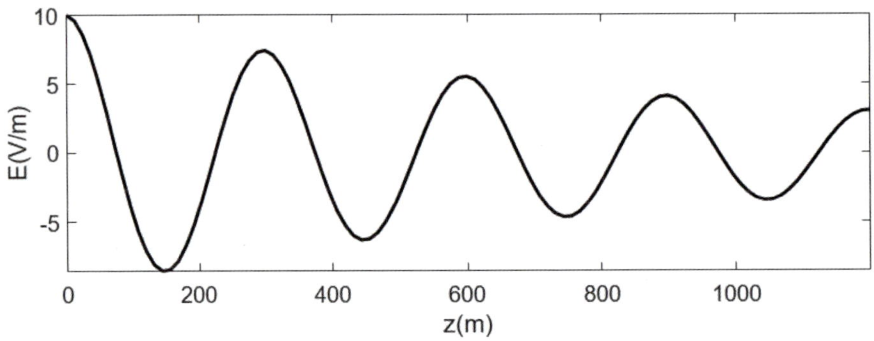

그림 6.23 (예제 6-19)의 감쇠하면서 진행하는 전기장 벡터의 크기

6.4.2 양도체에서의 파동 방정식과 교류 저항

마지막으로 도체에서의 전자기파를 살펴보자. 도체 중에서 양도체는 도전율을 무한대라고 할 수 있으므로 앞에서 구한 손실이 있는 유전체에서 $\sigma = \infty$, $\epsilon = \epsilon_0$, $\mu = \mu_0\mu_r$로 놓을 수 있다. 이러한 가정 하에 식 (6.93)과 식 (6.94)의 감쇠 상수와 위상 상수는 다음과 같이 쓸 수 있다.

$$\alpha = \beta = \sqrt{\frac{\omega\mu\epsilon}{2}} = \sqrt{\pi f \mu\epsilon} \tag{6.101}$$

고유 임피던스는 식 (6.100)으로부터 다음과 같다.

$$\eta = \sqrt{\frac{i\omega\mu}{\sigma}} = \sqrt{\frac{\omega\mu}{\sigma}} \angle 45^o \tag{6.102}$$

따라서 전기장 벡터 $\overrightarrow{E}$와 자기장 벡터 $\overrightarrow{H}$는 다음과 같이 45° 위상차를 갖는 파동으로 쓸 수 있다.

$$\overrightarrow{E}(t,z) = E_0 e^{-\alpha z}\cos(\omega t - \beta z)\overrightarrow{a}_x \tag{6.103}$$

$$\overrightarrow{H}(t,z) = \frac{E_0}{\sqrt{\omega\mu/\sigma}} e^{-\alpha z}\cos(\omega t - \beta z - 45^o)\overrightarrow{a}_y \tag{6.104}$$

양도체에서 파동은 급격히 감소하면서 진행하는데 파동의 진폭이 e^{-1}만큼 (초기값의 약 37%) 감쇠하는 거리를 표피 깊이(skin depth) δ로 정의한다. 표피 깊이는 전자기파가 매질 내부로 침투할 수 있는 깊이의 정도를 나타내는 것으로 식 (6.105)와 같이 주어진다.

$$\delta = \frac{1}{\sqrt{\pi f \mu \sigma}} = \frac{1}{\alpha} \tag{6.105}$$

표피 깊이는 주로 주파수와 도전율의 함수이다. 예를 들어 구리의 경우 표피 깊이는【표 6.2】와 같다.

표 6.2 주파수에 따른 구리의 표피 깊이

주파수	10Hz	60Hz	1kHz	10kHz	10MHz	1GHz
표피 깊이[mm]	20.9mm	8.5mm	2.09mm	0.66mm	21um	2.1um

도체 내에서 전자기장이 급격하게 감쇠하는 현상인 표피 효과로 인해 도체 물질의 내부로부터 표면쪽으로 전하들이 이동하는 경향이 있다. 따라서 주파수가 올라갈수록 전류는【그림 6.24】와 같이 도체의 매우 얇은 층(표피)에 국한되어 흐른다[15]. 즉, 그림에서 도체의 반경이 a인 도선의 경우, 높은 주파수에서 모든 전류는 두께 δ인 원형 고리 내부로 흐른다고 가정할 수 있다. 이러한 표피 효과에 의해 주파수가 높을 경우 원통 모양의 동선 하나로 전류를 통과시키기 보다는 반경이 작은 구리선 여러개로 전류를 흘려보내는 것이 낫다. 이러한 선로를 Litz wire라고 부른다. 또한, 안테나를 만들 때 안테나 재료로 속이 찬 도체 보다는 빈 튜브 형태의 도체를 사용하는 것이 재료 가격면이나 성능면에서 더욱 우수하다. 또한 표피 깊이의 수 배 정도의 두께를 가진 전도성 물질로 전기 장치를 둘러싸게 되면 효과적인 전자기 차폐를 이룰 수 있다.

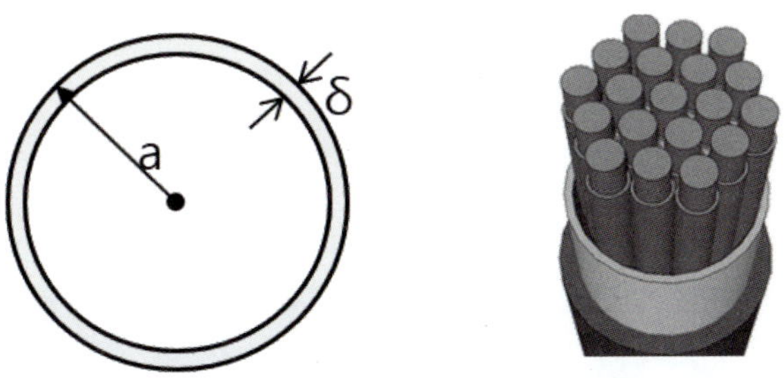

그림 6.24 표피 깊이와 Litz 선로

15) 정전기장이 있는 공간에서 도체 내에 전하가 존재하지 않는 다는 것을 학습하였다. 반면에 DC 전류가 흐르는 정자기장에서는 도체 전체에 걸쳐 전류가 움직인다. 하지만 주파수가 올라가면 정전기장처럼 원통도체의 표면에 전하가 집중하게 된다. 정전기학과 다르게 교류 저항은 도선에서 패러데이와 렌쯔의 법칙에 의해 발생한다.

표피 깊이는 표피 효과에 의한 교류 저항을 계산하는 데 유용하다. 직류 저항의 경우는 다음과 같이 주어지는 것을 학습하였다.

$$R_{DC}=\frac{V_{ab}}{I}=\frac{1}{\sigma}\frac{L}{S} \tag{6.106}$$

이제 시간에 따라 변하는 교류의 경우 교류 저항은 직류 저항보다 단면적이 작아지므로 다음과 같이 식이 바뀌게 된다.

$$R_{AC}=\frac{1}{\sigma}\frac{L}{\delta} \tag{6.107}$$

예제 6-20

구리로 만든 동축 선로에서 a = 2mm, b = 6mm, 그리고 $t=1$mm라고 하자. 직류일 때와 100MHz일 때 길이가 2m인 선로의 저항을 계산하시오.

| 풀이 | 동축 선로는 도체 외부와 도체 내부에서의 저항이 있으므로 두 개의 저항을 더해야 한다.

DC에서의 내부 저항 : $R=\frac{l}{\sigma S}=\frac{l}{\sigma\pi a^2}=2.744[m\Omega]$

DC에서의 외부 저항 : $R=\frac{l}{\sigma S}=\frac{l}{\sigma\pi[(b+t)^2-b^2]}=0.8429[m\Omega]$

100MHz에서의 내부 저항 : $R=\frac{l}{\sigma 2\pi a\delta}=0.41[\Omega]$

100MHz에서의 외부 저항 : $R=\frac{l}{\sigma S}=\frac{l}{\sigma 2\pi b\delta}=0.138[\Omega]$

6.5 전파의 전력과 편파

일반적으로 회로 이론에서의 전력(Power)은 전압과 전류의 곱이며, 단위는 [Watt]가 된다(즉, P(전력) = V(전압) × I(전류)). 이와 유사하게 전파의 전력은 다음과 같이 정의되며, 단위는 [Watt/m^2]이 된다($\vec{E}$의 단위는 V/m이며, $\vec{H}$의 단위는 A/m이므로 $\vec{P}$의 단위는 VA/m^2 = Watt/m^2).

$$\vec{P}=\vec{E}\times\vec{H} \tag{6.108}$$

이 전력 벡터 $\vec{P}$를 포인팅 벡터(Poynting vector)라고 한다[16]. $\vec{P}$의 크기는 전자기장의 전력 밀도

(단위시간 및 단위 면적당 전력)을 의미하며, $\vec{P}$의 방향은 전자파가 진행하는 방향이며 전기장 벡터 및 자기장 벡터와 수직의 관계를 갖는다. 한편 $\vec{P}$의 값은 순시값을 의미하므로 평균 전력 밀도 벡터는 식 (6.109)와 같이 주기 T에 대해 시평균값을 계산하여야 한다. 보통 정현파인 경우 평균 전력 밀도 벡터의 크기는 식 (6.67)과 같이 전기장의 크기와 자기장의 크기의 곱의 1/2로 주어진다.

$$\vec{P}_{\mathrm{avg}} = \frac{1}{T}\int_0^T \vec{P}\,dt\ [W/m^2] \tag{6.109}$$

$$|\vec{P}_{avg}| = \frac{E_0}{\sqrt{2}} \times \frac{H_0}{\sqrt{2}} = \frac{1}{2}E_0 H_0\ [W/m^2] \tag{6.110}$$

이제 스칼라값인 전력은 식 (6.111)과 같이 통과하는 면에 대해 벡터면적분하면 계산할 수 있다.

$$P_{\mathrm{avg}} = \int_S \vec{P}_{avg} \cdot d\vec{S}\ [W] \tag{6.111}$$

식 (6.108)부터 식 (6.111)까지의 포인팅 벡터와 관련된 양들은 회로 이론에서 전력 개념과 동일하다.

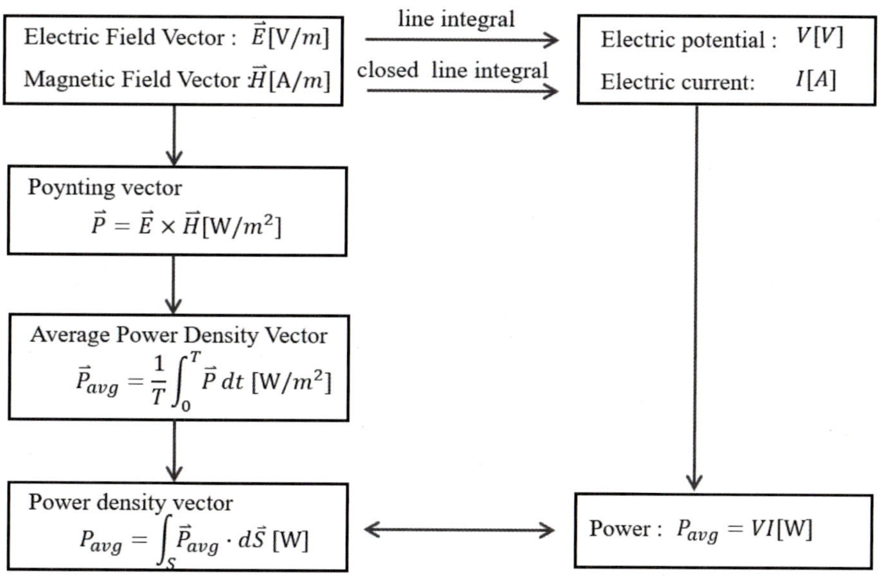

그림 6.25 포인팅 벡터와 전력의 관계

16) 영국의 John Henry Poynting이 1883년에 유도하였다.

예제 6-21

전기장 벡터 $\vec{E}= 50\cos(2000\pi t - 2.1\times 10^{-5}z)\vec{a}_x$가 자유 공간으로 전파된다. 이때 (a) 포인팅 벡터의 수식을 계산하라. (b) 포인팅 벡터의 평균 전력밀도 벡터의 크기를 계산하라.

| 풀이 | a) $\vec{P}_{avg} = (50\times 0.13)\cos^2(2000\pi t - 2.1\times 10^{-5}z)\vec{a}_z = 3.25\vec{a}_z$

b) $|\vec{P}_{avg}| = 0.5\times 50\times 0.13 = 3.25[\text{W/m}^2]$

(예제 6-21)에서 알 수 있듯이 포인팅 벡터는 전기장과 자기장이 동위상일 경우 시간과 공간에 상관없이 일정한 크기를 갖는 벡터가 된다. 이 원리를 이용하여 주파수가 높은 RF 회로에서는 전기장과 자기장을 직접 측정하기 보다는 전력을 측정하는 방식을 선호한다.

예제 6-22

휴대폰 송신전력이 100[mW]라고 하자. 휴대폰에서 발생하는 전기장 벡터의 크기는 얼마일까?

| 답 | $E_0 = \sqrt{0.1\times 2\times 377} = 8.68\ [\text{V/m}]$

앞에서 전기장 벡터의 방향이 x-방향으로 일정하며, z-방향으로 진행하는 평면파를 분석하였다. 이러한 평편파는 전기장의 방향이 직선이므로 선형 편파(Linear polarization)된 전파라고 부르는데 전기장의 방향이 x-방향이므로 x-축으로 편파되었다고 말한다. 만약 전파의 방향이 y 방향인 선형편파라면 y-축으로 편파되었다고 말할 수 있다. 좌표계는 절대적인 것이 아니므로 보통 우리가 사는 지표면을 기준으로 수직 방향을 수직 편파, 지표편에 평행한 방향을 수평 편파라고 부른다. 편파는 보통 안테나의 방향과 일치하므로 전파의 송수신에서 매우 중요한 역할을 한다[17].

전기장 벡터의 방향이 지표면에 대해 수직과 수평 사이의 임의의 각도를 갖는 경우는 x-축 편파와 y-축 편파를 갖는 2개의 편파가 더해진 것으로 볼 수 있다.

$$\vec{E}(z,t) = E_{x0}\cos(\omega t - kz + \theta_{0x})\vec{a}_x + E_{y0}\cos(\omega t - kz + \theta_{0y})\vec{a}_y \tag{6.112}$$

식 (6.112)에서 초기 위상을 0이라 하고 z = 0인 지점에서 전기장을 표시하면 식 (6.113)과 같이 벡터 합으로 표현되며, 각 편파의 크기에 따라 전기장 벡터의 기울어진 각도가 정해진다. 만약에 두 벡터의 크기가 같다면 45° 기울어진 선형 편파가 된다.

17) 일반적으로 주택 옥상에 설치된 지상파 TV 안테나는 수평편파 안테나, 이동통신 기지국 안테나는 수직편파 안테나를 기본적으로 사용한다. 단, 이동통신의 경우 차량용 전화기에서 휴대용 전화기로 흐름이 바뀌면서 데이터 속도를 2배로 하기 위하여 ±45° 기울어진 두 개의 편파를 사용하는 MIMO 안테나로 변하게 되었다.

$$\vec{E}(0,t) = E_{x0}\cos(\omega t)\vec{a}_x + E_{y0}\cos(\omega t)\vec{a}_y \quad (6.113)$$

무선통신에서는 송수신 안테나 간에 편파가 같아야 하며, 송신 안테나는 수직편파 안테나인데 수신 안테나는 수평편파 안테나이면 이론적으로 수신되는 신호는 없다 이를 편파의 직교성이라 하며, 이러한 특성을 무선통신 및 레이다에서 다양하게 활용한다.

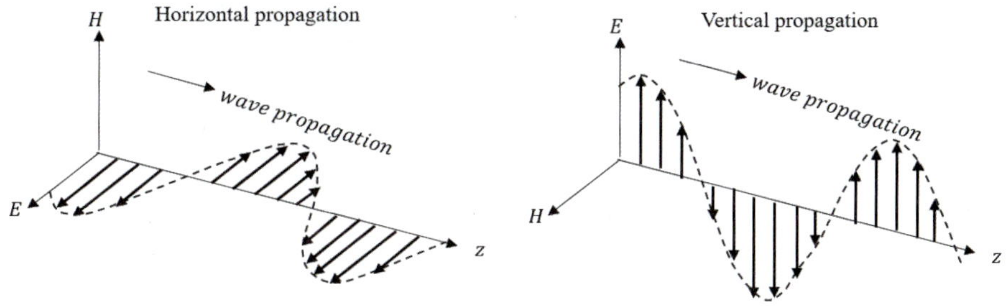

그림 6.26 수평편파와 수직편파

식 (6.113)에서 두 개의 선형편파가 크기는 같지만 동위상이 아니라 위상의 차이가 90°일 때는 전파의 방향이 시간에 따라 회전하게 되는데, 이를 원형편파(CP: Circular Polarization)라 한다. 원형편파는 위상차가 $\theta_{0y} - \theta_{0x} = +90°$ 일 경우 전기장의 회전방향은 반시계방향이 되며 이런한 편파를 좌회전 편파(LHCP: Left Hand Circular Polarization)라 한다. 위상차가 $\theta_{0y} - \theta_{0x} = -90^o$ 일 경우 전기장의 회전 방향은 시계 방향이 되며, 이러한 편파를 우회전 편파(RHCP: Right Hand Circular Polarization)이라 한다. 만약 원형편파에서 두 벡터의 크기가 차이가 날 경우 타원형 궤적을 그리게 되는데 이러한 편파를 타원편파라 부른다. 보통 두 개의 직교하는 선형편파 안테나의 입력 신호에 90° 위상차를 주는 회로(90° 하이브리드)를 추가하여 원형편파 안테나를 만들게 된다. 원형편파를 사용하는 대표적인 통신기술로는 인공위성이 있다. 인공위성의 경우 전리층을 통과할 때 왜곡이 적은 원형편파를 사용하는 것이 일반적이다.

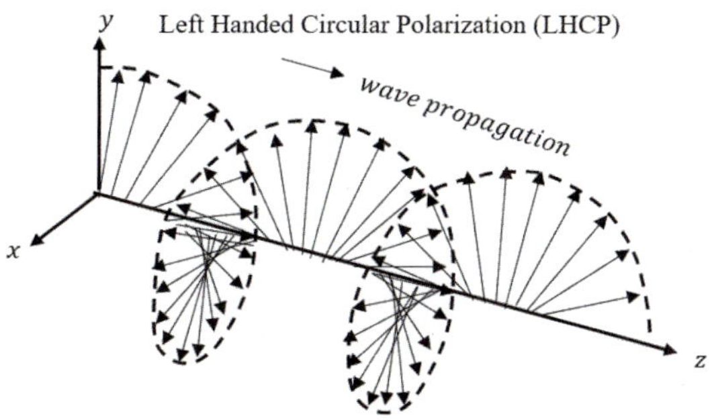

그림 6.27 원형편파

예제 6-23

이동통신, 지상파 TV 방송, 위성 방송에서 사용되는 전파의 편파에 대해 조사하고, 각각의 경우 다른 전파를 사용하는 이유는 무엇인가?

6.6 전파의 생성과 전송

시간에 따라 변하는 교류 전압이 두 개의 도체 사이에 걸리거나 선로에 교류 전류가 흐르게 되면 Maxwell 방정식에 의해 전자기파가 방사(radiate)하게 되는데, 이러한 도체 구조를 안테나(Antenna)라 한다. 안테나의 다양한 형태를 가지고 있는데 안테나의 형태에 따라 전파가 방사하는 방향뿐만 아니라 얼마나 많은 전력이 방사되는지가 결정된다. 안테나는 송신 안테나와 수신 안테나로 분류할 수 있는데 그 형태는 동일하다. 안테나에 교류(특히 고주파) 신호가 입력되어 공기 중으로 방사되는 경우를 송신 안테나라 하고, 반대로 공기 중의 전파가 안테나에 전압 또는 전류를 유도(induce)하면 수신 안테나라 한다[18]. 송신 안테나의 형태가 전파의 방사 방향과 크기를 결정짓는 것처럼 수신 안테나의 형태에 따라 어느 방향에서 전파가 더욱 선택적으로 유도되는지가 결정된다. 하나의 안테나는 송신 안테나로도 쓸 수 있고, 수신 안테나로도 쓸 수 있는데 이것을 안테나의 가역(reciprocity) 특성이라 한다[19].

시간에 따라 전류의 방향이 변화거나 전기장의 방향이 변화함에 따라 시간에 따라 변하는 전자기파가 발생한다.【그림 6.28】에서 시간에 따라 두 전극 사이에 시변 전기장이 변하는 경우는 캐패시터 주변에서 일어나는 현상은 다음과 같다.

① 두 개의 전극 주변의 공간에는 Maxwell의 변위 전류에 의하여 회전하는 자기장이 발생($\nabla \times \overrightarrow{H} = \partial \overrightarrow{D} / \partial t$)한다.

② 교류 전원이 반주기 지나면 캐패시터의 극성이 반대가 되므로 변위 전류의 방향이 반대가 된다. 이때 자기장의 변화에 따른 반작용으로 Faraday 법칙에 의하여 회전하는 전기장이 발생($\nabla \times \overrightarrow{E} = -\partial \overrightarrow{B} / \partial t$)한다.

18) 안테나의 효율과 지향성은 송수신 안테나에 따라 차이가 없이 동일하다. 다시 말해 동일한 안테나가 송신 안테나와 수신 안테나 모두에 사용될 수 있다.

19) 최초의 안테나는 헤인리치 헤르츠(Heinrich Hertz)가 1886년에 설계하여 전자파의 존재를 예측하는 데 사용하였다. 그가 설계한 안테나는 신호를 송신하기 위해서 다이폴 안테나(dipole antenna)를, 신호를 수신하기 위하여 루프(Loop) 안테나를 각각 설계하였다. 그 이후로, 안테나 기술은 발전을 거듭하여 무수히 많은 종류의 안테나가 개발되었다.

③ 회전하는 전기장의 변화에 따라 다시 Maxwell의 변위 전류의 개념에 의하여 회전하는 자기장이 발생($\nabla \times \overrightarrow{H} = \partial \overrightarrow{D} / \partial t$)한다.

④ 이러한 과정은 지속적으로 반복되면서 과거의 변화는 파장 단위만큼 공기 중으로 밀려가게 된다.

이와 같이 시간에 따라 변화하는 전기장의 변화(또는 전류의 변화)에 의하여 전자기파는 자유공간으로 방사될 수 있는데, 이 전자기파를 보다 효과적으로 만들어 낼 수 있는 장치가 바로 안테나이다.

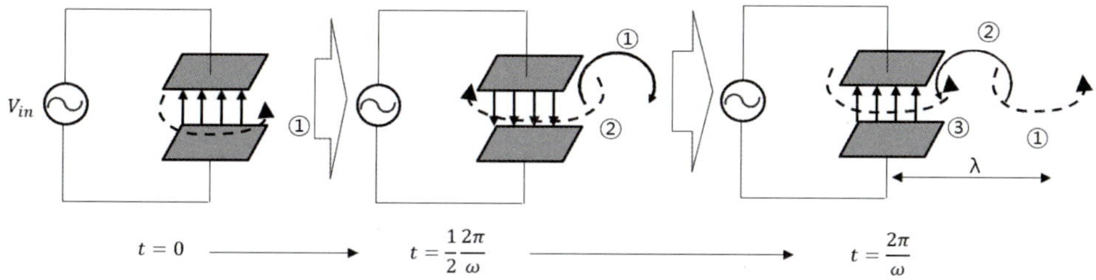

그림 6.28 안테나의 구동 원리

이러한 안테나를 만드는 가장 간단한 방법은 교류 전원을 연결하는 두 개의 선로의 끝 단을 개방하여 개방부하(open load)로 만드는 것이다. 교류 전원에서 발생한 전자기파는 선로를 따라 진행하다가 끝단에서 전기장은 최대가 되고, 자기장은 최소가 된다. 이러한 전기장과 자기장은 각각 전압과 전류파형으로 해석할 수 있으며 개방된 전송 선로에 형성되는 전압 및 전류의 파형은【그림 6.29】와 같다. 전송 선로 종단에서는 자기장은 언제나 영인 반면에, 전기장은 최대가 된다. 이제 교류 전원이 주기에 따라 진동한다면 전압(또는 전기장)은 교류 전원의 주파수에 따라 전기장이 최댓값과 최솟값을 번갈아 가지게 되므로【그림 6.28】의 원리에 의해 파동이 공기 중으로 퍼지게 된다. 처음에는 구형파 모양으로 퍼져 나가지만 먼거리에서는 위상이 평면인 평면파 형태가 되어 앞에서 유도한 파동 방정식으로 전자기파동을 해석할 수 있다.

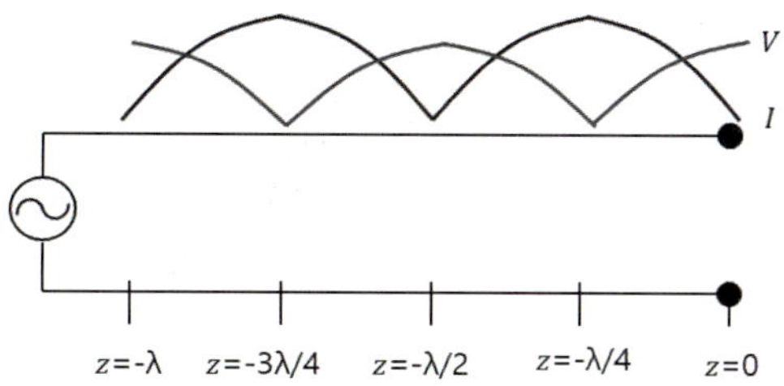

그림 6.29 개방된 전송 선로에서의 전압과 전류의 분포

이러한 개방된 종단 선로를【그림 6.30】과 같이 양쪽으로 $\lambda/4$만큼 수직으로 꺾게 되면 반파장 다이폴 안테나가 된다. 다이폴 안테나는 안테나 중에서 가장 기본이 되는 안테나로 선로의 양쪽에서 전압의 극성이 반대이므로 다이폴이라고 부른다.

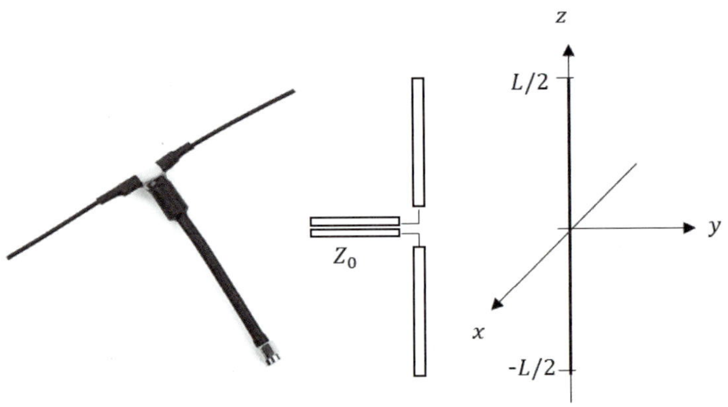

그림 6.30 Dipole 안테나

다이폴 안테나의 길이가 반파장인 이유는 반파장인 경우 안테나의 공진 특성을 이용하여 전류 분포가 동일한 방향을 갖고 안테나 중심에서 최대가 되도록 하면 안테나에 수직한 방향으로 (【그림 6.31】의 z=0인 평면) 전파의 방사가 최대가 되기 때문이다. 만약【그림 6.31】과 같이 안테나의 길이가 반파장보다 커서 λ가 된다면, 안테나 상에서 전류 분포가 일정하지 않아 안테나 방사 패턴이 불규칙하게 변하게 된다. 또한 안테나 크기도 반파장 안테나에 비해 2배 커지게 된다. 따라서 안테나를 설계할 때는 $\lambda/2$나 $\lambda/4$ 기준으로 설계하는 것이 일반적이다. 대신 안테나가 만드는 전파의 방사 특성을 특정한 방향으로 변화시키고 싶을 때는 복수 개의 안테나를 배열하는 배열 안테나(array antenna)로 사용하는 것이 일반적이다[20].

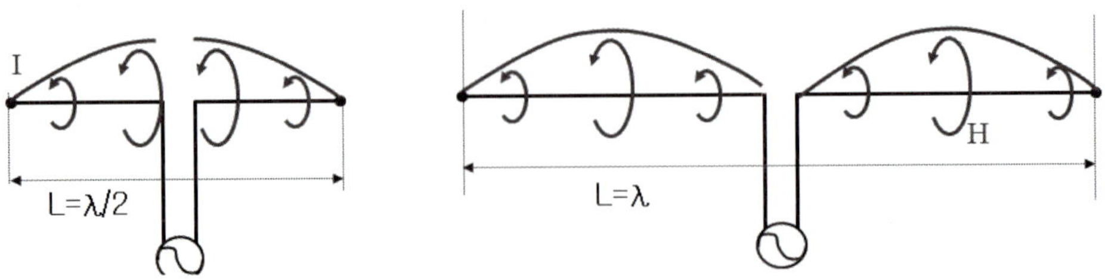

그림 6.31 다이폴 안테나가 반파장인 이유

20) 배열 안테나의 대표적인 예로는 건물 옥상이나 전봇대에 설치되는 이동통신 기지국 안테나가 있다. 기지국 안테나는 사용자가 보통 지면에 있으므로 아래 방향으로 빔이 향하는 방사 패턴을 필요로 하므로 다이폴 안테나를 배열시켜 사용한다.

6.6.1 전송 선로와 전송 선로 방정식

앞에서 교류 전원과 안테나를 학습할 때 교류 전원과 안테나를 연결한 선로의 개념을 사용하였다. 이러한 선로는 전기선이나 통신선과 같이 에너지와 신호를 전자기 파동의 형태로 전송하기 위해 사용되므로 전송 선로(transmission line)라 부른다. 대표적인 전송 선로는【그림 6.32】와 같은 형태를 갖으며 각각의 선로를 간단히 설명하면 아래와 같다.

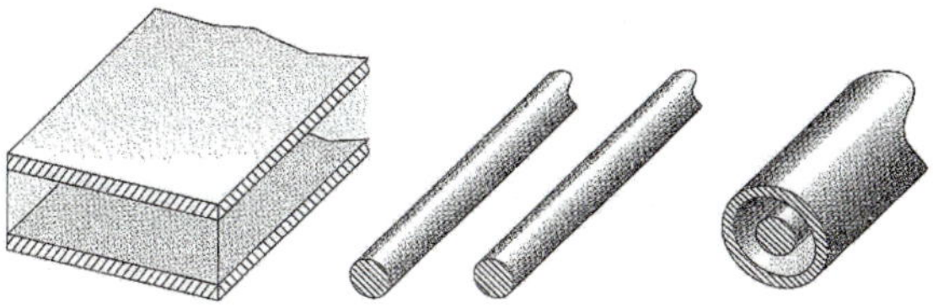

그림 6.32 전송 선로의 대표적인 형태

(a) 평행판 전송 선로(parallel plate line) : 균일한 두께의 유전체 물질에 의해 분리된 두 개의 평행 도체판으로 구성된다. PCB (Printed Circuit Board) 기판에서 주로 구현되며, 윗면이 공기 중으로 개방되어 있는 경우 마이크로스트립 (microstrip) 선로라고 부른다.

(b) 2선 전송 선로(two–wire line) : 일정한 거리로 이격된 한 쌍의 도선으로 이루어져 있다. 옥내 배선용 전력선, TV 안테나선, 전화선 등에 주로 사용되고 있다. 우리 주변에서 볼 수 있는 USB의 신호선도 2선 전송 선로의 예이다.

(c) 동축 전송 선로(coaxial line) : 선로의 중심부에 내부 도체가 형성되고, 선로의 바깥쪽에 외부 도체가 감싸고 있는 형태이다. 두 종류의 도체 사이에는 유전체 물질이 있어 두 도체를 절연시키게 된다. 동축 선로는 차폐 효과 특성이 우수하여 TV와 셋톱박스의 연결선, Cable TV 전송선 등에 주로 사용된다.

동축 선로에서 동적 전자기파가 전달되는 과정은 다음과 같다. 동축 선로의 한쪽 끝에 교류 전원을 연결하게 되면 교류 전원에서 발생하는 전하의 변화에 따라 전기장과 자기장이 시간에 따라 변하게 된다. 4장에서 학습한 바와 같이 전기장은 $\vec{a}_\rho$ 방향으로, 자기장은 $\vec{a}_\phi$ 방향이 된다. 주파수가 높은 경우 이러한 전기장과 자기장은 동축 선로의 내부 도체와 외부 도체 사이의 공간에서만 존재하는 유전체 물질 내부에만 형성된다. 이러한 유전체 내부에서 전기장과 자기장의 변화가 상호작용을 하며 선로의 축 방향인 $\vec{a}_z$ 방향으로 신호 또는 에너지가 전달된다[21].

21) DC인 경우를 제외하고 모든 전송 선로에서 신호나 에너지의 전송은 도체를 통해서 전하가 움직여서 이루어지는 것이 아니라 교류 전원에서의 전하의 움직임에 의한 전자기장의 변화가 도체 사이의 공간을 통해 빛의 속도로(실제 비유전율에 의해 빛의 속도보다는 작음) 전달되는 것이다.

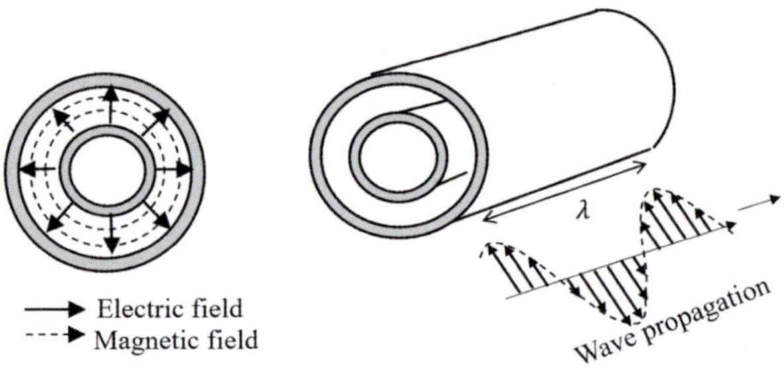

그림 6.33 동축 선로에서 전기장과 자기장

하지만 이와 같이 전송 선로에서 전기장과 자기장을 바로 해석하기는 어려우므로 회로 이론과 전자기학을 결합한 전송 선로 방정식(transmission line theory)으로 해석하며, 이 과정은 다음과 같다. 먼저, 전송 선로를 주파수가 높은 경우 길이에 따라 위상이 변하므로 위상의 변화가 없는 미소 길이 Δz로 나눈다. 이제 미소 길이 Δz를 기준으로【그림 6.34】와 같이 각각의 미소 길이 당 4가지 회로 성분으로 모델링한다. 4가지 성분은 선로를 구성하는 도체가 고주파 저항(R)과 인덕턴스(L) 성분을 가지며, 도체 사이에는 유전율에 의한 캐패시턴스(C)와 매우 작은 유전체 손실에 의한 컨덕턴스(G)를 갖는 것을 이용한다. 여기서 유천체 손실에 의해 발생되는 컨덕턴스(G)는 무시하는 것이 보통이다.

- R : 단위 길이 당 저항(2선의 성분 합산) [Ω/m]
- L : 단위 길이 당 인덕턴스(2선의 성분 합산) [H/m]
- G : 단위 길이 당 컨덕턴스 [S/m]
- C : 단위 길이 당 캐패시턴스 [F/m]

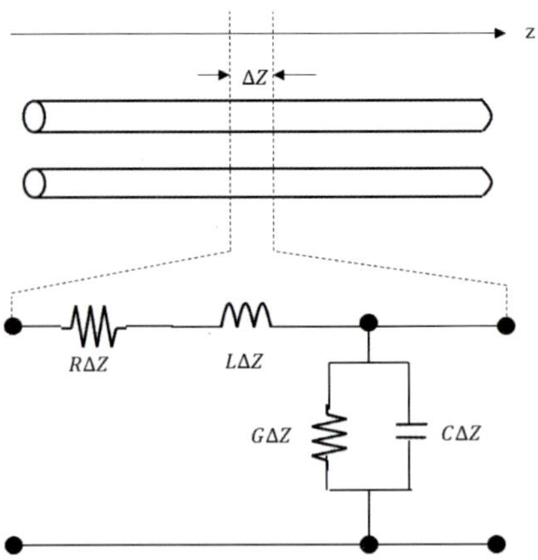

그림 6.34 전송 선로의 등가회로 모델

【표 6.3】에 대표적인 3가지 전송 선로의 R, L, G, C의 계산식이 주어져 있다. 이 중에서 도체에서의 도전율은 매우 큰 값이라 이를 무한대라 하면 R은 0이 된다. 또한 유전체에 손실이 없다면, 즉 유전체 손실이 0이 되면 G도 0이 된다. 이러한 선로를 무손실 선로(lossless line)라고 한다. 무손실 선로의 경우 선로의 형태와 도체 사이를 채우고 있는 유전체의 유전율이 선로의 특성을 결정한다[22). 【표 6.3】에 단위 길이당 인덕턴스와 캐패시턴스의 곱은 선로에 상관없이 유전율과 투자율의 곱과 같음을 알 수 있다.

표 6.3 전송 선로의 종류에 따른 R, L, G, C 값

Parameter	parallel plate	two-wire line	coaxial line	Unit
R	$\frac{2}{w\delta\sigma_c}$	$\frac{1}{\pi a\delta\sigma_c}$	$\frac{1}{2\pi\delta\sigma_c}(\frac{1}{a}+\frac{1}{b})$	Ω/m
L	$\mu\frac{d}{w}$	$\frac{\mu}{\pi}cosh^{-1}(D/2a)$	$\frac{\mu}{2\pi}ln(b/a)$	H/m
G	$\sigma\frac{w}{d}$	$\frac{\pi\sigma}{\cosh^{-1}(D/2a)}$	$\frac{2\pi\sigma}{\ln(b/a)}$	S/m
C	$\epsilon\frac{w}{d}$	$\frac{\pi\epsilon}{\cosh^{-1}(D/2a)}$	$\frac{2\pi\epsilon}{\ln(b/a)}$	F/m

* If $D \gg 2a$, $\cosh^{-1}(D/2a) \simeq \ln(D/2a)$

$$LC = \mu\epsilon \tag{6.114}$$

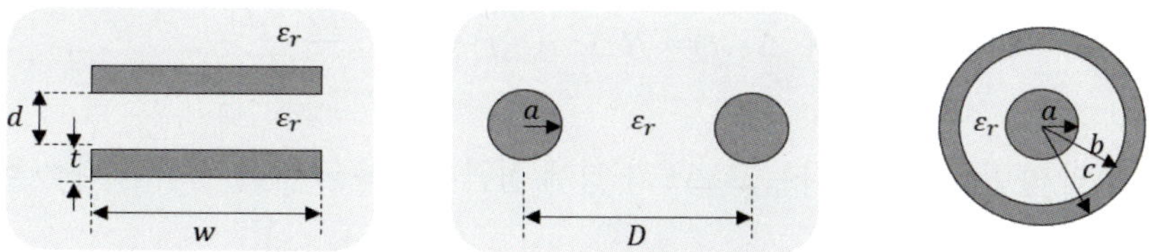

그림 6.35 전송 선로의 R, L, G, C 값을 구하기 위한 파라미터

예제 6-23

전송 선로 중 동축 선로의 경우 이전 학습에서 R, L, G, C를 계산한 바 있다. 각각의 계산식을 찾아 【표 6.3】과 비교하여 맞는지 확인하시오.

22) 통신용 전송 선로와 다르게 송전선과 같은 전력선에서는 도체 손실이 중요한 파라미터라서 무시하지 못한다. 따라서 도체 손실에 의한 저항 R을 줄이기 위해 고압 송전 방법을 사용하는 것이 일반적이다.

예제 6-24

평행판 전송 선로의 등가 L, C 값이 5×10^{-6}H/m, 2×10^{-10}F/m로 각각 계산되었다. 유전체의 비투자율(μ_r)이 1.00이라고 하자. 이때 유전체의 비유전율(ϵ_r)은 얼마인가?

| 풀이 | $\epsilon_r = \dfrac{LC}{\mu_0\epsilon_0} = 90$

예제 6-25

무한히 긴 동축 선로가 있다. 내부 도체의 반경은 1mm, 내부 도체와 외부 도체 사이의 간격은 9mm, 유전체의 특성은 $\epsilon_r = 2.0$, $\mu_r = 1.00$이라고 하자. 이때 동축 선로의 단위 길이 당 캐패시턴스 값을 구하라.

| 풀이 | $C = \dfrac{2\pi\epsilon}{\ln(b/a)} = \dfrac{2\pi \times 2 \times (8.854 \times 10^{-12})}{\ln(10)} = 4.8 \times 10^{-11}\ [F/m]$

이러한 전송 선로를 해석하기 위해서 복잡한 전자기 이론을 사용하는 것은 매우 어렵다. 만약 전송 선로에서 전기장과 자기장이 서로 직교하고, 전파의 진행 방향이 전기장과 자기장이 이루는 평면에 수직이라면 전기장과 자기장은 각각 전압 V와 전류 I에 유일하게 관련되어 있어 회로 이론을 적용할 수 있다[23]. 이 경우【그림 6.34】에 Kirchhoff 법칙을 적용하면 식 (6.115)와 같다.

$$v(z,t) - v(z+\Delta z,t) = R\Delta z\, i(z,t) + L\Delta z \frac{\partial i(z,t)}{\partial t} \tag{6.115}$$

이다. 식 (6.115)의 양변을 Δz로 나누고 Δz가 영에 접근하도록 극한을 취하면 다음 식을 얻는다.

$$-\frac{\partial v(z,t)}{\partial z} = Ri(z,t) + L\frac{\partial i(z,t)}{\partial t} \tag{6.116}$$

마찬가지로 KCL을 적용하고, 유사하게 극한을 취하면 식 (6.117)을 얻는다.

$$-\frac{\partial i(z,t)}{\partial z} = Gv(z,t) + C\frac{\partial v(z,t)}{\partial t} \tag{6.117}$$

23) 이러한 전파를 TEM (Transverse Electro−Magnetic) 전파라 부르며, 대부분의 2선 전송 선로가 이에 해당한다. TEM 선로가 아닌 전송 선로는 도파관(waveguide)과 광섬유(optical fibre)가 있다.

이제 식 (6.116)과 식 (6.117)을 결합(미분을 취함)하고 시간 미분을 페이저로 해석하여 간략화하면, 식 (6.118)과 같다.

$$\frac{d^2 V(z)}{dz^2} = \gamma^2 V(z), \quad \frac{d^2 I(z)}{dz^2} = \gamma^2 I(z) \tag{6.118}$$

여기서 γ는 전파 상수(propagation constant)로 α와 β로 구성된다. α는 실수부로서 신호의 감쇠와 관련되므로 감쇠 상수(attenuation constant)가 되고, β는 허수부로서 신호의 위상 변화와 관계되므로 위상 상수(phase constant)가 된다[24].

$$\gamma = \alpha + j\beta = \sqrt[2]{(R + j\omega L)(G + j\omega C)} \tag{6.119}$$

이제 전송 선로에서의 식 (6.119)의 해는 다음과 같다.

$$V(z) = V_0^+ e^{-\gamma z} + V_0^- e^{+\gamma z} \tag{6.120}$$

여기서 V_0^+와 V_0^-는 각각 $z=0$에서 $+z$ 방향과 $-z$ 방향으로 진행하는 전압 파동의 크기를 나타낸다. 페이저를 시간과 공간 함수로 다시 표현하면 전송 선로에서 전압 파동에 대한 파동 방정식은 식 (7.8)과 같다.

$$V(z) = V_0^+ e^{-\alpha z} \cos(\omega t - \beta z) + V_0^- e^{+\alpha z} \cos(\omega t + \beta z) \tag{6.121}$$

마찬가지로 전송 선로에서 전류 파동의 해는 식 (6.122) 및 식 (6.123)과 같다.

$$I(z) = I_0^+ e^{-\gamma z} + I_0^- e^{+\gamma z} \tag{6.121}$$

$$I(z) = I_0^+ e^{-\alpha z} \cos(\omega t - \beta z) + I_0^- e^{+\alpha z} \cos(\omega t + \beta z) \tag{6.122}$$

식 (6.119)와 같이 전송 선로에서 전파의 진행 특성을 결정하는 것은 전파 상수이며, 전파 상수는 선로의 구조에 따른 R, L, G, C 값에 의해 주어진다.

24) 자유 공간의 파동 방정식에서 손실이 있는 유전체에서의 전파 상수와 동일한 개념이 된다.

이제 전송 선로에 흐르는 전압파형과 전류파형 중 양의 방향으로 진행하는 전압과 전류의 비를 특성 임피던스 Z_0라 한다[25].

$$Z_0 = \frac{V_0^+}{I_0^+} \tag{6.123}$$

식 (6.123)을 계산하기 위하여 식 (6.115)를 다음과 같이 표현하자.

$$\frac{\partial}{\partial z}\left(V_0^+ e^{-\gamma z} + V_0^- e^{+\gamma z}\right) = -(R + jwL)\left(I_0^+ e^{-\gamma z} + I_0^- e^{+\gamma z}\right) \tag{6.124}$$

식 (6.124)의 좌변을 미분하면 식 (6.125)가 된다.

$$-\gamma V_0^+ e^{-\gamma z} + \gamma V_0^- e^{+\gamma z} = -(R + jwL)\left(I_0^+ e^{-\gamma z} + I_0^- e^{+\gamma z}\right) \tag{6.125}$$

식 (6.125)로 부터 식 (6.126)을 구하면 특성 임피던스는 다음과 같이 주어진다.

$$Z_0 = \frac{R + j\omega L}{\gamma} = \frac{\gamma}{G + j\omega C} = \sqrt{\frac{R + j\omega L}{G + j\omega C}} \tag{6.126}$$

이제 음의 방향으로 진행하는 전파의 특성 임피던스는 다음과 같이 주어진다.

$$Z_0 = \frac{-V_0^-}{I_0^-} \tag{6.127}$$

식 (6.126)과 식 (6.127)을 이용하여 전압과 전류에 대한 전송 선로 방정식은 다음과 같이 주어지게 된다.

$$V(z) = V_0^+ e^{-\gamma z} + V_0^- e^{+\gamma z} \tag{6.128a}$$

$$I(z) = \frac{V_0^+}{Z_0} e^{-\gamma z} - \frac{V_0^-}{Z_0} e^{+\gamma z} \tag{6.128b}$$

25) 일반적으로 고주파 신호에서 사용하는 전송 선로의 특성 임피던스는 50 Ω이다. 이는 실제 선로의 제작 비용 및 신호 전달 특성을 고려하여 표준화하여 만든 값이다.

전송 선로의 특성 임피던스(Z_0)는 선로의 길이에 무관하며 선로의 특성 (R, L, G, C)에 의해 결정된다. 또한 전송 선로는 넓은 주파수 범위에서 동일한 임피던스를 갖는 것이 바람직하므로 전송 선로의 특성 임피던스는 허수부가 없는 실수로만 구성되는 것이 바람직하다[26]. 이렇게 특성 임피던스가 실수로만 구성된 경우 특성 임피던스는 식 (6.129)과 같이 주어진다.

$$Z_0 = \sqrt{\frac{L}{C}} \tag{6.129}$$

또한, 식 (6.129)로부터 무손실 선로에서의 파장 및 위상 속도는 다음과 같다.

$$\lambda = \frac{2\pi}{\beta} = \frac{2\pi}{\omega\sqrt{LC}} \tag{6.130}$$

$$u_p = \frac{\omega}{\beta} = \frac{1}{\sqrt{LC}} \tag{6.131}$$

결론적으로 전송 선로 이론은 자유 공간의 파동 방정식과 동일하며, 자유 공간에서는 자유 공간의 유전율과 투자율로 특성 임피던스가 결정되는 반면, 전송 선로에서는 선로의 캐패시턴스와 인덕턴스로 결정되는 차이가 있을 뿐이다. 참고로 손실이 없는 전송 선로를 만들기 위해서는 구리와 같이 도전율이 높은 금속과 테플론이나 폴리에틸렌과 같이 유전체 손실이 없는 좋은 유전체로 만들어져야 한다. 예를 들어 PCB는 유전체 손실이 없는 에폭시와 같은 유전체 기판 위에 교류 저항이 작은 얇은 구리 도체를 이용한다. 참고로 도체에 금도금을 한 PCB를 볼 수 있는데 그 이유는 도전율보다는 부식 방지의 목적이 크다.

예제 6-26

R=0, G=0인 무손실(lossless) 특성을 갖는 동축 선로가 있다. 동축 선로의 내부 도체의 반경은 1mm, 내부 도체와 외부 도체 사이의 간격은 9mm, 유전체의 특성은 $\varepsilon_r = 2.0$라고 하자. 사용된 절연체의 비투자율은 1.0, 비유전율은 4.0이다. 이 동축 선로의 특성 임피던스는 얼마인가?

| 풀이 | $Z_0 = \sqrt{\frac{L}{C}} = \sqrt{4700} = 69$

---

26) 특성 임피던스는 파동에서만 존재하는 개념이다. 파동이 선로에 존재하는 경우는 전송 선로가 길거나, 짧은 전송 선로라도 신호의 주파수가 높은 경우이다. 거의 대부분의 전송 선로는 손실이 0에 가깝기 때문에 무한히 L과 C가 연결되어 있는 모델로 볼 수 있다.

예제 6-27

어떤 전송 선로의 특성이 R=50[Ω], L=2[H/m], G=1[S/m], C=0[F/m]라고 하자. 이 전송 선로의 특성 임피던스는 주파수 $\omega=100\pi$에서 얼마가 되는가?

| 풀이 | $Z_0 = \sqrt{\frac{R+j\omega L}{G+j\omega C}} = \sqrt{\frac{50+j(200\pi)}{1+j0}} = \sqrt{50+628j}$

예제 6-28

공기로 채워진 선로가 100MHz에서 특성 임피던스가 70[Ω]이고, 위상 상수가 3[rad/m]이다. 선로의 단위 길이 당 인덕턴스와 캐패시턴스를 구하라.

| 풀이 | 특성임피던스와 위상상수의 식으로부터 L과 C를 구할 수 있다.
C = 68.2[pF/m, L] = 334.2[nH/m]

6.7 결론

앞에서 살펴본 동적 전자기장, 즉 전파는 주파수와 파장에 따라 0.1[Hz]부터 10^{23}[Hz] (파장에서는 10^9 [m]부터 10^{-15} [m]의 범위)까지 log 스케일로 그리면 그 관계는【그림 6.35】와 같다. 이렇게 전파를 주파수에 따라 표시한 그림을 보통 주파수 스펙트럼(spectrum)이라 부른다. 일반적으로 300 GHz 이하의 주파수에서는 전파를 주파수의 함수로 나타내는 것이 편리하고, 300 GHz 이상의 주파수 또는 파장이 1mm 이하인 주파수 대역에서는 파장에 의해 표현하는 게 편리하다.

전파는 자유 공간에서 주파수가 높아질수록 빛을 닮아가기 때문에 직진성이 강해지고, 주파수가 낮아질수록 회절성이 강해진다. 따라서 지구 반대편에 대한 무선통신, 복잡한 지형에서의 무선통신 등에는 낮은 주파수의 전파를 이용하는 것이 좋다. 반면에 주파수가 높아질수록 변조를 통해 전송할 수 있는 신호 (대역폭)가 더 증가한다. 예를 들어 1MHz의 주파수를 이용한 통신보다 1GHz의 주파수를 이용한 통신에서 단위 시간당 주고받을 수 있는 데이터의 양이 훨씬 더 많다[27]. 주파수가 1~60GHz인 영역 (SHF, EHF)의 경우 주파수가 높으므로 단위 시간당 많은 데이터를 송수신할 수 있어 통신 시스템에서 매우 중요한 주파수 대역이다. 특별히 1GHz에서 30GHz까지는 마이

27) 스마트폰이 등장한 3G 이동통신 (2 GHz)의 경우 2G 이동통신 (0.8 GHz)에 비해 단위 시간당 송수신할 수 있는 데이터의 양이 많다는 장점이 있으나, 전파의 직진성이 강하므로 지하실이나 복잡한 지형에서 통신이 불리하다는 단점이 있다.

크로파 대역[28]이라고 부르는데 통신이나 레이다에서 가장 많이 쓰는 주파수 대역이다. 30GHz 이상인 K, Ka, U 밴드 등의 주파수 영역에서는 주파수가 높으므로 단위 시간당 송수신할 수 있는 데이터의 양이 많으며, 전파의 직진성이 매우 강하므로 송수신 안테나가 서로 마주보는 조건(Line-of-Sight)에서 주로 통신이 이루어진다. 이 주파수 대역은 주로 위성-지상 기지국 간의 통신, 기지국 간의 통신 중계 등에 주로 활용된다. 최근에는 직진성 문제에도 불구하고 5G 이동통신 등에 사용되고 있다.

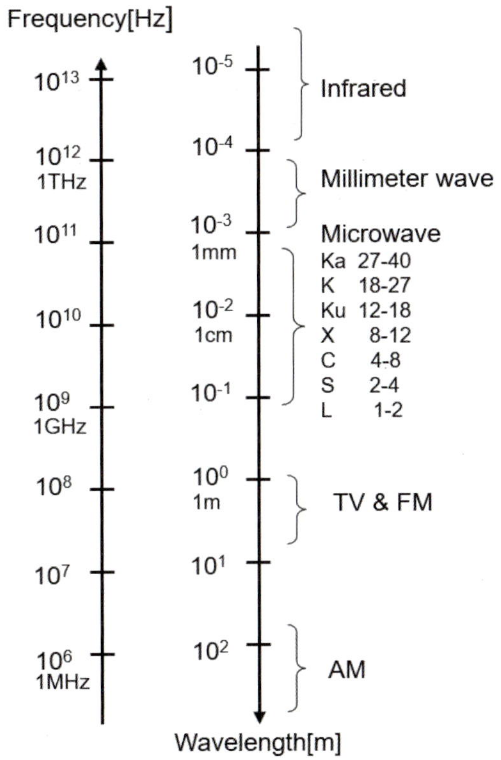

그림 6.36 전파 스펙트럼(Electromagnetic wave Spectrum)

한편 전자기파의 주파수가 405THz에서 790THz 영역의 전자기파는 사람의 눈에 보이게 된다. 인간의 눈은 이동통신 대역의 주파수(2GHz, 파장 15cm)는 볼 수 없으나, 주파수가 더 높아져서 파장이 0.38~0.74μm까지 작아지면 눈으로 볼 수 있게 되는데 이를 가시광선 영역이라고 한다. 파장 0.74μm(405THz)의 전자기파는 빨간색으로 인식되고, 파장 0.38[μm](790THz)의 전자기파는 보라색으로 인식된다. 전자기파의 파장이 0.74μm 보다 길어지면 더 이상 눈에 보이지 않게 되며, 이 영역을 적외선(IR, infra red) 영역이라 부른다. 적외선은 에너지가 낮아 인체에 무해하다. 적외선

28) 마이크로파 대역은 파장 단위로 보면 cm파가 되어야 하지만 오랫동안 마이크로파(초고주파)라는 명칭으로 불리고 있다.

은 가정용 리모콘, 인체 감지 센서 등으로 주로 활용된다. 전자기파의 파장이 0.38μm 보다 더 짧아지면 (f > 790THz) 더 이상 사람의 눈으로 볼 수 없으며 이를 자외선(UV, ultra violet)이라 한다. 자외선은 가시광선 보다 에너지가 더 높으므로 인체에 해로울 수 있다. 주파수가 UV 영역을 지나서 10^{18}(Exa Hz) 영역으로 더 높아지면 X-ray 영역이 된다. 이 영역의 전자기파는 에너지가 매우 높으며 인체를 관통하는 성질이 있다. 주파수 10^{18}(Exa Hz) 영역에서의 파장은 옹스트롬 크기가 되는데 인체 조직을 이루는 원자 간 거리에 비해 전자기파의 파장이 더 짧기 때문에 인체 조직을 관통한다.

이러한 주파수는 유한한 자원이므로 각국에서는 주파수별로 사용 용도를 지정하여 배타적으로 사용하도록 규정한다. 때로는 사용 용도를 지원하지 않는 예외적인 경우도 있는데 대표적으로 ISM(Industrial, Scientific and Medical) 대역이 있다. ISM 대역으로는 6.8/13.56 MHz, 2.4/5.8 GHz, 24/60/122/244 GHz 대역 등이 있다. 이 중 2.4/5.8 GHz 주파수 대역은 허가 신고 없이 사용할 수 있는 대역이나 무선 LAN, 마이크로웨이브 오븐 등 다양한 기기들이 사용하고 있으므로 간섭 성분이 많은 단점이 있다.

예제 6-29

전 세계적으로 ISM 대역으로 할당된 주파수를 확인하고 ISM 대역으로 지정된 이유와 ISM 대역의 주파수별 특징을 살펴보자.

또한 주파수 대역은 면허 대역(Licensed band)과 비면허 대역(Unlicensed band)이 있으며, 면허 대역은 주파수 경매 등의 과정을 거쳐 통신 사업자가 취득하여 특정 기간 동안 배타적으로 사용할 수 있는 대역을 의미한다. 이동통신 주파수 대역이 대표적인 면허 대역이다. 비면허 대역은 별도의 면허가 필요없는 주파수 대역으로 전파 인증만 받게 되면 자유롭게 사용할 수 있으며 무선 LAN 주파수 대역이 대표적인 비면허 대역이다. 주파수별로 주요 서비스를 살펴보면 다음과 같다[29]. 또한, 기술이 발전하고 수요가 변하면서 주파수 할당도 바뀌게 되는데 예를 들어 3.5GHz 대역은 예전에 고정 통신으로 사용되었으나, 현재는 5G 이동통신용으로 할당되었다.

29) 아래의 예는 각 주파수별 대표적인 서비스의 사례를 보여주며, 나라마다 주파수 정책이 다르므로 차이가 있다.

표 6.4 주파수 할당 사례

1. 100MHz 이하 : CB(Citezen's Band) 라디오, 페이저, 아날로그 코드리스 전화
2. 100－800MHz : 방송용(radio & TV)
3. 400－500MHz : 셀룰라 이동통신, TRS(Trunking radio system)
4. 800－1,000MHz : 셀룰라 이동통신(아날로그 & 디지틀), RFID/USN
5. 1.8－1.9GHz : 셀룰라 이동통신, 3세대 이동통신, 코드리스 전화기
6. 2.4－2.5GHz : ISM 대역, 코드리스 전화기, 무선 LAN, 무선 PAN
7. 3.3－3.8GHz : 고정 통신
8. 4.8－5.8GHz : 무선 LAN
9. 11－15GHz : 위성 TV(uplink : 14.0－14.5GHz, downlink : 11.7－12.2GHz)
10. 76－81GHz : 차량 충돌 방지 레이다

이번엔 전자파의 전력 특성에 대해 알아보자. 전파는 자유 공간에서 거리의 제곱에 반비례하여 크기가 작아진다. 따라서 무선통신의 경우 송신기와 수신기 사이가 멀어질수록 수신 신호의 크기가 급격히 작아진다. 레이다의 경우에는 송수신기와 목표물 사이를 전파가 왕복해야 하므로 크기는 거리의 4제곱에 반비례하게 된다. 따라서 송신신호의 출력 전력과 수신 신호의 입사 전력은 차이가 매우 크다. 【그림 6.37】은 Log 스케일로 표시된 전파의 전력을 주요 응용사례 별로 보여주고 있다.

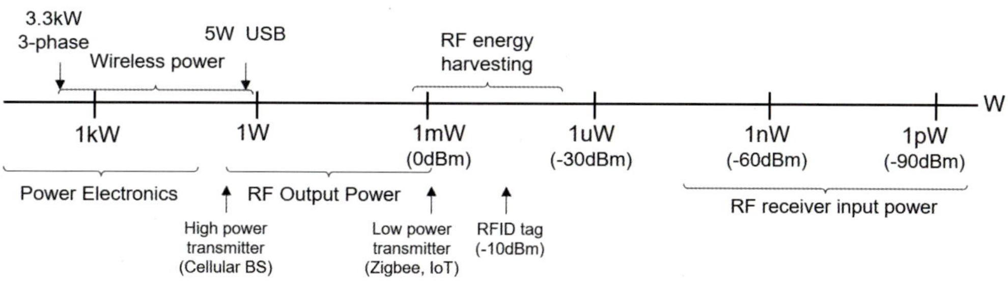

그림 6.37 Log 스케일의 전력 및 주요 응용

【그림 6.37】에서 보는 바와 같이 우리가 무선통신에서 사용하는 전력은 가전기기에서 사용되는 전력에 비해 상대적으로 낮기는 하지만 수신기의 경우보다 10^{12}배 이상으로 크다. 전력이 큰 송신기는 전자회로를 구성할 때 RF 회로의 특성이나 전력 소자의 비선형 특성 등에 의해 신호의 일부가 인접대역이나 타 대역으로 누설될 수 있으며, 이러한 누설 전력은 인접 대역 수신기에 나쁜 영향을 줄 수 있다. 따라서 송신기의 주파수와 출력에 대한 철저한 관리가 필요하다.

이러한 무선통신과 레이다에 사용되는 주파수와 전력은 국가의 관리가 필요하다. 이에 우리나라에서는 1961년부터 과거 무선전신법을 확대하여 전파법을 공포하여 시행하고 있다. 또한 전파법

의 하위 법령으로 다양한 전파법 시행령, 전파법 시행규칙, 무선설비규칙, 관련 고시 등이 있다. 예를 들어 국내 전파 인증을 받지 않은 해외 제품은 국내에서 판매할 수 없는데 그 근거가 전파법 제58종의 2이며, 관련 법령은 '방송통신기자재 등의 적합성평가에 관한 고시(국립전파연구원고시 제2018-17호)이다[30]. 전파법이 적용된 하나의 예로【표 6.5】는 차량 충돌 방지용 레이다 중 전방에 있는 차량의 거리와 속도를 측정하는 레이다에 대해 국가가 정한 기술 기준을 보여준다. 기술 기준은 송신기에 대해서만 나와 있는데 수신기는 타 무선기기에 영향을 주지 않기 때문에 별도의 관리가 필요 없다. 기술 기준을 보면 송신기의 주파수 대역은 얼마인지, 송신기의 출력 전력은 얼마인지, 인접 대역이나 대역 외에 부수적인 전파가 발사될 경우 그 출력 전력이 어느 정도 기준을 넘으면 안 되는지 등을 규정하고 있는 것을 볼 수 있다.

표 6.5 차량 충돌 방지용 레이다의 기술 기준

▶ **차량 충돌 방지용 레이다(76-77GHz) 특정 소출력 무선기기의 기술 기준**

1. 주파수, 안테나 공급 전력 등
   - 안테나 공급 전력: 20mW 이하
   - 안테나 절대 이득을 포함한 총복사 전력: 평균 전력 50dBm 이하, 첨두 전력 55dBm 이하
2. 점유 주파수 대역폭: 1GHz
3. 주파수 허용 편차: 제2호의 점유 주파수 대역폭 이내일 것
5. 불요 발사
   - 대역외 영역: 1MHz 기준 대역폭에 0dBm(평균값) 이하
   - 스퓨리어스 영역: 1MHz 기준 대역폭에 −30dBm(평균값) 이하
6. 간섭 회피 기능을 갖출 것
7. 수신 또는 송신 대기 상태의 부차적 전파발사
   - 1GHz 미만: 100kHz 기준 대역폭에 −54dBm(평균값) 이하
   - 1GHz 이상: 1MHz 기준 대역폭에 −47dBm(평균값) 이하

예제 6-30

이동통신, Wi-Fi, Bluetooth 등의 무선통신 기술의 송신 전력은 얼마인가? 송신 전력이 클수록 통신 반경이 넓어짐을 보이시오.

참고로【표 6.6】에서 알 수 있듯이 전파는 전력의 단위인 Watt 이외에도 매우 큰 전력과 매우 작은 전력을 표기하기 위하여 로그(log) 단위로 표현하는 것을 알 수 있다. log 스케일로 전력을 표현할 경우 기준이 필요한데 1mW를 기준으로 할 경우를 0dBm이라 하고, 1W를 기준으로 할 경우 0dBW가 된다. 통신에서 전력은 수 W에서 수 pW까지의 값을 가지므로 보통 dBm을 많이 사용한다.

30) 해외에서 전파 인증을 이미 통과한 물건도 국내에 반입하려면 또 다시 전파 인증을 받아야 한다. 단, 구매자가 직접 사용하기 위해 해외에서 반입하는 기기 1대에 한해서는 전파 인증이 면제된다.

표 6.6 전파의 전력 표기 방법

▶ **Watt 단위와 dBm 단위**
무선 전력은 송수신 별로 값의 차이가 너무 크므로 [Watt] 표기보다 [dBm] 표기를 많이 사용한다.
[dBm] = 10×log[mW]로 계산된다.
ex) 10[mW] ==> 10[dBm],
20[mW] ==> 13[dBm], 50[mW] ==> 17[dBm]
ex) 1[mW] ==> 0[dBm]
ex) 0.1[mW] ==> −10[dBm]
ex) 0.01[mW] ==> −20[dBm]

▶ **휴대폰 단말기의 송신 전력레벨은 보통 5[dBm] 정도, 수신 가능한 전력 레벨은 −90[dBm] 정도이다.**

한편, 전파법에 의해 무선설비를 조작하거나 설치 공사를 하는 자를 무선국 종사자 또는 무선 종사자라 하는데 무선 종사자는 무선 종사자 자격을 갖추어야 한다. 예를 들어 해안국, 지구국, 선박국, 방송국, 항공기국 등을 운용하기 위해서는 무선 종사자를 배치해야 한다. 무선 종사자가 필수적으로 갖추어야 할 자격 중 대표적인 자격증이 무선 설비 기사이다. 무선 설비 기사 자격증을 취득하기 위해서는 4년제 졸업 및 예정자이거나 2년제 졸업 후 2년 경력이 필요하다. 무선 설비 기사가 되기 위해서는 필기과목으로 디지털 전자회로, 무선통신기기, 안테나 공학, 무선통신 시스템, 전자계산기 일반 및 무선설비 기준 등의 시험을 통과하여야 하며, 실기로 Smith 차트, 회로 설계, 회로 조립, 스펙트럼 분석기 등에 대한 지식이 필요하다.

예제 6-31

전파 관리 관련 공무원이나 전파 관련 공기업과 기관에 대해 알아보고 해당 기관에 취업을 목표로 하기 위해서는 어떤 준비를 해야 하는지 알아보자.

전자기학 학습을 이것으로 마무리하려고 한다. 실제 마지막에 논의하였던 전송 선로의 특성으로부터 전송 선로에서의 전자기파의 다양한 특성에 대한 학습과 전송 선로와 다양한 회로 소자를 연결할 때 발생하는 임피던스 정합 등에 대한 추가적인 학습이 필요하지만 이는 마이크로파 공학(혹은 초고주파 공학)에서 다루므로 본 교재에서는 제외하고자 한다 또한 안테나의 종류, 안테나의 특성, 안테나에 의한 무선통신 응용 등도 필요하나 이 또한 안테나 공학이나 무선통신 등에서 다루므로 본 교재에서는 빼도록 한다. 이제 학생들은 전자기학에 대한 이해를 통해 멀리 떨어진 곳으로 나의 목소리가 전파를 통해 실시간으로 전달되는 것을 이해할 수 있을 것이고, 전력선에서 전기 에너지가 전송 선로를 따라 빛의 속도로 전기 에너지가 전달되는 과정을 어느 정도 이해하였기를 기대하며, 이후에 학습될 RF 관련 교과목이나 통신 관련 교과목에서 이를 응용할 수 있기를 기대한다.

부록

A 수학 공식

부록 A 수학 공식

삼각함수 공식

$$\tan\theta = \frac{\sin\theta}{\cos\theta},\ \cot\theta = \frac{1}{\tan\theta} = \frac{\cos\theta}{\sin\theta}$$

$$\sec\theta = \frac{1}{\cos\theta},\ \mathrm{cosec}\,\theta = \csc\theta = \frac{1}{\sin\theta}$$

$$\sin^2\theta + \cos^2\theta = 1,\ 1 + \tan^2\theta = \sec^2\theta,\ 1 + \cot^2\theta = \mathrm{cosec}^2\theta$$

$$\cos A + \cos B = 2\cos\frac{A+B}{2}\cos\frac{A-B}{2},\ \cos A - \cos B = 2\cos\frac{A+B}{2}\sin\frac{A-B}{2}$$

$$\sin A + \sin B = 2\sin\frac{A+B}{2}\cos\frac{A-B}{2},\ \sin A - \sin B = -2\sin\frac{A+B}{2}\sin\frac{A-B}{2}$$

$$\cos(A+B) = \cos A\cos B - \sin A\sin B,\ \cos(A-B) = \cos A\cos B + \sin A\sin B,$$

$$\sin(A+B) = \sin A\cos B + \cos A\sin B,\ \sin(A-B) = \sin A\cos B - \cos A\sin B$$

$$\cos A\cos B = \frac{1}{2}[\cos(A+B) + \cos(A-B)]$$

$$\sin A\cos B = \frac{1}{2}[\sin(A+B) + \sin(A-B)]$$

$$\sin A\sin B = \frac{1}{2}[\cos(A-B) - \cos(A+B)]$$

복소수 공식

$$z = x + jy = r\angle\theta = re^{j\theta} = r(\cos\theta + j\sin\theta)$$

여기서 $x = Re[z] = r\cos\theta,\ y = Im[z] = r\sin\theta$

$$r = |z| = \sqrt{x^2 + y^2},\ \theta = \tan^{-1}\left(\frac{y}{x}\right)$$

z의 공액복소수 $z^* = x - jy = r\angle -\theta = re^{j-\theta} = r(\cos\theta - j\sin\theta)$

$$z_1 + z_2 = (x_1 + x_2) + j(y_1 + y_2)$$

$$z_1 z_2 = (x_1 + jy_1)(x_2 + jy_2) = (x_1x_2 - y_1y_2) + j(x_1y_2 + x_2y_1) = r_1r_2e^{j(\theta_1 + \theta_2)}$$

$$\frac{z_1}{z_2} = \frac{(x_1 + jy_1)}{(x_2 + jy_2)} = \frac{(x_1 + jy_1)(x_2 - jy_2)}{(x_2 + jy_2)(x_2 - jy_2)} = \frac{x_1x_2 + y_1y_2}{x_2^2 + y_2^2} + j\frac{x_2y_1 - x_1y_2}{x_2^2 + y_2^2} = \frac{r_1}{r_2}e^{j(\theta_1 - \theta_2)}$$

$$|z| = \sqrt{zz^*}$$

미분과 적분공식

$$\frac{d}{dx}(fg) = f\frac{dg}{dx} + g\frac{df}{dx}$$

$$\frac{d}{dx}\left[\frac{g}{f}\right] = \frac{f\frac{dg}{dx} - g\frac{df}{dx}}{f^2}$$

$$\int \sin(ax)\,dx = -\frac{1}{a}\cos(ax) + C$$

$$\int \cos(ax)\,dx = \frac{1}{a}\sin(ax) + C$$

$$\int \tan(ax)\,dx = \frac{1}{a}\ln(\sec(ax)) + C$$

$$\int \frac{1}{(x^2 + a^2)}\,dx = \frac{1}{a}\tan^{-1}\left(\frac{x}{a}\right) + C$$

$$\int \frac{1}{(x^2 + a^2)^{3/2}}\,dx = \frac{x}{a^2\sqrt{x^2 + a^2}} + C$$

$$\int \frac{x}{(x^2 + a^2)^{3/2}}\,dx = -\frac{1}{\sqrt{x^2 + a^2}} + C$$

참고문헌

[1] Stuart M. Wentworth, Fundamentals of Electromagnetics with engineering applications, Wiley, 2006.

[2] Matthew B, I, Sadiku, Elements of Electromagnetics–6th Edition, OXFORD University Press, 2015.

[3] 박재환, 개념으로 이해하는 전자기학, 도서출판 한산, 2015.

[4] 장병준, 무선통신과 레이다, 도서출판 홍릉, 2021

[5] Ddavid K. Cheng 'Fundamentals of Engineering Electromagnetics, McGraw Hill, 1993

찾아보기

에필로그 - 전통적인 전자기학 학습의 개념을 넘어서

Maxwell 이후 전자기학은 1900년대 초에 그 체계가 이미 완성이 되었기 때문에 이론을 넘어서 학문의 경지에 까지 오르게 되었다. 따라서, 전 세계에 있는 수많은 전자기학 책을 보아도 벡터와 좌표계로 시작하여 벡터 미적분학을 거쳐 정전기장, 정자기장, 동적 전자기장의 순서로 되어 있지 않은 책을 찾아볼 수 없다. 이러한 전통적인 방법에 따른 전자기학 학습을 하게 되면 다음과 같은 문제가 발생할 수 있다.

- 학생들이 2학년 전자기학 학습과 1학년 대학물리의 전자기 Part와의 차별성이 이해하기 어려워 반복학습 이상의 의미를 갖지 못한다.
- 전자기학을 노트에 문제풀이하는 전통적인 학문이라 생각하고 실생활과 관련이 깊다는 인식을 갖기는 어렵다.
- 전력 분야의 송배전, 유무선 통신공학 등 전자기학과 밀접한 관련을 갖고 있는 과목들과의 연관성을 모르는 상태로 별도의 학습을 진행한다.
- 실무에서 만나는 전파 인증, EMI/EMC 문제를 전자기학 관점에서 바라보지 못하고 Know – How 측면에서 접근하여 학습이 실생활과 연계되지 못한다.
- 전자기학을 직접적으로 응용하는 과목인 마이크로파 공학, 안테나 공학 등의 학습을 멀리하게 된다.
- 전자기학 수치해석과 관련된 업무에 컴퓨터 의존성이 높아지고, 파라미터 입력 실수 등이 발생할 경우 원인을 파악하기 어렵다.

저자는 오랜 시간 동안 대학에서 전자기학 강의와 함께 통신 공학, 마이크로파 공학 등을 강의하면서 다양한 교재를 사용한 바 있으나, 어느 교재도 위의 문제를 극복하지 못하여 새로운 교재가 필요함을 절실히 느끼게 되어 본 책을 기술하게 되었다. 본 책을 저술하면서 강조한 점은 다음과 같다.

- 시험을 위한 어려운 문제풀이에서 탈피하여 쉬운 문제이면서 꼭 풀어야 하는 문제 위주로 엄선하였다.
- 컴퓨터와 MATLAB 내장 함수를 이용한 벡터장을 그리도록 함으로써 개념을 시각화할 수 있도록 하였다.
- 전통적인 정전기장, 정자기장, 동적 전자기장의 순서를 탈피하여 유사점이 많은 정전기장과 정자기장을 동시에 학습하도록 하였다.

- 다양한 응용 사례를 제시하였다. 특히, 가장 활용도가 높은 동적 전자기장을 전파와 통신과 연관시킴으로써 전자기학이 실제 응용과 밀접한 관련이 있음을 강조하였다.
- 벡터와 벡터장에 대한 구분을 명확히 하여 전자기학의 핵심이 벡터장에 대한 이해임을 강조하였다.
- 안테나와 전송 선로에서의 에너지 및 신호 전송, 전파 관련 중요 응용을 전자기학 관점에서 제시하였다.

이와 같이 교재를 기술하였으므로 본 교재를 이용하여 전자기학을 한번에 학습하면서도 학생들이 전자기학에 흥미를 잃지 않고 재미있게 학습할 것으로 기대한다. 본 교재를 통해 학생들이 전자기학에 친숙해지고, 전자기학을 응용한 다양한 제품에 관심을 가지게 되기를 다시 한 번 희망하며 학생들의 발전을 기원한다.